ダイエットの科学

「これを食べれば健康になる」のウソを暴く

ティム・スペクター 著　熊谷玲美 訳

The Diet Myth

Tim Spector

The Real Science Behind What We Eat

白揚社

・本書は、*THE DIET MYTH: The Real Science Behind What We Eat* by Tim Spector（Weidenfeld & Nicolson 2015）の日本語版です。
・日本語版編集にあたり、図版を新たに加え、見出しを追加するとともに、内容の一部を巻末の註に移動しました。
・〔　〕で示した部分は翻訳者による補足です。

私と共に暮らす家族と微生物たちに

目次

目　次

目　次

はじめに

それはつらい登りだった。私たちは、雪の斜面でも後ろに滑らないよう人工のアザラシの毛皮を装着した山スキーで、頂上まで一二〇〇メートルの標高差を六時間かけて登りきったのだ。同行していた五人の仲間はくたびれて、少しくらくらすると言っていた。私も疲れていたが、それでも三一〇〇メートルの高さからイタリア・オーストリア国境の町ボルミオの素晴らしい眺めを見ておきたかった。

ここまでの六日間、私たちのグループはこのエリアを山スキーでめぐっていた。標高の高いところにある山小屋に滞在しながら、思う存分体を動かし、おいしいイタリア料理を味わうのだ。山頂までの最後の一〇メートルはスキー板を外して歩いたのだが、私はふらつく感じがしたので、めまいが起こるだろうと思い、一番上まで行って下をのぞくのはやめにしておいた。その後スキーで下っているときに天候が悪化した。雲が低く垂れ込めて、雪がちらつき始める。前方のルートが見えづらくて困ったが、私はてっきり古いゴーグルが曇っているのだと思っていた。ふつう、スキーで下ってくるのは楽でリラックスできるのに、この日は変に疲れてしまった。だから、一時間後に麓に着いたときにはほっとした。

フランス人の山岳ガイドにようやく追いつくと、彼は五〇メートルほど離れた木を指さして、あそこにリスが二匹いるよ、と教えてくれた。たしかにリスは見えたけれど、二匹ではなく四匹だ。二匹のリスの斜め上にもう二匹がいたので、ものが二重に見えているのに気づいた。神経学の専門医を目指して研修医をしていたことがある私は、ここでぴんときた。自分の年代でその症状が出た場合、原因は三つ考えられる。多発性硬化症、脳腫瘍、脳梗塞。どれも嬉しいものではない。

ロンドンに戻り、脳のMRI検査を無事に手配できるまでの数日間は不安でしかたなかった。ようやく検査をしてみると、幸いにも心配していた多発性硬化症や脳腫瘍の兆候は見られないという。しかし軽度の脳梗塞の疑いは残り、最終的には、同僚の眼科医が電話で「滑車神経麻痺(1)」と診断してくれた。あまり聞いたことのない病気だったが、ありがたいことに、とくに治療をしなくても通常は数カ月で快方に向かうらしい。一安心だ。とにかく、眼球の動きが正常な状態に戻るまで待てばよいのだから。ただし、ものがぼやけて見えるのを緩和するために、最初は眼帯を着け、その次には、プリズムレンズが入ったガリ勉風のメガネをかける必要があったし、しばらくは数分以上連続してものを読むことも、コンピュータを使うこともできなかった。それに加えて、面倒なことに高血圧症も発症してしまっていた(2)。

二週間前には、人並み以上に健康でスポーツ好きだった中年の男が、今では神経麻痺と高血圧を患って薬を山ほど服用している憂うつな患者だ。私は、視覚がゆっくりと回復するあいだ、やむを得ず休暇をとることにした。そしてそれは、はからずも物事をじっくりと考えてみる機会になった。いま思えば、あのときの体の不調は、自分自身の健康を見直せという警告だったのだろう。あれがきっかけとなって、健康で長生きする確率を高める方法を理解することはもちろん、処方薬への依存度を減らすこと、そして食生活を変えればもっと健康になれるのか確かめることを目指した、私の知的探求がスタートしたのだ。

これらの目標のなかでは、食生活を変えることが自分にとって一番の難関になると思っていた。しかし、実際はそうではなかった――私にとっては、食べ物についての真実を解き明かすことのほうが、はるかに大きな挑戦だったのである。

1　ダイエットという神話

乱立するダイエット法

毎日の食事やダイエット法について、いったい何が自分の体に良くて何が悪いのかを判断するのは、ますます難しくなってきている。医師であり、**疫学***と遺伝学を専門とする科学者でもある私にとっても、それは同じことだ。私は栄養学と生物学のさまざまなテーマについて何百もの科学論文を執筆してきたが、いざ自分の食生活を見直そうとしたとき、一般的なアドバイスに従うことはできても、実践的な判断をするのは難しかった。

世間には、混乱を招く、矛盾したメッセージがあふれている。だから、誰を信じるべきか、どんな話を信じるべきかをわかっていないと大変なことになってしまう。たとえばダイエットの専門家には、軽い食事や間食を頻繁にとる「だらだら食い」を勧める人がいる。一方、だらだら食いには反対で、朝食は抜いたほうがいいですよとか、昼食にたくさん食べましょう、あるいは夜はおなかにたまる食事を控えましょう、とかいうアドバイスをする専門家もいる。キャベツのスープなど一種類のものだけを食べて、ほかのものを食べないダイエット法もあれば、フォークだけを使って食べればあっという間に数ポンドは痩せると謳《うた》う、その名も「ル・フォーキング」というフランス生まれのダイエット法もある。[1] 調べてみると、ダイエットに関す

＊　太字で示した単語は巻末の用語集で説明しています。

る書籍の数は三万冊を優に上回っていた。さらにそうした書籍の専用ウェブサイトでは、きちんとしたものから危険でいかれたものまで、多種多様なダイエット・プランやサプリメントが宣伝されている。これには私もひどく驚いた。

ここ三〇年を振り返ると、私たちの食生活のおよそすべての要素が、専門家の誰かしらによって槍玉にあげられてきた。しかし、そうやって厳しい目にさらされてきたにもかかわらず、食事の質は世界全体で低下し続けているのが現状だ。[2] こうしたなかで私が見つけたかったのは、健康を維持する効果があって、よくある現代病の大半について発症リスクを減らす、あるいは症状を緩和してくれるような食事法だった。ところが人気があるダイエット・プランのほとんどは、健康や栄養よりも体重を減らすことに重きを置いている。実際に世の中には、太りすぎだが代謝系の病気にはほとんどかかっていない人もいれば、見た目は痩せていて皮下脂肪も少なそうなのに、内臓脂肪が多くて、かなりひどい健康状態にある人もいる。しかし、その理由はまだ科学的に説明されていない。

ダイエットという習慣は、伝染病のように大流行している。たとえばイギリスでは、五人に一人が何らかの形のダイエットに一度でも挑戦した経験があるという。イギリス人のウエストサイズは一〇年で約二・五センチというペースで大きくなり続けており、今日の平均的な男性は九六センチ、女性は八六センチである。ウエストサイズの増加は、糖尿病や膝関節炎、さらには肺がんといった、腹部の肥満に関連する病気の増加にもつながり、ズボンやスカートのサイズが一つ大きくなるごとに、そうした病気のリスクは約三〇パーセント増加すると言われる。

一方アメリカ人は、六〇パーセントの人が体重を減らしたがっているが、本気で取り組んでいるのはその三分の一にすぎない。この数字は、三〇年前と比べればかなり減っている。減量を目的としたダイエット法には、本当はあまり効果がないと思っている人が多いからだ。安くてボリュームのある食事が手の届くところにたくさんあるし、ダイエットに挑戦しても失敗した苦い記憶しかない。そういう状況では、摂取カロリーを減らして、もっと運動しようという気分になれないのも不思議ではないだろう。さらに不安になることに、ダイエットをしては失敗するというサイクル、つまり減量とリバウンドを繰り返していると、結果的には最初より太ってしまう場合があるというエビデンス〔科学的根拠〕さえある。人気のダイエット法のうち、とくに糖質の摂取を減らし、タンパク質を増やすような方法などには、短期的には多くの人に明らかな効果が見られるものもあるが、長期的に考えると話は違ってくるようだ。実際、それまでないような減量に成功した人でも、体重が少しずつ戻っていくことが多いというエビデンスもある。

公的なアドバイスとインチキ科学

一九八〇年代に、血中のコレステロール値と心臓疾患に関連があることが明らかになって以来、専門家たちは一貫して、脂肪の多い食品を食べるのは量の多少を問わず体に良くないと言い続けてきた[3]。このキャンペーンはかなりの効果を上げ、食品業界の協力もあって、多くの国々で脂肪の総摂取量を減らすことに成功した。それにもかかわらず、肥満や糖尿病の患者の割合はこれまでにない速さで増加している。一方で、ギリシャ南部にあるクレタ島は脂肪の摂取量が世界でもとくに多い地域に数えられるが、その住民の健康状態や寿命の長さは世界屈指であることがわかっている。また食品メーカーは、加工食品から脂肪を減らす代わりに、砂糖の量を着実に増やしてきた。その結果、専門家たちは、砂糖は現代におけるヒ素であるという不吉な警告をするようになった。とはいえ、話はそんなに簡単ではない。キューバ人はアメリカ人と比べて、平均すると二倍の量の砂糖を摂取しているのに、貧しくはあるが、はるかに健康なのである。

炭酸飲料や砂糖やジュースは良くない、肉や糖質もだめ、脂肪はもってのほか――これだけいろいろなことを言われて、しかもそれと矛盾するデータを見せられたら、頭が混乱して、食べていいのはレタスくらいしか残っていないという気になってしまうのも無理はない。こうした混乱に加え、トウモロコシ、大豆、肉、砂糖といった農産品に、ふつうでは考えられないような額の助成金が出ている状況を考え合わせると、イギリスやアメリカで、政府が多額の予算を投じて積極的なキャンペーンを実施してきたにもかかわらず、果物や野菜の摂取量が現実に一〇年前より減少している理由がわかるだろう。

イギリスでは最近、政府が「一日五皿の果物や野菜を食べよう」というキャンペーンを「一日七皿」に増やして、野菜不足の流れを食い止め摂取量を増やそうとしているが、うまくいっていないようだ。[4] 実のところ、こういったキャンペーンや公的に推奨される摂取量には、明確な根拠がほとんどない。シンプルなメッセージを伝えることが、科学よりも優先されてしまっているのだ。また、国を越えた一貫性もない。推奨摂取量を定めていない国がある一方で、「一日一〇皿」に増やした国もある。オーストラリアのように、「果物を二皿、野菜を五皿」として果物と野菜を別にカウントすることで、オレンジジュースばかり一日七杯飲むのをやめさせようという国もある。食品業界はこうしたキャンペーンが大好きで、自社の加工食品に「ヘルシーさ」をアピールするラベルを貼ることで、ほかの好ましくない面を目立たないようにしている。

ここまで見てきたような熟慮に欠ける反応は、不十分なエビデンスやインチキ科学に基づいている場合が多い。あるいは、政治家や科学者が国民を「混乱させて」威信を失うことを恐れるあまり、方針変更に及び腰なだけにすぎない、ということもあるだろう。したがって、食事についてのアドバイスがすべて間違いだというつもりはないが、ことに健康やダイエットとなると、「公的な」アドバイスや推奨についてもっと慎重になり、批判的な目で見る必要がある。

ダイエットをして太る人

一方で、「常識的な」方法なら大丈夫だと、物事を単純化しすぎてしまうのも同じぐらい危険だ。たとえば、食べる量を減らして運動を増やせば体重が減るはずだ、それができないのはたんに意志が弱いからであるというような主張は、この数十年の医学界でマントラのように繰り返し唱えられてきた。また、医療技術が発達して寿命が長くなり、生活水準が向上しているのに、肥満と慢性的な病気は今までにない勢いで広がり、その流行がいっこうに収まる気配が見えないのは、世界中の人々に自制心が欠けているせいだ、とも言われる。しかしこうした素朴な考え方は、はたして本当に正しいのだろうか？

私が研究対象としているイギリス人の双子の多くにはダイエットの経験があるが、ダイエット経験の有無と体重の関係を調べてみると面白いことがわかった。全体として見ると、減量目的のダイエットを過去に三カ月以上やったことがある人のほうが、やったことのない人よりも太っている傾向があるのだ。

そこで今度は、性格や身体的な特徴の影響を取り除いて、過去のダイエットの効果だけを公平に比較するために、双子のきょうだいの体重差を調べることにした。この研究では、遺伝子や育ち方、文化的要因、社会的階層のあらゆる違いを考慮したが、これらの要素はほとんどの双子のあいだで完全に一致していた。さらに私たちはこの比較研究の対象として、二人とも体重過多である一卵性双生児を選んだ。基準としたのは、肥満指数（ＢＭＩ）が三〇を超えていることで、厳密な基準に沿って選ばれた女性の双子一二人の平均体重は八六キロ、ＢＭＩの平均値は三四だった[5]。

ここであなたはこう予想するかもしれない。日常的にダイエットする強い意志があった人ならば、長年にわたる犠牲の成果が出ているのではないかと。しかし、話はそう簡単ではなかった。たとえばある双子では、一人は過去二〇年にわたり日常的にダイエットをしていて、もう一人は本格的なダイエットをしたことがなかったが、この比較研究の時点で、二人の体重に差はまったく見られなかった。もっと年齢層が低い双子を対象とした別の研究でも、同じような結果になった。一六歳の時点で体重が同じだった双子のきょうだいを二五歳になった時点で比較すると、ダイエットをしていた人のほうが、その双子のきょうだいよりも平

均で一・五キロ体重が多かったのである。(6)

カロリー摂取量が減っても、私たちの体は進化によるプログラムに従って、その状態に適応するだけのようだ。つまり、制限だらけの単調な食事制限をしても、脂肪を減らすまいという体からの信号がそれを無効にしてしまうらしいのである。それに加えて、しばらく肥満の状態を経験すると生物学的変化がいくつも起こり、食べ物に対する脳の報酬メカニズムや脂肪の蓄積が、維持されたり強化されたりするようになる。(7)ダイエットのほとんどが失敗してしまうのは、こうした理由による。

世界にしかけられた時限爆弾

二〇一四年のアメリカでは二〇〇〇万人超の子どもが肥満とされ、人口に占める割合は三〇年間で三倍になった。また新生児には、意志が弱いとか、判断を間違えたというたぐいの落ち度はないものだが、そんな新生児の体重でさえ恐ろしい速さで増加しているという。ほかの国々も負けてはいない。イギリスでは、成人の三分の二が過体重か肥満だ。メキシコは、非公式ながら世界一肥満が多い国で、子どもと成人の肥満率の両方でアメリカを上回っている。中国とインドの肥満率はこの三〇年間で三倍になり、一〇億人近い国民が肥満だ。一方、ほかの国より痩せている人が多いと思われがちな日本、韓国、フランスのような国々でも、子どもの一割以上が肥満だとされている。

肥満は、法律上は障害とみなされることはあっても病気には分類されないが、その影響は病気と同じくらい深刻である。肥満が広がることで、健康面でさまざまな害が生じ、ひいては国が多額の医療費を負うようになるが、なかでも重大なのは**糖尿病**だ。現在、世界では三億人を超える人々が糖尿病になっており、その数は年二パーセントの割合で増えつつある。これは人口増加率の二倍であり、マレーシアやペルシア湾岸諸国などでは、人口のほぼ半数が糖尿病にかかっている。

現在の流れが続けば、イギリスとアメリカでは、二〇三〇年までに新たに七六〇〇万人が臨床的に見て肥満の状態になると考えられ、合計すると人口の半分近くが肥満ということになる。これはつまり、心臓疾患や糖尿病、脳卒中、関節炎の患者がさらに数百万人増えるという意味で、その天文学的な医療費を支払うのは、ほかならぬ納税者だ。

その一方で私たちは政府や医師から、何が問題かははっきりしていると言われ続けてきた——私たちは食べすぎだというのである。しかし、ボツワナや南アフリカのような発展途上国で肥満者の数が急増しているのは、いったいなぜだろうか？　こうした国々では、現在は女性の半分近くが臨床的に肥満だが、三〇年前には食料不足で大規模な飢餓が起こると予測されていたのに。

肥満がもたらす極端な影響を私が初めて間近で目撃したのは、一九八〇年代にベルギーの病院にある初の肥満治療ユニットで研修医として働いていたときのことだ。最初のうちは研修医仲間と、ここは金のかかる健康施設みたいなものだと冗談を言い合っていた。しかし最初の患者と出会って、考えが変わった。肺血栓になって自宅で倒れたというその患者は、消防隊によって病院に運ばれてきた。彼女は体重が二六〇キロもあり、救急車に乗せるには重すぎたので、消防隊がウィンチを使って家の窓から運び出さなければならなかったのである。まだ三五歳だったが、ジャンクフードとソフトドリンクばかりの食生活のせいで、家から出られなくなってずいぶんたっていた。そしてついに体が壊れるところまで体重が増えてしまったのだ。彼女は病院で体重を一〇〇キロ落としたが、糖尿病や関節炎、心臓疾患といった病気の重い症状に苦しみ続けた。そして二年後、心不全と腎不全によって亡くなった(8)。

私がイギリスに戻ってから、医師たちが肥満の増加について真剣に考えるようになるまで、さらに二〇年かかった。その間にベルギーで見たようなケースは珍しいものではなくなったが、それでもまだ肥満患者は、医療や他人の理解、リソースの提供を拒まれ続けている。緊急手術を受けられないし、世界の国々で医療サービスの面では二流市民の扱いを受けている。医学のなかで肥満というのは、いまだにまったく顧みられていない分野と言える。研究資金もほとんどなければ、専門家教育もおこなわれていないし、食品メーカーが使う湯水のような広告予算と戦おうという世論の盛り上がりもないのが現状なのである。

ロンドンでの研修医時代、指導する立場にある専門医たちからいつも言われていたのは、深刻な健康問題を抱える肥満患者には、運動するように指導しなさいということだった。つまり、「生活を自分で管理して、食べすぎないように意志の力を働かせる」ようにさせるわけだ。あるいは場合によっては、「強制収容所には太った人はいなかった」ことを思い出させるべきかもしれない。言うまでもなく、こうしたあけすけな「医学的」指導はひどい失敗に終わった——私の患者たちは、次第に太っていった。うつがひどくなり、糖尿病が進んで、体の機能を失っていった。そうした患者を、院内の栄養士のところに行かせたこともあったが、効果はまるでなかった。患者たちはただ、生活習慣を変え、ビスケットやポテトチップスを食べるのをやめるようにと言われるばかりだったからだ。それは、大量出血の治療にばんそうこうを使おうとするようなものだった。やり方が根本的に間違っていたのだ。[9]

無知を広めないために

山の上で健康上の不安に直面した私がすぐに考えたのは、何かをやめなければならないということだった。そこで私は肉と乳製品を食べるのをやめ、それらに含まれる飽和脂肪酸を断つことにした。ただ、その直前に読んでいた論文が別のものだったら、肉や乳製品ではなくて、糖質や穀物、食品添加物、豆類、フルクトースなどを、やはりあっさりとやめていたかもしれない。

脂肪はすべて体に悪いという、二〇世紀的な作り話は破綻しつつあるようだ。それを知った私は、脂肪ばかりでなく、ほかの食事にまつわる神話の陰にある本当の科学を明らかにしたいと考えるようになった。いわゆる「専門家」たちが何か見落としていないか、調べてみたくなったのだ。
人間がはるか昔から食べてきた肉をやめるという私の判断は正しかったのだろうか？　多くの研究で指摘されているように、牛乳やチーズ、ヨーグルトは本当にアレルギーの原因なのだろうか？　私は脂肪やタンパク質の不足を補うために、糖質や穀物を食べすぎていたのだろうか？　糖質のＧＩ値を気にすべきだろうか？　医師や医療専門家たちは、こういう質問にイエスかノーで答えるのが好きだが、科学や医学の世界では、そうした態度がおおむね間違いであることがわかってきている。実際にはほぼどんなケースでも、もう一段深いところに生物学的な複雑性や制約が存在しており、簡単には答えが出せないのだ。ところが、そのような要素はこれまで考えられてこなかったか、重要ではないとして片付けられてきてしまった。この本のねらいは、ごく最近発表された科学研究を通して、そうした一段深いところを掘り下げていこうというものだ[10]。

その際に頼りにしたのは自分自身の経験だけではない。幸運にも私には、五〇人の研究者からなる大規模な研究グループと、二〇年以上にわたって研究対象としてきた一万一〇〇〇人の成人の双子の助けがあった。イギリス全土から参加してくれた双子たちからは、健康状態やライフスタイル、食習慣について、とても詳しい情報が提供されている。それらの情報と彼らの遺伝子データを組み合わせることにより、この双子たちは、世界で最も詳しく調べられた人間ということになるだろう。そしてそれを分析すれば、栄養学研究における最大の課題の一つ、すなわち食事や環境の影響とヒトの遺伝子の影響の区別ができるようになるはずだ。

私が最新の研究結果や発見を使おうとするのは、無知の広がりを止めるためであり、ダイエット業界という閉ざされた箱のような世界を外側から考えてみるためだ。肥満はたんなるカロリー計算の問題だと考えたり、肥満を解決するには、食べる量を少なくして運動を増やすか、あるいは何か一種類の食べ物をやめるかのどちらかだというような神話を打ち壊したいのである。

最近はみんながみんな食べ物とダイエットの専門家であるかのようだ。ところが、たいていのダイエット法は、科学の訓練を受けたことがない人によって考えられ、宣伝されている。もちろん、栄養士や栄養コンサルタントのなかにも分別のある人はいるが、悲しむべきことに、どんな輩でもその肩書きを名乗れるのだ。有名な話だが、アメリカ栄養コンサルタント協会は、ヘンリエッタ・ゴールドエイカーを名乗る者に専門家の認定書を授与している。ヘンリエッタが、医学分野のサイエンスライターであるベン・ゴールドエイカーが昔飼っていたネコだったという事実からすれば、世間に山とある栄養関連資格のレベルはさぞかし高いことだろう(11)。

問題は門外漢ばかりではない。評判の高い医師ですら、自説にこり固まってしまうと、それに矛盾する新たなデータが出てきても自説の不備を認めるのを拒みがちだからだ。科学や医学のほかの分野ではその手の内輪もめはないし、統一見解が存在しないということもない。無数にあるダイエット情報が主張している健康効果に対して、それを裏付けるしっかりとした研究がないという状況も、ほかの分野では考えられない。さらに言えば、乱立する食事法やダイエット法ほど、競合する宗教の集まりに似ている感じがするものはないだろう。どのやり方にも、教祖と狂信者、ふつうの信者、そして懐疑論者がいる。そして宗教と同じように、たいていの人は、たとえ死に瀕していても自分の信仰を変えたがらない。

また栄養学の分野では、外部資金を獲得しているような大規模な共同研究や共同プロジェクトがほとんど見られないが、栄養学の専門家たちが常に互いに反論し合い、批判し合っている状況では、それも当然だろう。私は個人的な経験として知っているのだけれど、学者には、研究資金獲得のために動く際に、重要な食物成分についてわざと触れないという人が多い。その食物成分が同業者からひどく批判されることをわかっているからだ。一方、小規模な研究は毎年数多く実施され、研究資金も獲得しているものの、研究水準はほかの研究分野に比べるとかなり遅れている。したがってほとんどが、ある一時点の状況を調べる横断的研究であり、かつ**観察的研究**であるため、バイアスや不備の可能性を山ほど抱えている。長期的な優れた観察的研究は数少ない。さらに、被験者に対して一つの食品、あるいは一つの食事法を無作為に割り当てて長期にわたり追跡するという、信頼性の高い**無作為化比較試験**となると、ごくわずかしか実施されていない。

一貫して欠けているのは、栄養やダイエットの背後にある科学への幅広い理解だ。実際、たいていのダイエット法は、狭い伝統的な考え方か、そうでなければ単純な観察やインチキ療法に基づいていて、個人による状況の違いや、食べ物に対する生理学的反応の違いは説明されないままである。もしも私たちの食事に取り入れられる新しい加工食品がすべて製薬会社の開発した薬であり、肥満が病気として扱われていたのなら、その薬の効用とリスクについての豊富なデータが用意され、私たちを守ってくれていたはずだ。しかし食品の場合は、たとえ合成添加物であっても、そのような安全装置はほとんど存在していないのが現状だ。

ジグソーパズルの足りないピース

栄養学のジグソーパズルには大切なピースが一つ欠けている。同じ量の食事をとっていても、ある人は体重が増えるのに、別の人は何キロも痩せるケースがあるのはなぜだろうか？　実は現在では、痩せ型の人（ここでは体重が健康的な範囲にあり、ＢＭＩが二五未満の人を指す）は、どんな集団を見ても少数派だ。ということは、もしかしたら私たちは、痩せ型を「異常な」人々として研究するべきなのだろうか？　そうした人々が「正常な」体重過多の人々と違っている原因は何だろうか？

こうした違いのいくつかは、明らかに**遺伝子**に原因がある。遺伝子は、食欲と最終的な体重の両方に影響するのだ。私がイギリスで実施している双子研究や世界各国での研究からは、一卵性双生児は二卵性双生児よりもはるかに体重や脂肪の付き方が似ていることが明らかになっている（成人の一卵性双生児の体重差は平均的には一キロ未満だ）。一卵性双生児は事実上の遺伝的なクローンであり、同じＤＮＡをもっていることを考えれば、ここで遺伝的要因の重要性がわかるだろう。実際、個人差の六〇～七〇パーセント程度が遺伝的要因で説明できる。

遺伝子の影響による類似性は、私たちが研究してきた、関連するほかの性質にも見られる。たとえば、体の筋肉と脂肪の割合や、体の内外のどこに脂肪がついているかなどもそうだし、食事に関係する習慣にもそれが言える。また食べ物の好き嫌いもそうだし、運動や食事をどのぐらいの頻度でおこないたいかといったことまで、遺伝子が関係しているのだ。とはいえ、ある形質が六〇～七〇パーセント「遺伝によるもの」だからといって、それが運命として決まっているわけではない。

現実には、遺伝子がまったく同じ一卵性双生児なのに、ウエストサイズがかなり違っているケースがときどき見られ、私たちはそういう特別な双子を詳しく調べて、体型の違いの理由を見つけ出そうとしている。ここ二世代で現れた人々の大きな変化も、体型が遺伝的要因だけで決まるわけではないことを示唆するものだ。一九八〇年のイギリスでは、肥満は人口全体のわずか七パーセントだった。それが今では二四パーセントまで増加している。遺伝子は、ＤＮＡの変化の積み重さねだと言えるが、そんなに短期間で変化できず、伝統的な考えでは、自然選択による適応が起こるには最短でも約一〇〇世代かかるとされている。だとすれば、ほかの要因がからんでいるのは明らかだろう。

肥満に関する遺伝学的研究においては、近年重要なブレークスルーがいくつかなされていて、そこで新たに特定された遺伝子が、何らかの役割を果たしているのは確かだと考えられている。しかし実のところ、遺伝子はきわめてささやかな仕事しかしていない。つまり私たちが何か別の重要な要因を見落としていて、それが食生活や健康に影響を与えている可能性があるのだ。その要因とは私たち腸内にすむ小さな**微生物**であり、もしかすると近年の肥満まん延の謎も、それらの腸内の微生物（腸内細菌）によって解くことができるかもしれない。

現代の食生活を理解するうえで、多くの場合、微生物はきわめて重要だ。微生物は魅力的な新しい研究分野であり、体と食べ物の関係についての理解を根本から変えつつある。私たちは視野の狭い考え方にとらわれて、栄養や体重をエネルギーの摂取と消費という単純な現象とみなしてきたせいで、これまで腸内細菌を考慮してこなかった。しかしこのことが、ダイエットが不成功に終わり、栄養に関するアドバイスが役立たなかった主な理由だとしたらどうだろう？　こうした栄養学上の大失敗に加えて、安価な食品の大量生産といくつかの病気の治療法の実現によって寿命が長くなったことの代償として、私たちはどんどん不健康になっているのである。

二〇世紀には、食べ物をエネルギー源となる成分（タンパク質、脂肪、糖質などの多量栄養素）の観点から考えることが主流になった。その結果、食品ラベルに並ぶそうした栄養素は、今では誰もが見慣れている。健康や栄養に関するアドバイスの多くの基本には、そうやって食品を極度に単純化し、その複雑さをまったく無視するという姿勢があるように思う。私は別に、薬を飲むことや、医者に指示された食事法に従うことをやめさせたいのではない。あなたに、そしてあなたを診ている医師に、そうした薬や食事法の背後にある根拠を疑ってほしいと思っているのだ。本書では、一般的な食品ラベルを道標にしながら、栄養成分表示（図1）によって提示される極端な単純化が間違いであり、そこに現れない部分を考える必要がある理由を明らかにしたい。そしてその途中で、現在の食生活にまつわる、とくに危険な神話の多くを暴き、神秘の力を失わせることができたらと考えている。

次章では微生物について詳しく紹介する。私たちはまず、微生物についての新しい科学知識をたずさえて、食べ物や栄養、ダイエット、肥満へのアプローチを考え直す必要があるからだ。

Nutrition Facts

Serving Size 2/3 cup (55g)
Servings Per Container About 8

Amount Per Serving

Calories 230	Calories from Fat 72
	% Daily Value*
Total Fat 8g	**12%**
Saturated Fat 1g	**5%**
Trans Fat 0g	
Cholesterol 0mg	**0%**
Sodium 160mg	**7%**
Total Carbohydrate 37g	**12%**
Dietary Fiber 4g	**16%**
Sugars 1g	
Protein 3g	

Vitamin A	10%
Vitamin C	8%
Calcium	20%
Iron	45%

* Percent Daily Values are based on a 2,000 calorie diet. Your daily value may be higher or lower depending on your calorie needs.

	Calories:	2,000	2,500
Total Fat	Less than	65g	80g
Sat Fat	Less than	20g	25g
Cholesterol	Less than	300mg	300mg
Sodium	Less than	2,400mg	2,400mg
Total Carbohydrate		300g	375g
Dietary Fiber		25g	30g

図１　食品への記載が義務づけられているアメリカの栄養成分表示（アメリカ食品医薬品局（FDA）のサイトより）。

2 微生物

ダイエットとマイクロバイオーム

最も身近な生き物

私たちは、ある生物と一緒に暮らしている。その生物は、人間と同じものを食べ、同じ生活を送り、どこに行くにも一緒だ。人間とともに進化してきたため、いまでは私たちの好みを知り尽くしているし、私たち人間のほうでも、その生物を守ってあげている。大好きなペットのイヌやネコのことだと思うかもしれないが、そうではない。私が言っているのは、大きさはイヌやネコの一〇〇万分の一しかなく、肉眼では見えないような生物、つまり微生物のことである。

微生物は、地球に最初に住みついた原始的な生命体だ。私たちはふつう、この生物に目を向けることはないし、あったとしてもその存在を軽く考えている。また、微生物は小さすぎて肉眼では見えないため、主に土の中や、洗っていない動物の毛のあいだや体内にいるものだと思ってもいる。ところが、人間の体には約一〇〇兆もの微生物がいて、腸内にすむ微生物だけでも、重さは一・八キログラムを超える。私たちが微生物の存在を実感するのは、まれに食中毒になるときくらいかもしれない。生焼けのバーベキューチキンのサルモネラ菌とか、夜中につい食べてしまったケバブについていた**大腸菌**が原因で、食中毒になってしまうのだ。そういうケースを別にすれば、これだけ知識やテクノロジーが発達したのだから、そんなに小さくて、大したことのなさそうな生物が、この世界で最強の存在である人間の体に影響を与えることなどあり得ない。私たちはそう思い込んできた。しかし、これがとんでもない間違いだったのである。

踊るアニマルキュール

一六七六年春。アントニ・レーウェンフックが目を覚ますと、空はもう明るく、窓の下に広がるデルフトの町並みはにぎやかに動き始めていた。ここのところよく寝過ごすのは、夜遅くまで実験をしているせいだ。疲れは残っていたが、最近いくつかの発見があって、気分はよかった。自作の特別な顕微鏡を使って唐辛子の辛さの理由を調べていたときに、偶然、それとは別のまったく新しいものを見つけていたのだ。

レーウェンフックの本職は織物商人で、細かいことに異常なほどこだわる性格だった。たとえば、多くの友人とは違って自分の歯がまだ抜けずに残っていた彼は、毎日の歯磨きにかなり気をつかっていた。まずは粗塩でごしごしと磨き、次に木製のようじを使ってから口をゆすぎ、最後に歯専用の布できれいに磨き上げるのである。

その日、レーウェンフックの興味が向かった先は、歯の表面を覆っている白っぽいバター状の物質だった。今では「歯垢」と呼ばれているその物質を、高性能な顕微鏡を使って見てみることにしたのだ。すでにほかの人の歯も調べてあったが、彼の歯垢はそれらに比べて少なかった。ただ、歯を磨いたあとでも完全にはなくならないらしい。歯垢を少し歯から掻き取って、スライドガラスに置き、そこにきれいな雨水を数滴垂らす。そのスライドを顕微鏡で調べてみて驚いた。そこかしこに小さな生物がうごめいていたからである。レーウェンフックがのちに「アニマルキュール（微小生物）」と名付けたこの生物は、形も大きさもさまざまだった。少なくとも四つの別々の種類が、どれも「行儀よくダンスして」いるのが見えた。しかし驚いたのは、その存在ではなく、数の多さだ。「一人の人間の歯の垢に存在する微小生物の数はきわめて多く、この世界に住む人間の数を上回るだろう」とレーウェンフックは書いている。

アントニ・レーウェンフックはおそらく、微生物を初めて観察した人物である（本書では「微生物」を、顕微鏡がないと見えない生物という意味で使う）。少なくとも、微生物の特徴を説明したり、健康な人間の体にはこの生物がたくさんいることに気づいたのは、彼が初めてだった。微生物は、口腔内や食べ物、飲み水、尿や便の検体まで、どこを調べても必ず見つかった。こんな素晴らしい発見をしながら、レーウェンフックの名はそれほど知られていない。ほぼ同じ時代に、天体という外の世界を探り、名声を得たニュートンやガリレオとは大違いだ。

あなたは微生物について今まであまり考えたことがないかもしれないが、それはたぶん、顕微鏡を使わないかぎり微生物を見ることがないからだろう。地球上に砂粒は全部で何個あるのか、想像してみてほしい。なんだったら、宇宙にある星の数でもいい。かつて実際に星の数をかぞえた（というより推定値を巧みに計算した）人がいて、一〇の二四乗個という数がわかっている。これは一のうしろに〇が二四個続くとんでもない数だが、このすべての星の数を一〇〇万《ミリオン》倍すると、地球上にいるとされる**細菌**の数になる。細菌は微生物の一つであるが、それだけでなんと一〇の三〇乗《ノリオン》も存在しているのだ。この数字は、楽しいガーデニングの最中に何かの拍子に土をちょっと飲み込んでしまったら、そこに細菌が数十億も含まれるほどの大きさである。一握りの土に含まれている微生物の数ともなれば、この宇宙にある星の数よりも多い。ガーデニングばかりではなく、水泳も要注意だ。淡水にしても海水にしても、一ミリリットルの水には一〇〇万個の細菌が含まれているからである。これらの微生物こそ、地球の真の永住者であって、それに比べれば私たち人間などは通りすがりの存在にすぎない。

微生物は、ごくふつうの環境からとりわけ極端な環境まで、どんな場所にも存在している。酸性泉や放射性廃棄物、地球地殻の最深部にも生息しており、宇宙空間で生き延びた細菌の記録もあるくらいだ。私たちはアダムとイブから始まったのではなく、微生物から進化し、微生物との密接な関係をずっと保ち続けてきた。このことがよくわかるのが、私たちの腸だ。腸には何万種もの微生物がすんでいて、なかには人間とクラゲほどに違った種も存在する。そうした多様な微生物は、私たちの身体にとって、これまで考えられてきたよりはるかに重要な役割を果たしている。

微生物は悪者扱いされがちだが、何百万種もある微生物のうち、人間に害を与えるものはほんの一部であって、むしろほとんどが健康に不可欠な存在だ。微生物はまた、私たちが食べ物を消化するのに必須だが、それだけでなく、カロリーの吸収をコントロールしたり、生命維持に必要な酵素や**ビタミン**を供給する役割があるし、さらには免疫系を正常に保つ働きもある。このように数百万年ものあいだ、私たち人間と微生物は互いが生き残れるよう一緒に進化してきたのだが、最近、こうした微調整と選択のプロセスがうまくいかなくなってきているようだ。数世代前まで、人々は都市の外に住み、栄養に富んで種類も豊富な食事をしていた。もちろん**抗生物質**もなかった。そうした世代と比べて、私たちの腸内細菌の種類は、数分の一にまで減少してしまっている。科学者たちは、この傾向が長期的にどんな影響を及ぼすのかについて、ようやく理解し始めたところだ。

未開拓地への入植者

個人として初めて微生物と接するのは、誕生の瞬間だ。健康な赤ん坊はもともと無菌状態だが、誕生から数分のうちに微生物だらけになる。数百万の細菌と、それをエサにするもっと多くのウイルス、そして数種の菌類だ。数時間後のうちにさらに数百万が増え、赤ん坊は微生物でいっぱいになる。

赤ん坊の頭や目、口、耳は、母親の柔らかな膣を通過するときに最初に微生物が定着する部分だ。母親の膣では、湿り気のある温かな粘膜層にたくさんの微生物がいて、赤ん坊に飛び移るタイミングを熱心に待ち構えている。その次には、尿と便に由来する微生物の混合物が少量、赤ん坊の顔や手に付着する。これは、場所が近いのと、あちこちの括約筋に力がかかっているせいだ。さらにその後には、母親の足の皮膚と、赤ん坊の体の別の部分がこすれ合って、また別の種類の微生物が移る。こうした小さな微生物は、たいていは赤ん坊自身の手から、その唇や口腔内に運ばれていく。口に入った微生物は、唾液の海に押し流されてしまうか、たとえそれを乗り越えたとしても、胃という過酷な酸性環境で胃液にさらされて、ほとんどが死んでしまう。

　赤ん坊が母乳を飲むときまで、唇や口腔内、あるいは母親の乳首で待っていた少量の細菌は幸運だ。それらの細菌は、弱アルカリ性で制酸作用をもつ母乳によって奇跡的に保護されて、酸が降り注ぐ胃を突破することができるからだ。こうした勇敢な探検家たちは、やがて腸の粘膜層という安全な環境で活発に繁殖し始める。それによって新しいコロニーを築き、もっと多くの母乳や、仲間の細菌の到着を待っていられるようになるのだ。定着した細菌がわずか数個でも、条件がそろっていれば四〇分から六〇分おきに細胞分裂をするため、その数は一日もあれば数十億個から数兆個にもなる。

　一九九〇年代中頃まで、体液はほとんどが無菌状態、つまり微生物がいないというのが定説とされていた。したがってマドリードの研究チームが、健康な母乳から数十種の微生物を培養したと発表したときも、学界の反応は冷ややかだった[1]。しかし現在では、母乳に数百種の微生物が含まれていることが知られている。そうした微生物が母乳に到達する仕組みについては、まだなんの手がかりもないが、もはや私たちの体に微生物がまったくいない部位があるとは考えにくいし（子宮や眼球も例外ではない）、微生物が知らぬうちに体内を移動している可能性さえある[2]。今度トイレに行ったら、自分の体にいる何兆もの微生物のことを考えてみてほしい。なにせトイレで流している物体の半分近くは微生物からできているのだ。

　私たちはみな、微生物をもたずに生まれてくるが、この状態はわずか数ミリ秒しか続かない。微生物が定着するプロセスは、まったくのでたらめではなく、数百万年かけて練り上げられ、微調整されてきたものだ。実際、微生物と赤ん坊はどちらも、互いの存在があるからこそ生き延びて、健康に暮らせるのである。微生物と人間はこのように絶妙な共進化を遂げてきたわけだが、その過程において、未開拓地に最初の微生物の種をまくという重要な作業を、運まかせにしてきたわけではない。同じことは人間以外の動物にも言える。あらゆるほ乳類、そしてカエルなど研究対象とされてきたほかの動物の多くでも、自分自身の微生物を慎重に選択し、それを自分の赤ん坊に伝えるようなプロセスが、少なくとも五〇〇〇万年前から存在している。進化のなかで微生物が世代から世代へと飛び移ってきたのも、また**マイクロバイオーム**（細菌叢《そう》）と呼ばれる、私たちに固有の微生物コミュニティがあるのも、こうした微生物を伝えるプロセスがあるからこそなのだ。

受け継がれていく微生物たち

私たちの身のまわり、たとえば土やほこり、水や空気には、生まれたての赤ん坊に定着することに興味のない微生物が何兆といる。そうした微生物は、私たちの皮膚や体内で生きながらえたり、そうするのに十分なエネルギーを取り出せるような仕組みを進化させていない。つまり、人間に定着する微生物は高度に専門化しているのであり、実際に、自分のメカニズムが無駄になったり、宿主である人間と重複したりしないよう、遺伝子の数が少なくなっている（私たちの遺伝子の三八パーセントは、体内にすむ微生物にも見られるものだ）。母から子への微生物の伝達が、動物界のいたるところでおこなわれているのを考えれば、それが私たちの健康にとって大きな意味をもっているのは間違いないだろう。[3]

妊娠すると女性の体にはさまざまな変化が起こるが、それは微生物の側でも同じである。[4]赤ん坊の体に移住して、その生存と成長を助ける日に備えるために起こる微生物の変化は、きわめて大がかりなものだと考えられている。

妊婦の糞便を無菌マウスに移植すると、妊娠していない人の糞便を移植したマウスに比べて、大幅に太ったという研究がある。[5]こうした無菌マウス、つまり微生物をもたないマウスを用いる実験は、私たち科学者

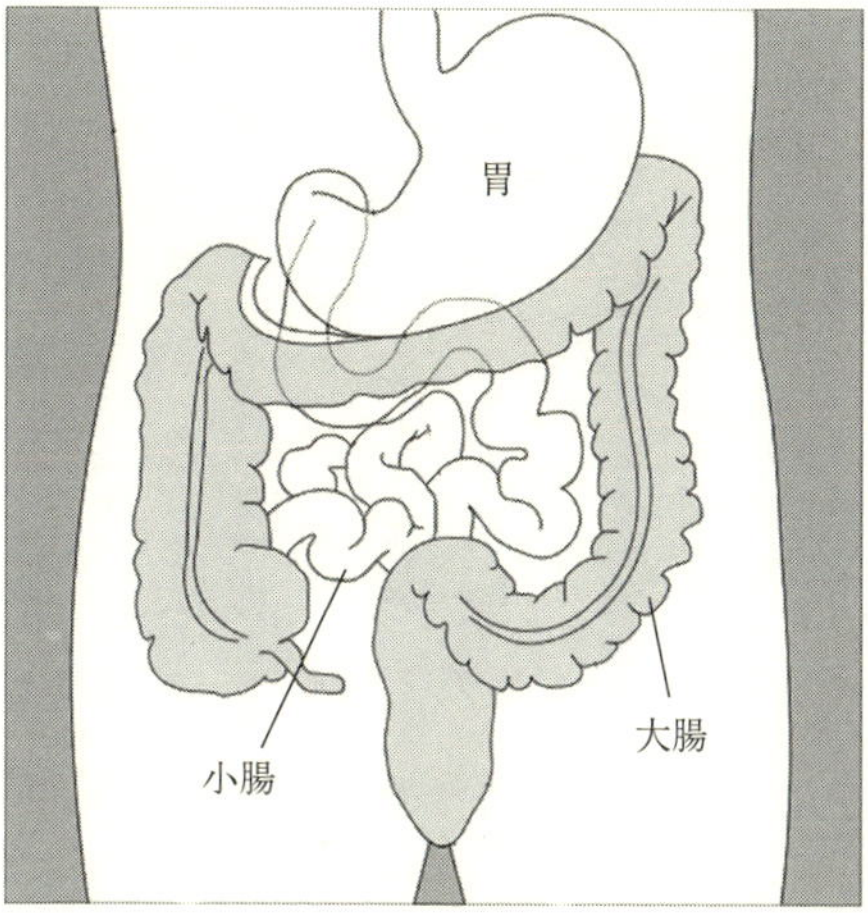

図2　胃で消化された食べ物は、小腸でエネルギーの大半が吸収され、その後大腸で水分の大半が吸収される。小腸は十二指腸と空腸と回腸に、大腸は盲腸、結腸、直腸に分けられる。

にとって非常に重要な研究手段であり、この分野ではたびたび利用されている。無菌マウスは、酸素が供給されている無菌状態の閉鎖装置内で、帝王切開によって生まれてくるのだが、その際には、同腹のほかのマウスや母マウスに接触したり、微生物が付着することがないよう、慎重に母体から取り出される。そして、無菌の独立したケージ内で無菌のエサで育てられ、観察がおこなわれる。微生物がなくてもマウスは生きていけるが、それもかろうじて、だ。無菌マウスで精鋭部隊を結成するのは絶対に無理だろう。体はひ弱で、正常な脳や腸、免疫システムが発達していないからである。なにより大きいのは、無菌マウスは体重を維持するために通常のマウスの三倍のカロリーを必要とするので、エサ代が高くつくという点だ——これは、腸での食べ物の消化に、微生物がきわめて重要な役割を果たしている証拠と言える[6]。

　人間の微生物の大半は、**大腸**（結腸）にすんでいる。結腸は直腸の直前にある長さ一五〇センチほどの部分で、ここで水分のほとんどが吸収される。消化器系で大腸の前に位置する部分、つまり小腸では、食べ物とエネルギーの大半が吸収され、血管に取り込まれる。たいていの場合、小腸に入ってくる食べ物は、最初に歯で細かく砕かれ、さらに唾液や胃の酵素の働きで分解された状態になっている。小腸にも、大腸より少ない数の微生物がいるのだが、その種類や具体的な役割はあまりわかっていない。分解して栄養素を取り出すのに時間がかかる食べ物は、この小腸から、微生物でいっぱいの大腸へと送られる。

無菌マウスに通常の微生物を与えた場合、数週間たってもそのマウスはまだ正常に発育しない。一方で微生物をもって生まれたマウスに抗生物質を投与して、微生物を完全になくした場合（残念ながら、私たちに対してもこうした抗生物質の投与が多く、悲惨な結果を招いている）、健康とは決して言えないが、発育状況ははるかに良くなることがわかっている。

マイクロバイオームで肥満を予測する

最近、私たちの腸内細菌やマイクロバイオームと呼ばれる微生物コミュニティには、大きな変化が起こっている。そしてこの変化は、肥満が急増している大きな理由であるだけでなく、糖尿病やがん、心臓疾患といった、肥満によって引き起こされる命に関わる病気にも関係しているようだ。腸にすむ細菌のＤＮＡを調べれば、人間の二万個の遺伝子すべてを調べるよりも、その人の肥満度をはるかによく予測できる。**ウイルスや菌類**についても調べるようになれば、予測精度はさらに良くなるだろう。

腸内細菌の種類の微妙な違いからは、私たちの食習慣と健康状態の関連性についてかなりの部分が理解できるし、食べ物に関する研究結果が個人や集団ごとに異なり、一貫性がない理由も説明できると考えられている。たとえば、低脂肪ダイエットで効果がある人がいる一方で、高脂肪の食事をとっても大丈夫な人もいるし、それで健康に悪影響を受ける人もいる。糖質をたくさん摂取しても太らない人もいれば、同じ量の糖質からより多くのエネルギーを取り込んで、太ってしまう人もいる。赤身肉を食べても問題ない人もいるし、そのせいで心臓疾患になってしまう人がいる。さらには、お年寄りが介護施設に移り、食生活が変わると、あっという間に病気になってしまうことが多い。こうしたことはいずれも、腸内細菌の個人差で説明できるのだ。

ほんの数種類の食品だけに頼るような食事制限ダイエットがこれまで以上に宣伝されて、実際にそれを試す人が増えていけば、腸内細菌の多様性がさらに失われていき、最終的には健康障害につながるのは避けられないだろう。ただし「ファスト・ダイエット」や「5：2ダイエット」などの間欠的断食法《インターミッテント・ファスティング》（12章）は、例外と言えるかもしれない。短期的に食事を抜くのは腸内細菌を刺激してプラスに働く場合があるからだが、それも、断食をしない「自由に食べてよい日」にいろいろな食材を使った食事をしていることが条件だ。一万五〇〇〇年前、私たちの祖先は一週間に一五〇種類ほどの食品を定期的に摂取していたという。現在はそれが二〇種類未満になっており、すべてと言わないまでも、その多くが人工的に製造されたものだ。加工食品の大半が、トウモロコシ、大豆、小麦、肉という、四種類の材料のいずれかしか使っていないというのは、どうにも気味の悪い話である。

私が当時世界最大だった腸内細菌研究（Microbo-Twin）をスタートさせたのは、二〇一二年のことだ。五〇〇〇人の双子を対象としたこの研究では、最先端の遺伝子技術を使い、微生物と食習慣や健康との関係を調べた。その後には、クラウドファンディングによるブリティッシュ・ガットプロジェクトも立ち上げている（これはアメリカン・ガット・プロジェクトとつながりがあり、インターネットと郵便サービスを利用できる人なら誰でも、自分の腸内細菌を調べて、その結果を世界中の人々と共有できる）[7]。さらに、自分でもいくつかのダイエット法を実践してみた結果、栄養についての新しい見方に関する興味深い知見が得られた。この本では、私の研究と実践の両方の成果を紹介するつもりだ。

私たちがそれぞれにもつ腸内細菌が機能し、体と相互作用している背景には何があるのかを理解しないかぎり、現代の食習慣と栄養を取り巻く大混乱を説明し、私たちの祖先の時代にはあった正しいバランスを取り戻すことはできない。もちろん、いまだにわからないことが数多くあるのは確かだ。[8]とはいえ、ありがたいことに、私たちの体とそこにすむ微生物についてこれまでに得られてきた科学的な知見があれば、それぞれのニーズを満たして、より健康になることを目指して、ライフスタイルや食事のパターン、食事の内容を変えることが十分に可能だと、私は考えている。

ここで私がお勧めしたいのは、あなたの体にすんでいる微生物のコミュニティを、あなたが管理している庭だと考えることだ。植物を育てるためには庭の土に栄養がなければならないように、あなたの微生物を育てるには、あなたの腸を健全で豊かな状態にしておかねばならない。また、雑草や有毒な植物（有毒な微生物や病原菌）がはびこらないように、できるだけたくさんの種類の植物を育て、種をまく必要もあるだろう。ここからは、そうするためのヒントをお教えすることにしよう。重要なのは多様性である。

3　カロリー　運動で本当に痩せられるのか？

熱力学の基本法則

食べる量を少なくして、もっと運動をすれば、カロリーを消費して体重を減らせますよ。医者は自分の患者にそうアドバイスするものだし、以前の私もいつもそう伝えていた。専門家によれば、私たちの体重が近年劇的に増加した理由は、運動量が減り、食べる量が増えたからだという。別の言い方をすれば、太るのはカロリーの摂取量が消費量より多いせいだ。一見したところ、この理屈に反論するのは難しいように思える。

入ってくるエネルギーと出ていくエネルギーは等しくなければならないという、熱力学の基本法則にこだわるあまり、私たちはこれまで、その根拠や理由に注意を払ってこなかった。たとえば私たちは、アルコール依存症になったのは代謝できる以上の量のアルコールを飲んだからだとは、ふつう考えない（知りたいのは、そもそもアルコールに依存しやすい人とそうでない人がいる理由である）。それなのに肥満の話になると、彼らが太っているのは、たんに消費する以上のカロリーを摂取しているからという考え方で満足して、その理由を考えようともしないのだ。

カロリーの誤解

一キロカロリーはどんなときでも一キロカロリーである――このトートロジー的な教義は、これまで食事法や栄養についてのアドバイスの土台となってきた。基本的なレベルで見れば、この教義は正しい。というのも、カロリーの定義は「一標準単位の乾燥した食品を燃焼させたときに放出されるエネルギー量」であり、食べ物の種類（タンパク質、脂肪、糖質など）に関係なく、そのカロリーを取り出すのに必要なエネルギーと、生成されるエネルギーは等しくなるということだからだ。カロリー計算は長年にわたってこの考えに基づいておこなわれ、また多くの人が食品を選ぶときに参考にする食品ラベルも、そうした考え方を基本にしている。しかし私たちは、この実験室で生まれた考え方にまどわされた結果、自分たちは栄養や食事のことをわかっていると思わされているのではないだろうか？

　現実的な設定で実施されたある実験は、そうした考えの誤りの一端を明るみに出している。その実験では、管理された条件の下で、四二頭のサルにカロリーが等しい二種類の食事を六年間にわたり与え続けた。食事の材料も同じで、違うのは含まれている脂肪の量だけだ。一方のグループは、全カロリーの一七パーセントを天然由来の植物油から、もう一方のグループは同じ一七パーセントを人工的に合成された、健康に良くないトランス脂肪酸から摂取した。食事は体重を一定に保つように考えられていたが、トランス脂肪酸を与えられたグループは体重が増加し、もう一つのグループと比べて、危険な**内臓脂肪**（おなかの脂肪）が三倍になり、**インスリン**の値はずっと悪くなった（つまり、血液中のグルコースがすばやく分解されなくなった）[1]。これは、カロリーがすべて同じではないことを示している。ファストフードで二〇〇〇キロカロリーを摂取するのと、全粒粉とフルーツ、野菜からなる食事で二〇〇〇キロカロリー摂取するのとでは、結果がまったく異なるのだ。

　食品ラベルは、あまりに長いあいだ当然正しいものだと考えられてきたが、その背後にある計算方法が生まれてから、すでに一〇〇年以上が経過している。カロリー算出の手順では、食品を燃焼させたうえで、消化吸収率の違いを考慮した計算を適用することになっている。この場合、食品の鮮度の影響が無視されているし、調理によるさまざまな効果も考えられていないが、実際にはそうした影響などがあれば、食べ物の吸収されやすさや、血糖値の上昇スピードも違ってくる可能性があるだろう。さらに言えば、腸が長い人は短い人に比べて、同じ食べ物からより多くのカロリーを取り出せるとされている。腸の長さの違いが最大五〇センチにもなることを示した研究もある。

また従来のカロリー計算方法は、推定された「平均値」を基準としているが、現実の世界は必ずしも平均的ではない。食品メーカーは法律上、栄養成分表示に最大二〇パーセントの誤差があっても許されることになっていて、(2)アーモンドなどの食品では、カロリーを三〇パーセント以上も多く見積もる間違いも見つかったようだ。一方、広く出回っている製品の多くでカロリーが低く計算されており、冷凍加工食品では最大七〇パーセント、食物繊維を多く含む製品では三〇パーセントも低い数値が表示されている。さらに、健康機能表示は各国の規制当局が慎重に確認をおこなっているものの、栄養成分表示となると、驚くことに、その正確性をきちんと監視している国がほとんどないのが実情である。

この種の間違いに加えて、消費エネルギーを補うために男性と女性がそれぞれ必要とする一日の摂取エネルギー量についても、かなりあいまいなところがある。最近再計算がおこなわれた結果、一日に必要とされる一般的な平均カロリーは以前よりも多くなり、女性が二二〇〇キロカロリー、男性が二六〇〇キロカロリーになった。これは多すぎると思う人が多いのではないだろうか？　そもそも、このガイドラインの数字が、年齢や身長、体重、活動量を考慮できていないのは明らかだ。(3)

体が食べ物からエネルギーを生み出すプロセスは、その食物源や、咀嚼した回数、消化しやすさ、食べ合わせなどよってかなり違ってくる。ある研究では、白米をスプーンではなく箸で食べたほうが、血糖値の上昇と、それによるインスリンの分泌の速度（これを白米のグリセミック・インデックス（GI）と呼ぶ）を大幅に抑えられることまでわかっている。(4)多くの研究者が、このGI値は体重を調整するうえで重要だと考えているが、ヒトを対象とする数少ない比較臨床研究では、今のところ、GI値の高いあるいは低い食生活を直接比較した場合に、体重や心臓疾患のリスク要因に違いは見つかっていない。(5) とはいえ、摂取エネルギーに対する反応は、その人の体質や遺伝子構造によっても変わるし、腸内細菌の状況によっても異なることを忘れてはならない。(6) こうした要素は、食べ物を栄養成分表示上のカロリーとして表す場合にまったく考慮されていないのだ。つまり、たしかに理屈のうえでは、一キロカロリーはどんな場合でも一キロカロリーかもしれないが、現実世界を見ると、腸内でカロリーがもたらす効果という点では、一キロカロリーがすべて同じではないのは明らかなのである。

三六〇〇キロカロリーの食事を一〇〇日間続けると……

一九八八年に、あるかなり変わった実験が実施された。ジェロームはその実験に、ケベック州からの学生ボランティア二四人の一人として参加した。それは夏休みのアルバイトとしては最高だった。三カ月のあいだ、無料の食事がほぼ制約なしに食べられるし、住むところも提供される。そのうえ、給料までもらえるのだ。そういったことが、科学的な目的のためにおこなわれた。事前に受けていた適性試験で、ジェロームの家族に肥満や糖尿病の病歴がないことが確認されていたし、彼の身長と体重も標準レベルだった。ジェロームは、ほかのボランティアと同じように、健康ではあるが少し怠惰で、スポーツの習慣もない、普通の学生だった。実験当日、承諾書と免責同意書に署名するとすぐに、特別に貸し切った大学寮でとらわれの身になった。外の世界と遮断されたその場所で、それからの一二〇日間、食べて、寝て、テレビゲームや読書、テレビ鑑賞をして過ごすことになっていたのだ。実験期間中は二四時間監視され、スポーツやアルコール、喫煙は禁止された。一日三〇分、野外を散歩することだけが許された。

最初の二週間には毎日、体重測定や食事の調査、そして水の入ったタンクに潜水しておこなう体脂肪測定があった。ジェロームは、ほかの被験者と同じように痩せ型で、体重は六〇キロしかなく、ＢＭＩは二〇で通常レベルだった。ダイニングルームに行くと、食事は毎回ビュッフェ方式で、選りすぐりのメニューが用意されている。彼が口にするものは、一かけらまで細かく計量された。ジェロームの一日の摂取カロリー量を二週間かけて計算してみると、平均二六〇〇キロカロリーという結果になった。そんな試運転の期間が終わると、そこからは、一〇〇日間ずっと、必要な量よりも一日あたり一〇〇〇キロカロリー余分に食べることになった。ずるをしたり、互いに食べ物をやりとりできないよう、実験条件も厳しくなった。食事のバランスは、カロリーの五〇パーセントが糖質、三五パーセントが脂肪、一五パーセントがタンパク質という通常のものだ。また、実験の最初と最後には、体重測定とＣＴスキャンを受けた。

一日三六〇〇キロカロリーの食事をとり、ほとんど活動しないという生活を一〇〇日続けると、ジェロームの体重は五・五キロ増えていた。すべての学生の結果を見て研究者らが驚いたのは、体重の増え方には非常にばらつきがあったことだ。ジェロームは、被験者では体重増加が二番目に少なかった――同じ期間になんと一三キロも増えた仲間もいたのだ。三カ月間での体重増加がジェロームと同じだったのは、ビンセントという学生だけだった。ビンセントもジェロームと同じ街の生まれで、学校も同じ、さらに遺伝子もすべて共有していた。実は、ビンセントはジェロームの一卵性双生児のきょうだいなのだ。ケベック州のラヴァル大学のクロード・ブシャール教授と彼の研究チームは、この実験の被験者に一二組の双子を選ぶという巧みなやり方をしていたのである。

実験結果からは、双子全体では体重の増え方に大きな差があったが、双子のきょうだいのあいだでは、かなり似ていることが示された。(7) また脂肪がついたのが腹回りか、それとも健康への影響がより大きい、腸や肝臓あたりの内臓脂肪かという傾向も、双子のきょうだい間では同じようだった。一方で、体重と脂肪量が増えているのはみな同じだったが、細かな部分では双子のペアによって違いも見られた。たとえば、摂取カロリーが脂肪に変わるのではなく、筋肉量が増えていた双子もいた(8)。

この双子研究の結果は、エネルギーが消費されるスピード、あるいは脂肪が蓄積し、それによって体重が増加するスピードのかなりの部分が、明らかに遺伝子に左右されていることをはっきりと示している。私がイギリスの数千人の双子を対象に実施した研究などからは、一卵性双生児（すでに述べたとおり、遺伝的にはクローンと言ってよい）と二卵性双生児（遺伝子が半分しか同じではない）を比べると、体重や脂肪量の類似性がはるかに高いという結果が一貫して得られている。このことからもやはり、遺伝的要因が重要だと言える。実際のところ、個人差の七〇パーセントは遺伝的要因で説明できるのだ(9)。

一人ひとりの食事習慣、たとえば、一度の食事でたくさん食べるか、それとも少なめの食事を何度もとるかといった違いは、家族や友人の食事習慣に接しただけで身につくわけではない。これにも遺伝的な要素がある。サラダや、しょっぱいスナック、香辛料やガーリックといった特定の食べ物の好き嫌いもそうだ。私たちの双子研究では、定期的な運動をおこなう頻度も遺伝的要素が強いことがわかっており、その傾向は世界中で見られる(10)。複数の国で実施された革新的で実験的な双子研究の結果を総合した結果から、肥満遺伝子をもつ人には、痩せ型の人よりも運動不足になりやすい原因になる遺伝子もあることがわかっている。このことから、肥満の人が痩せようとすると、普通の人以上に大変な理由もある程度説明できる。肥満型の人がカロリーを燃やそうとすると、遺伝子と体が共謀して邪魔をするのである。

なぜ太りやすい人がいるのか？

一九六〇年代に発表された**倹約遺伝子仮説**は、アメリカ先住民や太平洋諸島の住民のあいだで肥満が急増した理由を最もよく説明するものとして、長いあいだ支持されてきた(11)。この仮説では、私たちの祖先は、アフリカを出てから過去三万年にわたり、小氷河期の到来や食べ物探しのためのやむをえない長旅など、大きな出来事を何度も経験し、そのたびに病気や飢えで人口が激減したと考える。たとえば、太平洋諸島の住民は、食べ物と住みやすい土地の両方を求めて、何千キロもの航海をしたが、その途上では多くの人が命を落としたはずだ。これについて倹約遺伝子仮説は、前もって脂肪を蓄えておき、その脂肪を航海のあいだじゅう維持できた人は、ほかの人より生き延びる可能性が高かったと説明する。[12] そのため、航海中に人数が減り、最終的に理想郷と言うべき土地にたどりついたときには、脂肪のない人々は淘汰されているので、それ以降の世代では、脂肪を維持する遺伝子の選択が強く働いたと考えられるというのだ。

　この話は一見したところ筋が通っているように思えるし、実際、世界で最も太った人には、ナウルやトンガ、サモアといった島国出身が何人もいる。そうした国の人々が太ったのは、環境が変化して、豊富な食べ物が簡単に手に入るようになり、体を動かす動機がほとんどない状況になった、つい最近のことだ。つまりこの仮説からは、肥満の割合が国によって違うのは、その国が、食料不足から食料が豊富な状況へと発展する道のりのどの段階にあるかによって説明できることになる。また倹約遺伝子仮説は、多くの祖先が飢饉や気候の変化を生き延びたとする時代から、まだ数世代しかたっていないとも指摘している。そのため大半の人は、かつては大きなメリットだったが今となっては決してそうではない、遺伝子の変異を受け継いでいることになるのだ。

　ところが、この理論には大きな不備がいくつかある。まずこの仮説では、祖先は一生のうち、生き延びるのにぎりぎりの量しか食べ物がない時期がほとんどで、食べ物が過剰にあればすぐに体重が増えたと仮定している。しかし、当時は食べ物がつねに不足していて、多すぎることはめったになかったという説は正しくないだろう。過去や現在の狩猟採集民の研究によると、私たちの先祖はたいてい十分なカロリーを摂取していたようだ。これはうなずける話である。人類は当時、体格や年齢、必要な食べ物の量などに個人差のある、五〇～二〇〇人の集団で移動生活をしていたからだ。つまり、一番体格がよくてエネルギーがたくさん必要な人を食べさせるのに十分な食べ物がほぼ常時あったくらいなら、それ以外の人々にも、余分な食べ物がまわっていたはずなのである。

倹約遺伝子仮説はまた、こうした遺伝子が現在まで残った主な理由は、それによって飢えから身を守ることができたからだという前提に立っている。しかし、自然選択という形で進化の誘因となったのは、飢饉よりも、発展途上国では現在も見られる小児感染症と下痢による死亡だった可能性が高い。そして、子どもであっても大人であっても、体脂肪が増えれば感染症にかかりにくくなるなどということはない。

この仮説をめぐるもう一つの神話は、私たちの祖先は食べ物を求めて、ウルトラマラソンのランナーのように張り切って始終走り回っていたというものだ。走るのが好きな人もいたかもしれないが、先に述べた狩猟採集民の研究からは、彼らは一日の大半の時間を休むか眠るかして過ごしていて、総カロリー消費量も現代の私たちと比べてそれほど多かったわけではないことがわかっている。一方で、野生動物が檻に入れられて、食べ物をふんだんに与えられるようになったからといって、すぐに太るわけではないことも、ほかの研究によって確かめられている。そしてもう一つだけ指摘したいのは、どの人口集団を調べても、この仮説では説明できない痩せ型の人々がいることだ。肥満や糖尿病であることが「正常」になっている土地（太平洋諸島やペルシャ湾岸諸国など）で、安くてカロリーの高い食べ物と怠惰な仲間に囲まれていても、スリムなままでいられる人が、少なくとも人口の三分の一は必ずいる。とはいえ、そうしたスリムな人々は徐々に珍しくなってきているので、今後の研究対象として最適かもしれない。

もう一つの仮説

このような倹約遺伝子仮説の矛盾を受けて、イギリスの生物学者ジョン・スピークマンは、それに対抗する肥満モデルを提案した。あまり有名ではないが、**浮動遺伝子仮説**と呼ばれるもので[13]、具体的には、二〇〇万年前まで体脂肪に関するヒトの遺伝子とその蓄積メカニズムは今よりも厳しく抑制されており、過度に太っていると生き延びるうえで大きな問題になったという説である。ヒトの祖先であるアウストラロピテクスの骨格からは、腹を空かせた肉食動物に食べられるのは日常的な出来事だったという証拠が数多く見つかっている。当時は、体重が一二〇キロもあって、ちょっとかわいらしいとは言えない剣歯虎《サーベルタイガー》の仲間であるディノフェリスのように、初期人類を主な獲物とする肉食動物までいた。太っていた人は、速く走れないので簡単に餌食になってしまうし、筋張ったマラソンランナーよりもおいしかったことだろう。まさにこの二つの理由で、遠い過去に存在した肥満遺伝子は負の自然選択を受け、ヒトの脂肪の最大量が抑えられることになったのである。

とはいえやはり、痩せすぎも必ず不利になった。ふつうは食べ物が豊富にあったが、冷蔵庫も冷凍庫もない当時は、誰もが非常用の脂肪を蓄えておく必要があった。つまり、極端に痩せていたり、逆に極端に太っていたりすると、遺伝子がひそかに、その中間に押し戻すメカニズムを動かしていたのである。

より大きな脳をもち、狩りをし、武器を使いこなすスキルを備えたホモサピエンスへと進化するにつれて、捕食者への恐怖心は薄れていったが、ときどき起こる飢饉や気候変動という脅威とは戦う必要は依然としてあった。このため脂肪蓄積量は、あるレベル以下にならないように遺伝子によって相変わらず厳しく制限されていた。それは脂肪が蓄積しやすい部位、たとえば尻や太ももでとくに顕著だったはずだ。女性のなかには、ダイエットをしたり何カ月もジムに通ったりしても、その部位に最後まで残った脂肪がなかなか落ちないことを、個人的な体験として知っている人も多いかもしれない。

自然界の捕食者が徐々に姿を消すにつれて、すばやく逃げる必要もなくなったので、体脂肪が上限を超えないように制限する遺伝子の働きは、それ以前よりも緩やかになっていった。もちろん、体脂肪が増えないようにする遺伝子をたまたま持ち続けた人もいたが、それ以外の人では、その遺伝子の効果は弱まって、体脂肪量の上限は上がった。その結果、上限まで体脂肪が増え続ける人たちがいる一方で、人口のおよそ三分の一に相当する人たちは食べ物に囲まれていても痩せたまま、という状況になったというのだ。[14] 痩せ型の遺伝子をもつ人には、運動習慣の多さと関連する遺伝子もあることを考えれば、この説も筋が通っていると言えるだろう。[15]

最近の肥満増加は、痩せ型の人がこの数十年で太ってきたせいだというのも、やはりよくある誤解だ。肥満が世界的にまん延した過去三〇年間にも、痩せ型の人はほとんどが痩せたままだったことが、肥満傾向を調べた複数の研究によって確かめられている。つまり現実には、少しぽっちゃりしていた人が肥満になり、肥満だった人がかなりの肥満になったのである。ここからわかるのは、大半の人にとっては、もっと高いところに肥満の上限ライン、言い換えれば、そこからはいくら食べても大幅には太れない境界線があるらしいということだ。

欧米諸国の一部は（ただし全部ではない）この上限ラインについに到達し始めている可能性があることが、一九九九～二〇〇九年に二五カ国を対象に実施された調査からわかった。肥満の増加を示すグラフが、とくに子どもと未成年の世代で、なだらかになっているように見えるのだ。[16] 肥満のまん延が最も早かったアメリカでは、肥満状態の成人の数が初めて横ばいになっている（減少はしていない）。[17] とはいえ、このことはあまりおおっぴらにされていない。その理由は明白だ――臨床的に肥満である人が人口の三分の一しかいないだなんて、自慢話にできないからである。逆に言えばアメリカ人は、アジアの人々と比べると、遺伝子によって肥満から保護された状態だと言えるかもしれない。アメリカ人に追いつきつつある肥満の増加スピードと、内臓脂肪のつきやすさから判断するに、アジア人は肥満の上限ラインがさらに高くなっていて、アメリカ人よりも長期間にわたって横方向に大きくなり続ける可能性があるのだ。

舌と栄養と超味覚者

味覚能力は栄養の門番だと言われてきた。味覚を完全に失うと、人は太らなくなる。私たちの舌には、最大で一万個の味蕾《みらい》があって、甘味、酸味、塩味、苦味、うま味という五種類の味を検知している。深みを意味する「こく味」を六つめの味とすることもある。一般に言われているのとは違い、実は私たちの味蕾は味ごとに分かれているのではなく、どの味も舌全体で感じることができる。味蕾は一〇日ごとに新しくなり、その相対的な感受性に影響を与える遺伝子によって制御されている。つまり、遺伝子の違いが、特定の食べ物に対する感受性や、苦味や甘味への好みの差につながっているのだ。

味覚遺伝子が進化したのはおそらく、私たちの祖先が旅をするなかで次々と新たな植物に出会うようになったとき、栄養分を含む植物をうまく見分けて、有毒植物を食べないようにするためだったのだろう。味覚の感受性に見られる大きな個人差は、集団全員が同じ毒のある果物を食べて全滅してしまわないように進化した結果かもしれない。一九三一年にデュポン社の化学者が、**プロピルチオウラシル**という物質の味について、五〇パーセントの人は苦いと感じ、二〇パーセントの人はひどく不快だと感じるのに、三〇パーセントはまったく味を感じないことを偶然発見している。これは、味の感じ方が一人ひとり異なることをはっきりと示す証拠だ[18]。

苦味については、ごく少数のいわゆる超味覚者《スーパーテイスター》が存在する。超味覚者は、味覚遺伝子であるＴＡＳ２Ｒの一つに変わったバリアント〔多様体〕があって、少量のプロピルチオウラシル希釈液に激しい反応を示すなど、強い風味に対してきわめて敏感であり、食べ物の好き嫌いが激しいことが多い。こうした人々は、この味覚遺伝子のせいで、緑茶、ニンニク、唐辛子、醤油のほか、キャベツやブロッコリーといったアブラナ科の野菜の味の微妙な違いにも敏感となり、そのため栄養価の高いそれらの野菜を食べないようになってしまう。また、ビールなどのアルコール飲料が嫌いな場合も多く、タバコの味も苦すぎると感じる。鋭い味覚をもつ超味覚者は、おいしい食べ物を食べそびれてはいるが、一般にはほかの人よりも健康で、太りにくい[19]。

食べ物の種類によってカロリー含有量は違うので、選択肢がたくさんある雑食性動物にとって、食べ物の好みは摂取エネルギーと体重を左右する重要な役割を果たす可能性がある。二〇〇七年に、私たちはイギリスとフィンランドの双子を対象とした双子研究を実施し、甘い食べ物がほかの食べ物より好きな人がいる理由を探った。わかったのは、甘いもの好きの人とそうでない人の違いの五〇パーセント近くは遺伝子に原因があり、それ以外は文化や環境に起因するということだった[20]。

甘味を強く感じる遺伝子バリアントのTAS1Rは、アフリカやアジアよりも、ヨーロッパの人々に多く見られる。このことから、ヨーロッパ北部の人々は赤道付近の安全な居住地から移住してきたときに、新しい食料源を見分けるのに役立つTAS1R遺伝子を進化させたと考えられる。初めて目にする根菜が食べられて、栄養になるのかどうかを味で見分けられれば、氷河期のような大変な時期を生き延びるには明らかに有利だっただろう。しかし残念ながら、この同じ遺伝子も、私たちが現代のスーパーマーケットの通路で生き延びるのを助けてはくれない。「甘党遺伝子」のおかげで甘みに敏感になれば、体脂肪の増加が鈍くなるかと言えば、その関連はあくまで弱いものであることが多くの研究によって示されているからだ[21]。一方でかつては、甘いものと塩辛いものを両方好きな人はいないと考えられていた。しかしこの考え方は、少なくとも子どもについては、すでに否定されている。最近の研究で、甘いもの好きと塩辛いもの好きが両立することがわかってきたからだ。そして子どもは、砂糖と塩のどちらの味も大人以上に好きなので、最近の加工食品中心の食習慣に早くから慣れてしまうことの影響はとりわけ大きいと言えよう[22]。

運動の習慣と意志の力

ところで、私たちが以前より運動しなくなったというのは本当なのだろうか？　ここまでは、カロリーというのは、食べ物が燃料として燃やされたときに生成されるエネルギーの単位であり、摂取したのに体のための燃料として燃焼しなかったカロリーが脂肪として蓄えられるという話をしてきた。とはいえ、カロリー消費のうえで、運動にはどんな効果があるのだろうか？　体を鍛えて健康になろうとするなら、運動には効果がある――それを証明するのに、細かな**メタアナリシス**は必要ない。定期的に運動していれば心臓や筋肉が鍛えられ、寿命が延びるという点では、専門家や栄養士の意見は一致するだろう。必要な運動量についての統一的な見解はまだないものの、時間としては一週間に九〇分から六時間までの範囲で、汗をかく程度の適度な運動をすればよいと言われている。それとは反対に、一日にほんの数分、全力で走るとか自転車をこぐといった、短く強いショックになるような運動をすれば、良い運動をしているのだと体を勘違いさせるのに十分だという考えもある。[23] ゆっくりとしたウォーキングの効果については、必要な運動量の話以上にわからないことが多いが、何もしないよりはましだろう。

運動習慣について考えるとき、私たちは個人の意志力に注目しがちだが、研究からは問題がそれだけではないことが示されている。私たちの研究チームは数年前、ヨーロッパとオーストラリアの四万人近い成人の双子を対象に運動習慣を調べた。その結果わかったのは、どの国においても、親や家族の影響が徐々に消え始める二一歳以降では、週に数回の運動を好むかどうかという傾向に対して、遺伝子が大きな影響を与えていたことだ（**遺伝率**は最大およそ七〇パーセントだった[24]）。つまり、世の中には運動がもともと苦にならないタイプがいて、テレビでスポーツを見るだけでぞっとするような人と比べれば、彼らは運動というプロセスをより楽しむことができるのである。たしかに、人の好みや体つきは変えられる。しかし、そのスタート地点からしてかなり差があるのかもしれない。

食べ物やダイエット、喫煙、飲酒について思い出そうとすると、記憶が頼りにならないというだけでなく、つい見栄を張ってしまうものだ。同じことは、運動習慣についても言える。このような事態を避けるには、活動量計という最近開発された装置を使うのも一つの手だろう。活動量計は、体の動きと心拍数をセンサーで測定して、その相関を表すもので、毎日の運動量を非常に正確に計算してくれる。使ってみれば、多くの人が自分の運動量を実際より多めに考えていたことに気づくはずだ。また、運動量は個人差が大きいこと、くつろいでいても体をせわしなく動かすとか貧乏ゆすりをしている人は、その動きでエネルギーを消費していることも、その装置から読み取れる。いくつかの研究では、貧乏ゆすりに肥満予防の効果があることが示されている。マウスでは貧乏ゆすりに関連する遺伝子が複数見つかっているが、その遺伝子は私たちにもあり、それによって絶えず貧乏ゆすりをしてしまう人は、一日の消費カロリーが最大で三〇〇キロカロリー多いこともあるようだ。

私たちの双子研究でも、活動量計を使った調査をおこなっている。双子たちに、最近はやりの腕時計型の活動量計を一週間装着してもらい、心拍数と活動量を計測したのである。その結果、以前からわかっていたとおり、自発的にスポーツをおこなう傾向には七〇パーセントという明確な遺伝率があることが証明された。驚いたのは、エネルギー消費量の遺伝率は、ほとんどの測定結果で五〇パーセント以下であり、「座ってぼんやりとしている」場合には、約三〇パーセントになることだった。これはつまり、実際のエネルギー消費量では、遺伝よりも環境のほうがわずかながら重要であることを示している。[25]

運動の重要性ではなく、じっと座っていることのリスクに着目した研究もある。そうした研究によると、どれくらい体を動かすか（あるいは動かすと主張したか）にかかわらず、テレビを見たり車に乗ったりして過ごした時間そのものが、心臓疾患や死亡率のリスク要因になるという。イギリスとアメリカで実施された大規模な観察的研究からは、テレビを一日二時間見ると、ほかのリスク要因を差し引いても、心臓疾患と糖尿病のリスクが二〇パーセント増加することが示されている。[26]

痩せるためには何キロ走るべきか？

運動によって約三五〇〇キロカロリー消費すれば、一ポンド（約四五〇グラム）の脂肪を燃やすことになるというのが、栄養士やジムのインストラクターが一般的にするアドバイスだ。「体をいじめる」ことをモットーにすれば、やる気が出てジム通いに夢中になれるのは確かである。ただ、ほとんどの人は、ジムのトレーニングで週一回汗を流したとしても、残念ながらそのエネルギー消費量は、運動後に自分へのご褒美だといって食べる、大きなドーナッツ一個分にしかならない。

私も、この本を書くために何時間も椅子に座り続ける不健康な生活を送っていたので、その埋め合わせのつもりでトライアスロンのトレーニングに挑戦したことがある。これはかなりのカロリーを消費することになるだろうと思っていた。バルセロナでの研究休暇のあいだ、毎日海で一・六キロほど泳ぎ、週末には周辺の丘を七〇～一〇〇キロほど自転車で走るというぜいたくな生活を楽しんだ。一日約三〇分のウォーキングをし、たまにはジョギングもした（やっかいなケガの期間をはさみながら）。GPS搭載のスポーツウォッチの記録から計算すれば、平均して毎週三五〇〇キロカロリー多く消費しているはずだったし、いつもより余分に食べているという意識もなかった。ところが、一〇週間で減ったのはわずか一キロ。例の脂肪とカロリーの神話にもとづく計算方法が正しければ五キロ減るはずだったのだが、その数字には遠くおよばなかった。この計算方法が正しくないのは明らかだろう。[27]

もちろん、私の経験はあくまで一つの事例であって信頼性は低いが、珍しい話というわけではない。たとえばある研究では、日常的にジョギングをしている『USランナーズ・ワールド』誌の購読者一万二〇〇〇人を何年にもわたって追跡し、毎週走った距離と、毎年の体重の変化の関係を調べている。それによると、走行距離と痩せ型ランナーのあいだには相関関係は見られたものの、やはりほぼすべての人が、走る距離に関係なく毎年徐々に太っていたという。研究論文の著者らは、毎年の走行距離を一週につき四～六キロずつ増やし続ければ、運が良ければ同じ体重を維持できるかもしれないが、そうなると、最終的には一週間に一〇〇キロ以上走らなければならなくなるとしている。[28]

運動しても体重が減らない人がきわめて多い理由は、体がその分を埋め合わせするからだ。体は、脂肪の減少によって体重が減ることを防ぐようにプログラムされているので、脂肪を減らすには、筋肉を減らす場合の五倍のエネルギーを消費する必要があるのだ。[29] 脂肪の一部が筋肉に変わることもあるが、それは体重計ではわからない。子どものころはよく、外で遊んでおいでと言われたものだった。一つにはおなかを空かせるためだったろうが、別の理由も考えられる——そうやって外で遊ぶと、次の日になってもいつもより空腹な状態が続いて、体の動きや代謝が多少遅くなるのである。

ある運動についての研究では、慎重な計画にもとづいて、座りがちな生活を送っていた被験者に六カ月にわたって集中的に運動してもらったところ、体重の減少はわずか一・五キロで、予想の四・五キロには届かなかった。被験者の空腹感は増して、食事の量は増えたが、カロリーの増加分は一日一〇〇キロカロリーでしかなく、これでは減量失敗の理由を説明するには足りない。[30] 実のところ、運動量を増やしても、安静時のエネルギー消費は変わらないか、最大三〇パーセント減少することが多くの研究から明らかになっている。このようなエネルギー消費量の減少が見られる理由は主に、代謝速度が遅くなるせいか、あるいはやはりカロリーを消費する、貧乏ゆすりのような無意識運動が減少するせいだと考えられる。

運動がそれ単独で大幅な減量につながらないと言うのなら、三〜六カ月かけて食事制限による減量に成功した場合に、その体重を維持する効果はあるだろうか？　簡単に言えば、答えは「ノー」だ。七件の研究に対する最近のメタアナリシスで、運動だけの場合、運動と食事制限を同時におこなう場合、食事制限だけの場合について比較したところ、運動には、プラセボや対照介入以上の効果がまったくなかったことがわかった。ほぼすべての人で体重が再び増えた。また食事制限をしない場合、運動にはほとんど効果がなかった。[31]

では、減量効果がないのなら、運動する意味などないのだろうか？　痩せていて運動不足なのと、太っていても定期的な運動をしているのとでは、どちらが良いのかという問題については、興味深い論争が続いている。いくつもの研究は、かなり一貫した答えを示している。心臓病や死亡率全体のことを考えれば、太っていても運動のおかげで健康なほうが、痩せていて運動不足であるよりも良いのは間違いないのだ。野菜の摂取不足や喫煙といった心臓病の主なリスク要因と運動不足の組み合わせは、体脂肪過多のリスクを上回ると言える。三〇万人のヨーロッパ人を対象にした追跡調査では、運動をまったくしない場合の早死のリスクは、肥満である場合の二倍に相当すること明らかになった。まったく運動していない人（ヨーロッパ人の二割以上がそうだ）が一週間に二〇分早足でウォーキングするだけで、早死のリスクは四分の一になるだろう[32]。つまり、たとえ太りすぎでも、全体的なバランスがとれた健康状態であることはきわめて重要だと言える。例外は糖尿病のリスクだ。たとえ運動不足であっても、痩せている人のほうが間違いなく糖尿病のリスクは小さい[33]。

私の父は太ってはいなかったし、タバコも吸わなかったが、かなりの運動不足で、五七歳のときに心臓発作で亡くなった。読者のみなさんには、これを教訓にしてほしいと思う。私の父がそうだったように、スポーツ嫌いの遺伝子を克服するのが難しいと感じる人もなかにはいるだろうが、概して言えるのは、運動はたいていの人にとって、かなり有益な時間の投資だということだ。年間二七〇時間ほど運動をすれば、寿命を三年くらい延ばせるし、発病を遅らせられる病気も一つや二つではない。

腸内細菌は運動がお好き

運動によって病気や早死のリスクが低くなる仕組みを考えた場合、腸内細菌が一役買っているのは間違いない。しかしそのメカニズムについては、現時点ではわかっていないことが多い。一般に、運動が免疫システムにプラスの刺激を与えると、免疫システムは腸内細菌に化学シグナルを送ると考えられる。[34] とはいえ、これと逆の順序で進む可能性もある。運動が腸内細菌の組成に直接影響する場合もあるからだ。ジムの常連《ジムラット》ではなく、本物のラットを使って、ある実験がおこなわれた。健康なラットは走るのが好きで、飼育ケージに回し車があるグループと、回し車がないグループに分けると、回し車があるグループは平均で一日三・五キロ走った。その腸内では、運動しないラットの二倍の速度で**酪酸**が作られた。酪酸は、腸内細菌によって合成される小さな脂肪酸で、免疫システムに対して多くの有益な効果がある。運動をすると腸内細菌が刺激されて、この酪酸の合成量が増えるのだ。[35]

　さらに、あなたの腸内に適切なタイプの細菌がいれば、その細菌がもつとされる抗酸化作用のおかげで、今より速く走ったり、遠くまで泳いだりできるようになるかもしれない。**抗酸化物質**は、体に有害だと考えられる**フリーラジカル**が細胞から放出されるのを妨げることから、健康に良いとされている重要な化学物質で、多くの食品に含まれているほか、腸内細菌によっても合成されている。これを利用すれば、腸内細菌の組成を変えることが、最新のドーピング方法としてオリンピック選手のあいだで流行するかもしれない——ただしこれまでのところ、ずるをしてつかまったのは、遠泳でトップクラスのマウスだけだ。[36]

　アメリカン・ガット・プロジェクトと私たちの双子研究は、どちらも横断的で観察的な研究ではあるが、三〇〇〇人以上の被験者の腸内にすむ細菌の豊かさに最も強く影響している要因は、彼らが申告した運動量だということを明らかにしている。しかしこういった研究では、この要因と、健康な食生活といったほかの関連要因を区別することは難しい。ヒトのデータで今のところ最も信頼できるのは、あるユニークな研究から得られたもので、そこからは、トップアスリートのあいだで微生物への関心が高まりつつある様子がうかがえる。近ごろでは多くのアスリートたちが、自分の体にどんな種類の微生物がいるかを調べた上で、栄養士に食生活を指導してもらっているのだ。

その研究では、ラグビーのアイルランド代表チームがシーズン前の集中トレーニングをおこなっている時期に、所属するトップ選手の糞便を採取した。[37]四〇人の筋骨たくましい男たちは、体重の中央値が一〇一キロ、ＢＭＩが二九だった。定義に従えば、選手たちの四〇パーセントは肥満で、残りは過体重ということになるが、そんなことを彼らに面と向かって言う気にはなれないだろう。実際、選手たちの体脂肪率の平均は一六パーセントときわめて低く、とても肥満には見えない（これはＢＭＩの信頼性がいかに低いかを示す一つの事例と言える。集団の肥満度を測る目的においては、ＢＭＩにはいくつかの弱点があり、ウエスト・ヒップ比やベルトサイズのほうが有効な指標になる可能性がある）。

研究者たちは、このトップ選手たちに匹敵するグループを探そうとしたが、もちろんそれは無理な話だった。アイルランドのコークで、年齢とＢＭＩが同じ男性を二三人発見したものの、彼らのＢＭＩの高さは主に脂肪によるもので、筋肉ではなかった（体脂肪率の平均は三三パーセント）。そこで、さらなる比較対象として、同じくコーク出身の痩せた男性のグループを用意した。これら三つのグループを比較してみると、明らかな違いが見つかった。ラグビー選手の腸内のマイクロバイオームの多様性は、ほかの二グループと比べて、はるかに高かったのである。選手たちはカロリー消費量が多かったが、炎症マーカーや代謝マーカーの数値も良く、大半の細菌の数も多かった。またマイクロバイオームの多様性の数値は、タンパク質摂取量の多さや、運動量の高さと正の相関を示した。

彼らのような極端なトップアスリートを選んだせいで、この研究では運動の効果と食事の効果を区別できず、むしろ運動と食事の両方が腸内細菌の多様性を促していることが示唆された。しかしながら、結論を言えば、プロのアスリートでもない限り、運動はあなたが目指す減量や脂肪燃焼にはそれほど有効ではないが、あなた自身や、あなたの心臓や寿命には有益だと言える。それに加えて、あなたの腸内細菌をより健康で、多様性に富んだ状態にするという点でも、運動をするのは賢明なことなのである。

脳でカロリーを消費する

遺伝的あるいは文化的な理由で、体を動かすことなど考えるのも嫌だという人は、違った方法でカロリーを燃やせるかもしれない。それは頭を使うことだ。ヒトの脳は、一日分のエネルギーのうち二〇〜二五パーセントを使っていて、この割合はほかのどんな動物よりも多い。たとえばサルの脳はヒトと比べると、体のサイズのわりにはずっと小さくてエネルギー消費が少ない。サルには、燃費の悪いリムジンのような脳をもつ余裕はないのだ。もし相対的に私たちと同じサイズの脳をもっていたら、サルはその脳が必要とする十分なエネルギーを得るために、一日二〇時間も食べていなければならないだろう。約二〇〇万年前にヒトが進化のうえで大きな変化をとげたときに、脳は大きくなり、腸の長さは三分の一になった。とくに大腸は、今ではるかに短くなっている。

こうした変化の理由は調理法にある。火を使って植物や肉の組成を変化させるというシンプルな考えが、現生人類の誕生につながったのだ。私たちの祖先は、根菜や葉に含まれる複雑な構造のデンプンを火の熱で分解することで、エネルギーや栄養を取り出す時間をそれ以前の数分の一に短縮できるようになった。それによって、一日の大半の時間を牛のように食べ物を咀嚼して過ごす必要はなくなり、より遠い場所まで思い切って狩り行くことも可能になった。これはまた、とても長い大腸という、硬い植物を消化する時間を稼ぐための精巧な燃焼機関を動かす必要がなくなったということでもある。サルとは違い、私たちヒトはもう、腸内細菌が食べ物を発酵させることで放出されるエネルギー（短鎖脂肪酸など）に頼らなくてもよくなったのだ。

腸が短くなったことで、私たちはより多くのエネルギーを別のところに向けられるようになった。一番わかりやすい投資先が脳だ。加熱調理を覚えてカロリーを簡単に得られるようになったことは、脳の大型化の引き金となった重要な出来事であり、そのおかげで現生人類が出現して、この惑星で優位な立場を占めることにつながったというのが、現在の説である。私たちの大きな脳は食いしん坊で、一日に約三〇〇キロカロリーを消費する。これは照度の低い白熱電球のエネルギーと同レベルだが、電球と違って脳をオフにすることはできない。消費エネルギーは脳をあまり使っていないときでも変わらず、睡眠中もほぼ同じだけのエネルギーを使っている。

これらのエネルギーは主にグルコース（ブドウ糖）として供給されるが、空腹時や睡眠中でも、脳は血液中を循環するグルコース総量の半分以上を手に入れて、エネルギー不足にならないようにしている。実のところ、脳は最も大量のエネルギーを消費する器官だ。重さでは体重の二パーセントにすぎないのに、安静時のエネルギー消費量の五分の一を消費しているのだ。(38) 私たちの体は、完全に安静状態にしているだけでも、一日に約一三〇〇キロカロリーのエネルギーを必要とするが、エネルギーを簡単に消費できるのは、ありがたい話かもしれない。たとえば、テレビを一時間見ているだけで六〇キロカロリーが消費される。この章を読むと、八〇キロカロリーを消費することになる。あなたがぽっちゃり型だったり、この章を読むことにストレスを感じているようなら、もっと多くのカロリーを消費するだろう。

＊

この章では、カロリー計算に頼った減量方法は誤解を招く面が多いこと、そして運動だけで体重を減らそうとしても効果はないことを説明してきた。とはいえ、少なくともカロリーは食品のエネルギー量を示す大まかな目安にはなっているし、もっとましな方法が見つかるまで、この単位は使われ続けるだろう。

食品ラベルには、カロリー以外にも主要な栄養素の含有量が示されている。これは業界と政府の取り決めによって生まれたもので、こうした表示が導入されたのは、どの製品が健康的で、どの製品には注意すべきか、私たち自身が判断できるようにするためだ。さらにその下には健康に関する注意書きまである。このメッセージを正しいと思い込んでいる人は多いが、実のところ、それはどれほど信頼できるものなのだろうか？

この先の章でも、本書では一般的な食品ラベルの栄養成分表示を道案内にして進んでいこうと思う。これはいくぶん皮肉なやり方だ。というのも、栄養成分表示はあまりに単純化されていて、還元主義的で、誤解を招きやすいものだからである。だが実際には、栄養素はどれも同じように重要であり、事実上あらゆる有益な食事に含まれている。そして、そうした有益な食事とは、さまざまな食品群が複雑に混ざり合ったものなのである。

4　総脂質　体に良い脂肪、悪い脂肪

食品界の大悪党

脂肪のとりすぎは体に良くない。これはもっともだ。なぜなら脂肪の多い食生活を送っていると、動脈に脂肪が蓄積してしまい、やがて詰まって心臓発作の原因になったり、脂肪が体についで肥満になったりするからだ。こういう話になるといつも悪者扱いされるのが、脂肪の一種である**コレステロール**である。血中コレステロール値を調べることで、血中の脂肪の量を初めて評価できるようになったという経緯もあり、コレステロールは心臓疾患リスクの同義語になっている。

医師たちは一九八〇年代以降、患者に向かって、こうした単純でわかりやすい話をするようになり、その状況は今でも変わっていない。しかしあいにく、それはただのお話にすぎない。コレステロールは、大悪党というレッテルを貼られてきたが、それは本来の姿とかけ離れた誤ったイメージであり、実は食事に含まれる脂肪分には、体に良いだけでなく、不可欠なものもあるのだ。

実のところ、脂肪とは何なのか？

脂肪は人間の体重の三分の一程度を占めており、私たちは脂肪なしでは生きられない。ただ、**脂肪**（fat）という語には、かなり紛らわしいところがある。つまり、「肥満」や「横幅のある」という意味を表したり、ビール腹の中身を指したりする日常語として使われる一方で、より科学的な用法もあるのだ。専門用語とし

ての「脂肪」は、脂肪酸で作られている物質に対して用いられる。脂肪酸にはさまざまな形があるが、そのほとんどがヒトの細胞や生命の構成成分として不可欠とされているものだ。そうした脂肪酸のうち、集まって脂肪を形成するグループには、**脂質**というより厳密な名称があり、私がこの本で、食事や血液とのからみで「脂肪」と言う場合には、この「脂質」を指していることに注意されたい。

脂肪には、水や血液に溶けにくい性質があり、主に肝臓で生合成とパッケージ化がおこなわれた後、タンパク質と結合し、血液を通して体全体に運ばれる。こうして脂肪は、さまざまな形やサイズで細胞に補給されて、脳などの重要な器官にエネルギーを供給することができる。また、私たちは脂肪なしでは長く生きられないので、食事から脂肪を摂取できない場合、肝臓は何としてでも脂肪を作り出そうとする。

脂質がタンパク質と結合したものを「リポタンパク質」と呼ぶ。リポタンパク質にはコレステロールを運搬する役割があるのだが、その測定値は、血中のコレステロール濃度を示すものとしては、総コレステロール値よりもはるかに有益で興味深いと言える。現在、血中のリポタンパク質値は、**HDL**（高密度リポタンパク質）または**LDL**（低密度リポタンパク質）として正確に測定できるようになっている。悪役であるLDLは、脂質の小さな粒を血管の壁に蓄積させてしまう。その結果、血管にプラーク（こぶ）ができて、これが心臓疾患や心臓発作を引き起こす。一方、善良なるHDLが肝臓で大量に生合成されれば、大半の脂質は安全に目的地へと運搬されて処理され、二次的な被害は何も起こらない(1)。

誤解されるコレステロール

いくつかの例外はあるが、総コレステロール値が医学的な指標としてほとんど役に立たないとされる理由は、そこには善玉と悪玉の脂質が両方とも含まれており、その比率が人によって異なるからだ（男女で比較すると、女性のほうが指標としての有用性がさらに低くなる）。コレステロール値が高くて問題になることが多いのは、平均的に見た場合、総コレステロールには悪玉の脂質のほうが善玉の脂質より多く含まれているせいである。しかし不思議なことに、高齢者では、総コレステロール値が高いほうが心臓疾患を防ぐ効果があることがわかっている。

その一方で、近年使われるようになってきたのが、先ほど見たＨＤＬとＬＤＬという二種類のリポタンパク質の比率を測定して、リスクの指標とする方法だ（ただし、ＬＤＬを直接測定することは現段階ではできない）。体内のハイリスクな脂質の量を示す指標としてそれ以上に優れているものに、コレステロールを運搬する別の小さなタンパク質「アポリポタンパク質Ｂ（ＡｐｏＢ）」を調べる方法もある(2)。実際、心臓専門医の多くは、リスク評価のために精度の高い血中ＡｐｏＢ値の検査をおこなっているが、この検査法は費用が高く、また一般には総コレステロール値へのこだわりが強いため、あまり使われていないのが現状だ(3)。

脂肪は、食事に含まれる主要な栄養素でも中心的な存在であり、さまざまな種類がある。食品ラベルの最上段に記載されている総脂質に真っ先に目がいく人は多いが、脂質が種類によって体に良いことも悪いこともあるのを考えれば、その数字は大して役に立たないと言っていいだろう。ほとんどの食品は、飽和脂肪酸、不飽和脂肪酸、トランス脂肪酸といった、種類の異なる多くの脂肪を同時に含んでいて、それぞれがまた細かく分類できる――たとえば、飽和脂肪酸には少なくとも二四種類あるのだが、食品ラベルではそれらがひとまとめにされているのが普通だ。科学者たちはずっと以前から、たくさんの脂肪のうち、どれが体に良くどれが悪いかはわかっていると考えてきたが、そうとは言えないのが本当のところだ。

不飽和脂肪酸、飽和脂肪酸、トランス脂肪酸

脂肪について、昔から健康に良いとされているものから、おそらく健康に悪いというものへ順番に見ていくとき、いつも先頭に来るのが**不飽和脂肪酸**の一種である**オメガ３脂肪酸**、通称オメガ３《スリー》だ。オメガ３は必

須脂肪酸として知られており、主に脂肪分の多い天然魚やアマニ（亜麻の種子）などを通して摂取される。この脂肪酸には、血中の脂質濃度を下げ、炎症を抑える（感染の脅威に対する体の反応を抑える）働きがあるため、心臓にプラスの効果があると考えられている。さらには、認知症や注意欠陥障害、関節炎といった病気の大半に効き目があると、広く宣伝されてもきた。

紛らわしいのは、**オメガ6脂肪酸**（オメガ6《シックス》）という、よく似ているが別物の不飽和脂肪酸があることだ。オメガ6は、多くの植物油やナッツのほか、脂肪分の多い肉や、大豆やトウモロコシをエサとする一部の養殖魚にも含まれる成分で、非の打ちどころのない兄弟分であるオメガ3とは対照的に、心臓に関しては悪評がささやかれてきた。そのため、オメガ6に対してオメガ3の割合が高い食事が体に良いと考えられてきたが、こうした見解の元になっているのは、筋は通っているが説得力の弱いことの多い観察的エビデンスである。[4]

たとえば、サプリメントの投与によってオメガ6とオメガ3の比率を変える無作為比較試験を実施しても、明確な効果は見られない。また、こうした効果の欠如を確かめるために、観察的調査の慎重なメタアナリシスを実施しても、やはり決定的な効果、あるいはプラスの効果は示されない。[5]実際、この二つの脂肪酸の血中濃度に関する大規模な調査を複数の国で実施したところ、オメガ6の血中濃度が高ければ、実はオメガ3よりもはるかに心臓に良いことがわかったのである。[6]つまり、オメガ3のサプリメントの派手な宣伝は、私たちに魚油を押しつけようとしてきたが、その結果オメガ6の摂取量を減らしてしまうのでは、まったくのやりすぎなのだ。[7]

いま見たオメガ3やオメガ6は、不飽和脂肪酸のなかでも、**多価不飽和脂肪酸**と呼ばれるものの代表だ。多価不飽和脂肪酸は、主に天然植物油に含まれている成分で、とくに健康効果がないものもあれば、病気を防ぐ効果をもつものもある。ただし、多価不飽和脂肪酸を含むマーガリンに心臓疾患の予防効果があるというのは大げさであり、きちんとしたエビデンスはない。不飽和脂肪酸には、ほかにも**一価不飽和脂肪酸**があり、これは主にオリーブオイルや、セイヨウアブラナの種子からとれるキャノーラ油に含まれている。一価不飽和脂肪酸はおおむね有益だと言えるが、そのエビデンスの質にはばらつきがあり、オリーブオイルについてはかなりきちんとしたエビデンスがある（詳しくは6章で見る）。

飽和脂肪酸は、動物の肉や乳製品に含まれていて、どんな食品に由来するかにもよるが、昔から悪役とされてきた（5章）。飽和脂肪酸の一種である**中鎖トリグリセリド**は、パーム油やココナッツオイルに含まれている。こうした油をよく使うスリランカやサモアなどの国は、飽和脂肪酸の摂取量が世界でもトップクラスであり、総カロリー摂取量の二五パーセント以上を飽和脂肪酸が占めるほどだ。[8]ココナッツオイルは最近人気が高まり、盛んに宣伝されているが、その健康効果を裏付けるエビデンスも、否定するエビデンスも、まだきちんとしたものがないのが現状である。その理由としては、中鎖トリグリセリド自体が健康に良いのか、それとも悪いのかという点が不明であるところが大きい。ココナッツオイル製品の広告サイトの多くは、十分な研究がされていると謳っているが、私が見つけた研究は非科学的なものばかりで、なかにはインチキな研究もあった。最近では、人気シェフがココナッツオイルはオリーブオイルよりも健康に良いと勧めているのを見かけるが、気がかりな傾向だ。そうした話を裏付けるエビデンスはまったくないからだ。

トランス脂肪酸は最悪の脂肪だ。完全に人工的な代物で、加工食品や揚げ物にしか含まれていない。発明された当初は、バターの健康的な代用食品としてもてはやされた（7章）。

アメリカをはじめ多くの国々では、コレステロールを食品ラベル上で分けて記載している。コレステロールを控えることで、その「致命的な」影響を防げるよう、脂肪の下に独立して表示しているのだ。しかし、食品中のコレステロール含有量を特別視するのは馬鹿げたことだ。たとえば、ロブスターやカニの肉、魚油などの「健康な」食品は、ラードや牛肉、豚肉などの「不健康な」食品の三倍近くのコレステロールを含んでいる。卵にはコレステロールがたっぷり含まれているから何としてでも避けるべきという間違ったアドバイスのせいで、何十年間も卵を食べていない人も珍しくない。

しかし、コレステロールの八〇パーセントは体内で生合成されており、食べ物として摂取されるのは二〇パーセント程度にすぎない。そしてこの複雑な脂質は、体のありとあらゆる細胞で使われている。細胞を保護したり栄養を取り入れたりする細胞膜の主成分であるだけでなく、多くのビタミンや重要なホルモンの主原料としても利用されているのだ。そのように重要な役割を担うコレステロールが、ここまで不当な評判を立てられてしまったのは、簡単な血液検査の普及と、ひどいPRキャンペーンが同時期に進むという不運のせいなのである。

脂肪はいつから悪者になったのか？

脂肪摂取を控えようというキャンペーンの起源となる場所や出来事は一つではないが、それが本格的に始められたのはアメリカである。きっかけになったのは、アイゼンハワー大統領が一九五五年に心臓発作を起こしたことであり、その後に試みた低コレステロールの健康な食生活は非常に注目された。しかしその食事療法は、アイゼンハワー大統領の血中コレステロール値を下げることも、心臓発作を抑えることもできず、のちに大統領は心臓疾患で亡くなっている。

アメリカでの反脂肪キャンペーンの立役者が、ミネソタ出身の疫学者で、当時は第二次世界大戦中にアメリカ軍のために「Kレーション」という戦闘糧食を発明したことで知られていたアンセル・キーズだ。キーズは、研究休暇でイギリスに滞在したときに、脂肪分が多い当時の英国料理に感心できなかった。彼には、新聞紙にくるんだ脂っこいフィッシュ・アンド・チップスやバンガーズ・アンド・マッシュ（ソーセージとマッシュポテトの盛り合わせ）、そしてベーコンと卵くらいしかないように思えたのだ。そこでキーズが気づいたのは、以前はめったに見られなかったことだが、どんな食べ物でも買うだけの余裕があるイギリスの富裕層の人々が、心臓発作で死ぬようになってきているることだった。同じ事態はアメリカの富裕層でも起こっていた。キーズは研究資金を獲得して、自分の仮説を証明しようという決意を胸にアメリカに帰国した。

キーズの学説で鍵となったのが、七カ国の心臓疾患の発症率と、国によって差のある脂肪摂取量の関係性を見つけた、有名な「七カ国調査」だ。調査の対象国は、心臓疾患が実質的にゼロの日本から、発症率がかなり多いイギリスやアメリカまで幅広かった。キーズが発見した相関関係はかなり説得力があり、その結論は明快だった。食事中の脂肪の量は、心臓発作のリスクに比例するというのだ。キーズが実際に調べたのは二二カ国で、そうした国々のあいだで相関をとってみると、必ずしも同じような説得力がある（はっきりとわかる）結果にはならない。しかし問題はないとキーズは考えた――食事を評価するのは簡単ではないのだから。この研究は、マスコミや医学界、世論に大きな影響を与えた。脂肪摂取を減らすことが新たな方針とされたのだ。

そのほかにもいくつか観察的研究が実施されて、反脂肪キャンペーンの見解を裏付けた。のちに「チャイナ・スタディ」と呼ばれることになる、ある大規模な集団調査は、一九七〇年代に中国農村部の六五県、一二〇村から大量の食事データを集めた。一九七〇年代と言えば、まだ中国が貧しく、自転車が主な交通手段だったころだ。この調査を実施したグループは、各県で数年前に収集した食事データを、調査時点での五〇を超える病気の発症率や、血液検査の数値と詳しく比較した。(9) 食事中の脂肪レベルや血中コレステロール値はアメリカの半分で、心臓疾患や糖尿病、がんのような欧米ではきわめて一般的な病気はほとんど存在していなかった。

チャイナ・スタディを実施したコーネル大学のコリン・キャンベルと彼の研究チームは、中国でがんや心臓疾患が驚くほど少ない理由は、脂肪を多く含む動物性タンパク質と乳製品のどちらも食べていないこと、さらに大量の野菜を摂取していることだと考えた。そこから、私たちも野菜だけを食べるようにして、肉や乳製品はすっかり断つべきだと結論したのである。この結論は、当時広がりつつあった菜食主義やヴィーガニズム（卵や乳製品も食べない菜食主義）を強く擁護する一方、タンパク質を多く摂取することを勧めるアトキンスダイエットを全面的に否定するものだった。キャンベルの著書『ザ・チャイナ・スタディ』は世界的なベストセラーになった。[10] 報道によれば、ビル・クリントン元米大統領も心臓を患った後にこの本を読み、その後のダイエットで体重を約九キロ減らしたという話だ。

脂質の研究が始まったばかりのころ、血中コレステロール値が通常の二倍以上ある珍しい家系がいくつか見つかった。それらの家系では、中年期になる前に心臓疾患で亡くなる人が多かったが、その後の検査で、遺伝子異常を原因とする高コレステロール血症にかかっていることがわかり、脂肪を一切摂取しない厳しい食事療法がおこなわれることになった。こうした珍しいケースでは、血中コレステロール値と病気の相関関係ははっきりしている。食事療法か投薬によってコレステロール値を通常レベルにすれば、死亡のリスクが大幅に低くなるのだ。一方、それ以外の九九パーセントの人々では、飽和脂肪酸が多い食事による総コレステロール値の上昇はわずかでしかなかった。しかしそうしたわずかな上昇も、心臓疾患のリスクを高めるものとみなされた。このようにして、コレステロールは例外なく体に悪いというイメージがさらに定着してしまったのである。

「脂肪は死につながる」というシンプルなメッセージが先進国で広まるにつれ、私たちの食生活は悪くなっていった。食べ物の多様性が減っただけでなく、多くの栄養素が摂取できなくなったのである。しかし、これまで見てきたように、食用脂肪にもさまざまな種類や形があり、体に良いものもあれば、体に悪いもの、恐ろしいものもある。そういう意味では、店頭に並んでいる「無脂肪」と表示された製品にいつものように手を伸ばす前に、脂肪についてもっと知っておいたほうがいいのは間違いないだろう。

5 飽和脂肪酸 乳製品のすすめ

フランス人はなぜ長生きなのか？

飽和脂肪酸がそんなに良くないというなら、フランス人は、アングロサクソン系よりはるかにたくさんの飽和脂肪酸を摂取しているのに、心臓疾患発症率がイギリス人の三分の一未満であり、平均寿命がアメリカ人より四年長いことはどう考えたらよいのだろうか。一九八〇年代後半に疫学者たちが、イギリス人とフランス人の死亡率に四倍もの開きがあることに気づいて以来、この「フレンチ・パラドックス」をめぐっては、多くの議論がなされ、さまざまな仮説が提案されてきた(1)。

イギリスとフランスの両国は長いあいだ、ラグビーの試合や政治の世界でライバル関係にあり、互いの悪口を言い合ってきた。このライバル関係は、死亡率統計の話にまで及んでいるようだ。フランス側の発表によれば、正確な死亡記録が残されるようになって以来、フランスではイギリスよりも心臓疾患での死亡率がかなり低く、寿命が長いという。これはフランス人にとって自慢の種なのだが、イギリス人研究者の多くは、こうした死亡率の差の理由は、フランスの統計では死因が正確に記録されていないこと、逆の立場から見れば「アングロサクソンの厳密さ」にあると考えている。しかし、これに反対する研究者もいる。死因の分類ミスで説明できるのは、この死亡率の差のせいぜい二〇パーセントでしかないというのだ。そうした研究者が指摘するのは、ヨーロッパで一貫して見られる死亡率の南北拡差である。フランス国内でさえ、南と北でははっきりとした差があることから、両国の死亡率に見られる差は、南ヨーロッパの健康的な生活習慣によるところが大きいと考えられる。

フランス人がここまで優位に立っている背景には、どんな特別な習慣があるのだろうか。実のところ、そのような習慣はたくさんある。日常的に飲むワイン、毎食のチーズやヨーグルト（フランス人が摂取する飽和脂肪酸の三分の一近くは乳製品由来である）、政治や文化や料理についてじっくりと語り合いながらの夕食、肩肘を張らない夫婦関係、週三五時間労働。あるいは八月いっぱいをビーチで過ごすこと、頻繁におこなわれるストライキや街頭デモにかける情熱、超富裕層に課せられる所得税率の高さ……。いろいろと挙げられるが、もしかしたら自分たちの国の料理を楽しむ気持ちが強く、家族や友人とともに、何皿ものおいしい料理を少量ずつゆっくりと味わっているということに尽きるのかもしれない。食卓に上がる品もかなり違っている。フランス人は、タルタルステーキや血の滴るレアステーキといった生肉料理、土の香りがするソーセージ、低温殺菌していないチーズ、生牡蠣や魚介類、エスカルゴやカエルの足などをしょっちゅう口にする。さらに言えば、どんな食材を料理するにも、バターやオリーブオイル、ニンニクをよく使う。

フランス人が日常的に食べているものには、生き物がたっぷり入っている。チーズやワイン、ヨーグルトには微生物がたくさん含まれているのだ。そうした微生物は、発酵過程で食品の風味を良くする役目があり、カビを防ぐ働きもする。一方、赤ワインを飲む習慣は、イギリスとフランスで心臓疾患の発症率に差がある理由として有力視されている。この説を受けて、イギリスやアメリカで赤ワインの売り上げが急増しているという話は、のちほど紹介しよう。

生きているチーズ

飽和脂肪酸を多く含む食品としては、肉とチーズがとくに知られているが、ここではまずチーズについて考えてみたい。コレステロール値が高い人ならば、チーズを食べる量を減らすかゼロにして、コレステロールを下げるスタチンという薬を服用するように医師からアドバイスされた覚えがあることだろう。一般的なチーズは三〇～四〇パーセントが脂肪分であり、そのほとんどが、従来は摂取を避けるべきだとされてきた飽和脂肪酸だ。それ以外には不飽和脂肪酸が含まれていて、コレステロールの含有量は、実は脂肪含有量の約一パーセントにすぎない。

　フランス人は恐ろしいほど大量のチーズを食べる。その量は一人当たり年間二四キロにもなり、アメリカ人やイギリス人の平均（一三キログラム）の二倍近い。またフランスで食べられているチーズのほとんどが、店頭で正真正銘のチーズとして売られているものである。一方アメリカ人が食べるチーズは、その多くが加工食品に含まれているもので、イギリスでも、そこまでではないが似たような状況だ。

　こうしたチーズをめぐる違いは、一九七〇年代には今よりもっと大きかった。当時のアメリカやイギリスでのチーズ消費量は、現在の三分の一しかなかったからだ。シャルル・ド・ゴール大統領が一九六二年に、「二五六種類のチーズがある国を治めるのは難しい」と発言したのは有名な話である。これは、フランスという国の豊かさを過小評価しているという点で、あのド・ゴール大統領にしては珍しく控えめな発言だと言える。というのも、今のフランスにはその二倍の種類のチーズがあると考えられるからだ。

　フランスのチーズの多くは伝統的な製法[2]で作れるように法律で保護されており、ワインの格付けと同じように、アペラシオン・ドリジーヌ・コントロレ（ＡＯＣ）による産地の認証が与えられている。販売量上位一〇位のチーズのうち、少なくとも四種は低温殺菌処理をしていない。フランス人は低温殺菌処理をしないほうが、風味の際立った、独特な性質をもつチーズになると信じているのだ。またフランス語には、チーズのさまざまな風味や、はかりしれない複雑さを表現する単語が二七個もある。そうしたチーズには、細菌や酵母、菌類など多種多様な微生物が含まれている。[3]その数は種のレベルでは数百になり、さらに菌株のレベルでは、未同定のものも含めて数千種にのぼる。

より伝統的な製法で作られるチーズほど微生物の数が多くなり、チーズの内部や外側には、より多様な微生物が成長するようになる。数百種もの天然の細菌と、さらには酵母や、とくに外皮につくカビのおかげで、伝統的なチーズは工業的な製法のものよりも風味が豊かになり、舌触りが良くなる。チーズによる食中毒の可能性を問題視する国もあるが、実際に発生することはきわめてまれだ。フランスには、世界規模のチーズ市場を支える巨大なチーズ・サイエンス業界があって、微生物の役割について本格的な研究に取り組んでいる。フランス国内にあるチーズ関連の研究所が発表する研究結果のほとんどが、フランス産チーズに肯定的な内容であるのは、当然と言えば当然だろう。

抗生物質を服用すると、ふつうは健康な腸内細菌の大部分が死滅してしまうが、チーズのサプリメントをとればマイクロバイオームを維持するのに有効であることが、ヒトでの臨床試験によって確認されている。また、抗生物質の服用と併せてチーズを食べる場合、低温殺菌処理をしていないハードタイプのチーズは、工業的な製法のチーズに比べて、マイクロバイオームの回復時間を短くし、耐性菌の発生を抑える効果が高いこともわかっている。つまり、チーズの微生物が腸内細菌の多様性を高める働きをしていると考えられるのだ。[4]

フレンチ・パラドックスの謎を解く

フランス人が毎日食べているチーズには友好的な微生物が大量に含まれている。そうした微生物を体内に取り込んでいることが「フレンチ・パラドックス」の理由なのだろうか？　その点にとくに興味を抱いた私は、自分自身を実験台に、集中的なチーズダイエット実験をしてみることにした（私の研究室からも四人のボランティアが参加してくれた）。さまざまな種類の微生物を取り込むには、できるだけ多くの種類のフランス産チーズを食べてみたい。そこで地元のチーズ専門店に出かけて、専門家にアドバイスを受けた。

数日かけて相談と味見を重ねた末に専門家が選んでくれたのは、低温殺菌されていないタイプの三種類のソフトチーズ、つまりブリー・ド・モー、ロックフォール、エポワスだった。ロックフォールは風味の強いブルーチーズだ。エポワスはにおいが強くとろとろしていて、熟成したものはスプーンで食べられる。私たちはこれらのチーズを大量に食べることにした――なんと一日一八〇グラムだ（一般的な多めの盛り合わせでも三〇グラムほどである）。それに加えて、チーズを流し込むためと、フランスの伝統的な食事を忠実に再現するために、おいしいフルボディの赤ワインを二杯飲み、空腹に耐えられないときには、ヨーグルトを一日三パックまで食べていいことにした。普段から週に一、二回はチーズを少量食べていたのだが、三日間のチーズダイエットをするにあたって、その前の一週間はチーズを控えた。同時に便のサンプルもとり、通常時の腸の状態を調べておいた。

このダイエットは、自分みたいなチーズ好きには簡単だ。そう思っていた。実際、一日目の朝食は楽勝だった――ブラウンブレッドに、厚く切ったブリー・ド・モーをたっぷりとのせた。昼食には、数枚のクラッカーと大好きなロックフォール。強い風味を消すためにリンゴも一緒に食べた。夕食には、サラダと舌がとろけるようなエポワス、それにパンとワイン。完璧だ。次の日もメニューは同じ。朝食は問題なかった。ただ、昼食のロックフォールのあたりから、消化するのが大変になってきた。ロックフォールに含まれる、三一パーセントという途方もない脂肪分のせいかもしれない。夕食のチーズは、まだなんとかおいしいと感じられたが、かなり満腹になってきた。

そして三日目。実験の終わりが近づいていることにほっとした。朝から奇妙な膨満感があったし、食物繊維をほとんど摂取していない副作用なのか、便通がなかった。摂取カロリーが多すぎるわけでもないのに、満腹感がある。毎日チーズだけで約八〇〇キロカロリーのエネルギーと、四五グラムの飽和脂肪酸を摂取していた。これは飽和脂肪酸の「推奨」摂取量をはるかに上回っている。しかもここには、ほかの食品やヨーグルトの分は入っていないのだ。実験終了後も便サンプルの採取を二週間続け、チーズの微生物による効果がいつまで継続するのかを調べた。

腸内細菌が変われば反応も変わる

微生物を検出しようと思ったら、一〇年ほど前までは、培養して目に見えるコロニーを作らせる以外に方法はなかった。つまり、培養皿の上で微生物を数週間育てて、増やさなければならなかったのだ。そのやり方しかなかった当時、私たちの腸には面白い細菌はそれほどいないと思われていた。しかしやがて、腸内細菌のうち、そうやって簡単に培養できるのはわずか一パーセント程度でしかなく、その一パーセントの大部分が、私たちに害のある細菌、すなわち病原菌であることが判明した。そのことがわかったのは遺伝子シーケンス技術（シーケンシング）が使われるようになって、微生物検出のプロセスが根本から変わったおかげだ。この技術によって、これまで培養できなかった、ほかの九九パーセントの腸内細菌の姿が明らかになり、そのほとんどに病原性がないことが確認されている。

共同研究者のロブ・ナイトに頼んでおいた遺伝子シーケンスの結果が届いたとき、私はその内容を知りたくてわくわくした。ナイトたちは、私の便のサンプルからあらゆる微生物のＤＮＡを抽出し、それをＤＮＡシーケンサーにかけて、16Ｓ遺伝子だけを計測していた。16Ｓ遺伝子は、あらゆる細菌に共通して存在する遺伝子だが、細菌の種によってタイプが異なっており、それぞれが独特なサインを発している。分析が終わると、約一〇〇〇種の細菌について、さまざまなグループやサブファミリごとの内訳が出てくるので、自分の結果を、さまざまな集団の平均値と比べてみることができる。(5)

自分の通常時の結果を見て、ちょっと驚いた。私の便サンプルに含まれていた腸内細菌の内訳は、平均的なアメリカ人よりも、どちらかというとベネズエラ人に似ていたからだ。一般的に見て腸内の微生物でとくに多いのが、バクテロイデーテス門とフィルミクテス門の二種類の細菌だが、通常時の私の腸は、後者のレベルが予想していたよりも高かったのである。一方でとても気になっていたのが、チーズの微生物がいくらかでも胃から小腸へと無事に届いたどうかだった。胃酸はかなり強力で、あらゆる微生物を殺してしまうと考えられていた。しかしチーズの微生物たちにとっては幸いなことに、この説は正しくないことがわかった。チーズダイエットの一日目にはもう、腸内の微生物は変化を始めていたのである。とくにラクトバチルス属と菌類であるアオカビの数が大幅に増えていた。

こうした効果は、チーズダイエットを終えてからも数日間続き、それから通常レベルに戻り始めた。つまり、ラクトバチルスのような乳酸菌は追加供給なしでは生きられないということだ。この結果が、ピーター・ターンボー率いるハーバード大学のチームが実施した、はるかに詳細な実験の結果と同じだったのは喜ばしいニュースだ（後で詳しく見るが、ターンボーの実験では、肉と乳製品ばかりの食生活を送る六人の被験者を追跡調査している）[6]。チーズダイエットの二週間後に調べてみると、嬉しいことに、私の腸にすむ微生物の種類は、わずかではあるが無視できない規模で増えていた。しかし、チーズダイエットに参加したほかの四人のボランティアでは、予想したような結果にはならず、まったく変化が見られなかった人もいた。

どんな食事をしているにしても、腸内細菌には必ず人それぞれの特徴があるものだ。この実験からわかったのは、腸内細菌の組成は人によって異なるということ、そして同じものを食べていても、それに対する反応が同じでないのは、そうした組成の違いのせいかもしれないということだ。チーズ大量摂取実験を終えた私は、おなかの調子が完全にいつも通りになるには二週間ほどかかったが、やがてチーズを食べたいという気持ちを取り戻した。つまり、この実験によってわかったことがもう一つある――駄菓子屋にいる子どもと同じで、好きなものでも食べすぎれば嫌になることがあるのだ。

「脂肪悪玉説」の裏側

乳製品のとりすぎは心臓病につながるのではないかという不安は、一九八〇年代と一九九〇年代に社会問題化し、今にいたるまで根強く残っている。そうした不安が広がる原因となったのが動物実験の結果だ。マウスやラットに大量の飽和脂肪酸を与えると、血中の脂質レベルが増加し、心臓疾患の兆候が現れたのである。とはいえ、マウスとヒトには、とくに栄養や健康に関するいろいろな面で違いがある。また疫学研究も不安をもたらしたが、そうした研究の初期段階には不十分な結果も多かったことが今ではわかっている。とくに観察的研究はその傾向が強かった。

前の章で見たように、心臓疾患の発症率は国による差が大きいが、その理由としては、アンセル・キーズが主張した脂肪の摂取量以外にも、さまざまな可能性が考えられた。反脂肪運動の強力な指導者であったキーズに対して果敢にも、彼は自説に都合の良い国やデータばかりを選んで分析対象としていたという批判の声があがった。ほかの人が同じデータを分析して、逆の結論になったという報告もあった[7]。このテーマに関する研究は、その後何年にもわたって重ねられたが、結果に一貫性がなく、結論はまだ出ていない。にもかかわらず、「食事中の脂肪は心臓病につながる」という説は広く受け入れられ、次第に定着していったのである。

それ以降も、この「脂肪悪玉説」に異議を唱えた医学関係者や科学者はいたが、頭のおかしい異端者と言われるばかりで、結局は沈黙せざるをえない時代が長く続いた。さらにこの説の後押しをしたのが、スタチンの発明と普及である。スタチンを服用すると、理論上、食事療法とは違って短時間で血中コレステロール値が下がるとされており、実際に心臓病の発症率やそれによる死亡率を減少させる効果があった。イギリスとアメリカのガイドラインでは、成人の四人に一人がスタチンの服用を推奨されている。これまでは、こういった心臓病予防効果があるのは、スタチンがコレステロールを減らすためだとされていたが、それが本当の理由ではないことがわかっている。スタチンの主な効用は、血管での抗炎症作用なのだ。さらにこの薬は、心臓病以外のほかのさまざまな疾患にも効用と副作用の両方がある。[8]

偏りのない目で見れば、これまでに蓄積された食事データを、より客観的に見直すことができるだろう。二〇一五年に発表された研究では、一九七〇年代と一九八〇年代に実施された六件の臨床試験について再調査したところ、食事療法は、コレステロール値を低下させる効果はあるが、当時の結論とは反対に、心臓疾患を抑える効果はないことが明らかになっている。[9]また、あるメタアナリシス研究では、二一件の大規模な観察的調査を集約して、世界中の計三四万七〇〇〇人の飽和脂肪酸摂取量を調べた。そして、調査後の二〇年間に心臓疾患を発症した一万一〇〇〇人では、食事で摂取した飽和脂肪酸の量と、のちの心臓疾患や心臓発作の発症に関連は見られなかった。[10]

つまり、医学的エビデンスの流れは、従来の説とは反対の方向に向かい始めているのだ。

飽和脂肪酸をめぐる問題に答えを出したければ、乳製品の多い食事と少ない食事を比べる標準的な無作為化比較試験を実施し、心臓疾患の発症率を見るのが理想的な方法だ。ただこの方法は、倫理的に問題があるとみなされた。脂肪分を取り除いていない牛乳とチーズが中心の食生活は「あまりにも危険」だからだ。同時に、そういう実験は何年も続けなければならず多額の費用がかかるので、現実的ではないとも考えられた。その末の妥協策が、六週間の食事実験をおこなって、心臓に関するリスク要因の変化を調べるという方法だった。そうした方法でおこなわれた研究の一つでは、四九人のボランティアに、最初の六週間は低脂肪の食事を、次の六週間はチーズかバターのどちらかを食べて、総カロリー摂取量が一三パーセント多い食事をとってもらった。チーズを食べたグループでは、血中の脂質値やコレステロール値は増加しなかったが、バターのグループでは増加が見られた。つまり、飽和脂肪酸はどれも同じというわけではないのだ。[11]

ここまでくると、とくにチーズとバターを分けて考えれば、結論ははっきりしている気がする。脂肪分を取り除いていないチーズは、決して心臓疾患のリスクではない。チーズは飽和脂肪酸を含んでいるのに、悪影響がないばかりか、むしろ心臓疾患の発症率や死亡率という点で、一貫した保護効果を示しているのだ（バターはそうではない）[12]。観察的疫学研究が過去に多くの誤解を招いてきたことを考えれば、この結論が確実とは言い切れない。とはいえ、伝統製法で作られたチーズを定期的に食べていれば、そこには多くの微生物が含まれているので、一部の心臓疾患や、そのほかの健康問題を予防できるという、合理的な仮説が得られたと言える。加工度の高いチーズや、加熱調理したチーズにはほとんど微生物が含まれていないので、伝統製法のチーズと同じような効果はない。牛乳や、微生物を含む発酵食品などの製品でも、ある程度の効果はあるかもしれない。この点についてはのちほど考えよう。

フレンチ・パラドックス（あるいは地中海パラドックス）の理由において、チーズが一定の役割を果たしているのは間違いない。ただしこの先、フレンチ・パラドックスの謎が完全に解き明かされる日は来ないだろう。なぜかというと、三〇年前にはなかった有効な治療法が実現した結果、大半の先進国と同じように、イギリスとフランスの両国でも死亡率が急激に低下したからだ。心臓疾患の患者数は相変わらず多いものの、心臓発作を起こした後でも、以前よりずっと長生きできるようになったのである。これは、動脈の閉塞を取り除く小手術が実現したことや、血液が濃くならないようにする薬の普及、あるいは血圧管理法の改善によるところが大きい。

ピザしか食べない男

ダン・ジャンセンは三九歳。ベーブ・ルースが結婚した土地として有名な、メリーランド州の小さな町の出身だ。ダンはチーズとピザが大好物である。実際、彼はピザがあまりに好きで、この二五年間は毎日ピザを食べてきた——それも毎食だ。

ダンは、トマトソースは我慢して食べるが、ほかの野菜のトッピングに手を出そうとはしない。砂糖たっぷりのコーラと一緒に、一人で三五センチのピザを食べ切ってしまう。そのピザには、飽和脂肪酸が四五グラム含まれており、一三〇〇キロカロリーにもなる。ダンが過度の摂食障害にかかっているのは間違いないが、それ以外はほとんどの面で不思議と正常な状態にあるようだ。体つきもほっそりしている。子どものころから糖尿病にかかっていて、インスリン注射が必要だったが、それ以外は比較的健康に見える。主治医は以前から、もっと健康な食事をするように注意してきた。しかし正直なところ、ダンの血中コレステロール値や血圧に問題がないことは、主治医にとっても驚きだった（そしてかなり困惑してもいる）。それにインスリンの値は注射できちんとコントロールできていた。ダンは地元のドミノピザで数年働いた後、最終的には木工の仕事を始めることにした。

そんな食生活をからかわれたり、「このままでは死ぬぞ」と言われることもあったが、ダンはそのたび「みんないつか死ぬ。でもオレは腹にピザが入ったままで死ぬつもりさ」とやり返していた。婚約者のマデレンは、彼に野菜を食べさせようとしていた（厳密にはトマトはフルーツなので、野菜に入らないのだ）。ダンはなんとかマデレンを喜ばせようと努力したが、ピザに野菜がほんの少し乗っていただけで、吐き気がして最後まで食べられない。「せっかくのピザをトッピングで台無しにするなんて！」。マデレンに勧められてセラピストと話をしてみると、あなたが抱えている問題は子ども時代がきっかけだ、と言われた。

「家族でノースカロライナ州の片田舎に住んでいた四歳か五歳のころ、昼間は、ある女性が家でやってる託児所に預けられていました。その人は毎日、オレたちにブランズウィックシチューを食べさせようとするんだけど、あれは五歳の子どもに与えるようなものじゃない。鶏肉か豚肉、そうじゃなきゃウサギ肉が、牛肉とオクラ、ライマメ、コーン、ジャガイモ、トマトなんかと煮込んであるんです。オレは食べるのが嫌で、いつも逃げようとするんだけど、必ずつかまってしまうんです。叩かれたとか、尻をぶたれた覚えはないけど、おしおきだといって、よくクローゼットに放り込まれたのは記憶にあります。泣き叫びながら、母親が迎えに来るまで何時間もその中に座っていました」

セラピストに定期的に通うようになってから食習慣を変えたのかと聞かれたダンは、こう答えた。「変えてません。実は、セラピストのところに通うのが好きなのは、オフィスが街中にあって、帰りがけにピザレストランのジョー・スクエアードでピザを食べられるからっていうこともあるんです」

こういう特殊な話を、これまでの栄養に関する知識でもって理解しようとしても難しい。もちろん、ダンが来年あたりぽっくり死んでしまうのか、それとも一〇〇歳まで生きるのかはわからないが、後者だとしたら驚きだ。ダンの飽和脂肪酸の摂取量はきわめて高い——ほとんどの国で一日二〇〜三〇グラムと定められている「許容摂取量」をはるかに超える量だ。そのうえ、食物繊維もほとんど摂取していない。しかし、こういった高脂肪の乳製品を中心とした食生活に適応していて、なおかつ健康を保っている人がダン以外にもいるとしたら、どう思うだろうか？　先に紹介した、戦後に実施されて大きな影響を与えた七カ国調査のなかでアンセル・キーズは、ギリシャのクレタ島をコレステロール値が最も低く（当時のアメリカの半分）、心臓疾患の発症率が最も低い場所としてとくに注目していた。

クレタ島の住民とアーミッシュ

クレタ島の村々は、山がちな地域にあって外の世界と隔絶しており、住民は貧しかった。ほとんどが羊飼いか漁師で、生活がきわめて厳しいうえ、きちんとした医療機関もない。それなのに、村には一〇〇歳以上の人が数多くいた。キーズと彼の研究チームが当時注目しなかったのは、住民たちが動物性や植物性の脂肪や乳製品を大量に摂取していたことだ。研究者仲間で遺伝学者のエレ・ゼギーニは、キーズの調査から五〇年後の村々について、より詳しい調査をおこなってきた。わかったのは、クレタ島の村はそれぞれがまったく違っているということだ。互いの行き来が少なく、言葉や習慣の違いも大きかった。

キーズたちが調査しなかった村の一つに、人口四〇〇〇人強のアノジア（ギリシャ語で「上の土地」の意味）という小さな村がある。イディ山北側の標高九〇〇メートルほどにあるこの村では、魚はめったに食べないものの、ヤギ乳のチーズやヨーグルトを毎日たくさん食べる習慣がある。過去数百年でこの村の食生活に起こった大きな変化と言えば、昔は肉を食べるのは特別な日だけだったが、今ではもっと頻繁に食べられるようになったことくらいだ（ほとんどがヤギ肉である）。また、住民は体を動かすのをひどく面倒がるようになってきていて、四〇〇メートル足らずの距離でも歩かずに車で行く。

アノジア村の住民は、ギリシャ政府が実施する栄養調査の対象になっていて、定期的な健康診断と血液検査を受けている。そうした検査でわかったのは、彼らの血中コレステロール値がギリシャのほかの村よりも高いことである（五ミリモル／リットルあまり）。この数値は北ヨーロッパに住む人々と同じレベルだ。しかし注目すべきことに、アノジア村の住民は、がんにかかることはあっても、一般的なギリシャ人とは違って心臓疾患の兆候は見られないのだ。

ゼギーニの研究チームが発見したのは、アノジア村では、ＡＰＯＣ3という遺伝子に変異がある住民の割合が高いことだ。住民の善玉コレステロール（ＨＤＬ）値が非常に高く、有害な中性脂肪値が低い理由は、これによって説明ができる。この変異のおかげで、高脂肪の食生活を送っていても、心臓が保護されていたのだ。ほかの村との交流が少なく、大勢いるいとこ同士で頻繁に結婚をするアノジア村には、やはりチーズと乳製品を大量に消費する、地球の反対側に暮らす意外な集団と共通点がある。それはアメリカのアーミッシュの人々だ。驚くことにアーミッシュの集団にも、アノジア村と同じように、心臓疾患を防ぐ役割があるが、通常は五万人に一人未満にしか出現しない、ＡＰＯＣ3遺伝子の珍しい変異があるのだ。[13]

こういった話からは、辺鄙《へんぴ》な環境や食生活に対して、集団が比較的短時間のうちに適応する場合があることがうかがえる――肉や牛乳といった脂肪の多い食事をとり、牛の血を飲む習慣をもつ東アフリカのマサイ族や、発酵乳や肉が主食で、ほかのものはほとんど食べないモンゴルの遊牧民にも、どこが通じるところがありそうだ。一方で、遺伝子が変化するだけでなく、腸内細菌が適応している可能性もある。細菌は三〇分で一世代というスピードで増えることができ、もちろん、適応のスピードも私たちヒトよりはるかに速い。例のピザ好きのダンの遺伝子を検査する機会はまだないのだが、ダンにはきっと、チーズ好きの遺伝子変異があるのだろうし、チーズ好きの細菌が腸にすんでいることも疑いようがない[14]。

ブルガリアの健康食品からヤクルトへ

ヨーグルトもまた、飽和脂肪酸の摂取源として一般的な食品だ。ただし、飽和脂肪酸の含有量はヨーグルトのタイプによってばらつきがあり、とくに最近登場した低脂肪タイプまで含めると、その差はかなり大きくなる。ヨーグルトはヤギや牛や羊の乳を原料としており、形状や濃さ、固さなどはタイプによって異なる。たとえばギリシャヨーグルトは、水切りをしてあるため、ほかのタイプよりも濃厚で、最近とても人気がある[15]。伝統的なギリシャヨーグルトは、飽和脂肪酸の含有量がヨーグルトのなかで最も多く、ビタミンB12や葉酸、カルシウムも豊富に含まれている。基本的には、伝統的な製法に近い方法で作られたナチュラルなヨーグルトほど、飽和脂肪酸の含有量が多いと言えるだろう。一方、近ごろ人気の低脂肪あるいは無脂肪のヨーグルトは、たしかに飽和脂肪酸の含有量は少ないが、風味の物足りなさを補うため、人工甘味料や小さじ数杯分の砂糖、それと同じ甘さのジャムなどが加えられている。こうしたヨーグルトはふつう、ビタミンなどの栄養素の含有量も少ない。

免疫研究の草分けであるロシアのイリヤ・メチニコフは、世界で初めてヨーグルトを本格的な科学研究のテーマにした人物だ。優れた研究者だったメチニコフは、白血球は悪玉ではなく、感染症との戦いにおいては善玉であることを明らかにした功績で、一九〇八年にノーベル賞を（パウル・エールリヒとともに）受賞している。それに加えて、白血球の場合と同じように、細菌はいつでも悪者だという従来の考えもやはり間違いであり、細菌と人間は共生関係にあると初めて提唱したのも彼である。メチニコフには次のような言葉がある。「私たちの寿命があまりに短く、目的地に着く前にはかなく消えてしまうのは、腸内細菌叢に主な原因がある。……新しい世紀には、この大きな問題が解決されることが期待される」

メチニコフは、地元で作ったヨーグルトをたくさん食べているブルガリアの小作農たちが、苦しい生活にもかかわらず比較的長生きしていることに気づき、ある独自の仮説を打ち立てた。彼が提案したのは「より良い健康状態と長寿にはつながりがある」という考えで、今では当たり前に思えるが、当時としては斬新な視点だった。その仮説によると、老化の原因は腸内で腐敗した有毒な細菌であり、牛乳やヨーグルト内で細菌によって作り出される乳酸を摂取することで、老化作用がおだやかになり、結果として寿命が延びるとされた。メチニコフはそれから毎日、自分で開発した薬を服用し、サワーミルクを飲むことを習慣にした。そして、サワーミルクを好まなかった妻よりも長生きし、パリのパスツール研究所での研究生活を終えてからも、七一歳まで生きた。

イサーク・カラッソは、裕福なユダヤ系カタロニア人で、メチニコフの考えに感服した一人だ。第一次世界大戦前夜のバルカン半島で働いていたころ、メチニコフの研究を知り、その大きな可能性に気づいた。このカラッソが興した会社がダノンで、現在では評価額が約三五〇億ユーロの世界的大企業に成長している。メチニコフの信奉者にはほかに、日本人医師の代田稔がいた。一九二〇年代には京都で感染症の予防法を研究していた代田は、のちに善玉乳酸菌の特別な菌株の培養に成功し、これに控えめな形で自分の名前をつけた（ラクトバチルス・カゼイ・シロタ株）。代田はその商才を生かし、一九三五年にヤクルトという乳酸菌飲料ブランドを設立し、現在では世界各国に展開している。この乳酸菌飲料をどれくらい飲んでいたのかは知らないが、代田は八三歳まで生きた。

ヨーグルトで痩せられる?

矛盾しているように聞こえるが、乳製品は「健康に悪い」飽和脂肪酸を多く含み、カロリーが高いのに、体重を減らす効果をもっている可能性がある。乳製品中心の食事と、乳製品を含まない食事を比較する臨床研究がいくつか実施されたのだが、どの研究でも乳製品を摂取したグループのほうが、わずかながら体重の減り方が大きかったのだ。この違いが無視できないほどになるのは、両方のグループがカロリー制限もおこなった場合(つまり体重を減らそうと努力した場合)に限られたが、一方でそれ以外にも、乳製品を摂取したグループでは体脂肪が大幅に減少すると同時に、除脂肪筋肉の割合が増えるという効果があった。つまり、乳製品に含まれる成分のなかには、内臓脂肪を減らすものがある可能性が示されたのである。もしこれが本当だとしたら、かなり大きなボーナスだ。大切なのが飽和脂肪酸の含有量なのかはまだ不明だが、少なくとも、その乳製品に含まれる微生物には重要な意味があると考えられる。[16]

特定の食品について言われる健康効果や危険性はどれも、きちんとしたエビデンスに欠けているという驚くべき現状は、この本で何度も取り上げるテーマの一つだ。とくに、ヨーグルトがもつ体重を減らす効果についての無作為化比較試験は、小規模で短期的なものが二件実施されただけで、どちらも結論にいたっていない。しかし、ヨーグルトを習慣的に食べている人を長期追跡する大規模な**コホート研究**は六件あり、合計一五万人が調査対象になった。このうち四件では、ヨーグルトの効果について肯定的な結果が得られている。たとえば、最近スペインでおこなわれた研究では、八〇〇〇人の男女を六年半にわたり追跡調査した結果、脂肪分を取り除いていないヨーグルトを消費した場合にわずかな減量効果が見られた。少なくとも一日一皿のヨーグルトを食べれば、肥満のリスクを四〇パーセント減らせるというのだ。[17]つまり、乳製品からのカロリー摂取の割合を増やしても、従来考えられていたような体重増加につながらないばかりか[18]、数キロ体重を落としたいときに効果を発揮することが示されたのである。

また短期的なヨーグルト摂取実験からは、ビタミンB1（チアミン）が増えることがわかっている。増加したビタミンB1は、すべてヒトの腸内細菌によって生成されたものだ。ほかの実験では、マウスにラクトバチルス属の特定菌株（ブルガリア菌の菌株も含む）を投与したところ、免疫機能が向上することが確かめられた[19]。ただし、ヒトの免疫機能に関する一貫性のある直接的なエビデンスとなると、高齢者が風邪を引きにくくなることを示した小規模な研究が一件あるにすぎない。私たちの双子研究は、ヒトについても、微生物と食事と免疫システムのあいだに重要なつながりがあることを明らかにしつつあるが、この点についてはのちほど詳しく考えよう。

プロバイオティクスという可能性

どのヨーグルトにも、ある同じグループに属する細菌が大量に含まれていて、原乳の発酵プロセスをスタートさせる役目を担っている。その細菌とは、すでに取り上げたラクトバチルスという乳酸菌で、これにはラクトースを分解する働きがある（含まれる量や菌株の種類は製品によってばらつきがある）。またどの製品にも、ラクトバチルス以外の細菌が、自然に混入するか、人工的に添加される形で存在している。ナチュラルヨーグルトの細菌のほとんどは、通常はヒトの腸内に存在しない菌種である。一般的には、ヨーグルトのようにいわゆる「腸に良い」細菌が食品に相当量含まれていて、健康効果があるとされている場合、その細菌は**プロバイオティクス**と呼ばれる。

プロバイオティクスはいまやビッグビジネスになっている。それに伴い、ヨーグルトをはじめとする乳製品に、添加されているプロバイオティクスの健康機能をラベル表示することについて、激しい議論が交わされてきた。一方、健康食品ショップでは、フリーズドライされた状態のプロバイオティクス製品が、抗生物質服用中の人向けや、胃もたれのある人向けといった用途別で販売されている。健康な人と病気の人の両方の免疫機能を高める効果を謳うプロバイオティクス製品もある。気をつけたいのは、そうした製品の健康機能表示に、ますますおかしなものが増えてきていることだ。市販されているプロバイオティクスのほとんどは、ラクトバチルス属かビフィドバクテリウム属（**ビフィズス菌**）のどちらかでしかないのだが。

プロバイオティクスに効果があることの科学的根拠を一番よく示しているのは、もちろんヨーグルトのコマーシャルなどではなく、抗生物質誘発性疾患という病気を予防するための研究である。抗生物質誘発性疾患は、敏感な未熟児や高齢の患者に多く見られ、命に関わることもある厄介な病気だ。抗生物質は、通常はあまり見られない特定の病原菌が増殖して制御できなくなることで生じる感染症の治療に広く使われている。そうした治療はたいていうまくいくのだが、抗生物質は友好的な細菌も大量に殺すため、本来の腸内環境、つまりマイクロバイオームを変えるという副次的な被害をもたらすことも多い。そうなると、病原菌のなかには、天敵がいなくなって腸内で優位に立つものも出てくる。そしていずれは、最も強力な抗生物質にも抵抗性をもつようになる（こうしたことは18章で詳しく見る）。

ラクトバチルス菌とビフィズス菌の二つは、いろいろなタイプのヨーグルトに添加されている。そうしたヨーグルトには、クロストリジウム・ディフィシル誘発性大腸炎という腸の重篤な感染症を予防する効果があるとされている。**クロストリジウム・ディフィシル**というのは病原菌の一種で、抗生物質投与を受けた腸で過剰に増殖することがあり、入院患者、とくに女性と高齢者での発症率がかなり高い。最近、二一件の臨床試験についてのメタアナリシスをおこなったところ、三種類のプロバイオティクスを三週間摂取すると、六〇パーセントの効果があることがわかった。必ず効果があるわけではないが、平均するとプロバイオティクスを八回処方すれば、クロストリジウム・ディフィシル誘発性大腸炎を一回予防する計算になり、費用対効果はきわめて高いと言える(20)。

しかし、一般消費者向けの市場やインターネット上でなされているプロバイオティクスの販売は、必ずしも正しく管理されているわけではない。実際、有効性がひどく誇張されているケースは珍しくないし、低品質の細菌や死んだ細菌を使用しているものや、十分な数の細菌を含まないものも多く、とくにフリーズドライ製品ではそう言えるようだ。欧米の規制当局は、ヨーグルト製造企業がきちんとした治験を実施せずにそうした健康効果を謳うことに対して、規制を強めている。これによって企業側は難しい立場に置かれてしまった。規制当局は現在、プロバイオティクスを新薬と同じように扱っているため、企業がその健康効果を試験するには、有効性と安全性についての正確なエビデンスを示さなければならず、それには高額の費用がかかるからだ。企業側は、プロバイオティクスは食品にすぎないし、オートミールの新製品を発売するときにFDAが治験を要求することもない、と主張している。当面はどちらも譲歩する気配はなさそうなので、プロバイオティクスについてヒトを対象とする大規模で信頼できる治験がおこなわれるには、まだ時間がかかりそうだ。

数件のプロバイオティクス治験を対象とするメタアナリシスでは、ヒトでは一貫した効果を支持するエビデンスはほとんどないという結論だった。その理由は、プロバイオティクスが効かなかったためか、あるいは治験の大半が小規模で短期的な研究だったためか、いずれかだとされている(21)。例外的に効果が得られた治験として注目すべきなのは、高コレステロール血症（前述した、遺伝的に血中コレステロール値が非常に高い病気）の患者を対象とした、ラクトバチルス・ロイテリという細菌の特定菌株についての治験だ。

「ヨーグルトは体に良い」の科学的根拠

腸内細菌をめぐっては、血中の脂質との関連性も見つかっている。無菌マウスでは、血中の脂質やコレステロールのレベルが高くなる傾向があるが、これは胆汁酸と呼ばれる、マウスの胆のうに蓄積される重要な産生物が十分に作用していないからだ。こうした胆汁酸が、脂質などを取り除くという正常な働きを示すには、腸内細菌の存在が不可欠であることがわかっている。モントリオールの研究グループがおこなった実験では、血中コレステロール値が非常に高い患者にまず二週間、プロバイオティクスをヨーグルトとして食べてもらったところ、肯定的な結果が得られた[22]。次に、同じ細菌をカプセルに入れて、同じ患者グループに九週間にわたり投与した。その結果、有害な脂質のレベルが一〇パーセント減少する一方で、体に良い脂質は増えた。これは、マウスで胆汁酸の働きが改善した場合と同レベルの結果だ[23]。

奇妙なのは、ヨーグルトは健康に良いという一般的な証拠は増えてきているのに、プロバイオティクスとして働く友好的な細菌が、実際に生きたままヒトの腸に到達してそこで増殖している証拠のほうは、いまだにほとんど得られていないことだ。ヨーグルトのスターターとして添加されている基本的なラクトバチルスのうち、酸性度の強い胃を通り抜けて十二指腸まで到達するものはわずか一パーセントしかなく、そのほかは消息不明になってしまうことが、複数の研究により明らかにされている。多くの研究では、糞便を調べてもヨーグルト由来の有効な細菌の死骸は見つからないし、そうした細菌が結腸内で生き延びた証拠も発見されていないのである[24]。ヨーグルトに含まれる細菌の量を以前の数倍に増やしたり、微妙に異なる菌株を使ったりすることが有効な場合もあるが、全体としては、誰にでも効果のある細菌というのは存在しなさそうだ。市販のヨーグルトに含まれている一般的なプロバイオティクス菌株は、ある人には有効でも、別の人には効果がない可能性があるのだ。

これは腸の状態が人によって違い、ある場合には、その化学的条件のせいで「不適切な環境」になっているからだろう。つまり、腸に送り込んだ細菌が全体のなかでかなり少数派だと、転校生のようにほかの細菌にいじめられて定着できないのだ。ヨーグルト摂取については、小規模ながら慎重を期して実施されて、面白い結果を出した臨床試験が一件ある。この試験では、若い女性の一卵性双生児七組に、五種類の細菌が含まれているヨーグルトを食べてもらった。この五種類は、多くの市販ヨーグルトに広く含まれている、よく知られたものだ。被験者は全員、このヨーグルトを一日二回、七週間にわたって食べた。マイクロバイオーム研究のパイオニアであるジェフ・ゴードン率いるアメリカの研究チームは、この五種類の細菌のかなりの量が被験者の結腸まで届いたとする、心強い結果を得た。とくにビフィズス菌の一種は、ヨーグルトの摂取をやめてからも一週間にわたって腸にとどまったという(25)。

しかし予想とは違い、こうした細菌の影響はさほど大きくないように思えた。腸内細菌の組成に変化が見られなかったのである。どうやら新参者の到来にも動じなかったらしい。この結果は、同じ五種類の細菌をマウスに投与する厳密な対照実験でも変わらなかった。ヨーグルトの細菌は検出されたが、それがほかの腸内細菌を混乱させることはなかったのだ。

ここで研究をやめてもおかしくなかったが、ゴードンの研究チームは、一連の複雑な試験をおこなって、ヨーグルトの細菌が私たちの体に密かに大きな影響を与えていたことを突き止めた。遺伝子には、複合糖質〔タンパク質や脂質に糖が結合したもの〕や糖類の分解をコントロールするものがあるが、ヨーグルトの細菌は、何らかの方法でこの遺伝子の活動レベルを飛躍的に高めていたのである。言い換えれば、ヨーグルトの細菌を摂取すると、ほかの食物を分解したり、抗炎症反応経路をスタートさせたりする方法が変わるということだ。腸内細菌コミュニティは、相互作用する巨大なネットワークのなかで協働し、さまざまに異なる複雑な方法で食物を代謝している。そのため、何か一種類の細菌だけを腸に取り入れるのは、腸内細菌の組成を変えるには十分ではないかもしれないが、コミュニティの全体的な代謝バランスを変え、私たちの健康に影響を及ぼす可能性ならあると言えるのだ。

ただし、注意すべきことがある。市販のヨーグルト製品の多くが、健康効果を強調しすぎているように思えることだ。とりわけ気になるのは、特許出願済みの特殊な菌株を一、二種類、少量だけ添加しているようなケースである。低脂肪ヨーグルトの多くは、糖分やフルーツピューレをたくさん含んでいるが、それらは細菌の増殖を妨げるので、せっかくの健康効果を帳消しにしてしまいかねない。またヨーグルトの細菌はふつう、補給しないかぎり私たちの体内からいなくなってしまうので、効果を得るにはヨーグルトを毎日欠かさず食べる必要があるだろう。さらに言えば、ある特定の細菌株や細菌のコミュニティが重要だということも考えられるので、自分の親友になりうる細菌を、もっと正確に見つけ出す必要もあるだろう。

遺伝子と腸内細菌

プロバイオティクス研究のなかでも、遺伝子的に同一で、同じ環境で育てられた実験用マウスを対象とした研究では、おおむね一貫性のある良い結果が得られている。しかし、ヒトを対象とする研究は期待を裏切る状況で、異なる研究のあいだでの反復性がほとんど見られない。これはおそらく、ヒトの腸の場合、そこにすむ細菌の種が個人間で驚くほど違うからだろう。ここで一つ質問が浮かび上がる。ヒトの腸にどんな細菌が引き寄せられるかは、私たちの遺伝子が決めているのだろうか？　この質問が重要なのは、同じプロバイオティクスやヨーグルトが、人によって効果があったりなかったりする理由がわかるかもしれないからだ。

私のように遺伝学の知識がある研究者は、遺伝子というのは、私たちの体にある生物学的に価値のあるものにとって常に重要だと考えるきらいがある。もちろん、誰もがそう考えているわけではない。たとえば、遺伝学が専門ではない研究者たちには、人間の体の著しい個人差を考慮すれば、身の回りの環境や食生活によるランダムな影響こそが、重要な決定因子だとする人もいる。アメリカで以前実施された二件の双子調査では、腸内細菌の多様性に遺伝子が影響している決定的なエビデンスは得られなかった。しかし、マイクロバイオームの専門家であり、のちに共同研究者となるルース・レイが、ある集まりで研究結果を発表するのを聞いていたとき、私はひらめいた——二件の調査は規模が小さすぎたのであって、一万一〇〇〇人の双子が参加する私たちのコホート研究なら、その問題に正しく答えられるのではないか。

私は、個人の性格や病気にとって遺伝子と環境のどちらの影響が大きいのかを突き止めるために、それまで二〇年あまりにわたって双子研究を続けていた。具体的には、信仰心や性的嗜好から、ビタミンDや体脂肪の数値まで、数百種類もの形質について調べた。研究の仕組みはシンプルだ。一卵性双生児のあいだの類似性を、二卵性双生児のあいだの類似性と比較するのである。ある形質について、前者の類似性のほうが大きい場合、その形質に遺伝子が関係しているのは間違いない。一卵性双生児の遺伝子はすべて同じだが、二卵性双生児では五〇パーセントしか同じではなく、その点ではふつうのきょうだいと変わらないからだ。簡単な計算をすれば、個人による違いの何パーセントが遺伝子に起因しているかがわかる。これは遺伝率と呼ばれ、パーセントで表す。

私たちの研究に熱心に協力してくれている双子たちに頼んで、便のサンプルを少量提供してもらい、それをコーネル大学のルース・レイに冷凍状態で送った。ルースの研究チームは、そのサンプルからDNAを抽出して、かなり変異しやすく、細菌種による違いをはっきりと示す16S遺伝子の配列を決定した（この遺伝子についてはすでに述べた）。各サンプルについて、約一〇〇〇の主要な微生物グループのうち、どのグループがどのくらい存在するかを特定したことで、双子の腸内細菌を比較できるようになった。最初に気づいたのは、腸内細菌がまったく同じ人はいないということだ。細菌は驚くほど多様だったのである。一般には、個人のDNAを比較すると九九・九パーセントが一致するのに対して、腸内細菌の種は一〇〜二〇パーセントしか一致しない。私たちが調べた双子では、一卵性双生児のほうが二卵性双生児よりも種の一致度がわずかに高かった。

腸内細菌を「門」という大きな分類（図3）で分けてみると、さらに明確なパターンが見えてきた。バクテロイデーテス門といった上位階層で見た場合には、食事などの環境要因の影響が優勢だった。一方で、ダイエットや肥満、病気に大きく影響しているラクトバチルス属やビフィドバクテリウム属などの下位階層の細菌グループが、遺伝子に左右されていることも明らかになった。ただし、遺伝子によるコントロールは部分的なもので、腸内細菌が受ける影響の六〇パーセント以上は、やはり環境からのものだ[26]。

私たちの研究結果は、多くの研究者を驚かせた。その研究結果が意味するのは、どの腸内細菌のグループ（たとえばラクトバチルス属）がどれくらい増えるかは、遺伝子によってある程度コントロールされているということだ——それは、花や灌木によって好きな土壌の種類が違うようなものである。そう考えれば、限られた種類の細菌しか入っていない現在のプロバイオティクスが、ある人には効果があって、ほかの人には効果がない理由がわかる。いずれは、もっとさまざまな細菌を含むプロバイオティクスが開発されて、そうした菌を腸に届ける方法も改善されるだろう。しかしそれまでのあいだは、いろいろな体に良い細菌とそのための「肥料」の両方を含んでいる本物の食べ物を選ぶほうが、わずか数種類の細菌に賭けてみるより、多くの人にとってプラスになる可能性が高いはずだ。

私たちは最近、米国国立衛生研究所のマリオ・ロデレールとともに、双子研究に参加してくれている一〇〇〇人ほどの双子を対象にして、**制御性T細胞**についての新しい実験を実施したところだ。制御性T細胞というのは、腸と血液の両方から見つかっている免疫細胞の一種で、腸内細菌とのやりとりが多い。この実験では、制御性T細胞が人によって異なっており、同時に遺伝子によって強くコントロールされていることがわかった[27]。つまり、どの細菌がヒトの腸という土壌に繁茂するのか、そして何より、そうした腸内細菌に対して免疫システムがどういう反応を示すのかといったところは、遺伝子によってある程度は左右されるのだ。

	ヒト	ビフィズス菌
ドメイン	真核生物	真正細菌
界	動物界	真正細菌界
門	脊索動物門	アクチノバクテリア門
綱	哺乳綱	アクチノバクテリア綱
目	霊長目	ビフィドバクテリウム目
科	ヒト科	ビフィドバクテリウム科
属	ヒト属	ビフィドバクテリウム属
種	ヒト	ビフィドバクテリウム・ラクティスなど

図３　生物の分類の一例。ここでは、ヒトとビフィズス菌（ビフィドバクテリウム属の細菌の総称）の分類を示している。

そうなると、遺伝子は従来考えられていたような柔軟性のないものというより、むしろ明るさを自由に変えられる照明スイッチに近いと考えられる。そして、このいわゆる**エピジェネティクス**的プロセスの働きによって、私たちは新しい環境や食事に適応するのである。またこのプロセスを通じて、人間の体は腸内細菌とやりとりをするし、腸内細菌のほうでも、私たちの遺伝子のオン・オフを切り替えたり、私たちを操ったりできる。そうして長い期間のあいだに、食事あるいは細菌の影響によって、腸の土壌を肥沃にする遺伝子の働きが徐々に変化していき、最終的に腸に定着して増殖できる細菌の種類が増えていく。

腸と脳

腸内細菌は、新生児が正常な脳や神経系を発達させるのに欠かせない存在だ。実際に、腸内細菌全般、とくにヨーグルトに入っているラクトバチルス菌とビフィズス菌が、脳腸相関と呼ばれるプロセスを通じて脳の中枢部に影響を与えることがあるという、十分なエビデンスが見つかっている。ヒトの腸には、頭部以外では二番目に広大な神経系があり、第二の脳と呼ばれてきた。また腸のニューロンと神経接続部位は長さ数キロになり、これはネコの脳と同等だと推定されている（抜け目がなく気ままな性格と強い生命力で愛されている、あのネコだ）。それを考えれば、私たちは自分の腸の言うことをもっと聞くべきだとわかるはずだ。

脳と腸のあいだでは、複雑なシグナルによる情報のやりとりが存在する。こうした脳と腸のつながり（先述した脳腸相関）は、食べ物の摂取や消化をはじめとする多くの機能をコントロールしているが、それ以外の働きも見つかってきている。たとえば、私たちの気分に影響を与えることもある。胃もたれが起こると、吐き気を引き起こすシグナルが脳に送られるので、食欲が落ちて活動度が低くなり、気分が落ち込む。そのせいで、短期的なうつ状態になることがあるのだ。このことは、胃もたれがある患者や、診察する医師のあいだでは、かなり以前から知られていた。

私たちの研究チームでは最近、一人がうつ病を患い、もう一人はそうではないという、あまりいない組み合わせの双子を何組か調査した。双子のうち、うつ病になっている人の血液では、重要な脳内化学物質であるセロトニンの値に変化が見られた。セロトニンは食物に由来するが〔必須アミノ酸であるトリプトファンから合成される〕、食事をしていないときには腸内細菌によって合成されている。そのため、腸内細菌が変化するとセロトニンも影響を受ける。それによっておそらく、私たちの気分まで変わっているのだろう。そう考えると、断食後に奇妙な高揚感があったと証言する人がいる理由もわかる。

メッセンジャーの働きをする化学物質は少なくとも一六種類あることが知られている。それらは消化管ホルモンと呼ばれていて、腸から血中へと放出され、脳に食べる量を増やす（または減らす）ようにというシグナルを送る。消化管ホルモンは、遺伝子や食事によってきめ細かくコントロールされている。一方で、ストレスがあると、脳が私たちの感情を通じて腸の機能を変化させることがあり、それによってほかのホルモンの分泌も変化する可能性がある。そうした症状の悪循環は、マイクロバイオームの破壊や、さらにはうつ状態にもつながる。ただし、こうしたメッセンジャーとなるホルモンが単独で作用しているわけではない。

この大切な脳腸相関においては、免疫システムにも重要な役割があることが明らかになりつつある。たとえば、先に説明した制御性T細胞という免疫細胞は、腸内細菌と脳の両方と絶えずやりとりしていて、そのあいだのメッセンジャーとして機能している。[28] 腸に影響を及ぼす病気でとくに多いのが、過敏性腸症候群（ＩＢＳ）だ。これは一般的には男性より女性のほうがかかりやすい病気で、三〇〜六〇代に発症のピークがある。原因はよくわかっていないが、ストレスは危険因子の一つだ。その症例の五〇パーセントが、不安やうつ、原因が特定できない慢性痛といった精神科的症状を伴っている。そのため医師たちは混乱し、その症状、さらには病気そのものが、患者によって意識的あるいは無意識のうちに作られたものと考えてしまうこともあった。

ＩＢＳ患者の腸の中

サリーは二七年にわたってＩＢＳに苦しんできた。この病気で一番つらいのは、「何が起こるのか、それがどのくらい続くのか、まったくわからないところ」だという。「面接の前に症状が出ることもあるし、ひどいショックの後、たとえば娘が暴行されたときにも出ました。そうでなくても、ひどい不安を感じるだけでも出ます。症状はたいてい数週間から数カ月続きます。がんじゃないかと思って詳しく調べたこともあります。ただ、おかしな気がします。というのも、子どものころは、毎日『おトイレをする』のが普通だなんて思ってなかったんですから。おなかがスッキリするのは三週間に一度というのも当たり前でした。もちろん、おなかはしょっちゅう痛くなりました。ＩＢＳになってからは、調子が悪いと一日に五回か六回もトイレにいくので、ならしてみたら、ほとんど毎日『おトイレをしている』ってことになります」

「一九八九年にサルモネラ菌の食中毒になったけど、それはあまり影響ありませんでした。私の『トリガー』

はストレスだけみたい。一七歳のとき、姉がレイプされて、彼女のボーイフレンドとうちの父がひどく殴られた後、放置されて死ぬっていう事件にあって、その数週間後にIBSの症状が始まったんです。いろんな治療法を試したけど、どれもあまり役に立たなかった。もちろん、ちゃんとした食生活をしてるわけではありません。精白小麦粉のパンをたくさん食べるし、マクドナルドにだって行きすぎだと思う。実際、ハンバーガーを食べたのがきっかけで、痛みが出たり、下痢になることもよくあります。だけどプロバイオティクスとか、体に良いヨーグルトを食べるのを習慣にしようとしたことはないです。そういうのは逆に怖くって！」

サリーは体重八五キロと太りすぎで、ずっと減量できずにいた。自分が不健康で、ひどい食生活を送っているのは、慢性的にストレスがあること、そして一〇年間も仕事がないことが原因だと考えている。私たちはサリーの腸内細菌の組成を調べて、それを一〇〇〇人の女性被験者と比較した。するとサリーの場合、腸では多いはずのバクテロイデーテス門の細菌が少なかった。そして面白いことに、ふつうは皮膚に多い放線菌門の細菌の数が、ほかの女性の七倍あった。また全体的に見て、細菌の多様性がかなり低い状態だった。

IBSという病気は、五〇年前にはほとんど知られていなかった。現在では、たいていの調査で、対象者の一〇パーセント以上がこの病気に苦しんでいるという結果が出るが、特化した検査法がないので、ほかの病気と区別するのがきわめて難しい。特徴的な症状は、排便習慣の変化、腹部膨満感や腹痛、便秘と下痢の時期が交互に来ることで、最終的には食後にトイレに走るような状態になってしまうことが多い。IBSの患者グループを対象とした腸内細菌の研究は二〇件以上おこなわれている。その結果、IBS患者の腸内細菌には明らかな異常があることがわかったが、どの細菌が変化しているのかを具体的に示す、一貫性のあるパターンは見つからなかった。しかしどの患者も、サリーと同じで、細菌の多様性が低くなっていた。[29]

抗生物質をIBSの治療薬として投与する研究も数件実施されている。一部の製薬会社では、抗生物質を特別なカプセルに入れて、小腸や大腸に届くまで保護することで、抗生物質の効果を高めようとしている。一方、プロバイオティクスによるＩＢＳ症状の治療については、四〇件ほど実施された研究のほとんどで、ある程度の成功が見られている。ただし、そうした研究の多くは、小規模で期間も短く、実験の信頼性も低かった。[30]ＩＢＳ患者の半数では、腸管の透過性が高まっていたことを示す、何らかの証拠が見つかっている。そうなると、化学物質や細菌が少量、腸から血液中に流れ出る場合がある。しかし、これが腸内細菌の多様性の変化に直接関係があるのか、それともＩＢＳの発症後に生じたものなのかについては、まだはっきりしていない。

ストレス対策にはヨーグルトを

気分と食習慣がしばしば互いに影響し合うことは、誰もが知っている。ヒトやマウスなどのげっ歯類を対象とした実験の多くでは、ストレスを受けると、体重の減少、または食べすぎによる血中脂質値の増加のいずれかにつながることが確かめられている。しかしこうした実験でも、極度のストレスにも影響されず、プレッシャーがあっても冷静に行動したグループが一つだけある。まるで「ダイハード」のブルース・ウィリスのようだが、その正体は無菌マウスだ。ただし、腸に細菌を移植するとただの弱虫に戻ってしまい、ここから、不安を伝達するうえで腸内細菌が欠かせないことがはっきりとわかる。

私は子どものころに、地元のスイミングプールで母親とはぐれて、泣いてしまったことがある。いまだにつらい思い出だ。研究者たちは、げっ歯類のストレスを計測する方法を知っている。そこで彼らは、私と同じ経験を子どものマウスにさせてみることにした。子マウスを母マウスから引き離して、水中を何往復も泳がせたのである。すると、子マウスのマイクロバイオームは乱れて多様性が低くなったが、その子マウスにラクトバチルス菌のプロバイオティクスを投与すると、不安とストレスは一貫して弱くなった。これはつまり、泳いだあとのおやつは、ポテトチップスよりもヨーグルトのほうがいいということだ[31]。

ヒトの気分に対するプロバイオティクスの効果を調べた治験として優れたものは、これまで数件しか発表されていない。そのうちの一件では、女性の被験者にプロバイオティクスを四週間投与した後、怒った顔と親しげな顔の写真を見せて、そのときの脳の活動を計測した。その結果、気分に大きな変化は見られなかったが、情動反応が抑制されることがわかった。女性と男性の両方を対象とした別の同じような治験では、血中のコルチゾール値が減少していた(コルチゾールはストレスがあると増える)。この効果は、プロバイオティクスを摂取してから一カ月後にも見られた。また、ヨーグルト会社がスポンサーになった研究では、牛乳そのものではなく、ヨーグルトに含まれる微生物のほうに、脳の中枢部分を活発化させ、やはり否定的な考えを抑える可能性があることが確かめられた[32]。アイスクリームにも同様の効果があるという報道が以前なされ、喜んだ人も多いかもしれないが、これはハーゲンダッツの宣伝だったことがわかっている[33]。

全体としては、プロバイオティクスの健康効果については、慎重ながら期待できる状況だ。乳児や高齢者、または感染症にかかった後など、体が弱っている時期や、腸内細菌が乱れたり十分に形成されていない時期には、プロバイオティクスには明らかに効果がある。一方で、(実験用マウスではなく)大多数を占めるふつうの健康な人については、プロバイオティクスの日常的な摂取が明確な利益をもたらすことを示すような、無作為化比較試験による確実なエビデンスはまだ存在していない。しかし、プロバイオティクスの時代は始まったばかりである。私たちが調べているのは、ほんの少数の有益な微生物であり、そうした微生物を摂取するときの理想的な条件というのも、まだわかっていない段階だ。

ヨーグルト会社は、昔から知られている何種類かの微生物だけを七〇年以上使い続けている。売り上げが増えているなかで、好評を得ている配合を変える気はないようだ。しかしすでに説明したとおり、市販のヨーグルトの多くは、低脂肪と宣伝されていても、砂糖や甘味料やフルーツピューレをたくさん含んでいる。そうしたものは、微生物の成長や機能を妨げかねない。それを考えると、そんなヨーグルトより、微生物がたくさん含まれたナチュラルヨーグルトを選んだほうがいいだろう。それでも腸内で生き残る微生物はほんの少しなので、その確率を高めるために、本物に近く、微生物が多めに入っている製品、具体的には、一ミリリットル中に五〇億以上の微生物を含んでいるものを探そう。できれば、含まれている微生物のリストがラベルに小さく表示されているものがよい。

＊

たいていの人にとって、飽和脂肪酸は何が何でも避けるべき悪者ではないというのが、この章の結論である。チーズやヨーグルトとして摂取することが多い飽和脂肪酸は、しばしば不健康だと言われてきたが、実際はそうではなく、むしろ私たちに有益な効果を与えてくれる。ただし条件がある。食品の加工度が高すぎたり、化学物質や甘味料といった不要な成分がむやみに入れられていないこと。そして、その食品が「本物」で、生きた微生物を含んでいることである。

6　不飽和脂肪酸　オリーブオイル、そのほか地中海式食事

「あかみ」と「あぶらみ」

ジャック・スプラット　あぶらがきらい
そのおくさんは　あかみがきらい
だからごらんよ　なかよくなめて
ふたりのおさらは　ぴかぴかきれい

（「マザー・グース　1」〈谷川俊太郎訳　講談社〉より引用）

このわらべうたは、不幸な最期で知られるイギリスのチャールズ一世と、ヘンリエッタ・マリア王妃の食べ物の好みを歌っているのだそうだ。[1] もし革命が起こらず、国王が斬首されることがなかったら、王と王妃のどちらが長生きしただろうか。昔だったら、この質問に答えるのは簡単だった。たいていの人は、脂身が大好きなミセス・スプラット、つまり王妃が早死にするほうに賭けただろう。ただしこの五〇年間で、脂肪に対する見方が変わり、品種改良や遺伝子検査、食肉解体の技術が向上した結果、イギリスなどの国では、切り身肉ならどんな種類でも、脂肪含有量が最大三〇パーセント減少している。それでも、脂肪が多い肉は食べないほうがよいのだろうか？　それとも、これもまた別の神話にすぎないのだろうか？

私が山で体調を崩しながらも、それ以上ひどい事態にならなかったのは、どちらかというと幸運なことだった。その後私は、これは自分のライフスタイルを見直して、何を得られるのか試してみるべきときだと思った。将来的な脳卒中や心臓疾患の発症リスクは減らしつつ、普通の暮らしをできるだけ長く楽しんでみたい。できることなら、二種類飲んでいる血圧の薬をやめたい。そう考えた。運動で血圧を下げられるのを知っていたので、週末のサイクリングを増やし、水泳や公園での軽いジョギングも始めてみた。

次に試したかったのが、食生活の改善だ。私の父は五七歳のときに心臓発作で急死していて、その遺伝子の半分を受け継いでいる私は、発症リスクが高い部類に入る。そんな遺伝子によって決められた運命から逃れたい。心臓専門医に遺伝子以外のリスク要因を血液検査で調べてもらったところ、コレステロール値は五ミリモル／リットルなので心配ないということだった（イギリス人の平均は六ミリモル／リットル）。脂質プロファイル（ＬＤＬとＨＤＬの比）がかなり良かったのは、とくに大きな安心材料になる。それでも、この値をさらに低くする努力が必要だ。値が低ければ、心臓疾患のリスクがずっと低くなるからである。その心臓専門医からは、塩分の摂取量を減らすようアドバイスされた。私は塩のきいたナッツが大好物だが、それを別とすれば、塩分を減らすのに苦労はないだろう。さらに、塩分摂取を減らしても血圧への効果があまり見られなかったケースもたくさん知っていたので、ほかにも何かやってみようと考えた。

自分には思い切った変化、つまり食生活の大改造が必要だった。私の人生は、自分が口に入れるものについてもっと知りたいと考え始める段階にきていたのである。五〇年あまり肉を食べ続けてきたが、ここでベジタリアンになってみるのはどうか――厳密には、ベジタリアンみたいなものに。肉はやめるつもりだったが、魚介類とはお別れしたくなかった。それにはいくつか理由がある。科学的に見て魚介類には悪い面が何もないようだったし、なにより、研究休暇の数カ月間、世界最高レベルのシーフードがあふれるバルセロナで一人暮らしをする予定になっていたからだ。

心臓病になる確率を低くするために、牛乳やチーズやヨーグルトのような乳製品と卵もやめることにした。「チャイナ・スタディ」をざっと読んだところでは、乳製品に含まれる脂肪やカロリー、さらにはタンパク質もすべて体に悪いらしい。ついでにアルコールもやめようと思ったが、すぐに気が変わった。たいていの研究では、適量のアルコール、とくに赤ワインは心臓に良いとされているから大丈夫だということにしたのである。

肉抜きダイエット

そんなこんなで、肉なし、乳製品なしの食事への挑戦が始まった。ここまで厳しい食事制限をするのは初めてだ。イベリコ豚のハムを使った魅力的なタパスを我慢するのは大変だった。しかしそれを別とすれば、肉を食べないのは驚くほど簡単で、なんとか数年間続けられた（なんと、この本の執筆作業に本格的に取りかかるまで肉なしの食事は続いたのだ）。予想していなかったのは、チーズを食べないのが自分にとってどれだけつらいか、ということだった。マンチェゴチーズなしでリオハワインを飲んでも、脳の快楽中枢に大きな穴がぽっかりと空いたままだったし、風味豊かなパルミジャーノやフレッシュなブリーを二度と食べられないと思うと、つらくてしかたなかった。とはいえ、そうしたヴィーガン的な状態は長続きせず、スタートから約六週間で終わってしまった。アメリカの空港で食べるものが何も見つけられなかったのだ。たとえハムやターキーが入っていない食べ物があっても、それには強烈なオレンジ色をした、店側がチーズと呼ぶものがかかっている。空腹だった私は、降参してチーズピザを一切れ買ってしまったのである。

魚菜食主義者《ペスクタリアン》として、だいたいにおいて低脂肪の食事を続けるようになって四カ月が経過すると、体重が約四キロ減った。徳が高い人になった気がしたし、以前より体の調子がよかった。高かった血圧が一〇パーセントほど減少したので、二種類の薬のうち一つは飲まなくてもよくなり、もう一つ（アプロジピン）も服用量を減らせた。血中コレステロール値は約一五パーセント減少して四・二ミリモル／リットル程度になり、HDL／LDL比も改善していた。しかしこれは、私が実行した低脂肪・低動物性タンパク質ダイエットだけの効果と言えるのだろうか？　それともほかに何か理由があるのだろうか？

突如として菜食主義者になった私を見て、友人たちは首をかしげたり、ときにあきれかえったりしたので、丁寧に対応しなければならなかったのは面白い体験だった。それ以上に大きかったのは、人生で初めて、自分の口に入れるものについて慎重に考えるようになったことである。宗教や文化、健康上の理由で避けるべき食品がなければ、目の前に置かれたら、たいていそのまま食べてしまうものだ。私はいつしか、パーティーや会合の席で出される前菜のほとんどを断るようになっていた。本物の肉か加工肉が入っているから、という理由のこともあったが、それと同じぐらい多かったのは、材料がわからないという理由だ。いちいち判断を下していると、反射的に食べるという衝動が先延ばしになる。おかげで、不必要に摂取するカロリーが減っていたようだ。

肉全般をやめたことで、肉自体に含まれる不飽和脂肪酸と飽和脂肪酸、タンパク質の摂取量が減っただけでなく、なりゆきとして、たくさんの塩や砂糖、脂肪を余分に含んでいる、健康に悪い加工食品もほとんど食べないようになった。プラスの副次的効果はほかにもある。果物や野菜をそれまでにないほどたくさん食べるようになったし、豆類だとか、名前を聞くのも初めてのいろいろな野菜のおいしさに気づいた。レストランで料理を注文するときも、以前ならたんにステーキにフレンチフライ、サラダというメニューですませていたところを、もっと冒険してみるようになった。食生活を変え、さまざまな種類のものを食べるようになって実感したのは、たとえば肉についてちょっとしたルールを決めるだけでも、大きな効果が得られる可能性があることだ（もちろん、そのルールをきちんと守ればだが）。おいしそうな加工食品や冷凍食品の大半には、何らかの形で肉が利用されているので、私はいつのまにか電子レンジをめったに使わなくなり、生鮮食品に頼る機会が多くなった。言うまでもなく、食生活の変化とは、この食べ物は体に悪いと決めつけて、それを取り除くことだけを指すのではない。それを取り除いたことで代償的に生じる、あらゆる変化が重要なのだ。

ニワトリにマラソンランナーはいない

脂肪分の多い食べ物にはだいたい、不飽和脂肪酸と飽和脂肪酸の両方が含まれている（図4）。肉も例外ではなく、成分は主に水（七五パーセント）とタンパク質だが、多くの不飽和脂肪酸と飽和脂肪酸が含まれる。もちろん、肉の種類や部位によって含有量は変わってくる。

肉の総消費量は、一九六一年以降、大半の国で着実に増加してきた。[2] 先進国では、赤肉のほうが多く食べられているが、一般的に脂肪分が少ない白肉（ニワトリや七面鳥の肉）に切り替える人も増えてきている。イギリスでは一九九一〜二〇一二年の期間に肉の消費量が微増した。この増加分は、ほとんどが鶏肉の消費量が三七パーセント増加したことによるようだ。[3] 白肉と赤肉の違いはただの皮一重のものではない。赤肉の赤い色はミオグロビンというタンパク質の色で、このタンパク質は持久力に富む特別な筋繊維に含まれる。一方、ニワトリの筋肉にはミオグロビンがない。ニワトリが大急ぎで道路を渡っていることはあっても、マラソンをしているのは見かけない理由はここにあったのである。

そんな短距離走者であるニワトリの肉は、総脂質が少なく、飽和脂肪酸の割合もとくに少ない（脂肪の三分の二は不飽和脂肪酸だ）。一方、牛肉や豚肉、ラム肉では、不飽和脂肪酸と飽和脂肪酸の割合がほぼ等しい。もちろんこの割合には大きなばらつきがあり、部位によっても違ってくる。たとえば豚肉でも、脂肪の少ない部位であれば鶏肉と変わりがないし、牛ひき肉やソーセージは、重量の一〇パーセント超が飽和脂肪酸だ。

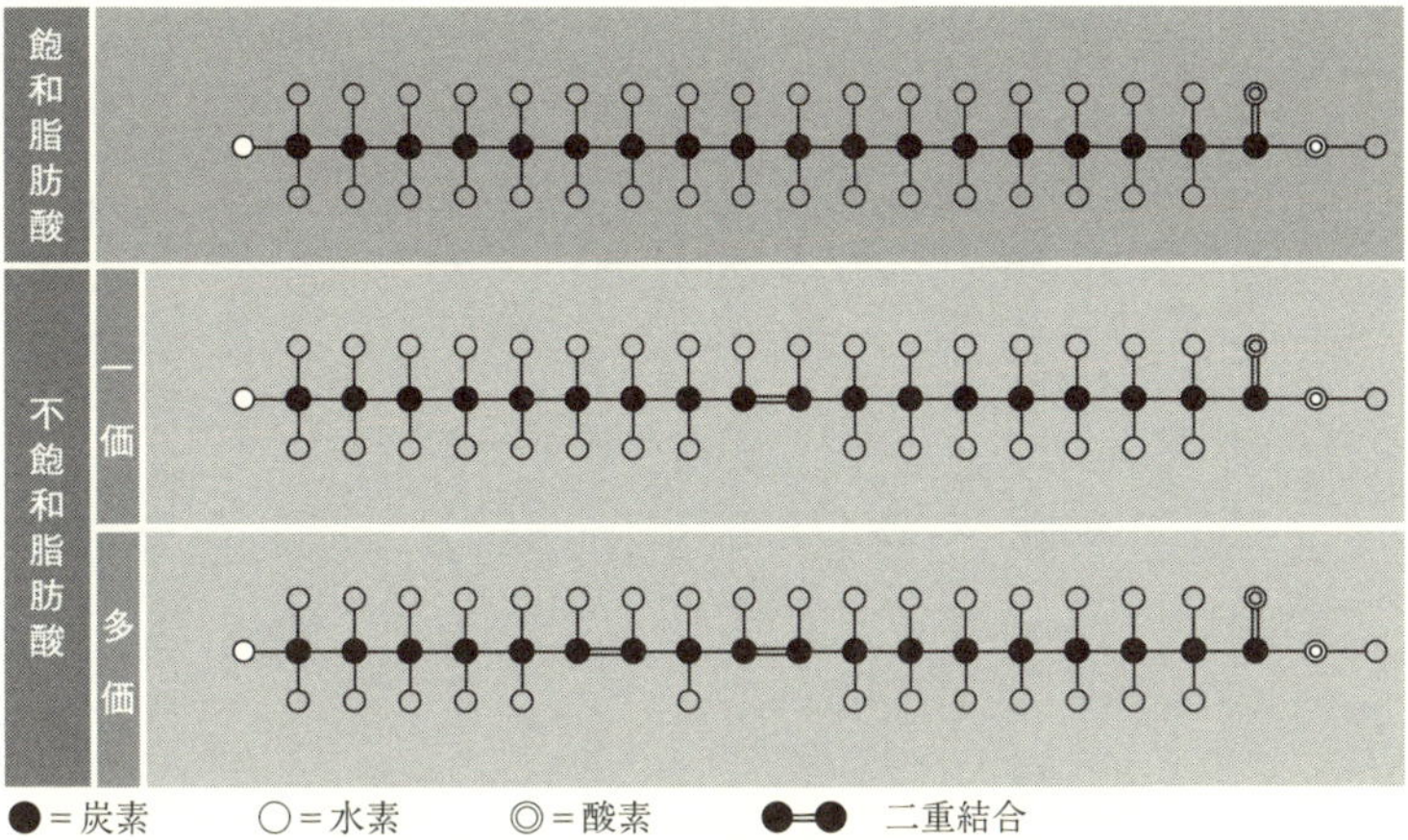

図 4　「不飽和」と「飽和」という専門用語は、その脂肪酸の分子に特定の化学結合があって、分子が水素で飽和されないようになっているかどうかに由来する。不飽和脂肪酸を大量に含んでいる食品としては、たとえば、キャノーラ油（菜種油）やオリーブオイルなどの植物油、ナッツ類、アボガドが挙げられるだろう。

肉を食べると、心臓疾患による死亡率が二〇パーセント増加するとされているが、その理由としては、肉には心臓疾患のそもそもの原因であるコレステロールと飽和脂肪酸が多く含まれているためだというのが定説だった。しかしこの考え方は、肉には不飽和脂肪酸も多く含まれている点を無視している。また、すでに説明したとおり、最近実施された飽和脂肪酸の含有量についてのメタアナリシスによって、脂肪が心臓疾患のそもそもの原因だという考え方自体に重大な疑問が生じている。さらに重要なのは、ここ数十年のあいだ、食事から脂肪を排除して、代わりに炭水化物（たいていは精製度が高いもの）の摂取を増やすということが世界中で大々的に試みられてきたが、大きな健康被害をもたらす結果に終わっていることだ[4]。

ここで、より健康な食生活を目指すために、肉に含まれるさまざまな種類の脂肪や、私たちの祖先の食生活について詳しく考えてみることにしよう。

祖母が食べていたものを食べること

狩猟採集民が食べる肉の量は地域によって異なる。たとえば熱帯では、肉は食料全体の三〇パーセントにすぎず、残りは植物性の食べ物が占めているという。現在の私たちは、脂肪分の少ない肉を食べることがナチュラルで健康的であり、ステーキのまわりに脂身がついているときは、食べないように気をつけるのが当然だと考えがちだ。しかし、私たちの祖先はおそらく、これとはまったく逆のことをしていただろう。

ウェストン・プライスは二〇世紀初頭のアメリカの歯科医で、エネルギーあふれる風変わりな人物だった。プライスは、人生のうちの二五年の歳月を世界各地を旅することに費やした。それは文明から孤立して暮らす集団の食生活を記録するためで、アラスカからアフリカまで旅してまわっては、「現代の退化現象」とは縁のない人々を探した。プライスの言う「現代の退化現象」とは、食生活や生活様式を指していたが、この考え方は当時大いに広まって、たとえばコーンフレークを発明したジョン・ハーヴェイ・ケロッグのような菜食主義者にも影響を与えたという。ケロッグはキリスト教再臨派信者だったが、信仰を捨てて、禁欲やヨーグルト浣腸といったさまざまな変わった療法の普及に努めた人物でもある。

プライスが（辛抱強い妻とともにおこなった）調査旅行で気づいたのは、伝統的な食事をしている部族のあいだに現代病がまったく見られないことだ。そうした原始的な部族に特徴的なことの一つが、脂肪分が多い肉や、肝臓や腎臓、心臓、さらには腸といった重要な臓物を非常に好んで食べることだった。[5] プライスは、ネイティブ・アメリカンが脂肪分の少ない肉を飼い犬に与える場面すら目撃した――現代社会での欧米人の行動とは正反対である。イヌイットは、ほかの地域とはまったく異なる土地に暮らしていて、食料になる植物がほとんどないため、狩りをしてクジラの皮やカリブーの肝臓を手に入れる。それらを生で食べることが、彼らにとっては唯一のビタミンC摂取源になるのだ。過去の私たちは、食用可能な動物肉のどの部位に重要な栄養素があるのかを、自分の体によって、あるいは伝統を通じて理解していた。私たちが脂肪の多い食べ物を好むのは、こうした進化上の理由によるのかもしれない。

ここで重要なのは、あなた自身やその脳が食べ物にどう関わるかということと、あなたのマイクロバイオームの機能のあいだには、間違いなく強いつながりが存在するということだ。食事を心から楽しむ人々は実際に、その脳を通じて、自分自身をより幸せな気分にさせると同時に、腸内細菌を刺激することができるのかもしれない。前の章で述べたとおり、フランスや地中海沿岸諸国では、自分たちの食事や食の伝統に愛着をもつという文化があり、そうした国の人々はアングロサクソンと比べると、食事をしたり、それについて語り合ったりすることにはるかに長い時間をかけるものだ。そして彼らは、自分たちの祖母が食べていたものは何であれ、自分たちにとっても良いものが多いということを、しっかりとした食文化を通して理解しており、祖母の時代と同じ調理法を絶えず学んでいるのである。

当然の話ではあるが、フランスや地中海諸国の人々はその食の伝統のおかげで、たとえば一九七〇年代や一九八〇年代にアメリカから、高脂肪の乳製品がもたらす害についての「専門家のアドバイス」が出てきたときも、それほど過剰反応することはなかった。彼らはただ、自分たちの国で作られた健康的なヨーグルトや、高脂肪のチーズや肉を食べ続けたのだ。結果的には、そのほうが得をしたはずである。脂肪を減らした分、精製された炭水化物を増やすようなことにはならなかったからだ。一方、ほとんどのアメリカ人やイギリス人は、これと対照的な態度をとった。共通の食文化というものをほとんどもたない彼らは、かなりのストレスを抱えながら、さらに押し寄せる間違ったアドバイスの波に対応するはめになった。そのせいか、自分や家族にとって最適な食生活を考えるうえで、間違った選択をしてしまった。肉やフレッシュなチーズをやめて、マーガリンや、プロセスチーズが乗ったピザを食べるようにしたのである。しかも間違いはこれだけではない。食生活に関係するストレスや罪悪感が、彼らの腸内細菌や健康に悪影響を与えてきた可能性があるからだ。

オリーブオイルの再発見

一九六〇年代後半、独裁体制を敷いていたフランコ将軍は、スペイン南部地方の一部を一般観光客向けに開放することを決めた。そしてイギリス人観光客を呼び寄せようと、厳しいビキニ禁止法を緩和して、ホテルを建設した。最初の観光客たちは、陽光あふれる南部の海岸地方にあるトレモリーノスをパッケージツアーで訪れて、その土地が大好きになった。ただ、そこで出された食事にはショックを受けた――「チキンとチップス（フライドポテト）が、ぎとぎとした油に浮かんでいたり、ニンニクがたっぷりかかっていたりするんだ。胸が悪くなるよ」

その一方で彼らは、フィッシュ・アンド・チップスのような英国料理は体に良いと考えていたし、卵やベーコンが中心の伝統的なフルイングリッシュ・ブレックファストを恋しがったりもした。地元ホテルのスペイン人経営者や、その下で働く料理人たちも抜け目なく、毎年何百万人も訪れるそんなイギリス人旅行者たちにすばやく対応した。難局を乗り越えようと、「本国そのままのイングリッシュ・ブレックファストとフィッシュ・アンド・チップス」を用意し、さらに冷たいビールも一日中提供した。逆に、「不健康な」オリーブオイルを目立つところに使うのは控えるようにした。

オリーブオイルは、地中海諸国では少なくとも紀元前四〇〇〇年から生産と消費がおこなわれており、多くの古代宗教で儀式などに使われていた。スペインは世界のオリーブオイルの四〇パーセントを生産しており、これはイタリアやギリシャを上回る量だ。しかし消費量では、ギリシャが明らかに世界一で、二〇一〇年には一人当たり年間二四リットルを消費している。これに対して、スペインは一四リットル、イタリアは一三リットルだ。年間二四リットルということは、一週間では約〇・五リットルの計算になるわけだが、ギリシャ人たちはいったいどうやってそんな量を消費しているのだろうか。ギリシャ人はオリーブオイルを飲んでいるという説は、にわかに信じがたい気がする。それならばいっそ、古代ギリシャのように洗顔や整髪に使っていると言われたほうが納得がいくかもしれない。ギリシャ人はオリーブオイルを闇市場でイタリア人に転売しているという説もあって、シニカルではあるが、こちらのほうがありそうな話だ。

イギリスでのオリーブオイルの消費量は増加しつつある。一九九〇年の輸入量はわずか七〇〇万リットルだったが、二〇一四年には六〇〇〇万リットルを上回るまでになっている。しかし、イギリスでも流行に敏感な地域以外では、消費量は非常に少ない。イギリス人の年間消費量は一リットル以下で、アメリカ人も同じくらいだ――ギリシャ人なら半月分にしかならない。大さじ一杯のオリーブオイルに含まれるエネルギー量は約一二〇キロカロリー、脂肪は一三グラムと非常に多く、こんなに消費すればかなり太るはずだ。

非地中海諸国はこれまで、健康な食事とはどのようなものであるべきかを世界に先駆けて示してきた。しかしそれらの国々で、オリーブオイルは安い潤滑油とかヘアオイルとして軽く扱うべきものではなく、むしろ健康効果をもたらすものだという考え方が広まるには、かなりの時間が必要だった。実はアメリカでは、健康的な食事のバランスを示すために政府が作成した「フードガイドピラミッド」の一九九五年度版で、毎日の食事にスプーン数杯のオリーブオイルを取り入れるという方法が控えめに加えられていた。ところが、ほとんどのアメリカ人はそれに気づかなかったのである。(6)

アンセル・キーズの研究チームは、クレタ島での心臓疾患発症率がギリシャ北部に比べてはるかに低く、日本の次に少ないことに驚いた。クレタ島の漁師を対象にした調査では、一九五〇～六〇年代にはオリーブオイルが大量に摂取されていて、一日分のカロリー摂取量の約四〇パーセントに相当していたことが明らかになった。さらに、オリーブオイルを安価な石鹸としても使用していたこともわかっている。漁師のあいだには、オリーブオイルを朝食にそのまま飲む習慣もあったという。ギリシャ人の同僚数人に聞いたところ、彼ら自身ではそういう場面を見たことはないが、ありそうな話だと言っていた。夜明けを迎えるころ、貧しい羊飼いか漁師が、その日一日を無事働けるように安価なカロリー源であるオリーブオイルを一杯きゅっとやる、という感じだ。私も数日間、朝食にオリーブオイルを飲んでみたが、胃が空っぽのときに飲むのはお勧めしない。

キーズの調査に参加した研究者たちが直面したのは、ギリシャ南部地方と、イギリスやアメリカとでは、食生活の違いがあまりに大きいので、どの部分が本当に重要なのか見極められないという問題だった。当初彼らは、その地方の食事の良いところは、肉や乳製品を自分たちほど食べていないせいで、飽和脂肪酸の摂取量が少ないことだけであり、オリーブオイルは体にとって、とくに良くも悪くもないとみなしていた。しかし、脂肪について多くのことが明らかになってくると、体にとってプラスとマイナスの両方になりうる食べ物があるという考え方が少しずつ広まっていった。

脂肪分たっぷりのミラクルドリンク

改めてわかるのは、科学者というのは、ものごとの全体像は見ずに、人を健康にする（あるいは病気にする）たった一つの魔法の食材を探さずにいられないらしいということだ。一方で、食事法はもちろん、単純な食品であっても、重要な役割を果たしている主要成分のレベルに分解して調べるというのは、栄養学コミュニティの目が届きにくい、わかりにくい領域であり、そこで進められてきた研究のほとんどが間違っている。たとえば、ピュアオリーブオイルでさえ、分子の長さや構造が異なる数種類の飽和脂肪酸や不飽和脂肪酸を成分としている。主な脂肪酸は、分子構造に炭素の二重結合をもつ一価不飽和脂肪酸の**オレイン酸**で、高品質のオリーブオイルでは全体の八〇パーセントを占めている。しかしオリーブオイルには、パルミチン酸（飽和脂肪酸）やリノール酸（多価不飽和脂肪酸）、さらに約三〇種類のフェノール化合物を含め、数百種類の化合物が含まれている。そのうちのどれが重要なのかを調べるのは簡単ではないのだ。

またオリーブオイルは、加熱したり、食べ物を揚げたりすると性質が変化することがある。「もっと体に良い」ほかのオイルを使うよう勧めている人たちは、オリーブオイルはフライ調理のときの温度が低く、過熱したり焦がしたりすると、ある種の「有毒な化学物質」を発生させると批判している。この話からも、栄養学という分野では、食品に含まれている多くの化学物質から数種類だけを選び出して、「命に関わる」または「健康に良い」性質があると言い立てることが多いのがわかる。そうした性質は理論的なものにすぎず、自然な前後関係からまったく外れているのだが。実際のところ、オリーブオイルによる調理が本当に健康に悪いのか、あるいは加熱せずに使った場合と比べて健康面で違った性質があるのか、といったあたりをきちんと示したデータはない。

オリーブオイルには主に三つのタイプがある。まず、値段が高くて品質が優れているのが「エクストラバージン・オリーブオイル」だ。酸度は〇・八パーセント未満とされ、ここから、このオリーブオイルが新鮮で品質が高く、さらには強い風味と、ときには少しの苦みをもっていることが読み取れる。エクストラバージン・オリーブオイルは、オリーブの果実を急速にファーストプレス（一番しぼり）して作られる（この工程を低温でおこなった場合には、「コールドプレス」のオリーブオイルとして販売される）。それよりグレードが一つ下がるのが「バージン・オリーブオイル」で、酸度はエクストラバージンよりも高く、多少だがまだ風味もある。最後の一つが、通常のオリーブオイル。これはオリーブオイルのしぼりかすを精製することで工業的に作られるもので、安くて風味がないのが普通だが、エクストラバージン・オリーブオイルを少量混ぜて風味を与えることもある。タイプによって健康効果が大きく異なることが知られており、現在では、イタリア産やギリシャ産オリーブオイルのほとんどがエクストラバージンだ。

上質なエクストラバージン・オリーブオイルは、**ポリフェノール**という化学物質の含有量がとくに多い。後で詳しく説明するが、ポリフェノールには独特な性質があって、エクストラバージンの健康効果のかなりの部分はおそらくこの物質によるものだろう。パンなどに塗るスプレッドや加工食品で使われるグレードの低いオリーブオイルには、ポリフェノールによる健康効果はないようだ。

素晴らしき地中海式食事

脂肪を含んだ食事をとることや、血中のコレステロールについてはさまざまな議論があるが、ゆるがない事実が一つある。それは、北欧諸国やアメリカに比べると、地中海沿岸諸国では、心臓疾患や脳卒中の発症率が一貫して低いということだ。これはもっぱら、そうした国々での食事のおかげであって、遺伝子がもたらした幸運ではない。地中海式の食事には、さまざまな流行やバリエーションがあるが、ここの議論では、ギリシャやイタリア南部といったオリーブが育つ地域で、一九五〇年代後半から一九六〇年前半にかけて見られた伝統的な食習慣のことを考える。

地中海式食事の大きな特徴は、全粒粉や豆類、そのほかの野菜やナッツ類、果物をたくさん食べ、脂肪を比較的多く摂取することである（総エネルギー摂取量の最大四〇パーセント）。さらに、その脂肪も一価不飽和脂肪酸が多く（総エネルギー摂取量の最大二〇パーセント）、そのほとんどがオリーブオイルからのものだ。適量あるいは多量の魚を摂取し、鶏肉や、ヨーグルトやチーズなどの乳製品も適量とるが、赤肉や、加工肉を使った肉製品はあまり食べない。アルコールも、たいていは食事のときの赤ワインという形でほどほどに飲む。

フレンチ・パラドックスの話でも考えたとおり、地中海地域の心臓疾患発症率がほかの地域と差があるのには、さまざまな理由が考えられる。以前主張されていたのは、太陽の光があるだけで人々はいっそう元気になり、結果としてストレスが減って、心臓がより健康になるという理由だった。しかし残念ながら、現実は少々違っている。幸福度と満足度が一番高いのは、実はスカンジナビア諸国の人々なのだ。デンマーク人は実際的な考え方をすることで知られていて、幸福度という点ではあまり期待できないのだが、現実に幸福度調査をしてみると必ずトップになる。反対に、陽光まぶしい地中海諸国では、ほかのどの地域よりも人々がみじめに感じ、不満を抱きやすいのか、先ほどの説のようにはならないのである。一方で、すでに見てきたように、ヨーグルトやチーズなど伝統製法で作られた乳製品を日常的に食べる習慣は、重要な要素の一つだ。それに加えて、北ヨーロッパと南ヨーロッパを区別する主要な要素がもう一つある——もちろんオリーブオイルだ。

エクストラバージン・オリーブオイルの効用

二〇〇〇年代初頭、ある研究グループがスペインでPREDIMED《プレダイムド》という類を見ない野心的なプロジェクトを立ち上げた。このプロジェクトが確かめようとしたのは、地中海式の食事が健康に良いことを示していた数多くの観察的研究を、数年間にわたる適切な臨床試験という、この分野ではゴールドスタンダードとされる適切な方法で証明できるかどうかだった。そもそもの考えは、「リスクにさらされているスペインの患者たちの食生活を、その両親の世代が一九六〇年代にとっていた平均的な食生活に戻す」ことだった。研究者たちはスペイン各地から、心臓疾患のリスクが高い六〇代ばかり、計七五〇〇人の被験者を集めた。試験では、この被験者をランダムに三つの食事グループに分けたうえで、各自が決められた食事をきちんと続けられるよう、全員に定期的なアドバイスやサポートをおこなった。

一つ目のグループは対照群で、たいていの栄養士が推奨する低脂肪の食事法を実践して、摂取カロリーに占める脂肪の割合を減らすようアドバイスされた（スペインでは昔からこの割合がかなり高く、四〇パーセント近かった）。具体的には、肉やオリーブオイル、ナッツ、スナック菓子、乳製品（低脂肪のものは除く）を避け、魚や果物、全粒粉や野菜の量を増やすことになった。このグループには、やる気を出してもらうために、特別に（食べることのできない）キッチン雑貨が与えられた。

一方、ほかの二つのグループには地中海式食事法を実践してもらった。被験者たちは、魚や野菜、果物をたくさんとりつつ、乳製品や、鶏肉などの白肉、ナッツ類、オリーブオイル、ワインもとり続けるように指示された。ただし、この二つのグループには違いもあり、一方は一日分のナッツの摂取量が三〇グラム多く、もう一方は、調理と調味のためのエクストラバージン・オリーブオイルを週あたりボトル一本多く使うようにした。

この臨床試験はもともと、心臓疾患と糖尿病の発症率をグループのあいだで比較することを目的としていて、一〇年にわたって継続する予定だった。しかし、何もかも順調なまま四年半が過ぎたところで、外部委員会からストップがかかった。外部委員会は被験者の安全のために設置された機関で、臨床試験が健康に有害であるとわかった時点で、無理に続けさせないようにストップをかける役割を担っていた。その後二〇一三年に、委員会は『ニューイングランド・ジャーナル・オブ・メディシン』誌に調査結果を発表する。その内容は、高脂肪で多様性に富んだ食事を推奨する人々にとっては追い風となり、逆に低脂肪食を唱道する従来勢力にとっては手痛い一撃となるものだった[7]。

脂肪摂取量の多い地中海式食事をとっていた二つのグループは、どちらも心臓発作と脳卒中の発症率が三〇パーセント減少し、同時に血中の脂質値やコレステロール値、さらに血圧にも改善が見られた。またこれらのグループは両方とも、低脂肪食をとっていた対照群に比べて結果が良かったのだが、とくにオリーブオイルのグループは、糖尿病の予防とそのほかのいくつかの要素に関して、ナッツのグループよりもさらに良い結果になった。

このスペインのプロジェクトは、心臓疾患のリスクが高い被験者の体重を減らすことを目指していたわけではないし、そもそも六〇代というのは体重が多少増え続けてもおかしくない世代である。それでも、どんな種類の臨床試験でも、参加すればたいてい健康面で利点があるものだ。実際、試験に参加した低脂肪食グループは、食事に関する定期的なアドバイスやサポートを受け続けたおかげで、五年間で増えた体重はわずか一キロにとどまった。ナッツのグループはこれよりも多少結果が良くて、体重がわずかに減っていた。そして意外なことに、オリーブオイルのグループでは一キロ以上体重が減少していた。何よりも大きいのは、腹回りのサイズが落ちたことだ。これは内臓脂肪が多く減少したことを示している。

この臨床試験で直接調べたのはエクストラバージン・オリーブオイルだけだったが、同じ研究チームは、より安い種類のオリーブオイルを使用した場合についてもデータを取っている。そうした品質の劣る製品では、心臓疾患や糖尿病のリスクについて目立ったプラスの効果はなかった。これを考えると、オリーブオイルに関する従来の研究結果に一貫性がなかった理由もわかる。そうした研究は、オリーブオイルの品質の違いを考慮していなかったのだ(8)。

ポリフェノールと腸内細菌

最近まで、オリーブオイルの健康効果は、その成分であるポリフェノールの抗酸化性に主に由来していると考えられていた。ポリフェノールは、細胞を傷つける化学物質が増えすぎればそれを取り除き、また炎症を鎮める働きをもつ。一方オリーブオイルが何らかの方法で、心臓病につながるような血管内の炎症の原因遺伝子を（おそらくエピジェネティクスによって）オフにできることを示した研究もある(9)。しかし、腸内細菌にはそれ以上の役割があることが研究からわかっている。オリーブオイルに含まれる脂肪酸や栄養素の八〇パーセント超は完全には消化されないまま腸に届いて、腸内細菌と出会う。そこで腸内細菌は、さまざまな種類の脂肪酸やポリフェノールをエサとして食べ、それをもっと小さな副生成物に分解するのだが、ここで面白いことがいくつか起こる。

その副生成物の一部は抗酸化物質として作用し、さらにポリフェノールを燃料として使いながら、さまざまな小さい脂肪（短鎖脂肪酸）を生成するのだ。短鎖脂肪酸は、地味な名前の割にはなかなか興味深い化合物で、有害な脂質のレベルを下げるよう体にシグナルを送ったり、免疫システムに次にすべきことを指示したりしている。一方で、ラクトバチルス菌などの細菌には、脂肪の粒を掃除したり、固めたりして、血中から取り除く働きがあるが、ポリフェノールは、そうした細菌の繁殖を積極的に助けている。またポリフェノールは、不必要な細菌が腸内で増えることを防いでいる。これによって、下痢の原因になる大腸菌や、胃潰瘍を引き起こすピロリ菌、さらに肺炎や虫歯の原因菌などへの感染が減るのだ。動脈内の病気であるアテローム斑《はん》が形成されるのも、一つには、傷ついた血管内で微生物が通常とは異なる不可解な活動をすることが原因だ。ポリフェノールには、このアテローム斑の形成を抑える効果もあるらしい[10]。

PREDIMEDプロジェクトは、食事法に関する医学的研究としては画期的であり、持続可能な食事法がもたらす健康効果を明確に示した初めての研究だと言える。観察的研究や短期間の調査では、リスクマーカーの変化しかわからない。だがこのプロジェクトからは、基本的な地中海式食事法に加えて、エクストラバージン・オリーブオイルとナッツを日常的に摂取すると、病気の発症や早死を減らせることがはっきりと実証されたのである。ここまで高度なエビデンスがある食事法はほかにないだろう。

ナッツ類の多くは脂肪が主な成分で（アーモンドで四九パーセント）、カロリーが高いのはそのせいだ。ナッツに含まれる脂肪の種類はさまざまだが、飽和脂肪酸はわずか一〇パーセントほどで、残りは多価不飽和脂肪酸と一価不飽和脂肪酸からなる。ナッツを多く食べたグループの結果が、オリーブオイルが多いグループとほぼ同じくらい良かったことは、ナッツとオリーブオイルが腸内細菌に対して、同じような作用機序をもつ可能性を示している。これは理屈の合う話だ。というのも、ナッツは脂肪のほかにも、タンパク質や食物繊維、さらにはポリフェノールといった、エクストラバージン・オリーブオイルと同様の成分を幅広く含んでいるからだ（ナッツについては後の章でもっと詳しく考える）。

実際にはポリフェノールは、ベリーなどの明るい色をした野菜や果物、カカオ豆、緑茶や紅茶、ターメリックや赤ワインなど、地中海地方で一般的な数多くの食品に含まれている。私たちがこうした明るい色の食べ物の見た目に魅力を感じるのは、進化のプロセスに由来するものかもしれない。カロリーではなく、色を基準にして体に良い食べ物を選ぶのは、きわめて理にかなった方法だと言える（カロリー計算ではなく「カラー計算」だ）。残念ながら、こうしたポリフェノールのうち、生物活性（生体に作用して生物反応を起こすことができる）があるもの、つまり腸内細菌に影響を与えるものがどのくらいあるのかは、まだほとんどわかっていない。

ある研究で、さまざまなタイプのソフリット（タマネギ、ガーリック、オリーブオイルを材料とする、地中海地方で広く使われるトマトベースのソース）を調べたところ、なんと少なくとも四〇種類ものポリフェノールが見つかったという。[11] おそらく、それぞれの材料だけではあまり効用がなく、ほかの材料と一緒でなければだめなのだろう。果物や野菜を発酵させてピクルスや酒にすると、生成されるポリフェノールの種類が飛躍的に急激に増えることもある。エクストラバージン・オリーブオイルをどんな料理にでも使うことが、果物や野菜の効用を引き出す触媒として不可欠なのかもしれない。

オリーブオイルが健康効果という面でほかの油より優れているとされるのは、種の部分だけでなく果実全体をしぼっているため、成分が複雑だからで、この点は一般的な原則として、もっと広い方面に適用できるかもしれない。さらに言うと、果実全体を使えば、油分を抽出する作業がはるかに簡単になり、化学薬品や溶剤の必要もない。オリーブオイルはすでに、心臓疾患や糖尿病の予防効果があることが確かめられているほか、減量にも役立つ可能性がある。さらには、その抗炎症作用によって関節炎をやわらげる効果があるとも言われている。もっと信じがたい話としては、脱毛の治療薬になるとか、テストステロンの分泌を増やすとか、男性の性欲を高めるといった効用もあるという――もっとも、こうした効用については、ギリシャやイタリアの女性から異論があるかもしれない。

オリーブオイルは、新しい食習慣の象徴と言うべき存在であり、脂肪は体に悪いという神話を永遠に消し去ってしまった。それを考えるなら、脂肪ありのヨーグルトや本物のチーズを「禁止」食品リストから外すべきだろう（ただし、チーズを食べるのは冷凍ピザにかかったものだけというのなら話は別だが）。好き嫌いが多くて、脂身を食べなかったジャック・スプラットはたぶん、栄養豊富な食事をとっていたミセス・スプラットよりも先に死んだはずである。

一方、微生物はさまざまな健康効果を陰で支える存在だ。その点では、プロバイオティクス製品も、何種類かの有益な微生物を食品に加えることに企業が取り組み始めたという意味では良いことだと言える。もちろん、そこに含まれる微生物が誰にでも効くわけではない——微生物に対する反応は、誰一人として同じではないからだ。そこで、お勧めしたいのが地中海式の食事である。地中海生まれの食品は、多種多様で、新鮮で、本物だ。私たちがそれらをもっと食生活に取り入れるべきなのは、まず間違いのないところだろう。

7　トランス脂肪酸　ジャンクフードの恐るべき真実

世界で一番危ない食品

最も危険な食べ物とは何だろうか？　おそらくそれは、ひそかに使われていて、食品ラベルからはわからない類のものだろう。私が最近とても気になっているのは、中国の地溝油《ちこうゆ》だ。この油は、言ってみればエクストラバージン・オリーブオイルとは対極の食品であり、ジャーナリストの調査報道でその存在が暴露された。それによると、中国では再生油を調理用に再販売するというひどい習慣が横行しており、中国人の実に一〇パーセントがこの油を消費しているらしい（貧困家庭や、路上の食堂で使われることが多い）。

この油が地溝油と呼ばれるのは、文字どおり排水溝や下水溝からくみ上げたものを使っているからだ。くみ上げられた油は、濾過して固形の汚物を取り除き、素人的な工場で処理されるのだという。[1] 地溝油には既知の発がん性物質が含まれているだけでなく、心臓疾患などの病気のリスクを高める可能性があるが、金になるので今でも盛んに売られている。二〇一四年には、一〇〇もの都市に三〇〇万リットルを上回る量の地溝油を供給したギャング集団が摘発された。彼らは風味を良くする目的で、腐った動物の死体から取った脂肪を添加していたそうだ。

中国では二〇〇九年に、こうしたビジネスを取り締まる法律が制定されたが、きっかけは、中国から輸入したミルクが異様な味がするという苦情がアメリカで相次いだことだった。そのミルクには家具などに使われるメラミン樹脂が含まれていたのだ。中国産の偽装食品はほかにも、殻が蝋でできていて中身は化学的に作られている偽物の卵、中身の代わりにコンクリートを入れたクルミ、肉の代わりに段ボールを使った肉まん、ネズミやキツネの肉を化学処理して作った偽装牛肉などが見つかっている(2)。

発明の才が生んだ奇跡

もちろん、化学的に作られる不健康な食品は中国人の発明品ではない。第二次世界大戦後のアメリカでは、絶え間ない技術革新によって、大規模な食の工業化が始まった。それによって食用のバターやラードをアメリカ全土に輸送するようになったが、コストがかかるうえ、数日で悪くなってしまうため無駄も多かった。そこでバターの代わりに、植物油から化学的に製造した代替品を使う動きが出てきた。そうした製品なら、食品構造のレベルで質を向上させられるので、賞味期限が長くなり、利益も増やせると考えられたのだ。新たに登場したこれらの製品は、アメリカの発明の才が生んだ奇跡とみなされた。

発売当初のマーガリンは着色が禁止されていて、消費者に対する警告になっていた。しかしやがて黄色の着色料を使うことが許可されると、「健康的な」見た目をした食用油は、パッケージがコンパクトで数カ月間保存できただけでなく、価格も安かったので、それが重宝がられるのは当然のなりゆきだった。一九五〇年代や一九六〇年代には、プロクター&ギャンブルが、綿花油のしぼりかすを原料とするショートニングを「クリスコ」という商品名で大々的に宣伝した。クリスコは大ヒットし、レシピブックやテレビの司会者は主婦に向けて、クリスコを三度の食事で使いましょうと勧めさえした。

ユニリーバ社が売り出した食用油は、イギリスでクリスコと同じくらい売れたが、それには「ベジタブル・ショートニング」(商品名は「スプライ」や「クリスプ・アンド・ドライ」)と遠回しな名前がつけられ、バターやラードよりも低カロリーで体に良い代替品だという触れ込みだった。そんな宣伝を鵜呑みにしてしまっていた一般の人々が知らなかったのは、ショートニングのような、植物性脂肪分子が結合しあった状態にするには、「水素添加」というプロセスが必要なことだ。水素添加は、巧妙だがかなり激しい化学反応であり、これによって、熱（または体内の酵素や微生物）を加えても切れにくい、強力な化学結合を人工的に新しく作り出すことができる。[3] この水素添加によって作られた硬化脂肪は、食品業界で大いに歓迎され、さまざまな加工食品や、乳製品の代替品で使われるようになった。

天然由来の脂肪の摂取量を減らしたいというアメリカ発の強迫観念を追い風に、硬化脂肪市場は一九七〇年代と一九八〇年代に急成長し、硬化脂肪を使用した製品は乳製品に代わる「健康的な」食品とみなされるようになった。硬化脂肪はやがてトランス脂肪酸と呼ばれるようになり、ＦＤＡの推定によると、一九九〇年代初頭のアメリカで市販されていたビスケットの九五パーセント、クラッカーの一〇〇パーセント、スナック菓子のほとんどがトランス脂肪酸を含んでいたという。当時のアメリカではほとんどの人が、摂取カロリーの一〇パーセントを、ケーキやビスケット、パイやタルト類、ハンバーガー、アイスクリーム、フライドポテト、そのほかのフライ料理に含まれるトランス脂肪酸の形で摂取していたとされている。[4] もっと言うなら、そっくり一世代が「健康的な」マーガリンや食用油という驚異的な食品で育ったことになる。一九八〇年代には、水素添加という化学的な製造プロセスが健康に与える悪影響について初めての報告書が発表されたが、ほとんど相手にされなかった。[5]

トランス脂肪酸の現状

トランス脂肪酸は、毎日の摂取カロリーに占める割合が一～二パーセントと非常に少ない場合でも、血中の脂質値を大幅に上昇させ、心臓疾患や突然死のリスク（がんは含まない）を三倍に高めることがわかっている。トランス脂肪酸の摂取が原因で死亡する人は、推定で毎年二五万人にもなるという。しかし食品業界のロビー活動にはばまれ、長いあいだ現実的な対応はとられてこなかった。

二〇〇四年の段階では、ドリトスやチートスなどの世界中で販売されているスナック菓子には、依然として相当な量のトランス脂肪酸が含まれていた。アメリカでは二〇〇三年に、カリフォルニア州の男性が、オレオを製造するビスケットメーカーのナビスコ社を相手取った訴訟に勝っており、ナビスコはのちにトランス脂肪酸の使用を中止している。一方で、クリスコは体に良いと宣伝していたスマッカー社に対する集団訴訟がようやく始まったのは、二〇一〇年になってからだ〔「クリスコ」ブランドは二〇〇二年にスマッカー社が買収した〕。一連の動きがこれだけ遅かったのはたまたまかもしれない。ただ、世界最大の食品企業であるゼネラルフーヅ社は約一五年にわたって、世界最大のたばこ企業フィリップ・モリス社の子会社だった。同社は、健康問題と訴訟の対応にかなりの経験をもつ企業である。

現在では欧米諸国の大半が、トランス脂肪酸を全面的に禁止するか、使用を制限する措置をとっている。二〇一五年時点のアメリカでは、脂肪摂取量全体に占めるトランス脂肪酸の割合を最大四パーセント（全カロリーの約一・五パーセント）に制限するにとどまっているが、デンマークは、すでに二〇〇三年の段階で全面的に禁止している。スカンジナビア諸国ではその数年前から、マクドナルドやKFCの店舗で、チキンナゲットやフライドポテトの調理にトランス脂肪酸を含む植物油を使用するのを中止していた。それにひきかえアメリカでは、判断をあいまいにすることで、国内の食品業界を急激な変化から保護しようとした[6]。

パキスタンなど多くの発展途上国では、トランス脂肪酸がいまも安価な食用油として売られている（多くが伝統的なバターであるギーの模造品だ）。そうした国では、トランス脂肪酸が摂取カロリーの七パーセントを占めていて、心臓疾患の発症率増加の主な要因になっている[7]。トランス脂肪酸は、工場で製造されるだけでなく、食品をきわめて高温の油で揚げるだけで生成されることがある。また不思議なことに、牛の胃でも、微生物の自然な作用を通じて作り出されている。ただし、ふつうは有害なトランス脂肪酸も、牛乳にわずかに含まれる程度なら、私たちの体に大きな影響はないようだ。

驚くのは、ラクトバチルス属のさまざまな細菌が、私たちの腸内で微量のトランス脂肪酸を生成できる一方で、食事に由来する過剰なトランス脂肪酸を処理している可能性もあることだ（ただし腸内で生成できる量より多くはない）[8]。つまり、たまにトランス脂肪酸がたっぷり入っていそうなジャンクフードを山ほど食べたくてしかたなくなったら、デザートとして、本物のチーズやヨーグルト、あるいはプロバイオティクス製品を食べれば、体が守られるかもしれないというわけだ。

トランス脂肪酸がきわめて有害だと言われる理由の一つに、短鎖脂肪酸に与える影響がある。前にも見たように、短鎖脂肪酸は健康な体に欠かせない物質で、免疫システムと腸内細菌と脂肪の代謝作用のあいだの効果的なコミュニケーションにとって重要な役割を果たす。しかし、トランス脂肪酸という人工的な化合物がひとたび混乱状態を生じさせると、短鎖脂肪酸のシグナルはひどく乱れ、その結果、代謝作用がめちゃくちゃになってしまうのである。

ちょっと具合が悪くって……

一〇歳のジェイソンはポテトチップスが大好きだった。だからある日の休み時間、いつも持ち歩いている大袋のポテトチップスを食べる気が起きなかったとき、なんだか変だなと思った。ひどく疲れてだるかったし、ずきずきという頭痛や吐き気があり、汗も出てきた。算数の授業にどうしても集中できなかったが、それもここ最近よくあることだった。養護教諭は、教師に言われてやってきたジェイソンを見るとすぐ、彼の足が通常の二倍くらいに腫れていることや、皮膚が灰色っぽい黄色に変わっていることに気づいた。ジェイソンは普段から決して痩せているほうではなかったが、そのときは腹部が変に膨らんでいた。

ジェイソンの血圧が高いことがわかると、養護教諭はますます不安になった。ジェイソンの両親に電話をしたが連絡が取れなかったので、最寄りの大病院であるロンドン南部のキングス・カレッジ・ホスピタルにジェイソンを直接連れて行った。運良くすぐに専門治療センターで診察を受けることができたのだが、医師たちはぴんときた。それは肝臓疾患の兆候だったのだ。血液検査をしてみると、恐ろしい結果が出た。コレステロールとトリグリセリドの数値が高く、肝機能の値は測定限界を超えている。腹に水が溜まり、足がむくんでいたのは、肝不全を発症したためと、それによって心臓に負担がかかっているせいだった。血液検査の結果、Ⅱ型糖尿病にもかかっていることがわかった。Ⅱ型糖尿病は、以前は「成人発症型」糖尿病と呼ばれていたが、今では子どももよくかかっている。

ようやく連絡がついた母親が病院にやってきたので、医師たちはいろいろと質問をした。母親はこんなことを言った。「この子は私と一緒で、前からちょっと太りすぎで、いつもよく食べるんです。ただ、野菜を十分に食べさせるのがどうしてもできなくて……フライドポテトは別ですけどね。でもそれが問題なんですか？　あの子の体重はここのところすごく増えていたみたいだけど、サッカーをあまりやらなくなったせいですよ。あの子は良くなりますよね？」

ジェイソンの体重を計測すると、六三キロだった。腹などに溜まった水の分もあるが、一〇歳の標準体重のおよそ二倍にあたる。ジェイソンには、血糖値を下げる薬と、血液中の過剰な脂質をコントロールするスタチンが処方された。しかし二週間たっても回復しなかった。ＭＲＩ検査と肝生検の結果は、肝臓やその周囲の組織への大規模な脂肪浸潤があることを示していた。結論は明らかだった。ジェイソンが助かるには肝臓移植しかなかった。

ジェイソンのような子どもの脂肪肝は、今では医師たちにもよく知られるようになってきたが、二〇年前にはとても珍しかった。かつて脂肪肝は、長年の飲酒でしか起こらないものだったのだ。現在の推計では、アメリカの子どもの五～一〇パーセントが血液検査で脂肪肝と診断されており、そのリスクは、男児や、アジア系またはヒスパニック系の遺伝子をもつ子どもで高くなっている。そうした子どもたちは、余分な脂肪を体に蓄積しやすく、そのほとんどが過体重か肥満であり、どの子も栄養価が低く脂肪の多い食事をしている。彼らの肝臓や脂肪細胞は、次々とやってくる脂肪で疲弊してしまって、常に炎症やストレスのある状態になっている。肝臓移植は比較的成功率の高い手術だが、それでも三人に一人が手術後五年以内に死亡している。(9)

世界を支配するファストフード

ジャンクフードが体に悪いというのは、いまや常識だ――飽和脂肪酸とカロリー、砂糖、添加物を大量に含む一方で、食物繊維が含まれていない食品は、誰の目にも危険だとわかるだろう。ただし、ジャンクフードにおける多様性の欠如という側面に注目している人は多くないようだ。なにしろすでに説明したように、加工食品の八〇パーセントはトウモロコシ、小麦粉、大豆、肉という四種類の材料だけでできているのだ。長期間の追跡調査をおこなえば必ず、ポテトチップスやフライドポテト、加工肉製品といったジャンクフードを習慣的に食べていると、ほかの食品に比べて体重の増え方が大きいという結果になる。(10)

どこの国でも、ファストフードで一番人気のメニューは、ビッグマック、マックフライポテト、コカコーラLサイズのセットだ。(11)アメリカなら、このセットであっという間に一三六〇キロカロリーになり、一日の平均摂取カロリーの半分以上になってしまう。そのうえ、このメニューに含まれる栄養素の大部分は脂肪で、小さじ一九杯分の砂糖というおまけまでついてくる。現在、アメリカ人の三人に一人が、少なくとも一日一回ファストフードで食事をしている。イギリスでも、一〇歳以下の子どもの三分の一が毎日ジャンクフードを食べている。一九五二年に最初のテレビディナー（一回分の食事が一つのトレーに入った冷凍食品）が発明されて以来、ファストフード文化が家族の食事という概念を変えてしまったのは間違いない。アメリカでは、国全体で食べられている食事のほぼ五食に一食が自動車の車内で消費されている計算であり、ほかの国々も同じような傾向をたどっている。

アメリカ人が一年間にファストフードに払う金額は、一九七〇年には六〇億ドルだったのが、二〇一四年には一九五〇億ドルになっている。何十億ドルもの宣伝予算をもつファストフードや加工食品相手に、本物の食べ物《リアルフード》は苦しい状況にある。また、ファストフードや加工食品の価格は相対的に値下がりしている。これは先述の四つの基本的な材料に政府が補助金を出してきたためだ。ところが青果物のほうは、この二〇年で値上がりしている。そのため、自宅で料理をするのに比べて外食の相対的な費用は下がり、それと同時に食品の選択肢の幅も狭くなった。アメリカでは、ファストフード・レストランの店舗数がスーパーマーケットの五倍になった。こうした傾向も、ほかの傾向と同じように世界中に広がりつつある。

ジャンクフードの依存性

食品業界が加工食品の開発を始めた当初は、もっぱら微生物のことや、食品を腐らせずに長期保存する方法のことばかりが考えられていた。とくに、アメリカほどの面積をもつ国では流通の問題が大きかった。ヨーグルトやザワークラウト、ピクルスといった、細菌を含む発酵食品は長持ちするとわかっていたが、問題は、ケーキやビスケット、スナック菓子だった。食品メーカーは、十分な砂糖を加えれば細菌の成長を止められることや、脂肪の含有量を多くすれば水分量が減り、細菌やカビなどの成長を抑えられることを突き止めた。さらに、脂肪と砂糖とともに三位一体を完成させる材料として、塩が使われるようになった。これにも食品の品質低下を防ぎ、賞味期間を長くする働きがある。[12] こうしたことが重なって、肥満という最悪の事態への条件が整ったのだ。

食品メーカーは、脂肪、砂糖、塩を適切な配合で使えば、カビが生えない製品を開発するためだけでなく、消費者を引きつけるためにも利用できることに気づいた。そこで、それぞれの製品について、ハイテク研究室を使い、味覚評価の専門家の力を借りて、食べずにはいられないという味、いわゆる「至福点」を正確に割り出した[13]。さらに、食品の口当たりを変えるために、さまざまな種類の化学調味料や材料が添加されるようになると、哀れな消費者にもう勝ち目はなかった。当然ながら、ハンバーガーやピザ、ケーキやポテトチップスなどには、大企業にとっての三位一体である脂肪、砂糖、塩が例外なく使われている。私たちの体が、そうした材料を使った新しい食べ物を欲しがるように適応しつつあるという証拠も出てきている。それは本物の食べ物とはかけ離れたものなのだが。

ジャンクフードには、ラットの脳の活動を変化させる可能性があり、その変化の程度は、コカインなどの依存性が強いドラッグに匹敵するという見解もある。アメリカで最近実施された研究では、ラットにジャンクフード（ベーコンやソーセージ、チーズケーキ、パウンドケーキ、アイシングのかかったお菓子、チョコレートなど加工度の高い食品をうまく組み合わせたもの）を無制限に与えたところ、一部のラットでは開始からわずか五日後に、脳の快楽中枢が**神経伝達物質**であるドーパミンに反応しにくくなっていた[14]。これはつまり、こうしたラットが快楽を感じ続けるためには、通常のラットより多くのジャンクフードを食べる必要があるということだ[15]。驚くべきことに、すっかり肥満になってしまったラットに、ジャンクフードを与えるのをやめると、健康的だがあまりおいしくないエサに戻るよりも、二週間かけて少しずつ飢えることを選ぶという[16]。どうやら、ジャンクフードが脳の快楽中枢に与える影響は、ハンバーガーやフライドポテトを食べている期間よりも、ずっと長く続くようだ。

別の研究によれば、妊娠したラットがジャンクフード好きの場合、その性質は子どもに引き継がれることがあるという[17]。そうした性質は、遺伝子のオン・オフを切り替えている微妙な（エピジェネティクス的な）変化によって、子どものラットに伝えられている可能性がある。そうでなければ、出産時や授乳時に受け渡される母親の腸内細菌によるものかもしれない。

ところで、ジャンクフード中毒を自称する人がときどきいる。そういう人たちはたしかに依存症の条件の多くを満たしているが、本当の依存症と言えるかについては異論がある。ジャンクフード中毒は、接着剤やヘロインといった人工的な化学物質への依存とは明らかに異なるからだ。これと同じような議論は、ごくまれにいるセックス依存症の人（だいたいは有名人だ）にも当てはまる。人間がセックスという快楽活動を追求するようプログラムされていることを考えれば、それを依存症と断言できるかは判断が難しい。

モーガン・スパーロックはアメリカの映画監督で、自分が監督する「スーパーサイズ・ミー」というドキュメンタリー映画のために、三〇日間マクドナルドだけを食べ続けたことで知られている。撮影のあいだに、スパーロックのコレステロール値は三〇パーセント上昇し、尿酸値は二倍に（尿酸値は痛風と関係がある）、肝機能を示す値は三倍以上悪化した。腹痛や発汗がひどかったし、ときどき吐き気も覚えた。さらには妙な欲求やうつ状態、頭痛に悩まされたが、またマクドナルドを食べ始めるとそうした症状は一時的に改善した。スパーロックは三〇日間で脂肪五キロと砂糖一四キロを摂取し、実験終了後には体脂肪が七パーセント増えていたという（大半が内臓脂肪だった）。この映画を見た私は、自分でも「スーパーサイズ・ミー」実験を再現してみようと思い立った。ただし私の場合は、腸内細菌への影響を調べるのが目的である。

「スーパーサイズ・トム」

私はその実験を、なんとか自分自身でやってみようと思っていた。ところが、計画を二二歳の息子トムに一通り話してみると、ファストフード専門家としての資質という点で、私よりもはるかに優秀であるとわかった。イギリスのほかの大学生と同じように、トムもひどい食生活を送っていた。[18] 学期中には、友達と週に一、二回のペースでマクドナルドなどのファストフードに通っているというのだ（ただし、学生にしては珍しく料理が上手だ）。ともかく、トムは実験に私以上に強い興味をもった。おまけに、それを自分のプロジェクトとして、レポートにまとめることもできる。

私たちは、一〇日あればトムの学業（あるいはもっと大事な社会生活）を妨げることなく効果を見るのに十分だと判断した。トムが出した唯一の条件は、ビッグマック[19]の代わりにチキン・マックナゲットも食べていいことにしてほしい、というものだった。砂糖の摂取量を多くしなければならなかったので、メインのセットメニューに加えて、レギュラーサイズのコカコーラとマックフルーリー（砂糖と飽和脂肪酸で六〇〇キロカロリーになる）を食べてもらうことにしたが、夜にはポテトチップスとビールで、昼間の食事に足りない大切な栄養を補うことができた。

大学の友達は、トムが金をもらってジャンクフード三昧の日々を送れることをうらやましがっていたという。学生というのは、カロリーの摂取量は多くても、栄養素は十分ではないものだ。自分の学生時代を思い出してみると、医学部の友人がパブを第二の自宅にしていたという記憶がある。彼は二学期のあいだ、チーズサンドイッチとビター・エールだけで暮らしていたが、やがて歯茎からの出血や内出血といった症状が出始めた。そして数カ月後、彼はとうとう壊血病と診断され、オレンジとレモンを与えられた。そこで安全策として、トムが実験を始める前には、まる一週間かけてさまざまな種類の新鮮な野菜や果物を食べておくようにさせた。

近所のファストフード・レストランまでは歩いて一五分だったが、便利なことにドライブスルーがあったので、トムは貴重な時間とエネルギーを節約できた。トムは朝食もそこで食べるのは無理だと言い張ったが、それは朝食のために早起きするのが嫌で言っていたのだろう（結局、朝食は食べなくてもいいことにした）。最初の数日間は実験も順調だった。店員とファーストネームで呼び合うくらい親しくなったし、応援してくれる友達と一緒のことも多かった。しかし三日目には新鮮な気分も薄れ、四日目になると、夕方になってまた店に行くのが嫌になってきた。五日目には、果物やサラダが食べたくてしかたなくなった。六日目、食後に膨満感とだるさを感じているのに気づく。八日目、食後に汗をかき始め、食べてから三時間は疲労感が続くようになる。そしてよく眠れなくなった。最後の三日間が一番大変で、疲労感はひどくなるばかりだった。そして九日目。先ほど説明した依存状態のラットとは違って、もうナゲットを見たくなくなり、夕食をまるごと抜いてしまう。友達には顔色が黄色っぽくて、具合が悪そうだと言われたという。

実験を終えたとき、トムは心からほっとしていた。そして、スーパーマーケットに駆け込んで野菜やフルーツのサラダを買うという、珍しい行動さえしてみせた。ビッグマックを食べられるようになるまでには六週間かかった。トムに言わせれば、六週間も食べなかったのは自己新記録らしいのだが、それはジャンクフードの二日酔いから回復するために必要な期間だったのだろう。最終的に体重は二キロ増えていた。トムはジャンクフードが好きだが、依存症でないのは明らかだ。スパーロックとは違って、腹痛や欲求、頭痛や嘔吐の症状はなかった。それはトムの遺伝子のせいかもしれないし、ジャンクフードを食べる訓練を以前から十分に積んでいたおかげかもしれない。

一〇日間ビッグマッグとナゲットだけを食べた後のトムのマイクロバイオームを調べてみて、その結果に驚いた。バクテロイデーテス門の細菌の割合が二五パーセントから五八パーセントへと倍増し、逆にフィルミテクス門の細菌が七〇パーセントから三八パーセントに減少していたのだ。友好的なビフィズス菌の割合も半分になっていた。重要な点は、トムの腸内細菌の種類が大幅に減っていたことで、実験開始からわずか三日で、検出可能な菌種の四〇パーセントが失われていた。全体的に見て、トムの腸内細菌は攻撃的で、炎症を引き起こしやすい脂肪消化機能をもつようになっており、とくに胆のうで作られた過剰な胆汁酸への抵抗性を示していた。腸内細菌種の組成はわずか数日で、前に言ったような田舎に住む健康なベネズエラ人に近いものから、平均的なアメリカ人に似たものへと変化していた。この食事法では、いくつかの珍しい細菌種も勢いを増していて、通常は免疫不全患者でしか見られないロートロピア属の細菌までいた。トムの腸内細菌は、実験を終えて一週間たっても多様性が低い異常な状態のままだったが、その後はかなりゆっくりとではあるが正常に戻っていった。

ハーバード大学のターンボーの研究チームがおこなった実験は、トムの実験の短縮版であるが、より詳細なものだ。六人の被験者は三日間にわたり、サラミ、肉、卵、チーズといった高脂肪・高タンパク質の食品を食べ、炭水化物や食物繊維はとらないようにした。特筆すべきは、長年にわたって菜食主義者だった被験者の一人が、「勧められて」サラミやハンバーガーを食べたという点だ。この被験者の結果は、二日目の時点で、ほかの被験者よりも劇的な変化を示していた。トムと同じで、バクテロイデーテス門の細菌が大幅に増え、フィルミクテス門が減少していたのである。一方、菜食主義者の腸内に多く、通常は食事中の食物繊維の多さを反映する**プレボテラ属**の細菌は急減していた[20]。

短期間ではあるがかなり過激なこのジャンクフード臨床試験は、残念ながら実際には多くの人が毎日していることなのだが、結果として、腸内細菌種の半分近くが失われることを証明した。こうした研究からわかるのは、腸内細菌の組成を変えるのは、これまで考えられてきたより簡単だということだ。変化を受けたマイクロバイオームは、まったく新しいメタボライト（代謝産物）や化学物質を生成するようになるが、そうした物質が体に与える変化は、脂肪や砂糖そのものの効果を上回ることがある[21]。ありがたいのは、さまざまな種類の高繊維食品によって健康な状態に保たれていれば、腸内細菌は順応性を示して、ジャンクフードが健康に与える影響をいくらか抑えられることだ。

肥満は感染するか？

腸内細菌そのものが肥満の原因になっているのか、それとも粗悪な食事と脂肪のとりすぎが、そうした腸内細菌の働きを生み出しているのかを知るには、もう少し巧妙な実験をおこなう必要があった。うまい具合に、ここでも双子と無菌マウスが助けてくれた。セントルイスにあるジェフ・ゴードンの研究室では、地元の双子登録リストから、二〇代女性で「肥満に対して不一致」（双子の片方が肥満で、もう片方がそうではないという意味）の双子四組（一卵性が一組、二卵性が三組）を選んだ。

予想されたとおり、双子の腸内細菌には違いがあった。双子のうち痩せている人の腸は、健康な細菌が豊富で、ビフィズス菌やラクトバチルス菌が多い通常の状態だった。一方で太っている人は、腸内細菌の多様性が低く、炎症性の細菌が多かった。次に研究チームは、この双子たちから採取した八つの便サンプルをランダムに分けて無菌マウスの腸に移植し、どうなるかを調べた。

結果は驚くほど明快だった。太っている人の便サンプルを移植したマウスは、短期間のうちに一六パーセント太り、とくに炎症性の内臓脂肪が増えたのである。これは、脂肪に関係のある腸内細菌には実際に毒性があって、感染症のように伝染するということをはっきりと証明している。[22] こうした有毒な細菌が腸内で短期間に増殖して問題となるのは、腸内細菌コミュニティのバランスが崩れている場合や、ほかの細菌の活動が抑制されている場合、あるいは全体的に多様性が失われている場合だ。

無菌マウスは、無菌状態での帝王切開によって生まれてから、この実験に使われるまで、ずっとケージに隔離されて育てられていた。つまり、独房に監禁されていたようなものだ。研究者たちは実験の次の段階で、便移植後のマウスを同じケージで飼うことにした。腸内細菌がマウスのあいだで移動することによって、相手のマウスが太る（または痩せる）ことがあり得るかを調べるためだ。マウスにはもともと、ほかのげっ歯類の多くと同じように、自分の糞を食べる習性がある。ところが、ちょっとした変化を求めて、同じケージに住む仲間の糞を食べることもあるので、それによって、同じケージのマウスのあいだで有用な細菌が交換されることになるのだ。研究チームが実験で得た結果は、驚くべきものだった。

腸内に健康な細菌がいる痩せマウスは、肥満マウスの細菌が腸に入ってきても太らなかった。そしてなんと、その逆の関係も成り立った。有毒な細菌をもつ肥満マウスの腸に、痩せマウスの細菌（とくにバクテロイデーテス門）が入ってくると、肥満や炎症が完全に抑えられたのである。重要な発見はもう一つあった。肥満マウスに高脂肪・低食物繊維のエサを与えていると、痩せマウスからの健康な細菌の移行が妨げられ、肥満マウスはやはり太った。反対に、肥満マウスに低脂肪で野菜が多い食事を与えると、健康な細菌の移行が助けられて、肥満の原因になっている腸内細菌が増殖しにくくなったようだった。

私たちも同様の実験を、先述した双子研究の一環として実施している。その実験では、無菌マウスに痩せ型体形に関係のある細菌を移植した。このクリステンセネラ属というあまり有名ではない細菌には、マウスが高脂肪食によって太るのを防ぐ効果が見られた。[23] この細菌がいれば、私たちも肥満や内臓脂肪の蓄積を防止できるように思えるのだが、残念ながらこの細菌を腸内にもつ人は少なく、十人に一人しかいない。

こうした有毒な腸内細菌の存在を考えると、私たち人間についてのさまざまな疑問が解決できる可能性がある。たとえば太った母親は、たとえ食べすぎでなくても、さらに太った赤ん坊を産むのはなぜだろうか？　これは赤ん坊が、無菌マウスとかなり似た状況にあるからで、妊娠中の食事を改善すれば、この悪循環を抜けられるかもしれない。

現在集まっているデータを見ると、もとから痩せ型の人や、食物繊維の多い食事をとっている人は、高脂肪食やジャンクフードばかりの食事による悪影響を比較的受けにくいようだ。その理由ははっきりとはわかっていないが、おそらくそうした人々の腸内細菌は、制御性T細胞にとってプラスに働き、炎症を抑える効果のある、酪酸などの健康的な短鎖脂肪酸を多く生成しているのだろう。しかし、脂肪と砂糖が多いジャンクフードを大量に食べ、食物繊維の少ない食事をずっと続けていれば、最終的にはこうした防御システムも負けてしまいかねない。

中国のお粥と荒くれ者の細菌

中国山西省に住む呉《ウー》は、昔からクラスの誰よりも大柄だった。一八歳になるころには体重は一二〇キロになり、二九歳のときには一七五キロまで増えた。BMIはなんと五九もあった。身長は一七二センチ足らずだったので、まるで巨大な樽のようだった。薬は何も飲んでいなかったが、たくさんの健康上の問題を抱えていた。糖尿病と高血圧症があり、血液検査をすると、コレステロール値は高く、肝機能は低下していて、炎症マーカーの値が非常に高かった。要するに、彼の体はめちゃくちゃだったのだ。たばこは吸わないし、酒もたまにしか飲まない。麺類や脂肪分の多い肉を食べるのが大好きで、同じ年代の中国人よりもたくさん食べるほうだったが、そんなに並外れて太るほどの量でもなかった。

呉は、肥満と微生物の専門医である、上海の趙立平《ジャオ・リーピン》教授を紹介された。呉の症状がかなり特殊なものだと考えた趙は、通常の検査を実施して、ほかの病気ではないことを確認した後、呉の腸内細菌を調べることにした。

便サンプルのDNA検査をしたところ、エンテロバクター属の細菌が圧倒的に多いことがわかった。エンテロバクターは、健康な人の体内に少量ある分にはほとんど無害なのだが、呉の腸内では、まるで残酷で荒くれ者の殺し屋のようにふるまっていた。具体的には、特定のエンドトキシン（B29）を大量に作り出していて、これがライバルとなるほかの腸内細菌の細胞壁を攻撃していた。エンテロバクターは、呉の腸を侵略して乗っ取り、友好的な細菌をほぼ全滅させたうえに、炎症を引き起こす攻撃的なシグナルを体全体に大量に送っていたのである。

趙教授は呉に対して、特別に開発した食事療法をおこなうことにした。呉は、一日の平均カロリー摂取量の約三分の二にあたる一日一五〇〇キロカロリーを、炭水化物七〇パーセント、タンパク質一七パーセント、脂肪一三パーセントの割合で摂取するように言われた。この食事療法の特徴は、全粒粉や中国の伝統的な漢方食、さらに健康的な微生物の増殖を促すプレバイオティクス食品を組み合わせていることだ（プレバイオティクスについては13章で詳しく見る）。驚くことに、この粥状の治療食の効果はすぐに現れた。呉の体重は九週間で三〇キロ減り、四カ月後にはさらに五一キロ減った。この体重の変化に伴い、血液のさまざまな値や血圧も正常レベルまで下がった。粥状の治療食を九週間続けると、腸内で優勢だったエンテロバクター属の細菌やそれが生成するエンドトキシンの割合は、三〇パーセントから二パーセント未満に減少し、六カ月後には検出不能なレベルになった。同時に炎症もかなり改善した。有毒な細菌が減るにつれて、絶えず空腹を感じることもなくなっていった。[24]

この場合もまた、原因と結果を区別するのは難しい。肥満状態が免疫システムを衰弱させたせいで、腸内でエンテロバクターやエンドトキシンが優勢になり、奇妙にふるまうことを許してしまったのだろうか？　それとも、そうした細菌自体が肥満の原因だったのだろうか？　趙教授は、呉から採取したエンテロバクターを無菌マウスの腸に移植するという、巧みな実験計画を考えついた。すでに説明したとおり、腸内細菌をもたない無菌マウスは、たとえ高脂肪の食事を大量に与えられても太ることはない。[25]しかし、高脂肪・低食物繊維の食事（ジャンクフード）を与えられ、呉から採取した一種類のエンテロバクター属の細菌を移植したマウスはかなり太り、そうなるまでの期間も非常に短かった。

最初の数日間は、すべてのマウスで体重が減ったが、それは例の荒くれ者の細菌に由来するＢ29というエンドトキシンがもたらした副作用だ。その後、一週間以内にすべてのマウスで体重が増え始め、すぐに糖尿病の兆候や、脂質値の上昇、炎症の兆候を示し始めた。やはり、高脂肪食と有毒な細菌の組み合わせに大きな意味があるようで、通常のエサを食べていたマウスでは、細菌の影響は最小限にとどまった。

この実験と同様の結果はほかに確認されていないが、それでもここからは、感染症のように、肥満も一種類の細菌だけで引き起こされる場合があることがわかる。とはいえ、それはおそらく、遺伝子に生じる珍しい突然変異のような特殊なケースなのだろう（そうあってほしい）。肥満に関係する少数の細菌を使った実験がほかにもいくつか実施されているが、そうした劇的な効果の再現にはいたっていない。一般的に、げっ歯類を太らせるには、相互作用している腸内細菌コミュニティ全体が必要になる。同じことは私たちにも当てはまるだろう。

悪いものを追い出し、良いものを迎えよう

食事療法を終えた呉は、体も引き締まり、前よりも活動的になった。呉はその結果にとても喜び、もっと体重を落とそうと、粥状の治療食をさらに一年食べ続けたほどだ。趙教授も実験の結論には満足したようだ。いまでは有名人になっていて、テレビにも出演しているし、ブログサイトは六〇〇万人のフォロワーを集めているという。そして趙教授のもとには、呉よりもひどい肥満に悩む、あらゆる世代の中国人が、その特別な治療食を求めて数多く訪れている(26)。

趙教授は、上海で被験者を募集したある臨床研究で、肥満で糖尿病の初期段階にある九三人の被験者に対して、WTPダイエットと名付けた食事療法を実施した。WTPダイエットでは、全粒穀物と中国の伝統的な漢方食品、そして厳選されたプレバイオティクスなど、一二種類の材料を混ぜ合わせたお粥を用いる。この特別なお粥を朝食のオートミール代わりに食べてみたい人のために説明すると、材料は、オーツ、ハトムギ、ソバ、白インゲン、黄トウモロコシ、小豆、大豆、ナガイモ、大棗《たいそう》（ナツメを乾燥させたもの）、ピーナッツ、ハスの実である。患者によっては、ツルレイシ（ニガウリ）を加えることもあるそうだ。

趙教授の臨床研究は五カ月間のコースで、最初の九週間は、一日一三五〇キロカロリーのエネルギーに加えて、大量の食物繊維を摂取する食事を続け、その後に維持食へと移行する。この過程で、大半の被験者の血中の炎症マーカーとインスリン抵抗性の値が低くなり、体重は平均で五キロ減少。体重が減らなかった人

は九パーセントしかいなかった。[27] 研究の範囲をさらに広げてみると、紹介されてくる子どもの多くは、食べすぎを引き起こす遺伝子疾患（プラダー・ウィリー症候群など）の疑いがあったという。それにもかかわらず、こうした子どもたちもまた、趙教授の食事療法に好反応を示し、完全に抑えるまでにはいたらなかったが、過剰な食欲を弱めることができた。

どんな食事療法でも六カ月近く続けさせるのは大変なことだが、趙教授とロンドンで話したときには、それを解決する方法はあると言っていた。「ほかの国と同じで、コンプライアンス〔患者が医師の指示どおりに服薬などをすること〕は中国でも難しい問題です。ただ、患者に食事療法の目的を説明するときに、空腹感などの症状や問題を軽くするために腸内細菌コミュニティを変化させるという言い方をすると、かなり効果があります。そういうふうに言われると、患者は感染症にかかっているような気になって、治療を続けようとするのです。患者は栄養士と週一回のペースで会い、医療スタッフによる診察を二週間に一回受けます。医療スタッフは、腸内細菌の変化の分析もおこないます。患者は特別な治療食のほかに、それを補うために、野菜や豆腐、あまり甘くない果物を食べるよう指示されます。ジャガイモは禁止です」

趙教授の考えは、肥満患者に多い五〇種類の細菌を腸から追い出して、代わりに痩せ型の人の腸内に多く見つかる五〇種類の細菌を増やそうというものだ。そうすることで、腸内環境を左右するキーストーン種の細菌を効果的に変化させて、健康な腸内環境を作り出すのである。趙教授が用いる中国の薬用植物の多くは、何世紀も前から使われてきた歴史があり、人々の試行錯誤を通じて十分に検証されていると言える。[28]

肥満大国化する中国

今でも多くの中国人が覚えているように、一九五〇〜六〇年代の中国では、政府が躍起になって農業集団化運動を推し進めたせいで飢饉が起こり、何百万人もの餓死者が出た。この運動が、「大躍進政策」と呼ばれていたのは皮肉な話だ。一九八〇年代に実施された調査で、中国では心臓疾患とがんの発症率が非常に低いことが明らかになり、中国式の食生活が、西洋社会の救世主になり得るものとして広められたことは、すでに述べたとおりだ。

二〇〇〇年ほど前に書かれた中国の医学書『黄帝内経《こうていだいけい》』では、肥満をエリート階級で見られる珍しい病気とみなし、その原因は「脂肪が多い肉と、精白された穀物」を食べすぎることだとしている。現代中国人の多くは、自分の力でこの「エリート」階級に上がったのだと言わざるをえない。中国は現在、世界中のどの国よりも肥満の人が多いのだ。中国が姿を変えていく様子は、過去三〇年のイギリスやアメリカの変化を早回しで見ているかのようである。中国では、成人の四人に一人が過体重か肥満であり、子どもの七パーセントが医学的に見て肥満とされている。この子どもたちが年をとるにつれて、この国の肥満問題はさらに悪化していくだろう。まるまると太っていて、食べ物のこととなると自制がきかず、運動をしたがらない子どもたちの多くが、どうにかしたいと必死な親たちによって、アメリカ式の減量キャンプに送られている。こうした肥満の流行は、すでに一億人の糖尿病患者と、五億人の糖尿病前症患者を生み出している。中国人は遺伝的に、ヨーロッパ系の人々よりも糖尿病になりやすいと考えられている。とくに内臓脂肪がつきやすい傾向があり、心臓疾患の発症数も大幅に増加してきている。平均的なカロリー摂取量はこの一〇年で増加していないが、所得水準の向上が食料消費に影響を与えており、現在の食事に含まれる油と肉の量は、野菜が中心だった一九八〇年代の二倍にまでなっている。

このように、体脂肪は増加傾向にあるにもかかわらず、農村部の子どもたちの多くがビタミン欠乏症や発育不全に悩まされているのは皮肉な話だ。この状況は、インドやアフリカ諸国などの急速に発展しつつある国々で見られる、栄養不足と栄養過多の同時進行という奇妙な現象と共通している。こうしたことが起こるのは、持続的な栄養不足状態に置かれると、人間の体や脂肪細胞では、体を守る作用のある脂肪を蓄積しようという欲求が強まるからかもしれない。このプロセスには、腸内細菌が関与している可能性がある。

つまり、粗悪なジャンクフードや加工食品を多く食べるほど、私たちの体は、食物繊維や特定の栄養素などの「欠けている要素」を補うために、食べる量を増やせというシグナルを頻繁に送るようになる。それが原因となって、肥満と栄養不足の悪循環が生じるのだ。そして、どこの国でもその国なりのジャンクフードがある。しかもそれは、ファストフードや安いスーパーマーケットにあるものばかりではない。

趙教授は、このところ肥満がまん延している主な原因は二つあると考えている。タンパク質と脂肪（肉に含まれるもの）の摂取過多と、腸内細菌の増殖と炎症の抑制に必要とされる全粒穀物や食物繊維、栄養素の摂取不足だ。乳製品の摂取が増えたことが理由ではないのである。趙教授が子どもだったころ、住んでいた中国北部では、小麦粉の麺や米はどれも灰色っぽかった。粗挽き粉を使っていたので、食物繊維や栄養素がたくさん含まれていたからだ。今では、麺も米も輝くばかりの白さで、腸内細菌が好きな食物繊維や栄養素は含まれていない。そしていつまでも悪くならない。

中国では、長時間働くので朝食をとる時間がないという人が多い。その代わり、昼にはランチをたっぷり食べ（たいていは会社から無料で提供される）、夜には取引先や顧客と食事に行くこともある。どの料理にも肉が使われていて、全粒穀物や野菜は、入っていたとしても少量だ。女性も働いていて食事を作る時間がないので、いまどきの中国人女性のほとんどは料理ができず、レストランやファストフードにかつてないほど頼るようになっている。中国にはマクドナルドが二〇〇〇店舗以上ある。中国人はいまや、栄養面ではアメリカ人以上にアメリカ人的だと趙教授は考えている――もちろん、これは褒め言葉ではない。

腸内細菌のマインドコントロール？

脂肪や砂糖を多く含む加工食品は体に悪い。それはわかっているのに、私たちがそうした食品を食べ続けてしまうのは、何の力によるのだろうか？　その内なる欲求は何にコントロールされているのだろうか？

もしかすると、その答えは腸内細菌かもしれない[29]。腸内細菌が神経伝達物質を生成し、それを介して気分や不安、ストレスに影響を与える場合があることは、すでに説明した。腸内細菌は、自らの生態的ニッチを維持したいという進化上の衝動をそれぞれにもっており、確実に生き残るためにはどんなことでもするだろう。それに加えて、細菌たちには種ごとに食の好みがある。つまり、自らの増殖を支えているジャンクフードがもっと欲しいというシグナルを宿主である私たちに送ることも、腸内細菌による生存努力の一環と言えるのだ。

この考え方はもはや、ただの突拍子もない仮説ではない。腸内細菌のそうした努力は、免疫に関わる受容体タンパク質の一つ（ＴＬＲ５）を人工的に欠損させたマウスで、実際に確かめられているからだ。ＴＬＲ５が欠損していると、腸と免疫システムで通常おこなわれているコミュニケーションを阻害して、空腹を引き起こす働きのある腸内細菌を変化させる。そのマウスの細菌を通常のマウスに移植すれば、やはり同じような空腹欲求を引き起こせるし、抗生物質を与えるとその効果を失わせることができる——腸内細菌が決定的な役割を担っているという証拠だ[30]。

腸内細菌がそうした役割をもつメカニズムはヒトではまだ証明されていないものの、一部の人の腸で支配的になっている有害な細菌種には、とくにそうした役割がある可能性が高い。呉の腸でエンテロバクターが優勢になっていたケースは、その典型的な例だと言える。自然界を見れば、小さな微生物が大きな宿主を操るというのはよくある話だ。たとえば、アリの脳に入り込んだ菌が、そのアリを「ゾンビ化」して思いのままに動かす例である。ゾンビ化したアリは、植物の枝先にのぼらされて、そこで葉の裏側を食べ、その下にいる感染していないアリの上に菌の胞子を落とすのだ。ほかにも、ミバエを操ってインスリンを多く生成させ、脂肪を蓄積させる細菌がいる。そうした脂肪の蓄積は、細菌の増殖には役立つが、気の毒なミバエのためにはならない(31)。

腸内細菌が、脳の報酬系に作用する物質を生成することで私たちの食行動に影響を与え、ハンバーガーをもっと食べたい気にさせているという見方は、それほどおかしなものではない。実際のところ、高度な進化と専門化を遂げた腸内細菌にとって、それは朝飯前のはずだ(32)。

＊

いまではもう、総脂質の摂取量を減らせばよいという従来の単純な「常識」には科学的根拠がないことがわかっている。食事中に含まれる脂肪と私たちの体の関係は、きわめて複雑なものなのだ。塩や砂糖がたっぷり入った加工食品に含まれる脂肪が体に良くないのはもちろんだし、人工的に作られるトランス脂肪酸はもっと悪い。一方で、飽和脂肪酸に分類される脂肪の多くは、これまでは「不健康」というレッテルを貼られていた。しかし、本当は体に良いばかりか、腸内細菌のエサになったり、その多様性を高める働きのある、重要な化学物質や栄養素を多く含んでいることがわかってきた。さまざまな形状の脂肪が、多くの食べ物に不可欠な要素であることを考えれば、脂肪のなかでもいくつかのサブタイプにむやみにこだわるのは無意味だ。もっと言えば、そこにこだわっていては、地中海式食事法のような、食品の多様さや色、新鮮さを基本とした、高脂肪だが健康的な食事法の価値に目が向かなくなってしまう。

要するに、「脂肪ゼロ」のシールを見たら、健康的という意味ではなく、加工食品のサインと思えばいい。食品ラベルという人工的な世界を別にすれば、脂肪とタンパク質は分離できないのだ。

次の章では、さまざまな種類のタンパク質が私たちの健康に与える効果について考えていこう。

8　動物性タンパク質

肉と魚と旧石器時代

肉を食べるということ

私たちの食事におけるタンパク質源を考えてみると、わずか数種類の食品だけでかなりの割合になる。牛肉や鶏肉のような肉類だけで、タンパク質摂取量全体の三〇パーセント以上を占め、サケやマグロなどの魚類も二〇パーセントを超える。ほかには、ピーナッツなどの豆・ナッツ類（一四パーセント）、大豆（一二パーセント）があり、それ以外でとくに摂取量が多いのが、大豆抽出物と乳清タンパク質（牛乳由来）である。ベジタリアンやヴィーガンの食事でも、タンパク質の標準摂取量を満たすことはできるが、そのためにはかなり大量の食品をとらなければならない。

現在、私たちが暮らす社会では年間五〇〇億羽を超えるニワトリを育てては食べているという。そんな世の中で大きな議論になっていることの一つが、はたして肉を食べることは体に良いのか悪いのか、という問題である。

太っちょの葬儀屋

ウィリアム・バンティングは、ロンドン西部で葬儀屋を営んでいた。王室の葬礼儀式を執りおこなうことで有名な家族経営の葬儀屋で、とても繁盛していた。バンティングは、健康状態は良かったが、昔から少し太り気味ではあった。三〇代になると、腹回りは同年代の人たちよりはるかに大きくなった。友人や栄養士からは食生活を変えるように勧められ、かかりつけの医者には運動不足だと言われた。そこで減量しようと決意したバンティングは、その後三〇年間、さまざまな食事制限の方法を試しつつ、いろいろな運動にも挑戦した。一日に一、二時間ボートを漕ぐことを数年続けてみたが、かえって空腹になるだけだった。数時間の水泳に変えても効果はなかった。早足で歩く運動や、温泉保養所でのスチームバス治療もやってみた。しかし何一つ効果はなく、体重は大して変わらなかった。

最終的にバンティングは、個人向けの顧問医であるロンドンのハーヴェイ博士なる人物に相談した。ハーヴェイは耳鼻咽喉科の手術を専門とする医師だったが、食事のアドバイスもおこなっていたのだ。博士から、肉と果物だけの食事に変えるようアドバイスされたバンティングは、その結果に驚いた。それまで何をやってもうまくいかなかったのに、この方法では一年間で二九キロも体重が減ったのだ。その体重は八二歳で亡くなるまで変わらなかった。バンティングが書いた「肥満についての大衆向けの報告」という小冊子は、一八六四年のイギリスでベストセラーとなり、大きな議論を呼んだ——アトキンスダイエットが登場するよりも実に一世紀早い出来事である。

社会史の専門家のあいだには、幸せな狩猟採集生活をやめて、それと正反対の農耕文化に切り替えたことを「人類最大の間違い」とする意見がある。(1) そう考えると、一万年前に農耕を始める前に私たちの祖先がしていた食生活を実践しようというのは、表面的には理にかなったことのような気がする。こうした食事法は、旧石器時代《パレオリシック》ダイエット、略してパレオダイエットと呼ばれており、大成功を収めたアトキンスダイエットの変形版として、アメリカで人気を博している。パレオダイエットを実践するための料理本は無数にあるし、最先端のパレオ・レストランも次々と開店しているようだ（そこでは特別にワインは飲んでよいことになっている）。パレオダイエットでは、動物性タンパク質をたくさんとり、糖質の量は少なくする。穀物やシリアルは食べず、砂糖もほとんどとらない。以前会ったロサンゼルス出身の女性は、スポーツジムのクラスに来ている人でパレオダイエットをしていないのは自分一人だけなので、恥ずかしい思いをしていると言っていた（彼女はパンを食べるのがやめられないそうだ）。

アトキンスダイエットやパレオダイエットといった高タンパク質・低糖質ダイエットを支持する人たちは、この方法が最も短期間で体重を落とせて、リバウンドもしないと言っている。またこの種のダイエットは、糖尿病の進行をとめるか、そうでなくても病状を改善することができるし、コレステロール値を下げ、心臓疾患のリスクを減らすとも言われ、さらに、アレルギーや自己免疫疾患が治ることもあるとされている。欧米諸国の多くでは、肉を食べる割合が減ってきているとはいえ、カロリー摂取の点でも、また文化的な側面や家族で囲むごちそうとしても、動物の肉に頼っている部分はいまだに大きい。イギリスでは、年間で一人あたり平均八四キロの肉を消費している。これはヨーロッパのほかの国と同じくらいだが、ハンバーガーとステーキが大好きなアメリカ人と比べれば少ない。驚くなかれ、アメリカ人は年間一二七キロの肉を消費するのだ。肉は豊富にあり、値段も比較的安いのだから、私たちはみな、この「自分たちの肉のルーツに戻る」というオーガニックな生き方を取り入れるべきなのだろうか？

ステーキを食べて痩せる

寝室の鏡の前に立ったディッキーは、そこに見えたものが気に入らなかった。ラグビーやスカッシュをやっていたのは遠い昔の話で、今の自分がどこから見てもずんぐりしていて、ビール腹になっていることは認めざるをえない。しばらく前から、妻には何かやらなくちゃと小言を言われていた。そのとおりだ。全盛期はもう過ぎ去っていた。五五歳の外科医であるディッキーは、もうベストの状態ではない。いつも疲れているし、一日立ちっぱなしの手術が大変になっているのにも気づいていた。ゴルフをするのさえきつく、膝が痛む。何かやりたいとディッキーは思った。肉は好きだし、アトキンスダイエットはなんだかよさそうだ。ディッキーの弟もアトキンスダイエットで九キロ体重が減り、六カ月たってもその体重を維持していた。

最初の数日は順調だった。朝食にベーコンと卵を食べ、ランチにはゆで卵を二個とチーズオムレツ、夕食には魚かステーキに、サラダを食べた（一、二回、無意識でビスケットやパン、アルコールに手を伸ばしていたのに気づくことはあった）。二週間後には気分も良くなり、腹回りにも変化が見られた。その時点ですでに数キロ体重が減っていた。不思議なことに、思っていたほどの空腹は感じなかった。

ディッキーはこのダイエットをもう一カ月続けて、なんとか六キロほど体重を落とした。自分の意志の強さが誇らしかったし、家族も協力してくれた。ただ、いくつか困った副作用にも気づき始めた。便秘がひどくなってきて、朝起きると口臭があった。最初のころに感じていた気力の充実もなくなりつつあった。そこでディッキーは勤め先の病院で、同僚の医師に血液検査をしてもらった。

血中の脂質レベルを調べたところ、総コレステロール値が約五パーセント高くなっていたが、これは測定誤差の範囲内であり、あまり参考にならなかった。悪玉コレステロール（ＬＤＬ）の値はわずかに増えていたが、善玉コレステロール（ＨＤＬ）の増加のほうが大きかったので安心した。それよりも心配だったのが、肝臓の値が少し悪くなっていたことで、痛風のリスク要因である尿酸値も悪かった。ディッキーは弟に電話をかけてアドバイスを求めたが、弟はそういう問題をまったく経験していなかったし、今はさらにスリムになっていて、糖質がほぼゼロの食事で安定した状態でいるという話だった。がっかりしたディッキーは、チーズやフルーツと一緒においしいパンを食べたいと思うようになった。ほどなくダイエットをあきらめてしまって、徐々に昔の習慣に戻っていき、残念なことにズボンのサイズも元通りになってしまった。

アトキンスダイエットの興隆

アトキンスダイエットという革命的なダイエット法は、さまざまな低脂肪ダイエットや低ＧＩダイエット〔食後血糖値の上昇度が低い食品（低ＧＩ食品）をとるダイエット〕に代わるものとして、一九七〇年代に登場した。当時はすでにバンティングの時代から一〇〇年もたっていたのに、アトキンス博士の試みは時代の流れに逆らう格好になり、そのダイエット法が一般に受け入れられるまでには、しばらく時間がかかった。しかしアトキンスダイエットはやがて、まるで大きな勢力を誇る宗教さながらに、何百万もの人々に広がり、熱心な信奉者を生み出すことになる。(2) 私が前著で、アトキンス自身は太りすぎだと「言われており」、心臓疾患を抱えていたと「言われている」という趣旨のことを書いたところ、それは間違いだと指摘する手紙が、ほかのどんな話題についての反応よりも多く届いた。

アトキンスのアイデアは、たしかに大成功を収めたが、当時一般的だったダイエット法とは一線を画すものだった。それはシンプルで、人の心をひくところがあった――なにしろ食事量をまったく制限しないのだ。いろいろな食材を組み合わせたり、別の食べ物で置き換えたりするダイエット法の複雑さや、食事の時間を気にかけたり、カロリーや食事量を計算しなければならない面倒くささに、人々は辟易していた。しかしアトキンスダイエットでは、制限するのは糖質だけで、タンパク質は好きなだけ食べていい。これは魅力的なメッセージだ。たいていの人はダイエット開始から数週間で体重が減り、その体重を数ヶ月にわたって維持した人も珍しくなかった。

アトキンス流のダイエットでは、低脂肪ダイエットに比べて短期間で体重が減り、減量の幅も大きいと報じられることが多い。ただし、このことは最初の六カ月については複数の研究によって裏付けられているものの、一年以上たってからの比較に関しては、明確なエビデンスは得られていない。また、アトキンスダイエットにはＨＤＬ値の上昇などのプラスの効果があることが、臨床研究によって示されている。(3)

タンパク質を多くして、糖質を極端に少なくするという組み合わせのダイエットは、**ケトン体ダイエット**とも呼ばれる。糖質が減りグルコース（ブドウ糖）が欠乏した状態になると、肝臓では脂肪酸からケトン体が生成され、それを燃料として使うようになるからだ。このプロセスは、燃料源の確保としては効率が悪いが、脳などの重要な臓器にエネルギーを供給し続ける方法として不可欠なものである。[4]

ケトン体ダイエット中にはエネルギー代謝が大きく変化する。[5] 高タンパク質ダイエットをすると、短期的には低脂肪ダイエットより体重が減ることがあるのは、一つには、タンパク質や脂肪をエネルギーに変換する代謝プロセスは糖質の代謝プロセスよりも効率が悪いため、同じように体を動かしても、より多くのカロリーを消費することになるからだ。もう一つの理由は、タンパク質や脂肪を摂取すると、脳にシグナルを送るホルモンが腸で放出されるため、多くの糖質と比べて満腹感が大きくなることだ。タンパク質や脂肪の摂取量が多いと、脂肪の蓄積がわずかに減る可能性も指摘されているが、これには議論の余地がある。そして当然ながら、たいていのダイエット法に言えることだが、食べ物の選択肢が減れば総摂取カロリーも減ることになる。

なぜリバウンドするのか？

ディッキーもそうだったが、たいていの人にとって、ダイエットを数カ月以上続けるのは大変なことである。実際にダイエット経験者のなかで、一〇パーセント以上減った体重を一二カ月以上維持したことがあると答えた人は、六人に一人以下だ。おそらく、この数字でも多く見積もりすぎだろう。[6] 挫折の原因は、飽きだったりや変化の少なさだったりするが、代謝の問題も大きな理由だ。

どんなダイエット法でも、ある程度体重を落とすと、体の代謝レベルが下がってしまうことが知られている。具体的には、約六週間の集中的なダイエットで一〇パーセント以上の減量をすると、体が以前蓄積していた脂肪の量を回復しようとするので、その分だけエネルギー消費量や代謝量が減少することが、慎重な条件設定により実施された対照試験で確認されているのだ。代謝量の低下は、一日の摂取カロリーの一〇パーセントに相当する場合もあるという。臨床研究によれば、このような代謝量を再設定しようとするメカニズムの作用は、低脂肪ダイエットの場合が一般的に最も大きく、高タンパク質・低糖質のアトキンスダイエットが最も小さいようだ。(7)

とはいえ、高タンパク質ダイエットでも、体をいつまでもだまし続けることはできない。しばらくすると血中のコルチゾール値が上昇し、甲状腺ホルモン値が減少するのだが、このどちらにも、脂肪の蓄積を増やし、消費エネルギーを抑えるという働きがある。(8)つまり、体には脂肪の蓄えを補充するための秘策が必ずあり、そのメカニズムはダイエット法によって違っている、ということなのだ。

世の中には、あるダイエット法で成功しても別の方法では成功しない人もいれば、どんな方法でもうまくいかない人もいる。意志力ばかりの問題ではない。やる気があっても、ダイエットに対して体が反応しにくい要因をもっているのかもしれないからだ。たいていのダイエット法は最初の一、二週間は効果があるが、そういった初期段階で減る体重のほとんどは水である。長期にわたって低カロリー状態が続くと、体はそれを補うために脂肪を燃焼させたり、代謝を低下させようとするが、その燃焼スピードや代謝低下のプロセスには大きな個人差がある。そうしたメカニズムは複雑なものだ。そして、その原因が腸や脳の化学物質だとしても、心理的な要素（1章で紹介した双子のダイエットからわかった話だ）によるものにしても、遺伝子だけでなく、腸内細菌からの影響も強いのである。

高タンパク質ダイエットの効果や副次的作用のうち、糖質の摂取量の少なさによる部分と、タンパク質の摂取量の多さによる部分がそれぞれどのくらいあるのか、二つの要因を区別して考えるのは難しい。アトキンスダイエットが近年進化をとげるなかで、その宗教的指導者とでも呼ぶべき存在だった数十億ドル企業

〔アトキンス・ニュートリショナルズ社〕の人たちは、糖質摂取量を「少なくするように」と言うようになり、「ゼロにするように」とは言わなくなった。肉を大量に食べることも熱心に説かなくなったし、植物性の食物繊維をもっと摂取するよう勧めるようにもなった。しかし、より寛容なルールに変わっても、相変わらず痛風や便秘、口臭といった副作用がある人もいる。面白いことに、マウスも一二週間（ヒトの数年にあたる）のアトキンスダイエットをすると、やはり大変なことになる。コレステロール値と脂質値の異常、前炎症性状態、肝臓脂肪の増加、グルコース不耐性、膵臓の萎縮などが生じるのだ。しかも、そんな大変な目にあう割には、体重は少しも減らない。[9]

何キロ痩せるかは腸内細菌が知っている

ある特定のダイエット法に対する体の気まぐれな反応は、特定の代謝状態に左右されているのかもしれない。同僚のダスコ・エールリッヒが責任者をしている、ＭｅｔａＨＩＴ《メタヒット》という大規模なマイクロバイオーム・プロジェクトでは、ダイエットに対する微生物の反応を調べている。[10] このプロジェクトではまず、四二人の被験者が六週間にわたり、食物繊維の多いヘルシーな炭水化物（四四パーセント）と高タンパク質（三五パーセント）からなる、特別な低カロリー食（一二〇〇カロリー）をとった。そしてその次に、今度はそれよりもカロリーが二〇パーセント多い食事を再び六週間続けた。被験者の体重は、最初の六週間は予想どおりに減少したが、その後は横ばいになり、一部の被験者では急激に元に戻ることが明らかになった。また体重の減りやすさを予測するには、自制心やスタート時の体重ではなく、被験者の腸内細菌が関係していることもわかった。[11]

この低カロリー・高タンパク質ダイエットでは、すべての被験者に一定の効果が見られたが、細菌コミュニティの豊かさや多様性が最も低い被験者は、減量の幅が最も少なかった。そうした被験者は、血中の炎症マーカーも低下しなかったし、ダイエット前の体重にリバウンドするのも一番早かったのである。こうした腸内細菌の多様性が低い被験者グループは、たとえばフランスでの実験では四〇パーセント、被験者数が二九二人と大規模だったデンマークでの実験では二三パーセントを占めていた。多様性の低いグループは、平均的に肥満度が高く、インスリン値や内臓脂肪の量も高くなっており、さらに脂質値も異常なため、糖尿病や心臓疾患のリスクが高かった[12]。

ＭｅｔａＨＩＴプロジェクトの研究者らは、腸内細菌のなかに、いくつかのキーストーン種があることに気がついた。このキーストーン種は、豊かで多様性に富む腸内細菌コミュニティをもつ健康な被験者には必ずいるが、不健康な被験者の腸では、一般的に数が少ないか、まったく存在しない。そうしたキーストーン種には、ビフィズス菌、フィーカリバクテリウム・プラウスニッツィイ、ラクトバチルス菌といった友好的な細菌の多くが該当するほか、メタン生成古細菌の一属であるメタノブレビバクターも含まれる。こういった腸内細菌のキーストーン種は、生物多様性に富んだ生息地におけるキーストーン種にたとえられる。たとえば、イエローストーン国立公園のオオカミは一度絶滅してしまったが、のちに再導入された。キーストーン種がいなければ、生態系の自然なバランスを保てないからだ。

この研究では、腸内細菌の多様性が高いグループは炎症マーカーが低く、有益な脂肪酸である酪酸が多いことがわかった。研究チームは、優れた新検査法として腸内細菌の多様性（あるいは数の多さ）の検査を提案しており、これが健康状態を知るだけでなく、糖尿病のような多くの病気についての将来的なリスクを判断する手段になるとしている。現在はそのための臨床試験を準備しているところだ[13]。

腸内細菌の多様性が低い不健康な被験者グループにとっても、低カロリー・高タンパク質のダイエットが完全な失敗だったわけではない。ダイエット開始から六週間後には体重が減少し、マイクロバイオームの多様性がわずかに改善していたからだ。問題は、ダイエット後のリバウンドである。この臨床研究の期間と強度では、腸内細菌コミュニティを恒久的に変えられるほどの大刷新にはつながらなかったのかもしれない。また、カロリー制限、糖質摂取量が少ないこと、タンパク質摂取量が多いことのうち、細菌への影響がとくに大きいのがどれなのかは、この研究からはわからなかった。

果物や野菜、食物繊維の摂取量が少ないほど、マイクロバイオームの多様性が低くなることは、いくつかの研究によって確かめられているが、その逆のことも言えそうだ。私自身はまだ確かめていないが、集中的な高タンパク質・低糖質ダイエットの効果を高める方法として考えられるのは、ダイエット前の六週間は果物と野菜をたっぷりとって、腸内細菌の準備を整えておくことだろう。

肉を食べない人々

とはいえ、高タンパク質ダイエットで痩せたいというのでないのなら、日常的に肉を食べることに健康上のメリットなどあるだろうか？　ベジタリアンの定義はいろいろとあるが、イギリスでは現在、約一〇パーセントがベジタリアンか肉を食べない主義だとされ[14]、この傾向は多くの欧米諸国に広がっている。ベジタリアンたちは、人間にとって肉は必要ではないし、動物に苦痛を与えている、さらに地球温暖化を悪化させていると主張する。実際に複数の研究によって、現代の工業化された牛の飼育方法はエネルギー効率が悪いことや、畜産業から排出される温室効果ガスは世界全体の排出量の最大五分の一を占めると推定され、これが気候変動に寄与していることが報告されている。こうした研究結果は、私たちの健康面や動物に与える苦痛といった問題とは別の話として、肉の消費を減量《リデュース》して、地球を守るためにリデュースタリアン（減量主義者）になろうという運動につながっている。

ところで、そもそも肉を食べたがらない人がいるのはなぜなのだろうか？　私たちはその原因を探るために、平均年齢五六歳のイギリス生まれの双子三六〇〇組を調べてみることにした。両方がベジタリアンだという双子は、一卵性では一〇四組いたが（全体の九パーセント）、二卵性では五五組しかいなかった（七パーセント）。ここから見て取れるのは、ベジタリアンになるのには遺伝的な要素が少しはあるが、環境や人生経験といった要素（結婚相手、友人、住んでいる場所など）の影響がそれを上回っていることだ。[15] ベジタリアンたちは、卵や乳製品、肉を食べないヴィーガンが幸せに長生きするという研究結果を何かと引き合いに出す。だが、本当にそうなのだろうか?

アメリカのプロテスタント宗派であるセブンスデー・アドベンチストは、健康な暮らしを送ることを教義としており、多くの信者がヴィーガンだ。アドベンチスト信者三万四〇〇〇人を対象にした調査では、男性は、肉を食べている平均的なアメリカ人と比べて痩せていただけでなく、平均して七年長生きであることがわかった（女性は四年）。[16] その後におこなわれたアメリカ全土に住む合計七万人の信者に対象を拡大した調査では、同じ集団内にほぼ同程度の割合でいた、肉を食べる信者と食べない信者を比較することができた。それによると、ベジタリアンの信者は死亡率が約一五パーセント低かったが（主な死因は心臓疾患とがんだ）、より正確に実施された今回の調査では、寿命は約二年長いだけという結果になった。このことは、カリフォルニア在住、スポーツ好き、酒を飲まない、信仰に篤いといった、食事以外の要素を取り除くことの重要性を示している。[17]

調査の対象となった信者たちは、神は自分たちにできる限り健康な生活を送るよう望んでいると信じているので、神の力にも助けられていたのかもしれない。強い信仰心が健康に効果があることは、いくつかの研究から確かめられているのだ。それに加えて興味深いのは、信仰心の強い人はアンケート回答者としての信頼性が低いということであり、これはオランダの双子を対象とした心理学研究によって示されている。信仰心の強い人がわざと嘘をついているのではない。そういう人たちは、みずからが理想とする答えをしがちなので、それによって回答が歪められてしまったのだ。[18]

食事に話を戻そう。イギリスの三万人以上のベジタリアンと魚菜食主義者《ペスクタリアン》を対象に、その食事法がもたらす健康効果を調べたところ、セブンスデー・アドベンチストの調査ほどはっきりとした効果は見られなかった。また、肉を食べないことの効果と、健康意識の高さによる効果は区別が難しかったという。大半の研究では、がんの減少（過去一五年の追跡調査では最大四〇パーセントの減少）と心臓疾患の減少（二〇パーセント）という効果を示してはいるが、脳卒中などのほかの病気が増加し、総死亡率がほとんど変化していないので、差し引きゼロだ。[19] ちなみに、イギリスのベジタリアンはどういうわけか、アメリカのベジタリアンほど健康ではないという説もあるが、これはおそらく、文化やライフスタイルの違いや、信仰心の欠如が原因かもしれない。そうでなければ、ベイクドビーンズやポテトチップスを食べるとか、砂糖をとりすぎるなど、イギリスのベジタリアンの食事にはあまり健康的ではない面があるせいかもしれない。

肉を食べる習慣のある人やパレオダイエットを始めようという人は、ダイエット理論の確固たる裏付けとして、進化の歴史における事実をあげることが多い。ヒトが雑食動物であることに疑いはなく、私たちの体や消化器系は、野菜でも肉でも、いろいろな種類のものを食べられるようにできている。顎の骨や歯は固い食べ物を噛むのに適しており、加熱調理をするようになって噛むという作業は楽になったとはいえ、この点が果物を主食とする霊長類との違いだと言える。[20] それに加えて、私たちにはタンパク質を分解するホルモンや酵素といった武器もある――そしてもちろん、腸内細菌がいつでも助けてくれていることを忘れてはいけない。

肉をまったく食べないことの問題点としてとくに言われるのは、ある種の栄養素が足りなくなってしまうことだろう。実際、ほとんどのヴィーガンや一部のベジタリアンが栄養面の問題にぶつかっている。肉にはビタミンB12、亜鉛、鉄といった多くの必須栄養素が含まれるが、野菜でこうした栄養素をとるのはかなり難しいのだ。とくにビタミンB12欠乏症は、肉を食べない人に多い病気であり、ベジタリアン食の利点をある程度帳消しにしてしまう可能性がある。

ビタミンの問題

すでに書いたとおり、私も短期間だがヴィーガン生活を送ったことがある。この挑戦は六週間しか続かなかった。チーズなしの人生があまりにつらいことに気づいたからだ。海外に旅したときに素晴らしい食事を楽しめなかったということもある。ただ、肉を断つのは、魚を食べられるのならそれほど大変ではなかった。私は嬉々として肉なしの生活を続けたが、一年後の健康診断で、血中のビタミンB12と葉酸の値が低下し、ホモシステイン（心臓病のリスクマーカー）が上昇しているのに気づいた。葉酸は野菜から大量に摂取していたが、肉に含まれる必須栄養素であるビタミンB12が欠乏していたため、葉酸の吸収も阻害されていたのだ。

これには困った。肉をやめて体重が数キロ減っていたし、体調も良かったからだ。ただ、血圧が少し高くなっており、ビタミンB12不足は高血圧を悪化させる可能性があった。そこでビタミンB12のサプリメントを毎朝大量に飲むようにしたが、血液検査の値にはほとんど効果がなかった。卵にはビタミンB12が多少含まれているので、一週間に数個の卵を食べるようにしたが、それでも効果がなかった。ついに私はわらにもすがる思いで、尻にビタミンB12の注射をしてみた。これは効き目があった。まずビタミンB12の値が変化し、やがてホモシステインも改善されて、最終的に正常値まで回復した。ところが数カ月後、尻に自分で注射をしようとして（実際には妻に頼んでしてもらっていたのだが）、ふと気づいた。これはまぬけだ。健康になりたい人間が毎月注射をするのは健康的ではないし、とりたてて自然とも言えないではないか。

そこで、一カ月に一度だけステーキを食べて、変化を見てみることにした。レアステーキかフランス式の生のタルタルステーキを月に一、二度食べてみると、それが功を奏してサプリメントなしでも必要なビタミンが摂取できた。このちょっとした実験で痛感したことがある。肉なしの食事に急に切り替えようとしても、体が適応できなかったこと。そして、腸内細菌といえども、すべての必須栄養素を生成できるわけではないことだ。では、私が少しの肉だけで十分だとしたら、それはたまたまそうなったのか、それとも進化のせいなのだろうか?

パレオダイエットの背景

本格的なパレオダイエットのルールでは、穀物や豆類（ピーナッツも含む）、牛乳、チーズ、精製された糖質、砂糖、アルコール、コーヒーを摂取してはいけないことになっている。トマト、ジャガイモ、ナスも禁止だ。これらナス科ナス属の植物は、腸管の透過性の上昇による自己免疫疾患の原因と考えられているからだ。パレオダイエットでは、有機栽培の植物をエサとする牛や豚や鶏の肉、魚、ココナッツオイルやオリーブオイル、ナス属以外の野菜や、少量の果物（ベリーしか食べない人もいる）を食べることを勧めている。たいていの宗教と同じように、パレオダイエット信仰も、正統性と厳格さの度合いによって、いろいろなタイプがある。このダイエット法が大まかに基本としているのは、今から一〇〇万年くらい前に消費していたと考えられる食べ物、つまりヒトが完全に適応している食べ物を食べることだ[21]。私たちの体にはこれまでに、新しい食べ物に合わせた進化や適応を遂げるのに十分な時間がなかったというのが、パレオダイエットの基本的な考え方であり、根拠である（この考え方は、穀物を食べないダイエットなど、ほかのダイエット法にも共通している）。

私に言わせると、この考え方の大きな欠点は、最新の遺伝学や進化論の研究成果を考慮せずに、人間を硬直した変化しない自動機械として扱っているところだ。私たちの体には無数の微生物がすみついていて、私たちと同じ適応や進化をとげていることも忘れてしまっている。それはそうと、祖先が実際に何を食べていたのか、本当にわかっているのだろうか？　ロサンゼルスに住むスポーツジムマニアが考えるような、脂身のないステーキとルッコラだろうか？　私たちの祖先は料理本もＤＶＤも残してくれなかったので、かなりの憶測に基づいて考える必要がある。いまも残る狩猟採集民族の観察や、骨などの考古学的遺物の調査、有史以前の便の分析に頼るしかない。

二〇〇～五〇〇万年前に生きていたアウストラロピテクスのような初期人類は、体の大きさこそ現生人類の半分だが、臼歯ははるかに大きかった。こうした初期人類はおそらく、昆虫や爬虫類以外の肉をあまり食べていなかっただろう。走るのが速くなく、すばしっこくも利口でもなかったので、死んだ動物以外はそれほど多く捕まえられなかったからだ。数百万年前の氷河時代、アフリカでは気温が下がり、果物が少なくなった。私たちの祖先であるホモ・エレクトスは、生き残るために、狩猟や採集の技術を身につけなければならなくなった。チンパンジーを対象とした研究では、生肉をきちんと咀嚼するには最大七時間もかかることがわかっている。初期人類が自分の時間をもっとましなことに使いたければ、この咀嚼に時間がかかる問題をどうにかなければならなかった。彼らはまず、植物の根茎や根、生肉を細かく切るための石器を発明した。

一〇〇万年ほど前には、さらに決定的なブレークスルーがもう一つ起こった。火を使うことにより、食べ物をちょうどよい具合に加熱調理できるようになったのだ（南アフリカの洞窟で見つかった灰からそのことがわかる）。これによってさまざまな可能性が開けた。加熱調理によって毒性が減り、食中毒の発生が抑えられるようになったし、食べ物からはるかに多くのエネルギーを短時間で取り出せるようになったのだ。とくに大きかったのは、それ以前は、食べ物を採集したり、集めてきた植物の固い根や、たまに少しだけ手に入った生肉を食べたり消化したりすることに貴重な時間を費やしていたが、その時間を自由に使えるようになったことだ。

加熱調理したものを食べるようになると、消化液や酵素が少なくてすむようになり、腸内発酵の時間も短くなったため、それに合わせて大腸が短くなった。腸で使われるエネルギーが減り、調理された野菜や肉からより多くのエネルギーを受け取るようになると、短期間で脳が大型化した。それによって、重要なカロリー源である肉を得るための狩猟の技術がかなり上達したのである。

狩猟採集民族の腸内細菌

狩猟採集民族がいくつか現存しているおかげで、私たちは彼らの食事や腸内細菌という「窓」を通じて、自分たちの過去や祖先について調べることができる。ただ、いったん調査の対象になると、もはや完全に外の世界と隔絶しているとは言えなくなる、というリスクはあるが。

そうした現存する狩猟採集民族の一つが、タンザニアのハッザ族だ。彼らは初期人類発祥の地であるグレートリフトバレー周辺に住んでいる。三〇～五〇人という、変化に適応しやすく移動も容易な規模のグループに分かれて生活しており、食べ物を手に入れる仕事を男女で分担している。男は野生動物の肉を求めて小グループで狩りをし、たまにハチミツを集めてくる。女は植物やベリーを採集し、塊茎を掘る。狩りの成果は季節によって違う。雨期にはとても少ないが、動物が水を求めて移動する乾期には多くなる。現代的な加工食品や医薬品、抗生物質はほとんど手に入らない。

私の風変わりな同僚ジェフ・リーチは、アメリカン・ガット・プロジェクトの共同設立者である。リーチは、ハッザ族とまる六カ月ともに生活し、彼らの食事とライフスタイルに従った暮らしをすることで、自分の体が、そしてさらに重要なこととして、自分の腸内細菌が、ハッザ族の食事にどのくらい適応するかを調べた。外界との唯一の連絡手段は、衛星インターネットにつながったノートパソコンで、彼はこれを週一回のブログ更新に使っていた。

リーチの報告によれば、最初は西洋風の食事を続けたものの、アフリカの環境のなかで彼の腸内細菌はわずかに変化したという。次の数カ月は、その土地の人々とまったく同じ食事をした。シマウマの肉、クーズーやディクディク（ともに牛の仲間）の肉、ハチミツ、いろいろな植物の根やベリー[22]。リーチは、自分自身の体だけでなく、目につくものすべての表面をぬぐい取って調べた。しかし自分の体の腸内細菌は、組成に関しては改善していたものの、いまだに西洋風であり、本物のハッザ族の腸内細菌ではないことがわかって落胆した。

もう一つ、石器時代の狩猟採集民によく似ているグループがある。ブラジルとベネズエラの国境にまたがるアマゾン最奥地に暮らすヤノマミ族だ。彼らは今でも祖先と本質的に同じ生活様式を保ち、およそ二〇〇の村に分かれて暮らしている。一つの村は一〇〇人程度の住民からなり、数年ごとに場所を移す村もある。家畜はもたず、加熱調理したバナナやキャッサバなどの主食のほか、野菜、果物、昆虫といったさまざまな食料に頼って暮らしている。ときたまサルやペッカリー（イノシシに似た動物）、鳥、カエル、イモムシ、地虫、魚を捕ることもある。血液を調べると、血中の脂質値は世界でも屈指の低さで、肥満の兆候がまったく見られなかった[23]。これまでに二つの研究チームがそれぞれ独立に、住民と適切な形で接触することに成功し、村への出入りを許可されている。彼らは虫除け薬を塗り、奥地にあるいくつかの村のリーダーと交渉して、この珍しい住民たちの便のサンプルを採集している。結果はとても面白くもあり、厄介でもあった[24]。

一番印象的な結果は、ヤノマミ族は男女ともに、腸内細菌の多様性がヨーロッパの人々と比べてはるかに高かったことだ。さらに、私たちが知っているものに加えて、まったく知られていない独自の細菌が全体の二〇パーセントを占めていた。大腸菌（最も網羅的に研究されている細菌）だけを見ても、これまで見たことのない新しい菌株が五六以上もあった。ヨーロッパでは一般的だが、これらの部族にはまったく存在しない細菌もいくつかある。たとえば、私たちがヨーグルトから摂取しているあの友好的なビフィズス菌は、欧米諸国ならすべての人の腸にいるが、ハッザ族では誰の腸にも見つからなかった。ヤノマミ族でもほとんどの人の腸にいなかった。

どちらの部族でも**プレボテラ属**の細菌が非常に多かったが、これは穀物中心の食事をしているほかの集団にも見られるものだ。そのほかに、植物の分解に役立つ細菌も多くいた。こうした「健康に良い」細菌と同じものが、西洋社会では関節炎のような自己免疫疾患に関連しているのは、不思議な話だ。ハッザ族では、男女間で腸内細菌に違いがあることもわかっている。これはおそらく、食料の収集や消費における男女の役割が異なっていることを反映しているのだろう。男は狩猟を担当しているので、定期的ではないものの肉を食べる機会が多い。一方女性は、主食であるキャッサバの調理に相当な時間をかけている。こうした違いは、男女とも同じようにスーパーマーケットを利用できる私たちの社会には見られないものだ。

ハッザ族とヤノマミ族に関する研究が示しているのは、ある集団では体に良くない腸内細菌グループでも、それとはきわめて環境の異なる別の集団には、正反対の影響を与えうるということだ。また、一つか二つの菌種を取り上げるよりも、腸内細菌コミュニティ全体を見るほうが重要なこともわかった。さらに言えば、人類が農耕を開始して、殺虫剤や抗生物質を使うようになってからこれまでに、非常に多くの腸内細菌が絶滅してきたことも想像できるようになった。

私たちの腸内細菌が祖先の時代と比べると激減してしまっているのは、悲しい現実だと言える。

肉と言ってもいろいろあるが……

これまでに欧米諸国で実施されてきた肉の摂取についての観察的研究からは、加工食品ではない鶏肉を食べることの害を裏付ける明確なエビデンスは得られていない。それにひきかえ、赤身の肉を摂取することは、低いながらも増加傾向にある心臓疾患やがんの発症リスクや、死亡リスクの全体的な増加と常に関連づけられてきた。厳密な無作為化比較試験はこれまで実施されていない。肉の摂取を制限するような食事法を何年も強制的におこなわせるのが難しいからだ。しかし最近では、大規模な観察的研究を組み合わせることによって、まあまあ信頼できるデータが得られるようになっている。

アメリカで実施された二つの大規模なコホート研究では、八万四〇〇〇人の女性看護師と、三万八〇〇〇人の男性医療従事者からなる集団を累計三〇〇万人年（人数に年数をかけたもの）追跡した。それによると、赤身の肉を一日一人分余計に食べると、死亡リスクが全体として一三パーセント増加することがわかった（加工された肉だと二〇パーセント増加）。また、心臓疾患への影響がわずかに増大し、がんのリスクは一六パーセント増加した[25]。

一方、ヨーロッパのＥＰＩＣ（欧州がん・栄養前向き研究）プロジェクトによる、一〇カ国の被験者四五万人を追跡したデータからは、赤身の肉が死亡リスクを一〇パーセントほど高めることが示されている。ソーセージ、ハム、サラミのような加工肉や、出来合いの料理に入っている出所不明の肉になると、死亡リスクは最大四〇パーセント高まるという[26]。また、このデータにもとづいてハーバード大学の研究チームがおこなった推計では、アメリカ人全員が肉の消費量を一日〇・五人分（四五グラム）以下に抑えれば、死亡率を八パーセント下げられることが示された。イギリスの男性で同じ効果をあげるには、現在の肉の摂取量を半分にする必要があるだろう。

ベーコンサンドイッチ一つ、またはホットドッグ一つを毎日食べ続けると、寿命が二年短くなる。もっとはっきり言えば、ベーコンサンドイッチ一つで寿命が一時間縮まることになる。これがタバコだと、一箱で五時間だ。注意したいのは、こうした結果が当てはまるのは、いまのところヨーロッパの人々だけであることだ。アジアの三〇万人を対象とした研究では、心臓疾患が増えている一方で、赤肉の摂取量も増えつつあった（それでもヨーロッパよりは少ない）。しかし欧米諸国の研究とは異なり、赤肉の摂取と心臓疾患のあいだに直接的な相関関係は見られなかったのである。[27] 明らかなのは、あらゆる人が赤肉を食べることで同じ影響を受けるわけではなく、ほかの要素も関係しているということだ。

肉に含まれる脂肪が死亡率増加の原因だとする説が破綻してしまっている以上、それ以外に考えられる原因について、そして祖先が食べていたものについて、もっと詳しく考えてみる必要がある。世界中を旅した歯科医ウェストン・プライスの業績を先に紹介したが（6章）、プライスが発見したのは、外界と交流がない部族が、肉のなかでもとくに脂肪が多い部位を好んで食べていたことだった。おそらくは私たちの祖先もそうだったのだろう。必要な栄養素やビタミンのほとんどは、脂肪の多い部位に含まれているのである。

L－カルニチンと心臓発作

すでに書いたとおり、西洋社会には、肉を大量に食べても問題がない人がいる一方で、心臓疾患やがんを発症してしまう人もいるが、その理由はほとんどわかっていない。一説によれば、摂取した肉と何らかの方法で相互作用する遺伝子が各人で異なっており、それによって心臓疾患へのかかりやすさが左右されているというが、これはまだ証明されていない。そんななか、二〇一三年におこなわれた腸内細菌を探る一連の実験は、ヒトの体と肉食との関係をめぐる見方を根底から覆した。

心臓専門医はずいぶん前から、アテローム性動脈硬化を主に引き起こしているのは、無害そうに見えるが悪臭のする、トリメチルアミン（TMA）という物質の蓄積ではないかと考えていた。つまり、動脈内に粥状プラークが形成されることで、これが心臓の機能不全や高血圧、心臓発作の原因となるというのだ。実のところ、TMAが体にとって有害なのは、酸化してトリメチルアミンNオキシド（TMAO）に変わる場合に限られる。このTMAOは無臭の固体で、サメなどの魚類の体内に多く存在している。魚が腐敗したときに臭いがするのは、一つには固体状だったTMAOから、元の液体状で生臭いTMAに戻るのが原因だ。

アメリカのクリーブランド・クリニックの研究チームは、数千人の患者を対象に血中のTMAO濃度を測定することによって、TMAの集積がアテローム性動脈硬化の原因となることを確かめた。TMAO値が平均より高い患者は、重大な心臓疾患のリスクが三倍近く高いことがわかったのである。[28]研究チームはさらに、ラットに対してTMAOの供給源となるエサを与える実験をおこなった。TMAOは、赤肉に含まれるコリンとL-カルニチンという二つの成分をもとに、ラットの体内で代謝によって産生される。わかったのは、TMAをTMAOという危険な形に変換するには、ラットの腸内細菌が必要とされることであり、そうして産生されたTMAOがアテローム性動脈硬化を引き起こす、ということだった。

この結果をヒトで確認するために、研究チームは非ベジタリアンの被験者に八オンス（約二三〇グラム）の牛ステーキを食べてもらった。腸内細菌はL-カルニチンを貪欲に消費してエネルギーを得るが、そのプロセスで、L-カルニチンからTMAを産生し、それを数時間後にはTMAOという老廃物に変換する。興味深いのは、被験者に広域抗生物質（腸内のほとんどの細菌を除去する抗生物質）を投与してから、また同じ実験を繰り返すと、毒性のあるTMAOが産生されなかったことだ。この結果は、特定の腸内細菌がL-カルニチンをエサとして、そこからやっかいなTMAを産生していることをはっきりと示すものだ。つまり可能性としては、腸内細菌を操作すれば心臓疾患を予防できるということが示されたのである。

この抗生物質の効果は一時的なものであり、数週間後に肉を食べると、再びTMAOが生成されるようになっていた。L-カルニチンからTMAOが産生される量は、血液検査でわかるのだが、個人差が大きい。ヴィーガンやベジタリアンの腸内細菌は、L-カルニチン、つまりは肉とめったに出会わない。さきほどのクリーブランド・クリニックの研究者らが、そうしたベジタリアングループにステーキを与えたところ（強制したわけではないようだ）何も起こらず、TMAO値もほとんど変化しなかった。

この結果は、なぜ誰もが食べ物に同じ反応を示すわけではないのかについて、その理由を改めてはっきりと示すものだ。ベジタリアンと肉を食べる人々では腸内細菌の組成が異なるが、それに加えて、その人固有の遺伝的差異というものもある。ヒトの腸内細菌は全体的に見て、三つか四つの「エンテロタイプ」というコミュニティに分類されることがわかっている。これは、血液型のようなものと思えばいい。一部のエンテロタイプは、肉を食べることによる副作用のリスクを高めていたが、別のエンテロタイプはそうした作用に対して保護的に働いていたのだ。そうした保護的に働くエンテロタイプでは、プレボテラ属の数が少なく、バクテロイデス属の数が多い。ただ、こうした見方はおそらく単純化しすぎだろう。もっと大きな集団を対象とした研究で確認することがやはり必要なのだ。

ベジタリアンの体はそうやって病気から守られているわけだが、数週間にわたって、肉、つまりL－カルニチンをとる通常の食生活に変えたとしたら、数少ない肉好きの腸内細菌が目を覚まして増殖を始め、大量のTMAOを産生するようになるだろう。[29] こうした研究は、ベジタリアンのマウスで実施されているが、基本的なところは私たちでも同じだ。日常的に肉を食べるか、控えるかによって、腸内細菌は良い状態にも、悪い状態にも変わる可能性があるのだ。とはいえ、日常的に肉を食べている人でも、肉（L－カルニチン）をとらない日を決めれば、マイクロバイオームの状態を良くすることは可能なはずである。別の言い方をすれば、食物繊維の多い食事を続けているならば、たまにステーキを食べるのは体に悪くはないかもしれない。それはそうと、肉そのものよりも、むしろL－カルニチンのほうを心配したほうがよいのだろうか？

では、魚はどうなのか？

何かを心配するのと、それを完全に禁止してしまうのは別の話である。問題の一つは、魚にもL－カルニチンが含まれることだ。[30] たとえばタラ、スズキ、イワシ、ウシエビ（ブラックタイガー）、イカなどには、一〇〇グラム当たり五～六ミリグラムのL－カルニチンが含まれている（ただしこれは牛肉（九五ミリグラム）のわずか一〇分の一の量だ）。そしてプランクトンを食べる魚は、やはりL-カルニチンからTMAOを産生しているのだ。魚が体に良く、そこからビタミンDやビタミンEが摂取できるのはもう常識と言っていい。実際、地球上で最も長生きすることで知られる日本の沖縄県に住む人々は、魚と糖質が中心の食生活を送っている。

では、長生きするのに魚は必要なのだろうか？

魚を食べようとしない子どもに親は悩まされるものだ。私の息子も、見た目でわからないようにパン粉をまぶして料理したときだけしか、魚を食べなかった。私たちはそれを「海のチキン」というかわいらしい名前で呼んでいたが、それでいけたのも、息子がニワトリは泳げないことを知るまでだった。奇妙なことだと思うのだが、魚嫌いというのは子どもにはよくある話で、一番嫌がるのが三〜五歳の時期だ。魚嫌いには遺伝的な面があるので、大人になっても続くことがある。ただし、たとえばロブスターアレルギーというのはあまりいないので、そこに進化上のメリットがあるとは考えづらい。

健康関連のニュースで魚が取り上げられることがあるが、その多くは、水銀やダイオキシン、ポリ塩化ビフェニル（PCB）などの致死性の物質に汚染されているという話だ。そうした汚染物質は、乳幼児に悪影響を与えたり、脳障害、（理論上は）がんにつながる場合がある。一般的にこうした汚染の影響を受けるのは、サメやメカジキのような長命の種であって、それより小型の魚ではまだ大きな問題になっていない。すでに書いたとおり、魚油にはオメガ3という多価不飽和脂肪酸が多く含まれるため、心臓を守る効果があることが実験室研究でわかっている。魚を食べることが広く推奨されているのは、この効果のためだ。とはいえ、魚が完璧な健康食品だという主張を裏付ける、しっかりした科学的データがあると言っても、実はそれほど説得力があるわけではない。

魚そのものを食べることの影響については、きちんとした臨床研究はおこなわれていない。あるのはサプリメントの研究だけだ。魚油に関するあらゆる臨床研究について最近実施されたメタアナリシスでは、魚油サプリメントの効用は検出できず、そうした効用はこれまで過大評価されてきたと結論づけている。[31] 一方、魚を食べている人の観察的研究についてのメタアナリシスは、魚を食べると死亡率が一七パーセント減少し、心臓疾患による死亡率になると三六パーセント減少したことを示している。しかしこの結果はおそらく、健康的なライフスタイル全般によるバイアスを受けているだろう。[32]

アメリカで実施された大規模な前向き研究〔調査開始から新たに生じる事象についての研究〕で、中年になってから魚を食べるようになった人々を追跡調査したところ、心臓疾患による死亡率は、女性ではわずかに九パーセント減少したが、男性ではまったく改善されなかった。[33] これは、この研究の観察方法が荒削りだったのが原因かもしれない。そうでなければ、魚の健康効果がこれまで過大評価されてきたという可能性もある。それが正しいとすれば、魚油のプラスの効果もわずかであり、おそらくL-カルニチンと、それをエサにする腸内細菌がもたらす悪影響によって帳消しになっているのだろう。

つまり魚というのは、体に悪いわけではないし、有益な栄養素も多く含んでいるものの、誰でも永遠の命を手に入れられる秘密の食べ物などではないと言える。永遠に生きるためには、沖縄に住まなくたっていいのだ。並外れて長生きの集団は世界中にいるが、そのなかには、魚をほとんど、あるいはまったく食べない集団も多い。たとえば、イタリアのサルディーニャ島の山あいに暮らす人々や、カリフォルニアのセブンスデー・アドベンチストの信者がそうだ。

旧石器時代に連れ戻す

パレオダイエットが生物学的あるいは進化論的な面で論理性を欠いているとしても、それは短期間で必ず悪影響が出るということではない。とくに、精製した糖質を食べない分、果物や野菜を多く食べることが推奨されていれば、そう言える。一九八〇年代に実施された現実的な実験では、ある現代人のグループを旧石器時代に連れ戻して、彼らがどう暮らしていくかを調べた[34]。そのグループとはオーストラリアのアボリジニだ。彼らは狩猟採集による生活様式を失ったことでとくに大きな影響を受けてきており、病気にかかる割合が高い。現在でも、オーストラリアに住むアボリジニ男性の半分は四五歳までに死亡しており、改善の兆しは見えていない。

オーストラリア人研究者ケリン・オディアは大胆なアイデアの持ち主で、実験の被験者として、体重過多で糖尿病になっている中年世代のアボリジニ一〇人を集めた。彼らは近代的な居住区に住み、西洋社会に見られるさまざまな病気にかかっていた。オディアは彼らに、自分とともにオーストラリアの奥地に七週間戻って、祖先がしていたような自給自足の生活をしてもらった。

アボリジニの被験者グループは、オーストラリアのなかでも都市部から遠く、人口の少ない地域に向かった。西オーストラリア州北部のダービーという町に近い、もともとはアボリジニの土地だった地域だ。その場所で、グループは高タンパク質（六五パーセント）・低脂肪（一三パーセント）・低糖質（二二パーセント）の食生活を送った。主な食物源としては、カンガルー（肉にほとんど脂肪分がない）、淡水魚、そして糖質としてヤムイモの三つに頼った。たまのごちそうとして、カメや鳥、ネズミ、昆虫、ヤムイモ以外の野菜や、ハチミツを食べた。食材リストとしては立派なものだったが、不健康で練習不足の狩猟採集民たちは、一日約一二〇〇キロカロリーを摂取するのがやっとだった。この試練が終わったときには、被験者たちは体重が平均して八キロ減っていた。血糖値が正常に下がり、悪かった脂質や中性脂肪の値が劇的に低下していた。

オディアも認めているが、この（パレオダイエットのような）食事法では、カロリーと糖質の摂取量の減少と、タンパク質摂取量と運動量の増加が同時に起きていたため、成功の理由を特定するのは難しい。また、この研究はたしかに素晴らしいものだが、一度きりしかおこなわれていないし、実験に参加したアボリジニたちが数年後にどうなったかも不明だ(それにもかかわらず、パレオダイエットを勧めるウェブサイトでは、肥満や糖尿病を治療できる証拠としていまだに紹介されている)。それに加えて、カロリー制限の厳しいほかのダイエット法でも、短期的ではあるが、同様の結果が得られていることがわかっている。

意志の強い人が、厳しいカロリー制限やエクササイズ、ときには糖質を完全に断つことによって、糖尿病を正常に戻したり、心臓疾患のリスクを抑えたりしたという逸話はいくらでもある[35]。ただし、一部のやる気のある人では変化を起こせたとしても、長期的に見ると、多くの患者が直面している現実はまったく別である。ある研究では、アメリカの糖尿病患者五〇〇〇人を対象に、健康状態のモニタリングと定期的な栄養面のサポートを相当の費用をかけて九年間おこなったが、さんざんな結果に終わった。集中的な減量に取り組んだグループでも、減量の幅は三パーセントしか増えず、糖尿病関連合併症の予防もできなかったのだ[36]。

唯一、明らかな成功をもたらしたのは、キューバで発生した大規模な社会実験とでも言うべき状況だ。一九九〇年中ごろ、キューバは五年に及ぶ経済危機に苦しんでいた。バスなどの公共交通機関はすべて止められ、自転車が無料で配布された。食料供給には限りがあったため、人々は地元の農産物を食べるようになった。それによってキューバの人々の運動量は増え、反対に食事量は減ったが、内容は以前より健康的なものになった。その結果、国民の平均体重が五・五キロ減少したのである。それに伴い、糖尿病の発症率は大幅に減少し、心臓病も五三パーセント減った[37]。しかし残念ながら、経済危機が終わると、人々は昔の生活スタイルに戻ってしまい、健康問題も再燃してしまった。

アボリジニは、かつては雑食性の食生活によって非常に健康的な暮らしをしていたが、西洋風の食生活に変えたせいで不健康になってしまった集団として、典型的な例だと言えよう。ここからわかるのは、タンパク質の摂取が問題の中心ではないということだ。もう一つの変わった例が、東アフリカのマサイ族である。

彼らは肉と牛乳を大量に消費する一方、野菜はほとんど食べない。にもかかわらず、一九六〇年代にマサイ族四〇〇人を対象におこなった調査では、心臓疾患の証拠がほとんど見られず、中国農村部の住民と同じように、コレステロール値も低かった(38)。きっとその腸内には、変わった細菌がいたに違いない。

人類のなかでも、何世紀にもわたって大量の動物性タンパク質や脂肪を食べるよう進化してきた集団は、健康上の問題をほとんど抱えていないように見える。これは、彼らと一緒に、その腸内細菌も適応してきたからだろう。問題が生じるのは、食生活が短期間のうちに劇的に変化してしまい、腸内で中心的な役割を果たす細菌の進化が間に合わない場合に限られるのである。

リデュースタリアンのすすめ

私自身の体にとっては、どうやらときどき肉を少量食べるのがちょうどいいようだ。一方で、赤肉を毎日食べるとか、何かを制限する代わりに赤肉を食べるようなダイエットを長く続けるとかいうのは、私にはやりすぎらしい。鶏肉などの白肉については、ファストフードや加工食品のことを考えなければ、世界中で毎年五〇〇億羽のニワトリを食用とすることについて、少なくとも健康面での問題は何も見つかっていない。とはいえ、当のニワトリたちからは反論があるかもしれない——ニワトリは、劣悪な飼育環境や免疫システムの不全などが原因で、サルモネラ菌やカンピロバクター菌に常習的に感染させられているのだから。

肉について調べてみて、私は改めて加工食品は避けようと思った。加工食品では、品質に疑問があったり、出どころがはっきりしない肉が使われている場合が多いのである。一方、魚を週に一、二度食べるのは体に良さそうだ。魚菜食主義者は、肉をまったく食べない人と同じくらいの健康効果を得ていることが、実際に観察的研究によって示されている。というわけで、私も当面は、魚をこれまでどおり食べ続けるつもりだ。

菜食主義の定義は前よりもあいまいになっているし、フレキシタリアン〔穏やかなベジタリアンの意味で、ときどき肉も食べる〕という用語も漠然としすぎている。そこで私たちが今後目指すべきは「リデュースタリアン」になることだ――仮にそれが健康のためにならなくても、地球温暖化を抑えることはできる。一人ひとりが週に一回、肉を食べない日をもうければ、人類全体がその恩恵を受けられるだろう。確かなデータの裏付けがあるわけではないが、有機的に育てられた肉に切り替えるのも、健康面で多少はプラスになるかもしれない。有機畜産ではホルモン剤や抗生物質が投与されないので、その方法で育てられた家畜は幸せに生きられるだけでなく、健康な微生物がその体内にいると考えられるからだ。重要なのは、有機肉は値段が高いかもしれないが、カーボンニュートラル〔何かを生産する際に排出される二酸化炭素と吸収される二酸化炭素が同じ量であること〕でもあるということだ。

しかし結局のところ、スポーツジムに入りびたり、ステーキを食べる生活を送るよりも、私たちは期間を決めて狩猟採集民になってみるべきなのかもしれない。私たちの祖先は、一年を通して肉を手に入れられたわけではなく、季節によってはほかの食べ物からタンパク質をとらなければならなかったのである。

9　非動物性タンパク質　豆、海藻、キノコ

肉以外のタンパク質源

タンパク質は野菜や果物からも多少摂取できるが、肉や魚を食べない人のためのタンパク質源としては、インゲンマメなどの豆類、種子やナッツ、キノコといった食品が最も一般的だろう。ベジタリアンであっても、これらの食品を取り入れた変化に富んだ食生活を送っていれば、十分なタンパク質を摂取するのに何の問題もないことがほとんどだ。世界各地で「貧乏人の肉」と呼ばれているインゲンマメやレンズマメには、肉と同じように、体内でのタンパク質生合成に必要とされる重要なアミノ酸がすべてそろっている。しかし豆類はどれも複雑な成分をもつ食品だ。そういう意味で、豆に含まれるタンパク質は、私たちの健康や腸内細菌に影響を与えうる、数多くの成分の一つにすぎない。

ベジタリアンには、こうした食品以外に、同じような穀物由来のタンパク質源として、大豆や、大豆を材料とする凝乳状の食品を取り入れている人も多い（一般的には豆腐と呼ぶが、「植物性タンパク質」（TVP）というあまりオーガニックでない名前もある）。また代用肉製品も、この数十年で急速に需要を伸ばしていて、とくにファストフード・レストランでベジーバーガーの形で使われることが多くなっている。ごく最近はどうかと言えば、健康上の懸念が広がり、それによってメディアの注目が集まったためか、「ミートフリー」（肉不使用）を謳う製品の売り上げは減少し始めている。

大豆の健康効果

大豆を原料とする大豆タンパク製品が初めて製造されたのは一九三〇年代のことだ。おかしなことに思えるかもしれないが、食用に適しているとわかるまでは、大豆タンパクは泡状消火剤として使われていた。ほかの豆類と同じで、大豆の成分は、炭水化物、脂肪、各種ビタミン、タンパク質である。たいていの豆類はタンパク質の割合が二〇〜二五パーセントだが、大豆は三六〜四〇パーセントで、豆類のなかでもチャンピオンクラスと言えよう。

肉が何より好きという人は、大豆や豆腐のことを、日本人とベジタリアンしか食べない、まがい物の肉だといって相手にしない傾向がある。とはいえ、あまり知られていないことだが、アメリカとイギリスでの大豆消費量は、いまや日本とほぼ同程度になっている。その理由は、私たちの食習慣が劇的に変化したからではなく、加工食品の約六割で添加物として使用されているせいだ（大豆そのものより、そこから抽出したタンパク質成分のほうが多く使用されている）。また、大豆をエサにして育てた牛の乳や乳製品には、検出可能なレベルの大豆由来タンパク質が含まれているので、「大豆を食べない」主義の人でも、知らないうちに牛乳などから摂取していることが多い(2)。

大豆は実のところ、栄養学の世界ではかなり評価の分かれる存在である。究極の健康食品だとする説と、健康上の大きな懸念があるとする説の両方について、激しい議論が交わされているのだ。大豆や豆腐は何百年も前からアジアの自然食には欠かせない食品であり、大豆を使った食品の多くが、細菌やカビ、酵母が関与する複雑な発酵プロセスによって作られている。最近では、大豆には乳がんに対して多少の予防効果があるとする合理的なエビデンスが見つかっており、その再発を抑える効果もあると考えられている(3)。前立腺がんでも同じような結果が得られているが、説得力には欠けるところがあるようだ(4)。

認知症やアルツハイマー病に対する大豆の予防効果という点では、アジア人については、観察的研究や治験データから、一貫性は低いが、そうした効果があることを示すエビデンスが得られている。しかし、ヨーロッパ人については今のところ、同じようなエビデンスはない。アジアでは、大豆を発酵食品（納豆、味噌、インドネシアのテンペなど）として食べることのほうが多く、ヨーロッパとは消費の方法が異なっている。発酵させると食品の性質が変化することから、大豆の健康効果に差がある理由は、発酵によってある程度説明できるだろう。一方で、以前から知られていた大豆の健康効果のなかには、すでに誤りが証明されているものもある。たとえば、大豆が更年期障害や骨粗しょう症に効果があるとは、もはや考えられていない。(5)

イソフラボンとエピジェネティクス的効果

ここまで何度も書いてきたとおり、同じ食べ物でも、人によってまったく効果が異なることがある。たとえば大豆製品一つをとっても、ヨーロッパ人とアジア人では効果が違っているようだ。大豆にはイソフラボンと呼ばれる固有の抗酸化物質が含まれているが、このイソフラボンは、腸内で**内分泌撹乱物質**（ゲニステインなど）と呼ばれる生物活性化合物になる。内分泌撹乱物質には、ホルモンの反応経路を混乱させたり、遺伝子を改変させたりする可能性があると同時に、ある種のエストロゲンに似た働きをして、がんのリスクを潜在的に高めるものもあると考えられている。実は私は、研究を始めたばかりの時期に、「イソフラボンはがんのリスクを高める」という仮説について熱心に取り組んだことがある。また、世界のさまざまな地域の大豆生産量と、国別の膵がん発症率との関連性をテーマとした観察的研究の論文も発表した。(6) しかしこれもまた、バイアスが原因となった実在しない疫学的相関の一例だったことがわかっている。現在のところ、膵臓への悪影響についての信頼できるエビデンスも見つかっていない。

いまでは、大豆に含まれるイソフラボンは、エストロゲンのレベルには直接影響しないが、エストロゲン受容体を刺激して遺伝子を変化させる（エピジェネティクス的な）効果があることがわかっている。大豆イソフラボンはそのようにして私たちの遺伝子のオン・オフを切り替え、ホルモンの反応を微妙に変えることができるため、生殖機能や精子の数、乳児の発育にも影響を与えている可能性があるのは心配なところだ。私たちの多くは、加工食品を通して大量の大豆イソフラボンを知らないうちに摂取していたり、乳児に豆乳として意識的に与えている。そう考えると、長期的な副作用の可能性について、本来ならもっと本格的な研究がおこなわれていて当然なのだ。

体内で生物活性のある大豆由来化合物を合成するにも、そうした化合物を排出するまでの時間を調節するにも、腸内細菌が重要な役割を果たしている可能性がある。アジア人は、ヨーロッパ人とは腸内細菌の組成が異なっているため、体内での大豆の分解によって、大豆由来の化合物をより大量に合成できる。(7) アメリカでは、（以前から政府から多額の助成金をもらっている）大豆食品のロビー団体の努力により、大豆タンパクが心臓疾患を予防するという（かなりあやしい観察的エビデンスに基づく）健康機能表示が認められている。とはいえ、大豆から十分な健康効果を得るには、大量の加工食品やジャンクフードを食べるか、そうでなければ一日三食、日本食として標準的な量の味噌汁、枝豆、またはテンペを食べる必要があるだろう。

豆乳、そのほかの大豆製品

加工食品に何が含まれているかを厳密に知るのは、運が良ければ食品ラベルに何らかのヒントを見つけられるかもしれないが、基本的には難しいことだ。大豆は、ほかの豆類同様に複雑な食品で、数百種類の成分を含んでいる。その成分には、フィチン酸のように毒性があって、栄養素の吸収を阻害するものもあるが、ほとんどは潜在的に健康に良いとされる成分だ（食物繊維や不飽和脂肪酸など）。ただし工業的な加工をへると、大豆から多くの天然成分が取り除かれてしまうことが多い。その結果、タンパク質成分だけが残り、そのタンパク質も、さらにその構成成分のレベルにまで分解される場合がある。

濃縮度が高すぎる大豆タンパク質は副作用をもたらす恐れがあると言われているが、現時点ではよくわかっていないのが本当のところだ。また腸内細菌は、ふつうなら天然の大豆に含まれるたくさんの複雑な成分と相互作用することになっているので、特定の成分しかない大豆タンパク質だと負担になる可能性もある。

豆乳は、多くの国で販売量が急激に増加しており、現在では最も一般的に消費される大豆製品だ。牛乳にアレルギーのある子どもにとって、豆乳は良質のタンパク質源になる。しかし一方で、大豆アレルギーも増えてきており、最近では大豆の代替製品が販売されるようになった。タンパク質以外の大豆の成分としては、すでに取り上げたゲニステインなどの内分泌撹乱物質があるが、これらもベビーフードに多量に含まれており、潜在的な不安材料と言える。このことで心配なのは、生まれてから最初の三年間は子どもの正常な発育にとって重要な時期であり、この三年間に遺伝子は、新しいタンパク質を作れるようにその機能を絶えず変化させ、微調整を重ねていく点である。

大豆に含まれるイソフラボンが、がんに対してもっている、一般的には有益とされるエピジェネティクス的効果がきわめて大きいことを考えれば、食品への感受性の高い乳児に大豆を与えるかどうかの判断は、もっと慎重におこなうべきだろう。大豆のエピジェネティクス的効果と、ビスフェノール（ポリカーボネート製のほ乳瓶に含まれる）などの既知の内分泌撹乱物質を組み合わせてしまうと、危険なカクテルを作っていることになりかねない。(8)

海藻と日本人

非動物性のタンパク質源として、ここまでは主に大豆を見てきたが、風変わりなものに海藻がある。ただし、海藻に含まれるタンパク質の割合はわずか二パーセントであり、残りの成分は消化されにくい炭水化物が中心なので、健康に効果があるほどの量を食べようと思ったら、寿司バーで一日過ごす必要があるだろう。さまざまな風味や色合いをもつ海藻は、甲状腺疾患の予防効果があるヨウ素の重要な摂取源であるほか、健康に良いとされる抗酸化物質も含んでいる。それに加えて海藻は、新しい食物源に合わせて消化の仕組みを変えられることを示す見事な例だとも言える。これは人類の歴史のなかでもつい最近起こった変化であり、それが注目されるようになったのは日本人の寿司好きのおかげだ。

昔から海岸やその近くに住んでいた日本人は、海藻をさまざまな方法で食事に取り入れている。たとえば、味噌汁の具や酢の物にしたり、新鮮な生の魚を巻いたりといった具合だ。大半のヨーロッパ人と同じように、もともと日本人には、海藻に含まれている複合糖質のデンプンを消化するための酵素がなかった。これでは、海藻からヒトに役立つカロリーや、腸内細菌に役立つ栄養素を取り出せずに、そのまま腸を通過させてしまうことになる。幸運なことに、日常的に海藻を食べていた人の腸内細菌は次第に、海藻を消化して、そこからエネルギーや栄養素を取り込めるようになっていった。

いまや平均的な日本人にとって、海藻は食生活の一部として欠かせない存在であり、一人当たり年間五キロという驚くほどの量を摂取している。これは、日本人には消化しにくい乳製品の摂取量の三倍近い。ほかのアジア諸国でも海藻は日常的な食材になっていて、毎年二〇億トン超の海藻が食用に養殖されている。食材として使われる海藻はふつう、コンブやワカメなどの褐色の海藻（褐藻類）だ。ノリなどの赤色の海藻（紅藻類）は主に寿司の海苔として使われるほか、マッサージジェルや化粧水の原料にもなっている。このように海藻は、異なる環境への適応能力がヒトに備わっていること示す例であり、私たちの体が互いに異なる方法でプログラミングされている可能性があることを、改めて証明してくれるのである。

飛び移る遺伝子

腸内細菌が植物を消化する能力の柔軟性には驚かされる。バクテロイデス・テタイオタオミクロンという菌一つを見ても、異なる植物構造の分解に対応した二六〇種類を超える酵素を含んでおり、それに関連する遺伝子も二〇〇以上あるというのだ。これに比べて、ヒト自身がもつ酵素は三〇未満というささやかな数であり、私たちがいかに腸内細菌に頼っているかがわかる。

科学者たちは、腸内細菌がこの驚異的な多様性を維持するために、ある方法をとってきたことを突き止めている。それは遺伝子の交換だ。はるか昔のこと、ゾベリア・ガラクタニボランという（やはりバクテロイデーテス門の）海洋性細菌が、紅藻をエサにして平和に暮らしていた。ある日、彼は冒険に出かけた。魚に乗り、やがてそこからヒトの内臓に飛び移り、そこを新しいすみかとした。真っ暗なヒトの腸のなかで、ゾベリア・ガラクタニボランは別の細菌に出会う。その細菌は彼のことを食べずにいてくれたので、彼はそのお礼に、その細菌には欠けていた自分の遺伝子をいくつか貸してあげた。

この海洋性細菌が関わっていたプロセスは「遺伝子水平伝播」と呼ばれる。遺伝子水平伝播は細菌ではかなりよく起こっていて、たとえば細菌が抗生物質への耐性をもったり、ウイルスを撃退できるのも、このプロセスのおかげだ。つまり、海藻を食べている日本人の腸内細菌は、遺伝子の水平伝播によって海藻を分解する能力を獲得したのであり、さらにその能力は、細菌自身だけでなく、宿主である私たちの役にも立っているのである。(9) 海藻を食べていない平均的なヨーロッパ人がこの重要な海洋性細菌を獲得しようと思ったら、いったいどのくらいの時間がかかるのか、あるいは海藻をバケツ何杯食べればいいのかはまだわからない。ただし、海岸地域に住むウェールズ人やアイルランド人には、そうした細菌をすでにもっている人が多少はいる。

最近発見されたのは、ヒトの遺伝子には、この水平伝播という方法でほかの種から「飛び移ってきた」遺伝子が少なくとも一四五個あるということだ。つまり私たちヒトは、遺伝子組み換え動物の好例というわけだ[10]。血液型の遺伝子やいくつかの肥満遺伝子は、細菌や藻類から受け継いだ可能性がある。

遺伝子の水平伝播を研究している海洋生物学者らは、陸生生物の腸内細菌のなかに、ほかの水生細菌の遺伝子が現存している証拠を探してきた。インターポールさながらの調査を進めた結果、海洋性細菌に固有の酵素が、アメリカやメキシコ、ヨーロッパなどの、ときには海から遠く離れた場所に住む人々の腸内でも問題なく存在し、複製されていることを突き止めた[11]。この発見によって、遺伝子の水平伝播が一度きりのものではないことが証明された。また、海藻やほかの藻類を消化できるだけでなく、どんな初めての食べ物にでも対応できる新たな能力をもつ人がいることも確かめられた。さらに興味深いのは、こうした能力が、エネルギーや栄養の面でプラスになっているだけでなく、健康上のメリットもあるということだ。

長寿とうま味をもたらす秘密

海藻は、タンパク質や、私たちが好きなポリフェノールのような化学物質も含めて、さまざま種類の化合物を含んでいる。そうした化合物は、腸内細菌が放出する抗炎症作用や抗酸化作用、抗がん作用のある物質とともに、有益な作用をする。また、藻類の細胞壁の一部は食物繊維源として重要であり、分解されてプロピオン酸などの有益な短鎖脂肪酸になる。ヒトの被験者を対象とした数件の小規模な臨床試験では、海藻が減量に役立つ可能性が示されている。海藻の食物繊維が食欲を抑えると考えられるためだ。つまり日本人は、海藻を食べることで、ヨーロッパ人と比べて健康で痩せた体を維持し、その結果として心臓病やがんの発症が少なくなったのかもしれない[12]。

すでに書いたことだが、日本人、とくに南方の沖縄県に暮らす人々は、世界で最も長寿であり、人口に占める一〇〇歳以上の割合が最も高い（一〇〇万人中七四三人）。このような長寿の秘密は、海藻の摂取にある可能性もある。イギリスやアイルランドの海岸も、六〇〇種を超える海藻が生育する点では、日本とさほど違わないが、イギリス人はそうした海藻についてほとんど知らない。実際、研究対象にされている海藻はごくわずかしかないのだが、それでも少なくとも三〇種は食用に適していることがわかっている[13]。

料理の世界では、ガストロフィジックス〔Gastronomy（料理学）とPhysics（物理学）から〕というムーブメントが生まれているが、そこでは料理にうま味を出すのに、肉や塩、グルタミン酸ソーダに頼る代わりに、同じうま味効果のある海藻を使うことを勧めている。海藻の養殖への商業的関心は、イギリスやアイルランドでも高まりつつある。農作物の肥料としての用途がもっぱらだが、栄養補助食品として利用しようという声も徐々に出てきた。欧米の海藻生産は、産業的な規模をもつ日本の海藻養殖業と比べるといまだに小規模だが、需要は増えてきているようだ。

自分も家族もしょっちゅう魚を食べているわけではないし、海岸の近くに住んでいるわけでもない――そんな人の体内には、海藻から最大限のメリットをもたらしてくれるような細菌の遺伝子や酵素が、まだ存在していないかもしれない[14]。ただし、日本に移住するとか、巻き寿司をたっぷり食べるようにしたら、いつかはそうした遺伝子や酵素を獲得できるだろう。私たちの腸内細菌は、三〇分ごとに新しい世代を生み出せるので、いつものごとく、宿主であるヒトよりもずっと短時間で食べ物に反応できるからだ。このように海藻の話は、体がもつ適応する力と、私たちと腸内細菌の共生関係の両方を見事に説明してくれるのである[15]。

キノコおよび菌類について

キノコは分類が難しい。昔は野菜だと考えられていたが、キノコは植物ではない。生きるために何かを食べる必要があるという点では、むしろ動物に近いだろう。キノコは分類学的には菌界に属し、菌類と呼ばれる〔医学分野では、細菌と区別して真菌と呼ぶことが多い〕。その菌類のなかでも、一般的に腐りかけの物体に定着して、その物体をエサに成長や繁殖をおこなう大型のものを総称してキノコと呼んでいるのである。菌類は、土壌や植物、果実に存在するだけでなく、ときには私たちの体にも住みつく。とくに光の当たらない湿った場所を好み、足の指のあいだや、わきの下や鼠径部でよく見つかる（いわゆる水虫やたむしだ）。

キノコには脂肪分はなく、一般的にはタンパク質と炭水化物をほぼ同量含んでいる。セレンという健康に良い抗酸化物質も豊富に含んでいて、これには、毒となる可能性のある化学物質を細胞から取り除く作用がある。さらにビタミンBのほか、日光で干したものにはビタミンDも多少含まれている。キノコは肉とよく合うし、肉の代用品として使われることもある。私たちの舌にはうま味の味覚受容体があって、体にとって価値のあるタンパク質を食べていることを脳に伝える働きがあるのだが、キノコは肉と同じように、このうま味の受容体を刺激するからだ。

真菌の仲間である**酵母**は、私たちの腸でも生息できる。以前は、腸に酵母が増えるのは病気の場合だけとされていたが、新たなシーケンス手法が開発されて、健康な人でも、腸内バイオマスの約四パーセントを酵母が占めていることが判明している（ただ、この種の菌類については事実上何もわかっていない）。

多くの真菌は、ほかの微生物や宿主である私たちとうまく共存しながら、腸の中で平和に暮らしている。真菌が問題になるのは、それらが暴走し始めて、腸にいる正常な微生物では抑えられなくなった場合だけだ。代替医療では、はっきりしない症状の多くが真菌の一種であるカンジダ菌の異常増殖だと誤って診断されることがたびたびある。そして、体に自然に備わっているものを取り除くためだとして、とっぴで役に立たない治療がおこなわれるのだ。深刻な真菌感染を防ぐうえで重要なのが、私たちの体にいる正常な細菌である。感染の脅威にさらされると、細菌は免疫システムにシグナルを送ることで感染を防ごうとしていると考えられる。しかし、抗生物質を服用したり、免疫システムに問題がある場合には微妙なバランスが崩れてしまい、結果として真菌感染症にかかることが多い。そうした真菌感染症には、口腔内や舌によく見られる酵母感染症などがある。

ほとんどの女性はどこかのタイミングで、膣のカンジダ感染（カンジダ膣炎）を経験するものだ。これは通常、私たちの相棒というべきラクトバチルス菌によって抑えられるのだが、この菌を含むのがヨーグルトだ。そういうわけで、インターネット上ではカンジダ膣炎をヨーグルトで治せるという話が広まっている。その有効性についての臨床試験はほとんどおこなわれていないが、あるオーストラリアの研究では、抗生物質の服用を予定している女性二七〇人を対象に選び、カンジダ膣炎を発症するかどうかを追跡調査したところ、その四分の一が発症した。この被験者は無作為的に、ラクトバチルス菌のプロバイオティクス製品を口から摂取するグループと膣から投与するグループ、そしてダミーの製品を摂取するグループに分けられていた。残念ながら、ラクトバチルス菌のプロバイオティクス製品には真菌感染を防ぐ効果はないという結論になっている。[16] 脂肪を取り除いていないヨーグルトをカンジダ膣炎に使う方法については、適切な方法での臨床試験はまだ実施されていないが、効果がないにしろ、多くの女性は症状が和らいだと感じているようだ。免疫学者たちは現在、膣のウイルス感染に対処したり、ＨＩＶ／ＡＩＤＳなどの感染を抑えたりする機能をもった、遺伝子組み換えのラクトバチルス菌株の開発に取り組んでいる。[17] 膣の病気に効くヨーグルトが健康食品として広まるかどうかはまだわからないが、明らかに将来性はあると言えよう。

キノコは、中国では何世紀にもわたり薬として使われてきた。キノコがヒトに与える効果についての臨床研究はまだないが、キノコをマウスに六週間与えた研究では効果が見られた。マウスの腸内細菌の多様性が高まり、バクテロイデーテス門の細菌が増えたのである。また、胃の感染症や炎症を防ぐ効果もあった。[18]

菌類のなかで、広く食べられてはいるが、それが何からできているのかが一般には知られていないのが「マイコプロテイン」（菌タンパク質）である。これは「クォーン」というブランド名のほうが有名だ。マイコプロテインは研究室で培養されるが、元になっているのは土壌から見つかった菌類（フザリウム・ベネナツム）だ。その菌を、祖先たちが多くの植物でしてきたのと同じ方法で、栽培品種化したのである。クォーンは、タンパク質の割合が四四パーセントと高く、材料として卵白のアルブミンを混ぜることで、いろいろな肉製品の食感を真似ている。ヨーロッパではクォーンは代用肉として最も一般的だ。

大豆に対して多額の助成金が払われているアメリカでは、クォーンはそれほど売れていないうえに、厳しい批判にもさらされている。クォーンは、一般向けには「キノコのような食品」として宣伝されていたが、実際には通常のキノコとはまったく異なる何の関係もない種類の菌類である。新手の製品が出ると、メディアというのは必ず恐ろしげな話を流すものだ。クォーンでもそうした話が出ているが、これが有害だというエビデンスはこれまで出ていない。チーズについているカビでも、味の良い菌類でも、たまに少量食べるのなら体に良いという点ではどちらも同じだろう。

＊

結論として言えるのは、肉を食べない人々のために、自然はタンパク質を含む食べ物を豊富に用意してくれているということだ。そうした食べ物からは、そこに十分な多様性があれば、肉食の人とほぼ同じ栄養素が摂取できる（ただしビタミンB12は例外だ）。一方で、タンパク質を含む食べ物を消化して、体に不可欠な化学物質やホルモンを合成するという、私たちの体に備わっている能力は、さまざまな腸内細菌とともに変化する。私たち人間は、味方となる細菌のおかげで海藻を食べられるように適応した。このことは、人間と微生物にはともに柔軟性があること、そして種を越えた遺伝子の交雑によって、私たちはみな「遺伝子組み換え」人間になっていることを示す素晴らしい例だと言える。そして意外なことに、牛乳もかつては海藻と同じくらい、私たちの体には合わない食べ物だったのである。

10　乳製品由来のタンパク質

「牛乳を飲めば大きくなる」は本当か？

消えゆく牛乳

牛乳はさまざまな成分を含んでいる。タンパク質（三パーセント）やカロリーの貴重な摂取源だし、飽和脂肪酸を中心とする脂質（二～三パーセント）、さらにはカルシウムなど多くの栄養素が含まれているのだ。イギリスでは一九七〇年代に、七歳以上の児童を対象とする給食での牛乳の無料提供が中止されたことに対して、激しい抗議の声が巻き起こり、大規模な街頭デモにまで発展した。担当大臣だったマーガレット・サッチャーは悪評を買い、その名前との語呂合わせで「ミルク泥棒《スナッチャー》」と呼ばれたが、やがてそうした世間の怒りも収まっていく。脂肪含有量が減らされ、販売量や学校への補助金も徐々に減るなかで、牛乳も次第に飲まれなくなっていったのである。

私が幼いころは、牛乳は子どもの成長に不可欠だ、そして何より自然で健康な食品だとされていた。実際に五〇年前の学校では、教師から牛乳をちゃんと飲むよう言われたものだ――たとえそれが暑い日で、牛乳からちょっと嫌なにおいが漂っていても。母乳は赤ん坊がまず口にする食品だし、たいていの人にとっては、生後一年間の主な食物源だったから、牛乳も体に良いに決まっていると考えられていた。しかし、そもそもヒトの乳と牛の乳には違いがあるし、人類が牛乳を飲むようになったのはわずか六〇〇〇年前のことだ。近年牛乳アレルギーや**ラクトース不耐症**が相次いで報告されるようになると、牛乳への信頼感は失われていき、食事に含まれる脂肪の一部をめぐる否定的な報道がそれに追い打ちをかけた。その結果、牛乳の代用品として豆乳などが売れるようになり、最近ではアーモンドから作られたアーモンドミルクも飲まれるようになっている。

とはいえ、牛乳を飲むのをやめるのは正しいことなのだろうか？

ひねり出される相関関係

酪農業が政府に手厚く保護されていた一九八〇年代に、強い影響力をもつようになったのが、中国についての疫学研究「チャイナ・スタディ」だ。すでに見たように（4章）、チャイナ・スタディは中国農村地域からのさまざまなデータを報告したもので、五〇を超える病気の発症率について、その一〇年前に中国の各県で収集したデータと、一九八〇年代当時のデータを比較している。[1]研究チームを率いるコリン・キャンベルは、動物の乳の摂取量と血圧の高さのあいだに、有意な強い相関関係があると報告した。そしてそこから、乳製品の消費は既得権者からの押しつけであり、一切やめるべきだと結論したのである。

しかし、その報告には明確に記載されていないこともあった。調査した六五の県のうち六二の県では乳製品をまったく摂取しておらず、乳製品を摂取していて高血圧の発症率も高かった三県は、例外的な地域だったことだ（三つの県はいずれもモンゴルやカザフスタンに近い中国北部にある、もともと気候や生活様式、食習慣の面できわめて特異な地域で、ラクダや馬の乳を飲む習慣があった）。

食のリスク要素に関する私たちの知識の多くは、チャイナ・スタディと同様の研究に支えられてきた。そしてチャイナ・スタディは、それらの研究によって生じる数々の問題の一つを改めて浮き彫りにしたと言えるだろう。具体的には、観察的データは誤った関連性を示す可能性があるということだ。中国北部に住み、乳製品を食べる人々に見られた高血圧発症率の高さは、体重増加、ナトリウム摂取量の多さ、野菜不足、あるいは遺伝子構造の大きな差異などが原因だった可能性も、乳製品摂取と同じくらいあるのだ。

チャイナ・スタディで収集されたデータはかなりの量になったため、研究者たちは、さまざまな病気と食事の成分とのあいだに、数え切れないくらいの相関関係をひねり出すことが可能だった。慣例的に五パーセントの誤差までは許されるのを考えれば、こうした相関関係の多くは、たんなる偶然で生じた誤りである可能性が高い。

キャンベルはこのほかに、牛乳タンパク質であるカゼインを実験動物に大量に投与すると肝臓がんの原因になるという恐ろしい研究結果をもちだして、乳製品の危険性を指摘している。しかしこの研究結果についてはのちに、非動物性タンパク質を使った同様の実験でも同じ結果になることが示されている。(2) さらに言えば、中国の村人たちがどんなものを「乳」と呼んでいたにせよ、それが西洋社会の一般的な無菌状態の乳でなかったのは間違いないだろう。さらにチャイナ・スタディの成果からは、ほかの六二の県で乳をまったく飲んでいなかったのはなぜかという、より大きな疑問も浮かんでくる。

牛乳を飲んでおなかを壊す人、壊さない人

これまでの定説では、人類が農耕を始めてから現在までの時間は、新しい食べ物に適応できるように、遺伝子が私たちの体を変化させるのに十分な長さではなかったとされている。実際、私たちの祖先が農耕を始めてからまだ五〇〇世代もたっていない。それにひきかえ、アフリカを出てからは五〇〇〇世代、チンパンジーと分かれてからの自然選択と進化の道は二五万世代にも及んでいる。つまり農耕以降の歴史は、進化の歴史上ではほんの小さな染みにすぎない――だから、体を変化させるには時間が足りない、というのだ。

これは少し前までは有力な考え方だったが、近年おこなわれた牛乳の摂取状況に関する世界規模の調査結果によって、大きな修正を強いられることになった。現在、半パイント(二八四ミリリットル)の牛乳を飲んでも具合が悪くならない人は、世界人口のわずか三五パーセントしかいない(ヨーロッパでは、北部に行

くとこの割合は九〇パーセント超と一気に高くなり、南部の国々では四〇パーセントと少なくなる）。そして、遺伝子が突然変異して、おそらくたった二〇〇世代のあいだに世界中に広がったのは、牛乳を飲むと具合が悪くなる六五パーセントの人々ではなく、牛乳を飲める人々のほうなのだ。[3] そうした突然変異の証拠のうち最も古いものは、六五〇〇年前のヒトのＤＮＡから見つかっている。

乳児は、ラクトバチルス菌の助けを借りながら、母乳に含まれる**ラクトース**（乳糖）を分解する作用のあるラクターゼという酵素を体内で合成している。このラクターゼ合成は、固形物を食べ始めるとおこなわれなくなる。つまり、それ以降はラクトースを消化できなくなるということだ。ラクトースは、グルコースとガラクトースという糖類が強力な化学結合で結びついたもので、動物の乳だけに存在するかなり変わった物質である（脳の発達やカルシウムの吸収（骨の形成）に役立つことがわかっている）。

牛の乳をチーズやヨーグルトにすれば、嘔吐や下痢を起こさずに消費できることに初めて気づいたのは、農耕が始まったころのトルコ（一説によるとポーランド）の人々だったという。[4] 彼らは、食物源を、もっと言えばタンパク質やエネルギー源を持ち運ぶことがにわかに可能になったおかげで、ほかの集団よりも有利になり、牛の数を増やしたり、遠くまで移動したりできるようになったはずだ。やがて、ラクターゼを作る遺伝子の突然変異をもつ人々（つまり牛乳を飲める人々）が偶然あらわれた。一部の農民にとっては、生乳がすぐに手に入ることと、偶然の突然変異が起こったことは、生き延びるうえで有利に働いたことだろう。結果として、その変異遺伝子は中東から北へ、そして西へと移動する集団によって、急速に広がっていった。研究者の推計によれば、ヒトの遺伝子にこうした大規模な変化が生じるには、出生率が一八パーセント上昇している必要があるという。ここから、もともと北ヨーロッパに住んでいた人やその子どもには、ラクターゼ遺伝子の突然変異がなく、生き延びて子孫を残す可能性が低かったと考えられる。その理由は、厳密にはわかっていない。

牛乳は、感染症胃腸炎の乳児の命を救うことで、子どもの生存率を高めていたのかもしれない。あるいは水不足の時期に役に立ったり、汚染された水による感染症を防いでいた可能性もある。また離乳を早め、次の子どもを産むまでの時間を短縮することで、出生率を上昇させていたとも考えられる。理由はなんにせよ、牛乳の影響は大きく、突然変異したラクターゼ遺伝子は広く伝播していった。なお、大規模な突然変異はヨーロッパで発生しているが、アフリカや中東でも、それより小規模な突然変異が起こっている。[5] ここからも、重要な食物源が新たに登場したとき、私たちとその遺伝子は、進化論的にはかなりの短時間で適応できることが改めてわかる。突然変異によって、ラクターゼを作る遺伝子を大人になってもオンのままにしておけるようになったのは、私たちにとって重要な出来事だったと言えるだろう。[6]

残された謎

早くから牛乳を飲んでいた集団が有利だったと考えられるのは、牛乳のタンパク質やカロリーという明確なメリットがあったのはもちろんだが、それだけでなく、個人のマイクロバイオームの種類を増やすことで健康や免疫を高められたという面もある。一方で、世界のほかの地域でラクターゼ遺伝子の突然変異が起こらなかった理由となると、説明が難しい。とくに東アジアを見ると、中国でこの変異遺伝子をもつのは一パーセント未満である。これは、ヨーロッパよりも気候が温暖なため、飲む前に生乳が悪くなってしまい、感染症の原因になってしまう点に関係があるかもしれない。しかし、血を飲む習慣のあるマサイ族が牛乳に適応できた理由は、この気候原因説では説明できないので、問題は謎のままである。

もう一つ奇妙な点は、ヨーロッパ北部では、人口の一〇パーセントに突然変異が起こっておらず、腸にラクターゼがないのに、その多くは牛乳をコップ一杯飲んでも何ともないことだ。逆に、ラクターゼ遺伝子をもっているのにラクトース不耐症を訴えている人もいる。これをどう説明すればいいのだろうか？　ラクトース不耐症は、最近ではよく聞かれる現象である。ラクトース不耐症の人は、牛乳や乳製品を摂取すると、腹部の膨満感や、さしこむような痛み、下痢を訴える。アメリカのような、ヨーロッパやアジア、アフリカに由来する多様な遺伝子プールをもつ国では、ラクトース不耐症が報告される割合が高い。啓蒙サイトによれば、最大四〇〇〇万人がその症状に苦しんでいると考えられている。とはいえ、簡単な、あるいは正確な診断がおこなえないため、実際の発症率は不明というのが実情だ[7]。

イギリスには、牛乳を飲むと吐き気や膨満感があるという人が五人に一人の割合でいるが、確証的な兆候や検査結果があるのはその三分の一未満だ。薬の臨床試験では一般的に、プラセボを投与されたグループの二〇パーセントが胃の不調を訴えることを思い出してほしい。実際、ラクトース不耐症の症状の大半では、ラクターゼ遺伝子の欠如とのあいだに明確な関連性はない。さらに、ラクトース不耐性の症状がある人を対象に、ラクトースを五〇グラム服用して、呼気や血液中のグルコースの変化を調べる臨床試験をおこなっても、相関性は見られない。医師の多くは、心理的なバイアスによるケースがほとんどだとして片付けてしまっている。しかし多くの人々が、ラクターゼ遺伝子をもっている、あるいは不耐性の検査で陽性にならないにもかかわらず、自分にはラクトースへの耐性がないと感じているのは確かだ。そうした人たちは、本当はそこまでする必要はないのに、乳製品の摂取を完全にやめてしまっていることが多く、それを原因とするカルシウムやビタミンDの欠乏症が増えてきている。とくに子どもではその傾向が強い[8]。

ここまで主に取り上げてきたのは、ラクトース、つまり牛乳の糖質成分が消化できないという問題だが、タンパク質成分も、とくにアレルギーに関して、問題を引き起こしている可能性がある。あるオーストラリア企業は、乳タンパク質のカゼインに、遺伝子に由来するわずかな構造の違いを発見し、これをすでに牛乳生産に利用している。乳牛の遺伝子を組み換えて、低脂肪乳などの異なるタイプの牛乳を生産するというのは、とりたてて新しい考えではない。ほとんどの乳牛は「A1カゼイン」という乳タンパク質を作るが、

「Ａ２カゼイン」という、分子構造がわずかに異なるが味は変わらない乳タンパク質を作り出せる乳牛も、もともと存在している。最近では、Ａ１カゼインを含む一般的な牛乳でアレルギー症状が出る人のために、遺伝子レベルで特別に選び出した乳牛から、分子構造の異なるＡ２カゼインを含む牛乳が生産されるようになっている。臨床研究では期待できそうな結果が出ているとはいえ、これでは同じ問題を別のところで生じさせるだけで終わる気がするのだが、どうなるだろうか。

マイクロバイオームとラクトース不耐症

イギリス南西部スウィンドン出身のジェニーとメアリーは、四〇歳になる一卵性双生児だ。二人とも、子どものころから牛乳は平気だったし、大人になっても紅茶やコーヒーに入れて飲んでいた。しかしメアリーは、三五歳を境に消化機能に問題を抱えるようになった。つらい離婚を経験した後に友人とインド旅行に出かけ、その旅から帰ってきてからのことだ。絶えずおなかが痛くて、夜もろくに眠れなかったし、断続的にひどい下痢の症状があった。この状況は数年続き、総合診療医にかかっていたが、最終的には精神分析医に相談するまでになった。

私たちの研究グループは、研究対象のすべての双子で標準的におこなっていた遺伝子調査の一環として、ジェニーとメアリーの遺伝子二万個にある、およそ五〇万の変異すべてを検査していた。そこからは、大半のヨーロッパ人では変異している二番染色体上のラクターゼ遺伝子が、二人とも変異していないことがわかった。メアリーの問題はこれで説明できる。メアリーは牛乳の摂取を避ける必要があったのだ。実際に牛乳をやめてみると、なんと二週間で症状がなくなった。

メアリーにとっては良い結果となったが、ラクターゼ遺伝子が原因と考えると、若いころには問題がなかった理由が説明できない。さらに言えば、遺伝子構成がまったく同じで食生活も変わりなかった一卵性双生児のジェニーに、症状が出なかった理由もわからない。実はこのケースも、マイクロバイオームが原因だった可能性がある。ほかのラクトース不耐症患者を対象とした研究でも、牛乳に対する反応が同様に変化するケースが確認されているのだ。その研究では、ずっと症状が続いている患者に対して、ガラクトオリゴ糖というプレバイオティクスを投与したところ、プラセボを投与された被験者と比べて、劇的な改善が見られた。このガラクトオリゴ糖は、一般に難消化性であり、マイクロバイオームを変化させる可能性があると考えられている。実際に二カ月後には、ガラクトオリゴ糖を投与された患者のマイクロバイオームは大きく変化していた(9)。

メアリーにさらに突っ込んだ質問してみると、インド旅行の終わりころに、ひどい感染性胃腸炎にかかり、広域抗生物質を数クール服用したことを思い出した。この強力な薬がメアリーの腸内細菌の多様性を低下させ、残っている細菌では大腸でのラクトース分解に対処できない状態にしてしまった。その結果、ラクトース不耐症に一般的な症状が起こるようになったと考えられる。つまり、たとえ遺伝子が同じでも、腸内細菌の組成がわずかでも違えば、その違いが牛乳に対する反応を左右するということだ。これと同じことは、牛乳以外のさまざまな食品にも言えるかもしれない。

なぜオランダ人は背が高いのか？

大きくなりたかったら牛乳を飲みなさいと言われた経験は、きっと多くの人にあることだろう。実際に世界地図を見て、ラクターゼ遺伝子の変異をもつ人々（つまり牛乳を飲める人々）が多い国に色を塗ってみれば、その変異と身長のあいだに明確な相関があるのがわかる(10)。たとえばヨーロッパ南部の国々では、一般的にラクターゼ遺伝子をもつ人の割合が少なく、身長もほかの地域より低い。もちろん関連性があるというだけで、牛乳が発育を助けていることにはならない。発育の良さというのはたんに、裕福さや一般的な栄養状態など、何かほかのことの指標にすぎない可能性があるからだ。

私の身長は一八〇センチ弱だ。父は一七二センチ、その父は一六五センチだった。さらにその父は、一八七六年にロシアで生まれたが、一六〇センチしかなかった。こう見ると、四世代で身長が二〇センチ高くなっている。これは一つの事例にすぎないが、数世代で身長が大きく異なるというのは、そう珍しいことではない。また、私が昔ヨーロッパ本土を訪れたとき、南部で年配の人の横に立つと巨人のようだったが、オランダでは自分のほうがちびだと感じた。

私たちの複合的な研究プロジェクトは、ヨーロッパ各国の合計五万人超の双子を対象としているが、それによれば、身長の遺伝率は八〇パーセント以上になる（つまり身長の個人差は、八〇パーセントが遺伝子によるのだ）[11]。また、六〇ほどの研究グループによる合計二五万人を対象とする調査では、身長に関係する特定の遺伝子が六九七個以上見つかっており、効果がそれほど強くないもの（遺伝率が二五パーセント程度）になると、数千個もあることがわかっている[12]。こうした研究や、これまでの遺伝学的見地から考えれば、身長の高さに、牛乳を飲むといった生活様式の要因まで関わってくる余地はほとんどなかっただろう。

しかし、歴史の記録をじっくりと見てみると、背の高さという「遺伝の影響が最も大きい形質」にも、時間の流れに伴う大きな変動があるようだ。身長は時代ごとに激しく変化しており、一番高かったのは中世だったらしい。その当時、多くのヨーロッパ人は、西暦八〇〇年頃に在位したカール大帝のように、身長が六フィート（一八二センチ）もあったと伝えられている。その後、工業化された都市に人口が流入し始め、さらに小氷河期が到来した一七世紀には、身長はかなり低くなった。フランス革命当時、哀れなるフランス人の平均身長は一五〇センチ強だったと言われている。そこから再び高くなっていくのだが、地域によってその変化にも差が見られる[13]。オランダはいまでは、世界で最も背が高い国である。政府統計と軍の入隊者への調査によれば、オランダではわずか四世代で身長が平均一八センチ高くなったという。

そうしたことが起こるのはなぜだろうか？　前に見たように、遺伝子の進化的変化が起こるには数百世代かかるはずだ。ラクターゼ遺伝子のように「身長遺伝子の突然変異」が最近起こったというなら別だが、その可能性はなさそうだ。もしそんな突然変異があるのなら、とっくに見つかっているはずだからである。

ほんの六〇年ほど前まで、アメリカは世界で一番背の高い国だったが、現在では、平均的なオランダ人の身長は一八五センチ強あり、一七五センチ強のアメリカ人より一〇センチ高い(14)。この理由を簡単に言うなら、オランダ人は牛乳が大好きで、アメリカ人よりたくさん飲むからだ。オランダの病院や大学を訪ねると、ランチタイムには、オランダ人学生のほとんどがいまでも牛乳を大きめのグラスで飲んでいるのを見かける。

世界には、ラクターゼ遺伝子の突然変異が存在する割合の違いから、牛乳をたくさん飲む国とそれほど飲まない国がある。そうした国で比較してみると、牛乳の消費量と身長のあいだにはやはり明確な相関関係がある。スカンジナビア諸国やオランダは、どちらについてもトップクラスだ。オランダの牛乳消費量は、一九六二年には約六〇〇万トンで、ピークの一九八三年には一三五〇万トンを上回っていた。その後、徐々に減ってきてはいるが、いまも年間一一〇〇万トンを消費している。平均的なオランダ国民一人当たりの乳製品消費量は、アメリカの二倍だ。世界保健機構（ＷＨＯ）は現在、国民の平均身長は、その国の健康や繁栄を大まかに示す便利な指標になるとしている(15)。

身長が違う一卵性双生児

双子研究のために訪れたロンドンで、ティナとトレーシーに初めて会ったとき、二卵性双生児だという彼女たちの言葉を完全には信じられなかった。二人はウェールズ出身の二五歳で、髪はどちらもブロンド。身長一六五センチと小柄なティナよりも、トレーシーはさらに十一・五センチ背が低かった。二人が二卵性双生児だと告げたのは、胎盤が二つあったから二卵性のはずだという助産師の話を母親から聞かされていたからだ。しかし、一卵性双生児であっても三分の一は胎盤が別だと知っていた私は、二人の顔や表情がそっくりで、そのうえ幼いころは友達によく間違われたという話を聞いて、本当は一卵性だと確信した。実際に二人のＤＮＡは一〇〇パーセント一致し、一卵性双生児であることが確認できた。

二人はいつも同じ種類の食べ物を同じだけ食べていたし、子どものころは身長もまったく同じだった。違いが始まったのは、トレーシーが突然、珍しいタイプの関節炎である若年性突発性関節炎〔大人の関節リウマチが子どもで起こるもの〕にかかった八歳のときだという。膝や手首の関節が腫れて痛むようになり、何度も熱が出た。トレーシーは体調の悪さや、病院にしょっちゅう行ったこと、いつも体がだるかったことを覚えている。抗炎症薬を投与されてから、関節の状態は少しずつ良くなり、一四歳になるころには痛みや症状は完全に消えた。ただ、身長はいつのまにかティナのほうが高くなっていて、その差はずっと変わらなかった。

トレーシーの身長がかなり低くなった原因はいくつか考えられる。コルチコステロイドを数カ月服用していたことがその一つで、一時的な服用とはいえ、これが身長に影響した可能性がある。もっと可能性が高いのが、トレーシーの体では、自分の関節の組織を異物と誤って認識し、それを攻撃してしまう反応（自己免疫反応）が起こり、それによる炎症状態が長期間続いていたことだ。私の患者たちの話によれば、この炎症は、軽い風邪にずっとかかっているのに似ているらしい。トレーシーがいつも感じていた体のだるさはこれで説明できる。炎症状態や、体の防御機能が高まった状態になると、別の副次的作用が生じる。それは、腸内細菌の混乱だ。関節リウマチを発症してすぐの段階にある患者には、マイクロバイオームの明らかな変化が見られ、これは薬物治療の影響や食生活の変化では説明ができないということが、複数の研究から明らかになっている。(16) そうした研究で腸に見られた主要な細菌（プレボテラ属）は、炎症状態になると増えて、ふだん腸にいるほかの正常な細菌（バクテロイデーテス門など）を追い出してしまうらしい。

無菌マウスにたっぷりエサをやっても正常に発育しないことを考えれば、トレーシーの身長が伸びなかった原因が腸内細菌の変化にあった可能性は十分にあり得ることだ。変化した腸内細菌は免疫システムにシグナルを送る。それを受け取った免疫システムが、腸内細菌が攻撃を受けていると考えて、トレーシーの発育を一時中止してしまったのだろう。つまり身長をめぐる近年の傾向には、食生活が変わったせいで腸内細菌が変化したことが影響していた可能性があるのだ。オランダ人がアメリカ人よりもはるかに背が高くなったのもそのせいだろう。また医薬品、とくに抗生物質の使用が増えたことも関係しているかもしれないが、この点については後の章で詳しく考える（18章）。

＊

私たちの祖先は数百万年前から母乳を利用し、それに対しおおむね良好な評価を与えてきた。そして数千年前には、多くの人が母乳によく似た牛の乳を飲めるようになった。牛乳のイメージは、脂肪含有量、アレルギー、ラクトース不耐症の懸念などが次々と取り沙汰されてきたせいで、このところあまりよくない。それでも、牛乳やヨーグルト、チーズを食べることで、大半の人が多少の健康効果を得られるというエビデンスもある。そうした乳製品は、あまり加工されておらず、生に近いほうがいいようだ。

11　糖類

あらゆるところに忍び寄る砂糖の影

最も危険なドラッグ

「砂糖は現代における最も危険なドラッグだが、いまだにあちこちで簡単に手に入れられる。……アルコールやタバコと同じように、砂糖はまぎれもないドラッグだ。政府には果たすべき重要な役割がある。砂糖の使用を控えさせ、消費者にその危険を気づかせるべきだ」。オランダの保健当局トップがこう書いたのは、砂糖へのヒステリックな拒否反応がピークを迎えていた二〇一三年のことだ[1]。ちょうど、砂糖は有毒であるとするロバート・ラスティグの著書など、砂糖に関する本が何冊かベストセラーになっていた時期である。

オランダで依存性のある毒とされたもの、つまり私たちが**砂糖**と呼び習わしている食品の主成分は、**スクロース**（ショ糖）という糖類である。スクロースは、**グルコース**（ブドウ糖）と**フルクトース**（果糖）という二種類の糖が同量結びついてできるが、グルコース自体はわずかに甘いだけであり、それ単体として食べたり飲んだりすることはない。グルコースは、体にとっての天然の燃料のようなものだ。血液に乗って移動し、生命活動に不可欠なエネルギーを筋肉や脳、臓器に供給するが、そのエネルギーは細胞でのさまざまなプロセスや機能のために使われる〔これらの成分は総称して「糖類」と呼ばれる〕。

もう一つの成分であるフルクトースは、天然に存在する物質のなかで最も甘みが強く、グルコースに比べるとかなり甘い。自然界では果物にしか含まれないが、近年の優れた食品加工技術のおかげで、あらゆる食品に含まれるようになった。悪役として多くの注目を集めているのは、このフルクトースのほうである。

郵　便　は　が　き

おそれいりますが切手をおはりください。

1 0 1-0 0 6 2

東京都千代田区神田駿河台1−7−7

白揚社 行

通信欄（小社へのご要望、希望される出版など）	
ご住所（〒　　　　　　　　　） 電話　　　（　　　　）	
ご氏名 E-mail	
ご年齢	ご職業

〈個人情報の取り扱いについて〉

ご記入いただいた個人情報および裏面のアンケートの内容につきましては、厳正な管理の下で取り扱い、弊社商品のご案内および弊社出版物の企画の参考にのみ利用させていただきます。

愛読者カード

皆様のご希望を満たす貴重な資料にいたしますので、お手数ですがご記入の上ご投函下さい。

お買い上げいただいた本の書名

本書の発行をどうしてお知りになりましたか

1. 書店で見て　　2. 先生や知人の紹介
3. 新聞・雑誌の広告（その名　　）
4. 新聞・雑誌の書評（その名　　）
5. 新刊案内・目録を見て　　6. その他（　　）

お買い上げの書店

本書についてのご感想

購読されている新聞・雑誌

1. 朝日　2. 日経　3. 読売　4. 毎日　5. 産経　6. その他新聞・雑誌（　　）

書籍注文書

宅配便にてお届けいたします。（代金引替え、送料何冊でも230円）。必要事項をご記入の上、ご投函下さい。

書名	本体価格	冊
書名	本体価格	冊
書名	本体価格	冊

＊ご注文の方は住所・氏名・電話番号をかならずご記入下さい。

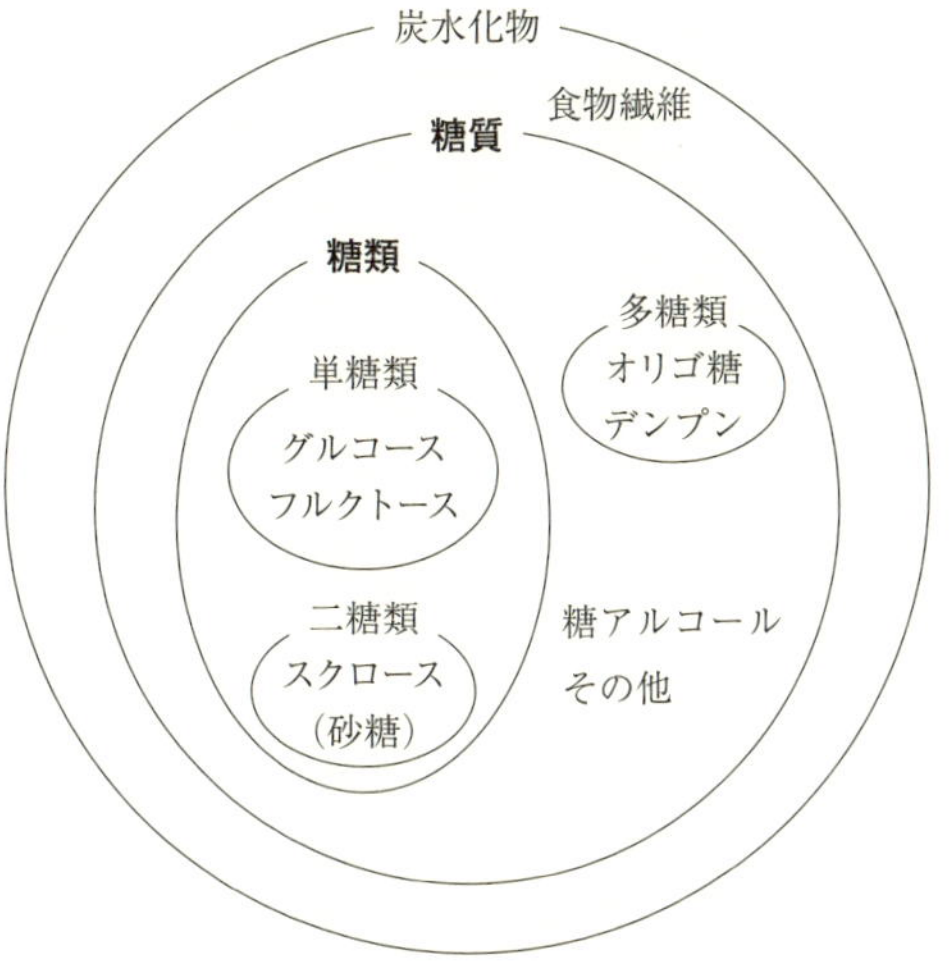

図５　栄養表示基準による糖質と糖類の区分。炭水化物から食物繊維を除いたものの総称を糖質、単糖類と二糖類の総称を糖類としている。

医師やジャーナリストなど、説得力のある話をする人たちは、砂糖の問題を大がかりに追及しており、この甘い物質はほかの何より、近ごろ肥満や糖尿病がまん延する原因だと主張する。脂肪やコレステロールをめぐる議論でまだ頭が混乱しているのに、私たちは砂糖の心配までしなければならないのだろうか？

最高にヘルシーな朝食

この本の冒頭に書いたように、私は約五年前、ほかの中年世代と同じように、自分の食生活や健康全般について今までになく注意を払うようになった。それまで聞いていた話を参考にして、飽和脂肪酸の摂取量を減らし、心臓疾患のリスクを低くしたい、同時に体重も少し落としたいと考えた。まず、朝食を変えるところから始めた。コーヒーやトースト、バターやマーマレードはやめにしよう。日曜日には必ずベーコンエッグが食卓に載っていたのだが、これもなし。決めたのは、低脂肪で食物繊維の多いミューズリーやオールブランに、ヘルシーな豆乳を一杯かけたものを、紅茶と、脂肪分ゼロで濃縮還元ではないフロリダ産天然果汁のオレンジジュースと一緒にとることだ。脂肪の少ないフルーツヨーグルトも週に数回食べることにした。これよりヘルシーなメニューがあるだろうか？

一般的な三三〇ミリリットル入りのコカコーラやペプシコーラは一四〇キロカロリーで、およそ小さじ八杯分の砂糖が含まれている（ラベルに表示されているグラム数を四で割れば、計量スプーンの小さじ何杯分かがわかる）。チョコレートバー「マーズ」は七杯分だ。タフィー・ポップコーンを一袋食べるなんて無謀なことをしたら、三〇杯分以上の砂糖を摂取する計算になる。こういうものをおやつにするのはよろしくない気がするが、誰でもやっているはずだ。私自身は、こういういかにも糖分が多そうな食べ物は避けるよう気をつけていたが、実は多くの人と同じく、食品業界にうまくごまかされていたのである。

先に書いたとおり、私は「ヘルシーな」低脂肪シリアルを朝食にしていて、そこに入っていたオート麦や全粒穀物やナッツから、たくさんの食物繊維がとれていた。ところがそのシリアルを食べると、二〇グラム、つまり小さじ五杯分の砂糖を摂取することになるのだ。シリアルにかけていた低脂肪の豆乳には、小さじ一杯分の砂糖が含まれている。さらに、いい値段のする（ラベルには濃縮還元ではないとある）一〇〇パーセントピュアなフロリダ産オレンジジュース[2]を小さなグラスに一杯飲んでいたが、そこにも小さじ四杯の砂糖が含まれている。

砂糖はここまでだけでも小さじ一〇杯になるが、それとは別に、週に二回の低脂肪ヨーグルトの分として、さらに小さじ五杯が加わる。私の舌がこんなに大量の糖類が含まれていることに気づかなかったのは、食品メーカーによる化学的な処理、材料の加工、舌触りの調整、食塩の添加などの巧みさにだまされていたからだ。それに「砂糖無添加」というラベルにもすっかり惑わされてしまっていた。

その昔、砂糖というのはテーブルの砂糖つぼに入っていて、そこからすくって紅茶やコーヒー、デザートに入れるものだった。店では長方形の紙袋に入って売られていた。しかし、そんな時代は過ぎ去ってしまったと言っていい。最近はむしろ、自分で食品に入れる砂糖の量は減っている。便利なように、食品にあらかじめたくさんの砂糖が入れられているからだ。現在アメリカやイギリスで販売されている加工食品の六五～七五パーセントには、砂糖が添加されていると考えられている。

誰でも砂糖は好きなものだ。何も知らない赤ん坊でさえ、砂糖の味を求めるようプログラムされているし、泣いたり痛がったりするときには、その甘さが、ほかでは得られないような慰めにもなる。平均的なイギリス人は、一日に小さじ一五杯の砂糖を摂取するというが、これよりもっと多い人も相当いるはずだ。そうやって甘いものを欲しがるのは、私たちの祖先が毒のない甘い果物を探したのと同じだと考えれば、人間にとって本能的な反応だと言えるだろう。そういう果物は、エネルギーやビタミンCの手軽な摂取源になった。さらに言えば、収穫の時期に果物をたくさん食べれば、冬を生き抜くのに不可欠な栄養を蓄えられるということもあった。果汁やハチミツが一年中、いくらでも手に入るようになるとは、私たちの祖先には想像もできなかったはずだ。

そこで考えてみたい。一日にそんなに大量の砂糖を口にするのは、はたして自然なことなのだろうか？

純然たるエネルギーか、まったくの詐欺か

砂糖は糖類以外の栄養価がないので、「エンプティカロリー」と呼ばれている。食品業界は、この「エンプティ」という単語を巧みに使い、砂糖はただの純粋なエネルギーであり、体脂肪の原因にはならないという印象を生み出してきた。さらに砂糖のマーケティングチームは、フルクトースという成分の存在は忘れたふりをして、グルコースだけを取り上げ、アスリートがみなグルコースを成分とする高エネルギーのスポーツドリンクを飲んでいると私たちに教え込んだ。スニッカーズやマーズのような菓子は、一日を乗り切るエネルギーにも、あるいはマラソンを走るためのエネルギーにもなるというのが、メーカーの宣伝文句だった。

砂糖は、病気と戦うことさえできるのだという。たとえば、砂糖を多く含む「ルコゼード」という清涼飲料水は、エビデンスがあるわけではないが、病気やけがからの回復に効果があると大々的に宣伝されており、治療効果のあるとされる砂糖が一本当たり小さじ一二杯以上加えられている。また、ほとんど砂糖でできている朝食用シリアルも、子どもが一日を元気よくスタートするのにぴったりだとされてきた（実際こうしたシリアルには、シュークリームやパイよりも多くの砂糖が使われている）。砂糖は値段が安く、虫歯になりやすいというちょっとした欠点以外は大きなマイナス面もなく、自然なエネルギー源として優れているように思えた――しかし、それは健康な人にとっての話である。

「ヘルシーな」朝食を始めた私もまた、一日の好調なスタートを切るために、知らず知らずのうちに砂糖を小さじ一〇～一五杯分とっていた。実にコーラ二本に相当する量で、私はだまされた気分になった。さいわい食物繊維は十分にとっていたので、おかげでフルクトースやグルコースの吸収速度が遅くなり、ダメージはある程度抑えられていたかもしれない。しかし、それが「エンプティ」であろうとなかろうと、カロリーの増加が歓迎できないことは確かだ。

失敗に気づいた日から、毎日の買い物は勉強の場になった。たいていの商品には、「脂肪ゼロパーセント」「食物繊維たっぷり」「砂糖未使用」といった文句がでかでかと表示されている。しかし、糖類の含有量はわかりにくく、虫眼鏡と数学の知識がなければ理解できるものではない。砂糖に関する表示はわざわざ理解しづらいように書いてあり、ラベルでは、糖質、天然由来の糖類と人工の砂糖、アガベシロップ、コーンシロップ、フルクトース、果物由来の糖類（これは素晴らしく健康的に思える言い方だ）の量が一緒くたにされている。それに一人前の分量も違えば、成分名もばらばらだったり、婉曲的な名称が使われていたりと、実にいい加減なのだ。

フルーツジュースだけで、欧米では一人当たり一日平均一〇〇キロカロリーを摂取している。フルーツジュースはヘルシーだし、果物やビタミンCの必要摂取量を簡単に満たせる方法だと考えている人は少なくない。しかし、フルーツジュースの九八パーセントには、濃縮果汁とともに大量の砂糖が添加されている。その量は同容量のコカコーラやペプシより多いのである。

このフルーツジュースより倍も悪いのが、「オールドスタイル」のピンクレモネード、ジンジャーエール、その他のフルーツ風味の清涼飲料水、フルーツカクテルだ。こういう飲み物には、さらにたくさんの砂糖が加えられていて、一人分で小さじ一〇杯にもなる。オーガニックヨーグルトのような食品にも、同じように大量の糖類が含まれている。しかしメーカーは抜け目ないもので、この糖類は「有機果物由来」だと言ったり、「有機的な転化糖シロップ」などと呼んだりしている。たとえば、アガベシロップは砂糖の代わりによく使われるが、ラベルには「リュウゼツランを原料としている（そしてコウモリが受粉をおこなっている）のでヘルシーだ」とか「砂糖より一五パーセント甘い」とか書いてある場合がある。とはいえ残念ながら、珍しい原料が使われていればその食品が有利ということにはならない。アガベシロップの「魔法のような」甘さの理由は、実はフルクトースが七〇パーセントも含まれているからなのだ。

袋入りや缶入りの食品で、糖類が過剰に含まれていないものを見つけるのは基本的に難しい[3]——しかもそのためには、ひどく小さな文字で書かれたラベルを読む必要がある。その糖類が、果物などの「より好ましい」材料由来だとしても、それは関係ない。含まれる食物繊維の量が少なければ、体はどれも同じように扱うからだ。

甘いもの好きの遺伝子

ところで、何にでも砂糖が入っているのはなぜだろうか？　理由の一つは、純粋に砂糖が求められているからだろう。近ごろでは、どんな食品でも甘くしたほうが好まれる。魚は塩辛く、ドライフルーツは少し酸っぱかった、あの古き良き時代に戻りたくはないのだ。昔より甘い食べ物を口にするようになり、加工食品やジュースに加えられる砂糖の量も増えたせいで、私たちの甘さを感じる閾値は高くなった。それによって、満足感を得るのに、よりいっそうの甘さが必要になったという面もあるだろう。低脂肪や無脂肪の食品の味も砂糖なしでは消費者に好まれない。また最近は塩分の含有量が少し減ったので、例の食品メーカー各社はご親切にも、味蕾への刺激を取り戻すために、あるものを追加した――砂糖だ。

甘さが好まれる理由には、文化的な面だけでなく遺伝的な面もある。私たちは誰でもある程度は砂糖が好きだが、かなりの個人差があるのは、甘味受容体の遺伝子の違いが原因なのだ。また肥満傾向には、砂糖を好む傾向と遺伝子レベルで強い関連性がある。肥満遺伝子は、大規模な国際共同研究によって次々と特定されており、その数は二〇一五年の段階で一〇〇個近くになっているが、そのそれぞれが砂糖を好む傾向にわずかながら影響していることがわかっている。[4] 一方で、こうした遺伝子をもっていても、特定の食品に出会うまでは問題がない人もいる。

ある研究では、三万人のアメリカ人を対象に、主要な三二個の肥満遺伝子に見られるバリアントを調べた。すると、肥満リスクにつながる遺伝子を一〇個以上受け継いでいる不運な被験者は、砂糖を含む清涼飲料水の影響をとくに受けやすいことがわかった。この人々は、砂糖を含んだ清涼飲料水を一日一本飲んだだけで、その後五年間に肥満になるリスクが実質的に二倍高かったのである。[5] 肥満遺伝子と砂糖の関連性がきわめて強いと思われる理由は不明だが、おそらく、食用の炭水化物を探知する手段の一つとして、砂糖を追い求めるように体がプログラミングされているのではないだろうか。興味深いのは、砂糖と関連性がある遺伝子のほとんどが、脳に作用する遺伝子であることだ。

私たちとフィンランドのグループが共同で実施した双子研究では、甘いもの好きという嗜好には、遺伝的な面と環境的な面がそれぞれ五〇パーセントずつ影響していることがわかった（後者には、個人の食習慣と砂糖をめぐる文化の両方が含まれる[6]。また、二〇パーセントの砂糖水溶液をどれくらい好むかの評価と、砂糖が入った食品をとる頻度には、正の相関関係がはっきりと見られた[7]。どうやら、幼少期に見られる砂糖に関係した行動は、ある程度は遺伝子によって決められているようだ。一方で、大人になってから大量に砂糖を摂取することも、甘さを感じる閾値を上昇させる原因になる。そのせいで私たちは、砂糖をより多く求めるようになったのだ。

どんどん安くなる砂糖

各国政府は、食品や清涼飲料水への砂糖の使用量を制限することには、トランス脂肪酸の制限以上に消極的な姿勢をとっており、食品業界による、いわゆる「自発的な議論」を望んできた。二〇〇二年にWHOが初めて、一日の摂取カロリーに占める糖類の割合を一〇パーセント以下に制限することを提案すると、食品業界から激しい反発が噴出した。アメリカでは、コーンシュガー〔コーンスターチから作る砂糖〕のロビー団体が連邦議会に嘆願書を提出し、分担金を負担しないとWHOに脅しをかけた。しかしWHOが圧力に屈することはなかった。二〇〇四年に改訂された草案では、かつて提案された一〇パーセントの上限には依然として合理性があり、各国政府はこれをさらに五パーセント（コーラ一本分）まで制限するよう努めるべきだと提言した[8]。

こうした提言は法制化されていないので、ほとんど効果が出ていない。アメリカやイギリスの平均的な国民は相変わらず、この二倍以上を摂取しており、多くのティーンエイジャーではそれ以上だ。一方、食品業界の反応は予想どおりで、証拠の乏しさを非難し、砂糖をすべて一まとめに不健康ということはできないと主張している。イギリス政府も、政府主席医務官の意見や、イギリス公衆衛生庁からの報告書、さらには国民の不安をよそに、同じような業界からのロビー活動に応じる形で、摂取量上限の設定や、「砂糖税」の導入といった根本的な変革をおこなうことを拒んでいる。[9] 対照的にデンマークでは、二〇一三年に従来の「飽和脂肪酸税」を廃止し、低かった砂糖への税率を上げた結果、砂糖の消費が減少し始めている。[10]

欧米で砂糖消費量が急激に増加した陰には、何より経済的および政治的な理由がある。一九六〇年代初頭にキューバ危機が勃発すると、キューバからのサトウキビ供給が途絶え、価格が上昇したため、アメリカは砂糖を自給したいと考えるようになった。ハンバーガー好きで知られたリチャード・ニクソン大統領は、国民を常に満足させて、貧しい人々による暴動を防ぐには、食料価格を低く保つことが政府の優先事項だと考えたのである。そこで政府は、安価な食品に助成金を出すように調整し、大手食品企業もそれを進んで受け入れた。

一方で、安価なトウモロコシから作られたコーンスターチが余っていたことと、さらに政府からの多額の助成金が出たこともあって、一九七〇年代初期からは、**異性化糖**が大量に使用されるようになった。異性化糖は、成分中のフルクトースの割合がわずかに多い砂糖で（フルクトースが五五パーセント、グルコースが四五パーセント）、味はこれまでのサトウキビやテンサイを原料とする砂糖にかなり近かった。国内のトウモロコシ産業を何としても保護したかったアメリカ政府は、砂糖を輸入する際の関税を引き上げ、アメリカ産トウモロコシを原料とする砂糖のほうが安くなるようにした。これは、国産の安い砂糖をソフトドリンクや加工食品に加えれば、コストをほとんどかけずに売上げをのばせるということだ。

ヨーロッパに目を移すと、ＥＵでは、域内（主にフランス）のテンサイ産業を保護する助成金を出している関係から、コーンシュガーの消費を増やさない方針だった。このため、何かと評判の悪いＥＵ共通農業政策を通じて、二つの方策をとっている。一つは、テンサイの生産者価格を安定させ、同時に納税者には年間一五億ユーロ以上を負担させること。そしてもう一つは輸入サトウキビに一律に一トン当たり三〇〇ユーロの関税を課して、その価格を二倍にすることだ。イギリスでは、旧植民地国からの輸入が優遇されていたおかげで、かつては甘蔗糖（サトウキビの砂糖）に頼ることができていた。しかし最近では、砂糖の代名詞として知られるテート&ライルでさえ、このEU政策が主な原因でサトウキビ関連事業を売却する事態にいたっている。

このような流れが続いた結果、世界のどの国でも砂糖の価格が安くなるという状況が生まれた。それを支えているのは、皮肉なことに納税者だ。砂糖を加えた清涼飲料水の売上げが過去三〇年間にわたって急増してきた背景には、こうした事情があるのだ。現代の欧米では、食生活におけるカロリー摂取の大きな部分を液体由来のカロリーが占めるまでになったが、これは歴史上初めてのことである。

純白、この恐ろしきもの

一九七〇年代には、肥満問題の原因は砂糖と脂肪のどちらなのかをめぐって、激しい論争が起こった。イギリスの生理学者であり栄養学者であるジョン・ユドキンは、高脂肪食が病気の原因だとするアンセル・キーズの学説を批判するグループの急先鋒だった。ユドキンは、一九七二年に書いた『ピュア、ホワイト、デッドリー』という先進的な著書で、一番の敵は脂肪ではなく、砂糖だという主張を展開する。[11] 当時、キーズとユドキンは互いを目の敵にしていたが、どちらもきちんとした臨床研究をおこなえておらず、欠陥を含む恐れがある観察的な疫学調査を議論の根拠にしていた。結局、ユドキンよりも政治的手腕に優れていたキーズが、少なくとも政府が関わる場面では、この論争に「勝利」している。有力者たちの意に沿う「脂肪が悪い」というメッセージを明確に打ち出すために、砂糖をめぐる懸念はすべてうやむやにされたのである。

ユドキンが主張したのは、精製された砂糖が私たちの食卓に登場したのは比較的最近であり、現在摂取している砂糖の量は、過去最も多かった時代より二〇倍も多く、この点が脂肪とは異なるということだった。

農耕が始まる以前は、熟した果物か天然のハチミツ以外に砂糖を得る手段がなく、ふつうはめったに手に入らないものだった。やがて農耕が発達すると、サトウキビが育てられるようになったが、まだ生産コストが高く、ハチミツと同じように贅沢品とされていた。一六世紀のサトウキビは、現在で言えばキャビアくらいの値段がしたという。カリブ海諸国でプランテーション農業がおこなわれるようになると、奴隷貿易にも支えられてサトウキビの生産量は増え、品質も向上する。価格も次第に下がっていった。

現在では多くの砂糖が食品に添加される形で消費されているため、一人当たりの砂糖消費量がどう変化したかを正確に見積もるのは難しいのだが、一九世紀末からおよそ二〇倍に増加したと考えられている。一九九〇年以降、イギリスの砂糖の総消費量は一〇年で一〇パーセントのペースで増加している。そして、その代わりに減っていったのが、キーズが槍玉に挙げた脂肪なのである。

ここで一つ疑問が生じる。私たちを魅了し、消費量もこれまでにないほど伸びている砂糖は、実際のところ、体にとって良いものなのだろうか？　それとも悪いものなのだろうか？

子どもの虫歯

「あの子にボトル入りのジュースを与えるのはいいことだと思っていました」。ビリーの両親は、栄養分とビタミンCがたっぷり入った果実飲料はヘルシーだと考えていたが、それが幼い我が子の歯を次々と虫歯にするきっかけになるとは思ってもいなかった。フッ素入りの歯磨き粉で一日二回歯磨きしていたのに、五歳になる息子ビリーの歯は虫歯だらけだったのだ。ビリーはマンチェスター歯科病院で、全身麻酔をかけて一〇本の歯を抜いた。外科医は一五本抜歯したかったのだが、そのためには九カ月順番待ちをするだけでなく、一晩入院する必要もあった。ビリーに残されたのは、上に四本と下に六本のわずか一〇本の歯だけだった。これらの乳歯も歯茎から顔を出す前から虫歯になりつつあったが、今後六カ月で抜けて、代わりに永久歯が生えてくるだろう。それはさておき、ビリーはもう寝る前に果実飲料を飲んではいけないことになった。

ビリーに初めて虫歯ができたのは二歳半のときだった。二五歳のコンピューターエンジニアである母親はこう言っている。「それまで、ビリーの歯をどう気にしてあげればよいのか、アドバイスを受けたことがありませんでした。たぶん私のせいなんでしょうけど、悪気はなかったんです。ビリーはバランスの取れた食事をしています。ジュースや炭酸飲料やチョコレートの量はそれほど多くはなかったのですが、時間帯が悪かったと言われました。寝る前というのが最悪でした。砂糖が一晩中ビリーの歯に作用し続けていたんです」

イギリスでは毎週五〇〇人の子どもが虫歯を抜くために入院している。五歳児の一〇人に一人に虫歯があり、さらに最近のジュースブームのせいで、大人にも虫歯が増えてきている。専門家で初めて砂糖の副次的効果を指摘したのは、歯の研究者たちだった。彼らは、第二次世界大戦中には一時的に減少していた虫歯（虫歯（dental caries）の caries とは「腐敗」を意味する丁寧なラテン語だ）の数が、砂糖の配給制が終わると急激に増加したことに気づいた[12]。そのころ、母親たちはまだ赤ん坊用の粉ミルクに砂糖を加えたり、おしゃぶりに砂糖水を塗ったりしていた。しかし歯科医の多くは、虫歯に詰め物をすることになれば仕事が増えて儲かるので、むしろ歓迎していた。患者に食生活を変えるように強く勧めたりはしなかったが、きちんと歯磨きをしていないのを叱ることはたまにあった。その一方で、歯科医の家族が夜に砂糖の入った飲み物を飲むことはなく、牛乳の入った飲み物さえ飲まなかった。彼らはなぜだか決して虫歯にならないのだと思われていたが、実は虫歯が完全に予防可能であることを証明していたのである。

子どもの虫歯の大流行は一九六〇年代にピークを迎えた。各国政府が砂糖対策として、水道水や歯磨き粉へのフッ素添加を進めると、虫歯の発生率は一年間で五パーセント減少し、流行はみるみるうちに収まった。一方で、歯学研究者のなかには、オーブリー・シェイハムのように（メディカルスクールで受けた彼の活気あふれる講義を私はまだ覚えている）砂糖の消費量の増加に対して、専門家と政府のいずれも対策をとっていないことを声高に批判していた人もいる。一九八〇年代中ごろになると、発展途上国での砂糖による虫歯の発生率が、欧米を上回るようになった。対照的に、欧米では虫歯の発生率が半減したので、シェイハムなどは、「イギリスの歯科医は国を変えるか、ゴルフに行く回数を増やしたほうがいい」とも言っている[13]。このように、砂糖の多い新しい食生活は、体が適応できていないだけでなく、有害にもなるという明確な警告を、私たちは一九六〇年代の段階ですでに受け取っていたのだ。

ミュータンス菌から歯を守れ

欧米では、虫歯が劇的に減少しつつある時期に、水道水へのフッ素添加がおこなわれていなかったり、歯磨き習慣が大きく変化していない地域でも、やはり虫歯が減った。このことに気づいた一部の歯科医たちは、その理由は子どもへの抗生物質投与の増加ではないかと考えた[14]。虫歯は、砂糖が直接の原因ではなく、微生物の作用によることが明らかになったのだ。

私たちの体にいる通常の微生物は、砂糖が豊富に存在する環境にまったく慣れていなかったが、ミュータンス菌（ストレプトコッカス・ミュータンス）と呼ばれる細菌は違った。この細菌は砂糖が大好きで、新しいエサを歯や歯茎のまわりでがつがつと食べ、あっという間に増殖した。困ったことに、ほかの無害な微生物とは異なり、ミュータンス菌には砂糖から乳酸を作り出す作用があった。この乳酸が、歯のエナメル質に小さな穴ができる原因になるのだ。

ミュータンス菌は、歯垢に付着することで歯にくっついている。私たちにも身近な歯垢という物質は、実は六〇〇種の無害な細菌のコロニーで、この細菌がくっつきあって粘り気のある粘液質の共同体を形成している（バイオフィルムと呼ばれる）。こうした細菌は、砂糖を代謝して巧みに糊状の物質を作り上げており、その糊状物質の中にいれば安全にエサを食べられるようになっている。皮肉なのは、マウスウォッシュを毎日使用していると、そうした無害な微生物が全滅して、有害な微生物が優位な環境になってしまい、虫歯や歯肉炎がさらに増える原因になるということだ[15]。ある小規模な研究は、マウスウォッシュを使う習慣が、血圧上昇や心臓病リスクの増大にもつながるとしている[16]。

虫歯が大流行するなかでも、一五〜二〇パーセントの子どもはあまり影響を受けていない。たとえ甘いシリアルとコーラという朝食をとり、めったに歯磨きをしなくても、なぜか虫歯にならないのである。それは、そうした子どもが幸運にも、ミュータンス菌がエサを食べるのを抑える、特別な唾液タンパク質を作る遺伝子をもっているからだ[17]。私と弟にはこの遺伝子がなかったので、子どものころに虫歯の流行をじかに経験している[18]。

最近の研究では、プロバイオティクス食品、つまり体に有益な乳酸菌のような細菌には、酸を作り出すミュータンス菌から歯を保護する効果があることがわかった。あるドイツの企業が開発した（砂糖を含まない）プロバイオティクス・キャンディは、一日五回なめるとミュータンス菌の数が減るという[19]。このプロバイオティクス・キャンディに使われているのは、チーズにいるのと同じラクトバチルス菌だが、事前に加熱して死滅させてある。ラクトバチルス菌は死滅していても、口腔内の微生物と結びついてその邪魔をし、歯垢にとりつくのを防ぐ。そして最終的には唾液によって洗い流される。同じようなプロバイオティクス食品について、もっと長期的な臨床研究をおこなったところ、ラクトバチルス菌が数週間にわたって口の中に残り、効果を発揮し続けたことがわかった[20]。また、微生物を含むナチュラルなチーズや、砂糖を含まないヨーグルトを子どもに与えると、これと同じ効果が得られることを確かめた臨床研究もある[21]。

ところが最近になって、フッ素添加が行われている国でも、虫歯が復活しつつある。虫歯の発生率は大半の国で再び増加傾向にあり、地球上の三人に一人に未治療の虫歯がある。[22] こうした虫歯の元凶は、炭酸飲料やジュースとして摂取される砂糖の増加だ。砂糖と口腔内の細菌が組み合わさることで、フッ素の保護効果をはるかに上回っているのだ。

砂糖が口腔内の細菌に与える影響については多くのことがわかっているが、腸内細菌への影響についてはあまり理解が進んでいない。これまでの研究は、高脂肪食、または高脂肪で砂糖も多い食生活のどちらかに焦点を合わせたものがほとんどだったからだ。私たちの祖先にとって、ハチミツはめったに手に入らないものだった。もちろん、スムージーなど飲んでいなかった。そう考えると、私たちの体の仕組みや腸内細菌は、大量の砂糖、とくに液糖にはあまり適応できていないと言える。

噛まずに食べると太るのはなぜ？

私たちが食事をするとき、胃や腸などの消化器系は、まず消化作用を始動させ、次にそれをうまく調整するというように、一連の段階が決められた順序で進む仕組みになっている。最初に、脳が食べ物のことを考えると、それだけで胃液やホルモンが出る。次は咀嚼だ。体にとっては、この動作をゆっくりおこなうのが望ましい。固い肉や野菜を砕いて、消化器系全体での消化プロセスに備えるには、四〇回くらい噛むのが最適と言われている。現代人は、祖先と比べると咀嚼力や顎の筋肉を十分に使っていない場合が多い。顎の発達が不十分な人が多く、上下の顎の大きさが合わないことによる親知らずの問題が急増していることからも、それは明らかだろう。

通常、よく噛んで小さくなった食べ物が消化器を下に進んでいくと、腸管や肝臓、膵臓、胆のうから食べ物の分解に役立つホルモンが分泌される。同時に、満腹感を伝えるシグナルが脳へと送られる。膵臓はインスリンを分泌して、血液中に放出されたグルコースがすばやく細胞に取り入れられるようにする。一方、胆のうは胆汁酸を分泌することで、腸の下流にある大腸の細菌にシグナルを送り、これから届く食べ物の消化の準備をさせる。

こうした仕組みでは、たとえば、ほとんど噛む必要のないパスタ（精製された糖質でできている）を、大量の甘い飲み物で流し込んだりすれば、体はそれに対処するための正しいシグナルを送る時間がとれない。大量の砂糖は胃に到達すると、短時間のうちに小腸に進み、そこで大半が吸収される。これによって、間違ったタイミングで異常なインスリン反応が生じ、グルコースが分解されるプロセスを変えてしまう。すると、予想外のタイミングで届いた糖に対して、不適切な成分の胆汁酸が分泌され、大腸では正常な細菌が減って、糖のかけらを食べる有害な細菌が増える。こうした異常な腸内細菌は、ホルモン分泌のシグナルを変えたり、成分の異なる胆汁酸を分泌するよう、脳に対して新たなメッセージを送る。その結果、消化器系はひどく乱れた状態になってしまう。腸内細菌は、エンプティカロリーの食べ物から栄養素が得られることを期待して、砂糖をもっと送って寄こせと脳にシグナルを送る。一方、グルコースは脂肪として蓄積されていき、多くの場合は内臓脂肪となる。

ソフトドリンク、糖尿病、内臓脂肪

フルクトースには「果物由来」の天然成分という肩書きがあるのに、このところダイエットの世界で嫌われているのにには複雑な事情がある。四〇年前、ユドキンはその著書で、フルクトースはおそらく体に悪く、植物中のデンプンからできるグルコースはその点で大きく異なると指摘した。その意見はほとんど無視されてしまったが、やがてソフトドリンクに含まれる砂糖の多さが人々の注目を集めるようになった。

肥満研究で知られるジョージ・ブレイが、アメリカにおける砂糖摂取量の増加と肥満の増加のあいだには、明確な観察的相関関係が見られると二〇〇四年に指摘したことで、砂糖論争は近年再び熱を帯び始めてきた[23]。ほとんどの国では、砂糖が入った清涼飲料水の消費量が一九五〇年に比べて三〜五倍に増加している。イギリスでは二〇〇九年の段階で、フルクトースを多く含むソフトドリンクがカロリー総摂取量の約二〇パーセントを占めるまでになっている[24]（ティーンエイジャーの場合はそれ以上だ）。こうした変化に合わせるように、世界中で肥満や糖尿病が増加している[25]。実際に、ソフトドリンクの消費は肥満や糖尿病を発症するリスクと関連性があることを示す確証的な疫学的エビデンスが、ほかの複数の大規模な観察的研究を対象としたメタアナリシスから得られている[26]。

フルクトースとグルコースを比較すると、代謝プロセスには懸念すべき大きな違いがいくつもある。フルクトースはほとんどが腸で吸収されて、直接肝臓に送られ、そこでグルコースに変換されたり、エネルギー源となったり、脂肪の合成に使われたりする。しかしグルコースとは違い、生成する血中のインスリンシグナルはかなり少ない。かつて、糖尿病にはフルクトースの入ったお菓子がよいと自信たっぷりに勧めていた医者がいたが、まったく馬鹿げた考えだ。フルクトースに異なる作用があるのは確かだ。ただそれは、食欲に関する正常なシグナルが脳に送られるのを妨げる作用なのだ。

腸に残ったフルクトースやグルコースが腸内細菌にどう作用するかはほとんどわかっていないが、スポーツドリンクにはフルクトースを含むものが多く、これによって腸内発酵や腹部膨満感、胃腸の違和感を訴える人が増えてきている[27]。このフルクトースへの不耐性（フルクトースを処理する能力がなく、血中のフルクトース濃度が通常ではありえないレベルまで上昇する）には、遺伝的な理由があることがわかっている。

フルクトースとグルコースの代謝システムの違いは重要であり、この点について、ヒトではやりにくい種類の実験が、げっ歯類を使って数多くおこなわれている。ラットの体内にあるフルクトースは、その腸内細菌に、ジャンクフードや高脂肪の食事を与えた場合と同様の有害な変化をもたらし、具体的には脂肪肝を引き起こす。ところが、こうした二次的影響は、抗生物質を投与すると改善する[28]。また、げっ歯類に大量のフルクトースを与えると、内臓脂肪が劇的に増加する。[29] 一方で、ヒトにフルクトースを与える無作為化試験では、そこまで明らかな結果は出ていないが、数カ月後に代謝と内臓脂肪の変化が見られることが多い。[30] こういった、フルクトースやそれを含むソフトドリンクが内臓脂肪に与える影響は過小評価されがちであり、中東などの地域で糖尿病が急激に広まる原因になっている可能性がある。中東でもソフトドリンクを飲む人は多いが、外見から太っているとわかる人は少ない。そういった状態は「隠れ肥満」と呼ばれていて、代謝の面ではきわめて不健康な状態にある。

となると、果物もフルクトースが多く含まれているのだから、食べすぎには気をつけたほうがいいのだろうか？　この件についてはきちんとしたデータがないが、果物をそのまま食べるほうがずっと影響は少ないようだ。糖尿病リスクの高い四二五人のブラジル在住日系人を対象とした調査では、果物を食べる習慣がある人は、インスリンの増加が通常レベルだった。対照的に、同量のフルクトースを砂糖入りの清涼飲料水として摂取していた人では、インスリン値のピークが二倍だった。[31] これより小規模ではあるが、より詳細な調査も同じ結果になっている。同時に、加工しない果物には、保護効果をもつ要素がほかにもあることがわかっている。それは食物繊維の多さだと考えられるが、この点については別の章で詳しく考えたい（13章）。

フルクトースと魔女狩り

どんな形であれ、砂糖が入った食べ物や飲み物のとりすぎは体のためにならない。液体由来のカロリーは、とくにいただけない。たとえそのジュースが「ヘルシーな」ふりをしていても同じことだ。しかし、フルクトースという悪魔は追い払うべきだとよく言われるが、それを証明するエビデンスはまだないのが現状である。フルクトースの代謝の仕組みや、体内で処理されるプロセスがグルコースと違うのは確かであり、理論上フルクトースのほうが体に悪いという結論になるのだが、グルコースの大量摂取も脂肪の蓄積につながることを忘れてはならない[32]。

フルクトースに対する魔女狩りのような迫害には批判もある。もとになるデータに欠陥があり、それにはいくつか理由が考えられるというのだ。挙げられている理由は、カロリー摂取量がきちんと管理されていれば、フルクトースがほかの成分より悪いわけではないこと、げっ歯類の実験ではフルクトースの量が異常に多い食事（カロリーの六〇パーセント）を与えていたこと、げっ歯類の肝臓はヒトの肝臓と同じではないこと、そしてヒトを対象とする研究は小規模で、質が悪く、一貫性のないものが多いことなどだ[33]。このため、同じ臨床研究を対象にしていくつかメタアナリシスをおこなうと、矛盾した結果になってしまうのである[34]。

健康な痩せ型の人は、フルクトース入りの飲み物をたまに飲んでも問題なく対応できるように思える。とはいえ、ヒトではラットのようにはいかないことが多いので、現状では入念な臨床研究には十分な費用が投じられていない。そのため、フルクトースからのカロリー過剰摂取がグルコースからの過剰摂取と比べて、実際に体に悪いことを証明するのは、今の段階では不可能だ。だとすれば、もっといろいろとわかるまでは、問題を単純化しすぎるというありがちな間違いは避ける必要があるだろう。そして同時に、フルクトースというスケープゴートを槍玉に挙げることで、もっと大きな問題に目を向けなかったり、考えなくなったりすることもあってはならない。砂糖のとりすぎは、とくにそれが液糖など天然由来ではない砂糖の場合には体に良くないというのが、今の私の考えだ。しかし、フルクトースが同量のグルコースやほかの糖類よりもはるかに体に悪いことを示す明確なデータはまだない。

ここで、この章の最初に紹介した私の理想的な朝食を振り返ってみよう。それは、ミューズリーとフルーツヨーグルト、フルーツジュースという砂糖だらけのメニューだったが、どうやら私はそれをやめて、濃いブラックコーヒーと少量のナチュラルヨーグルトという朝食にしたほうがいいようだ。実際私は、ポリッジに卵、ベーコンという昔ながらのメニューにまで戻すべきかとさえ考え始めている。

12 糖質（糖類以外）

スーパーフードに騙されるな

紅茶とチーズサンドイッチ

ファーガスは、アイルランド南部のコーク近郊に住む農場主だった。彼は七〇歳になると仕事を引退し、悠々自適の暮らしを始めることにした。体の調子は申し分なかった。牧歌的な環境の中で、四五年連れ添ってきた妻のマリーとのんびり過ごすのは、なんとも楽しい時間だった。しかしある日のこと、マリーは胸のしこりに気がつき、転移性のがんという診断を受けた。その六カ月後にマリーは亡くなった。それ以来ファーガスは、世捨て人のように自分の小さな家にこもりきりになってしまう。近所づきあいもなくなり、めったに街中にも出かけなくなった。

三年後のある晴れた日、地元の開業医が、珍しく時間ができたのでファーガスを訪ねてみることにした。ファーガスは、その診療所にずいぶん前から家庭医の登録をしてはいたが、妻の付き添いで来ただけで、自分一人で来院したことはなかったし、診てもらいたいと思ったことすらないようだった。医者の記憶にあったファーガスは、年齢の割にはかなり健康な男性だった。痩せていて、たばこは吸わないし、体をよく動かしていた。そのファーガスの変わりように、医者はショックを受けた。顔色が悪く、歯も何本か抜けていて、衰弱しているように見えたのだ。「診療所に来て、健康診断を受ける必要がありますね」

検査をしてみると、ファーガスはコレステロール値が高く、軽度の糖尿病で、血圧も高かった。股関節が炎症を起こしていて、歩くのにも不自由していた。記憶もぼんやりとしてきているようだった。医者は原因をあれこれ考えた末、「憂うつな気分になりますか」とか「酒を飲みますか」とか尋ねた。アイルランドの医者がよくする質問だ。

「ええ、先生、おっしゃるとおりです」とファーガスは答えた。「本当にショックで悲しくて、とことん飲んでましたよ。でも、最初の六カ月だけです。それからは気持ちが落ち着いて、酒もやめました。たまにギネスを飲むくらいです。今では元気ですよ」

ファーガスが急に衰えてしまった理由は長らく謎だったが、とうとう診療所の看護師が突き止めた。妻に料理を任せっきりだったので、ファーガスは卵一つ茹でられないうえ、プライドが邪魔をして、人に頼ることもできずにいたのだ。この三年間、紅茶とチーズサンドイッチだけを食べて生きてきたという。数カ月たって、ファーガスは地域の老人ホームに移った。糖尿病の治療は受けたものの、六カ月後、眠っているあいだに心臓発作で亡くなった。

老人ホームの食事が死をまねく？

この話を教えてくれたのは、当時コークで仕事をしていた微生物学者のポール・オトゥールだ。彼によると、この地域の高齢者では、健康問題が生じるのに先立って栄養状態が激変しているケースが多いという。オトゥールの研究グループは、高齢者のマイクロバイオームの働きを調べるなかで、とくに食生活の影響に注目しており、ある重要な調査では、地方の老人ホームを利用している七〇～一〇二歳のアイルランド人一七八人を調べている。その半分はデイケアサービスを利用するために一時的に訪れる人々で、残りは施設にずっと住んでいる人々だ(1)。

オトゥールたちが気づいたのは、老人ホームにずっと入居していて、味気ない画一的な同じ食事をしている利用者はみな、腸内細菌が似ていくことだった。しかも残念なことに、その組成は健康的なものではなかった。種類も少なければ、体に有益な細菌の多くも存在しておらず、炎症のレベルも高かったのである。一方、ときどきは自分で料理をして、変化のある食生活を送っている一時利用者では、まとめて作られた料理を食べている入居者に比べて、腸内細菌が健康だった。全体的に見れば、多少のばらつきはあったが、老人ホームの長期滞在を始めて一年もすると、どの入居者もきわめて似通った不健康な腸内細菌をもつようになっていた。

高齢者の場合、体が衰える理由は複雑で、いくつもある。たとえば、運動不足からくる筋肉量の低下や、気分の落ち込み、社会的状況、認知機能の低下などだ。歯の喪失や、唾液成分の変化、さらには抗生物質やそのほかの薬を服用する機会の増加といった要因が、腸内細菌に影響している可能性もある。また年齢を重ねると、制御性T細胞の数が増え、さらにそれがうまく機能しないことも多くなる。制御性T細胞は腸内細菌と相互作用していることが知られているが、人生のこの段階では、免疫システムを過度に抑制してしまうケースがあるのだ。こうしたさまざまな要素をすべて考慮してもやはり、腸内細菌の組成や、高齢者の健康との関係が決まるうえでは、食生活と栄養が有力な要因であるのは変わらない。腸内細菌の多様性がとくに低い入居者は、ほかの入居者に比べて、体調不良になったり、病気にかかったりする傾向が高かった。そして原因はさまざまだが、一年以内に亡くなることが多かった。

私の研究室に所属するクレア・スティーブスは、イギリスの高齢の双子四〇〇人を調べている。老人ホームに入らずに自立して暮らしているが、全体には体の衰えが見られる彼らは、調査の結果、平均よりも腸内細菌の多様性が低く、炎症や腸管の透過性の抑制に関連しているフィーカリバクテリウム・プラウスニッツィイの数が少ないことがわかった。また、体に有益なラクトバチルス菌も少なかった。これは、さらに衰えの進んだ高齢者を対象として実施されていた、より小規模な研究の結果と一致しているため、たんなる偶然という可能性は低い(2)。私たちは、最初に食生活の変化が腸内細菌の変化を引き起こし、それが体調不良につながるのであって、逆の順番ではないと考えている。

足りないのは糖質

老人ホームの食生活は、入居者にそこまで劇的な影響を及ぼしていたわけだが、具体的に何が欠けていたのかはわからなかった。老人ホームでの飲酒は推奨されていない。かつては、大麦をたっぷり使ったギネスビールは健康に良いとされてきたが、ギネス社が健康機能食品として売り出していないことを考えると、ビールの不足が主な原因とは思われない。明らかに単調な食生活を別とすれば、どうやら主犯格は、新鮮な野菜や果物、つまりは糖質を日常的にとっていなかったことのようだ。

糖質は、農作物や果実に含まれていて、さまざまな形で存在している。エネルギーの取り出しやすさもそれぞれ違っている。紛らわしいことに、糖質は、砂糖を意味するギリシャ語に由来する「サッカライド」という呼び方もある。分子構造が小さい糖質、つまり一個または二個の糖が結合しているものは、それぞれ単糖類、二糖類として知られている。単糖類と二糖類は、一般的に砂糖と呼ばれるものの成分で、加工食品に使われている。一方、長い分子構造をもつ糖質は多糖類と呼ばれており、エネルギーを蓄積するために使われたり、植物の構造を維持する繊維になったりする。

食事として食べられる糖質のほとんどは、デンプンと呼ばれるものだ。これは植物内の主なエネルギー貯蔵物質であり、ジャガイモやパン、米の主成分である。デンプンは、グルコース分子が長い鎖状にしっかりと結合した構造をしている。デンプンには、私たちの体で分解しやすいものもあれば、しにくいものもある。すでに見てきたとおり、ヒトには、摂取した複合糖質を完全に分解できる酵素が二〇未満しかないが、ありがたいことに、腸内細菌は、糖質を分解するためにすぐに使える酵素を六〇〇〇以上ももっている。そうした作業に取りかかろうと待機している腸内細菌がなかったら、糖質を含んだ食品を食べたとしても、ほとんどの場合は顎のよい運動にしかならないだろう。

ローフードダイエットとその問題点

パレオダイエットに夢中になっている人々は、ここ一万年で生み出された新しい食品を食べられるところまで、私たちは進化していないと主張している――それが間違いであることは、すでに説明したとおりだ。またローフード（生食）が体に良いと言う人々は、同じような理屈をさらに進めて、加熱調理した食品は避けるべきだとまで言っている。私たちの祖先は一〇〇万年も前から火を使った料理をしてきたというのに。ローフードムーブメントが奨励しているのは、ある種のヴィーガニズム（完全菜食主義）であり、食品を加熱すれば、天然に存在する栄養価がほとんど失われ、有益な酵素も破壊されてしまうという立場をとる。とはいえ、ローフードムーブメントにもさまざまな方式があり、厳格さや正統性の程度で区別がなされている。たとえば、フルータリアン（果実のみ）、ジュースタリアン（ジュースのみ）、スプラウタリアン（スプラウトのみ）などが、その例だ。

もっと決まりがゆるやかなローフードのなかには、栄養素や酵素が破壊されない四五度までなら野菜を加熱してよいというものもある。必然的に食品を長時間かけて軽く加熱することになるが、この方法にはある程度の科学的根拠もある。いくつかの高級レストランでは、食品を密封し約五五度の温度で時間をかけて加熱する「スーヴィード」という調理法を導入している。私は最近ブリュッセルで、ミシュランで星がついた（当然それなりの値段がする）コムシェソワというレストランで、スーヴィードによる料理を体験したのだが、味も舌触りも素晴らしかった。食後にレストランの厨房を訪ねた。そこにはグリルもオーブンもなく、厨房というより、宇宙時代の研究室のようだった。

それはさておき、ローフード食を実践している人は、肉は食べず、料理の味より健康効果のほうに関心があるという場合がほとんどだ。彼らによれば、体にとって大切なのは「機能がそこなわれていない」「かけがえのない」酵素なのだという。そんなことを言っても、私たちの消化プロセスは、そうした酵素をすぐさま効果的に非活性化してしまうというやっかいな事実があるのだが。

人類は過去数百万年にわたって進化を続けてきたが、生のものしか食べない頑固者は、その途上でずいぶん前に死に絶えたのは間違いない。これにはきちんとした理由がある。食べ物は多少なりとも加熱調理しないと、そこから十分なカロリーや栄養素をうまく取り出せないからだ。加熱調理の方法が発達するにつれて、ヒトは腸の長さを徐々に失い、それと同時に生のものを食べて生きていく能力もなくしたのである。たしかに現代社会においては、生の食品をとることが減量への有効な手段になることもある。しかしそれは、酵素という魔法のような成分によるプラスの効果のおかげではなく、たんに私たちが複合糖質を効率的に分解してエネルギーに変えることができないからなのだ。

ローフードダイエットやパレオダイエットなどによる食事制限に多少の効果があるのは確かだし、精製された穀類などの糖質を減らして、加工食品を食べないようにすることにはかなりのメリットがある。とはいえ、ある範囲の食品を完全に排除したせいで、食事の選択肢が減り、同じ種類のものばかり食べるようになってしまうのは、とんでもない間違いだ。

たとえばすでに述べたとおり、トマトはかわいそうなことにパレオダイエットでは悪者扱いされている。トマトはナスの仲間なのだが、ナスには有毒なものが多く、「ヒトはまだ適応できていない」というのだ。馬鹿げた話である。トマトが自己免疫疾患の原因だとするのもかなりの見当違いだが、そもそもの間違いは、ある食品に含まれる何百もの成分のうち一つか二つだけを取り上げるという、インチキ科学の手法を使っていることだ。トマトが病気の原因になることを説得力ある形で示した研究はない。何よりトマトは、食事法のなかでは心臓疾患の予防効果が唯一証明されている地中海式食事法には欠かせない存在なのだ。さらに、もっと精密な研究では、トマトの数多い成分の一つであるリコピンには、がんの予防に役立つ可能性が示されている。この効果がトマトを避けるべき正当な理由にあたらないのは言わずと知れたことだ。(3)

バナナガール・フリーリー

多様性に欠けた食生活、とくに新鮮な果物や野菜を食べず、その栄養を摂取できない食生活は体に良くない。一方でインターネット上には、生の果物や木の実類だけを食べる果実食主義者《フルータリアン》たちの華々しい体験談があふれている。フルータリアンたちは、驚異的な力とエネルギーが得られると言っているが、台所で果物を切ったりジューサーにかけたりする作業に、あるいはトイレに座ることに、一日何時間もかけることなく、この食事法を続けられるという人は、本当に少数しかいない。

そんな珍しい人物が、「バナナガール」フリーリーだ。オーストラリアのアデレード出身で、過食症を患っていたことがあるフリーリーは、この一〇年間、食事の九〇パーセントが果物で、ほかには火を通した野菜をたまに食べるだけという生活をしている。現在のフリーリーは、体重五〇キロでとても引き締まった体つきをしており、本人のウェブサイトを見ると、露出の多いビキニを着てバナナとカメラマンに囲まれながら、クイーンズ州で暮らしているようだ。フリーリーには、一日にバナナ五一本をココナッツミルクと一緒に食べる様子を紹介した有名な動画がある。これは四〇〇〇キロカロリー以上を摂取する計算だ。

しかし、カロリー制限をしていないのに、フリーリーはスリムな体型を保っている。いつもは一日にバナナを二〇本ちょっと食べるだけだと認めてはいるが、空腹を感じたらもっと食べることもあるし、別のフルーツを口にすることもあるという。午後四時まではローフードだけを食べ、それ以降は、夕食に軽く火を通した野菜を食べることもある。フリーリーはこれまでに、さまざまなダイエット法を考案し、料理本も出している。「バナナ三〇本ダイエット」は大々的に宣伝されているが、この方法で見事に痩せたという声もあれば、逆にひどく失敗したという話もある。

フリーリーのダイエットプランに挑戦する前に、知っておくべきことがある。フリーリーが、ダイエットのせいで生理が九カ月止まるのは体に良いと信じていること、また、がんは果物で治せるのであって、抗がん剤治療に効果はないと考えていることだ。(4) ほかに熱心なフルータリアンだったのが亡きスティーブ・ジョブズで、アップルがジョブズの食事法やマハトマ・ガンジーの思想の力を借りていたのは明らかだ。一説ではレオナルド・ダ・ヴィンチの影響もあったようだが、ルネッサンス時代のフィレンツェでマンゴーやバナナを手に入れるのはさぞかし大変だっただろう。ウルトラマラソンのランナーにも、果物しか食べないようにすると特別な力が出ると言い張る人が何人かいる。しかし多くの人にとっては、こうしたライフスタイルは、新たな形の摂食障害を意味する。

デブで病気で死にそう

「羊を丸呑みしたみたいだった」――二〇〇七年、シドニー株式市場の仲買人として働くジョー・クロスは、鏡を見て自分がかなり太っていることを悟った。クロスはすぐさま六〇日間のダイエットを始めた。目標は、体重を減らし二度と増えないようにすること、そして薬が手放せない状態だった自己免疫疾患から解放されることだった。「人生のコントロールを取り戻したかった」とクロスはその決意を振り返っている。

子どものころのクロスは、スポーツ好きだったので痩せてはいたが、ジャンクフードや清涼飲料水が好きな大食漢だった。そうした食生活は大人になっても続き、無謀にもビッグマックを一度に一一個食べたこともある。コーラは決まって一日四、五本飲んだし、仕事がらみの昼食で中国料理と一緒にビールを数杯飲むこともあった。何かに依存しやすい性格でもあった。アルコール依存に苦しんでいたし、父親ゆずりでギャンブルに夢中になるたちだった。

長いあいだ、クロスは金持ちになることと、仕事で成功することを優先させていた。そのあいだに体重は次第に増えていった。短期間のダイエットやちょっとした工夫はすべて試していた。果実食にも挑戦したことがあったが、一カ月もすると前の生活習慣に戻ってしまう。クロスが二〇一〇年に発表したドキュメンタリー映画『デブで病気で死にそう』を見ると、当時の彼の状況がよくわかる。四〇歳のクロスは、体重が一四〇キロ以上あり、じん麻疹様血管炎という珍しい自己免疫疾患を抱えていた。心臓疾患と糖尿病のリスクも高かった。友人たちに言わせれば、表向きは冗談好きでビールをよく飲む、金持ちのオーストラリア人だったが、陰では自殺ぎりぎりのところにいたという。

この映画によれば、クロスのじん麻疹が発症したのは一〇年前のことで、カリフォルニアでゴルフをした後にいきなり起こった。それは、毛細血管があらゆる刺激に過剰反応し、ヒスタミンを放出するという奇妙な病気だ。医学生の教育をおこなうティーチングホスピタルでも数例しか見られないような病気で、関節炎の原因になることもある。その症状は、アレルギーと自己免疫疾患のどちらにも似たところがある。イラクサに刺されたり、虻に刺されたりしたときのような、大きな赤い発疹が皮膚にできる。そうした症状が出るきっかけは、熱や、物との接触といった変化だが、空気の汚染が原因になることもある。

ときには握手することさえ、症状のきっかけになる。そうなると皮膚がすぐに赤くなり、発疹が現れる。すると、血管を通して液体が外に漏れ出るという反応が起こり、重いアレルギー反応のように皮膚が腫れてしまうのだ。この病気に特化した治療薬はないが、ステロイドなどの免疫抑制剤で症状を抑えることはできる。クロスはコルチゾン（ステロイドの一種）を服用していて、たいていの自己免疫疾患で見られるように、最初はかなり効果があった。しかし服用が長くなると、副作用で食欲が高まり、体重問題を悪化させてしまった（これ以外にも副作用が多くある）。

そこでクロスは、植物性のものだけを食べるダイエット法を実践することに決め、それを六〇日間続けた。果物や野菜のフレッシュジュースを朝昼晩飲む「ジューシング」という方法だ。朝食には果物のジュースが多かったが、よく飲んでいたのは、クロスが「ミーン・グリーン」と呼ぶジュースだ。材料は、ケールの葉六枚、キュウリ一本、セロリ四本、青リンゴ二個、レモン半分、生姜一スライス。どこへ行くにも自分専用のジューサーと発電機を持っていった。アルコールや紅茶、コーヒーは禁止で、ほかの食品や飲み物もなしだ。最初の三日間はかなり辛かったが、やがて慣れたという。

クロスはこのジューシングを、あえてアメリカ横断旅行の道中にやってみて、人々の反応を確かめてみた。究極のジャンクフード大国で、誘惑にさらされながら自分の意志を試したかったのだ。

ジューシング旅行の終わりには、ジョー・クロスの体重は三七キロ減り（一日に約〇・五キロのペースだ）、コレステロール値も半分になっていた。気分がすっきりとして、いくらでもエネルギーがわいてきた。こうした健康的な高揚感は、果物や野菜をジュースにせず固形で食べるようになってからも続いた。クロスの体調は落ち着いていき、医師の助言のもとでコルチゾンの服用をやめても、じん麻疹は再発しなかった。クロスは、旅の途中のアリゾナで、自分よりさらに太ったトラックドライバーに出会った。なんとそのトラックドライバーもクロスと同じく、珍しいじん麻疹様血管炎の患者だった。彼はクロスに熱心に勧められて、やがて同じようにジューシングに挑戦するようになる。

ジューシングとデトックスの魔法

ジョー・クロスという人物とその体験談は共感を呼んだ。これまでに多くの人々がクロスのジューシングによる断食に挑戦していて、一般的には二〜一〇日間の期間で、いろいろなレベルの成果を出している。とはいえ、クロスがどちらかと言えば恵まれた立場にあったのは確かだ。彼は裕福な独身者であり、仕事を六〇日間休むことができた。そして健康と食事について医師と栄養士のアドバイスを受けられた。専属の映画撮影クルーという仲間もいた。ただ、仲間がいるおかげで、かえって困ったこともあったという。彼らがマクドナルドでたらふく食べているあいだ、クロスは車で待っていなければならなかったのだ。

重要だったのは、クロスには病気を治したいという動機があったことだ。また、自分の個人的な挑戦を映画にしたいという熱意もあった。しかし、彼の力が本当の意味で試されたのは、このダイエットを最後までやりとげられるかどうかではなく、むしろ以前とは違う健康的な体重を維持できるかどうかだった。五年後もまだうまくいっているようだった。クロスは、素晴らしくヘルシーな野菜中心の食事をとりながら、断続的にジューシングをおこなうことで体重を維持できていたし、それどころかさらに減らすことにも成功した。

ジューシングとデトックスは、体重を減らして、体を再起動《リブート》するための手段として始まった。ジューシングについての科学的な研究や臨床研究はないに等しく、情報のほとんどがウェブ上にある個人の体験談か、広告サイトのからのものだ。人気になっているのは確かで、多くの国で、高価なジューサーや出来合いのフレッシュジュースミックスの売れ行きが急増している。当然ながら、たっぷりの新鮮な果物や野菜というのは栄養源として理想的だし、含まれる栄養素は肉や精製された糖質からは得られないものがほとんどだ。栄養に関するウェブサイトの多くが支持しているのは、フレッシュジュースを飲めば、いくつものプラスの作用によって、消化器系を「休日モード」のリラックスした状態にでき、玄米などの自然食品を食べるよりもいいという考え方である。これは本当だろうか？

世間に広まっている話では、ジュースに含まれる栄養素は簡単に吸収され、この過程で何らかの方法で毒素の排出もおこなわれるらしい。この「毒素」にはきちんとした定義がないのだが、一部のウェブサイトでは、酸や死んだ細胞、老廃物だとしている。こうした毒素が細胞に蓄積すると、やがて危険なレベルに達するという。「大量の死んだ細胞や毒素、酸が血液中に流れ込んで」炎症を引き起こす。これが、慢性疾患の発症につながったり、免疫システムを弱らせたり、よく知られている病気の発症率を増加させたりするというのだ。ただし対策は目の前にある。豊富な栄養素を高濃度で含んだフレッシュジュースと断食を組み合わせれば、体内の毒素が取り除かれ、pHバランスが整うので、体をきれいにできるというわけだ。

ここまでくれば、あちこちの本やウェブサイトで繰り返されているこの手の話が、残念ながら、たんなるこけおどしにすぎないことがわかってきただろう。フレッシュジュースに含まれる栄養素はたしかに体に良いが、ジューシングによるデトックス効果についての主張は、インチキ科学にもとづくものであり、まともな科学者や医者から見れば何の意味もないのだ。下剤やヒル、瀉血《しゃけつ》などが大はやりだった中世なら、そうした考えも共感してもらえたかもしれないが、私たちの体は（SF映画でもない限り）毒素が過剰に増えることもないし、酸であふれているわけでもない。したがって、定期的な垢取りも必要ないのだ。

ファスティングダイエット

多くの人がある程度の減量に成功しているジューシングだが、それは新しい食事法というよりむしろ、新たな形の断食だと言える。断食には共通の定義は存在しないが、一般的には、通常時のカロリー摂取量の〇～三〇パーセントしか飲食をしないことを指す。二〇一三年のイギリスでは、断食をベースとしたダイエット法を紹介する書籍が発売され、国内の書籍販売記録をすべて塗り替えてしまった。その『ファスト・ダイエット』で、ある断食ダイエット法を提唱しているのが、イギリスのテレビ司会者マイケル・モズリーだ。(5)

モズリーはBBCでダイエットと断食についてのドキュメンタリー番組を制作しているときに、自分でもさまざまなダイエット法を試してみた。一日わずか数百カロリーで生活する「カロリー制限法」もその一つだ。このような純粋な形の断食を続けることは、意志がきわめて強い人にしかできない。モズリーも数日間は何とかやり抜いて減量にも成功したが、同時に、普通の生活を送る大半の人にとっては肉体的にも精神的にも厳しすぎるはずだと感じたという。

モズリーは、科学者にも相談したうえで、一週間のうち二日だけ、一日のカロリー摂取量を通常の三分の一未満（女性で五〇〇キロカロリー、男性で六〇〇キロカロリー）に減らし、残りの五日間はいつもどおりに食べるという、より現実的な方法（5：2メソッド）を試してみた。カロリーを減らす日は、朝食に卵一個とフルーツ、昼食に一つかみほどのナッツとニンジン、夕食には魚と野菜を食べ、合間にハーブティーをたくさん飲む。モズリーは、太っていると言われるような体形では決してなかったが、それでも五週間、制限なしの日には好きなものを飲み食いするという生活で、簡単に七キロ減量した。体脂肪の減少はさらに大きく、二七パーセントから二〇パーセントと驚くほどの変化が見られた。

私もさっそく数週間挑戦してみた。この方法がどれくらい現実的なものなのかを判断したいというだけだったが。病院での仕事がとくに忙しい日は食事のことを考える時間などないので、その次の日には、理屈のうえでは何でも好きなものを食べていいのがわかっているのは気が楽だった。ほかの人たちも言っていることだが、カロリー制限をした次の日でも、イングリッシュ・ブレックファストを全部平らげたいというような衝動が高まることは不思議となかった。徳を積んだような心持ちだったし、どことなく前より健康になった気がした。

モズリーと彼のチームは、断食によって代謝機能と体重が改善する最も妥当な理由は、ＩＧＦ－１というホルモンの変化にあると結論している。このホルモンがオフになっていると、老化を防ぎ、細胞のストレスを抑える効果があることが、一部の動物で確かめられている。ただしヒトでは、断食開始直後にはＩＧＦ－１レベルの低下が見られるが、すぐに通常レベルに戻る。(6)

断食で腸をきれいに

一方で、間欠的断食法《インターミッテント・ファスティング》についての研究結果は、カロリー制限やIGF－1レベルの一時的な現象の効果だけを考えるよりも、ずっと意義深いものである。二〇一五年に、六件の小規模な研究の再検討をおこなったところ、間欠的断食法を六カ月続けると、平均で開始時体重の九パーセントに相当する減量に成功していた。(7) ヒトを対象にした、それ以上長期にわたる研究というのは、最近ではあまり実施されないが、一九五六年のスペインでは、今ではもう不可能なたぐいの実験がおこなわれていたようだ（当時はフランコ将軍の独裁政権下であり、倫理委員会はまだ存在していなかった）。

実験は、マドリードのサンホセ病院が運営する介護ホームを舞台におこなわれた。もともと太めではなかったと思われる辛抱強い一二〇人の入居者たちは、厳格な看護師たちによって二つのグループに分けられることになった。一方のグループは、食事の配分が均等ではなく、カロリー摂取量を毎日変えるように指示された。たとえば、わずか九〇〇キロカロリー（牛乳一リットルと果物）の日があったかと思えば、翌日は二三〇〇キロカロリーになるといった具合だ。もう一方は、入居者たちの体の大きさと年齢では妥当な量、具体的には約一六〇〇キロカロリーを毎日同じように摂取した。この食事法を三年にわたり実施したところ、摂取カロリーが変わるグループでは、変わらないグループと比べて死亡率が半分になり（一三人に対して六人）、インフルエンザや感染症などで病院に行った日数も半分になった。(8)

言うまでもなく、人類は間欠的な断食を数千年も前からおこなっている——宗教の名のもとに。もっとはっきり言えば、キリスト教、イスラム教、ユダヤ教、ヒンズー教、仏教といった、主な宗教グループはすべて、宗教的な文化の一部として、また修行の一環として、断食の習慣がある。食習慣に何らかの変化を与え、健康的な断食を取り入れるということがなければ、新しい宗教を立ち上げられなかったのは間違いない。各宗教が採用した食習慣は、ほとんどが健康面での潜在的な利益につながるものだったので、断食も同じように位置づけられていたはずだ[9]。

多くの野生動物も自然な方法で断食をしている。リスなどの冬眠する動物では、冬眠に入る前と覚めた後の糞を調べると、季節によって腸内細菌が大きく変化している。そうした変化にはプラスの効果があるようだ。腸内細菌の多様性レベルは、春にエサを食べ始めて二週間後が最も高くなり、この時期には体に良い酪酸のレベルが高くなっている。冬眠中には、腸壁のかけらを食べて生きている細菌が増え、食べ物に頼っている細菌は姿を消すのだ[10]。ビルマニシキヘビは長さが六メートル近くまで成長し、ネズミやブタなどに比べると変化に富んだ食生活を送ってはいるが、次の食事がいつになるかはわからない。そのためビルマニシキヘビには、一カ月以上に及ぶこともある長い断食の期間があるのだが、この期間に胃が縮んでしまう。研究者たちが大胆にもビルマニシキヘビの糞を調べたところ、腸内細菌コミュニティには冬眠による断食をしたリスと同様の変化が見られ、ごちそうを食べてから一～二日後にとくに大きく変化していた[11]。こうした断食と腸内細菌の関連性は、どんな動物でも見られるようだ。

研究用マウスでの実験では、夜行性の生活に合った食事パターンを狂わせて、ヒトと同じような時間帯に食事をさせると、腸内細菌が不健康になり、そうした細菌の変化に見られた一日単位の周期的パターンも失われることがわかっている。一方で、マウスの食事の機会を六～八時間という短い時間に集中させて、食事の間隔を一八時間あけるようにすると、マウスはより健康になって、体重が減り、高脂肪食にも耐えられるようになった[12]。主要な腸内細菌のなかで、とくにアッカーマンシア属の細菌は断食が大好きだ。この細菌は、腸壁を食べて、腸をきれいにする。さらに不思議なことに、ほかの細菌の多様性を高める働きもするのだ。とはいえ、あまりも長時間食べずにいると、腸内細菌が腸壁にダメージを与えて、問題を引き起こすこともある。アメリカン・ガット・プロジェクトと、ブリティッシュ・ガット・プロジェクトのために私たちが実施した予備研究では、細菌に最も有益な変化が見られたのは断食をおこなったグループであり、腸内細菌の多様性が大幅に向上していた[13]。

では、短期的な断食が腸内細菌に有益ならば、私たちは食事の時間を変えたほうがいいのだろうか？

「朝食抜きは体に悪い」を検証する

決まった間隔をあけて食事をするのは、代謝機能の乱れを防いだり、空腹の埋め合わせに後から食べすぎてしまうのを避けるのに大切なことだ。この考えは、栄養学の世界では当たり前のこととして長く支持されてきた。消化の働きを助けるためにも、規則正しい食事のリズムを保つべきだとされている。計画的な断食というと変わったことのように思われがちだが、実はたいていの人は普段から夜間の一〇～一二時間にわたって断食しており、それで何の問題もない。では、昼間にも（「低血糖」を訴えてチョコレートビスケットに手を伸ばしたりしないで）四時間から六時間を超えるような断食ができない理由があるだろうか？

代謝機能を健全に保ち、食べすぎを防ぐには必ず朝食をとらなくてはならないという定説は、とくにアングロサクソンの社会で根強い。スペインやフランス、イタリアでは、バスを待つあいだにちょっとエスプレッソを飲むという人は多少いるが、人口の三分の一以上が朝食をまったく食べない。それでも、そうした人々はかなり健康そうだし、午後二時ころまではそんなに食べない日がほとんどのようだ。

実のところ、私たちはずっと、朝食用のシリアルを売る会社が展開する啓蒙キャンペーンに振り回されてきたのである。それに加えて、信頼性の低い横断的調査が数多くおこなわれてきたことも、話をさらにややこしくした。そうした調査は、朝食抜きの習慣と、肥満や血糖値調整機能の低下や、午後になってからの食べすぎに関連性があると報告したのだ[14]。すでに見てきたとおり、これらの調査の問題は、もともと代謝異常のある肥満患者の食習慣とほかの要素との関連性を、ある時点の小規模なデータにもとづいて見つけ出そうとしていることだ。最近実施された二件の研究では、数週間朝食を抜く臨床研究を実際におこない、その間の体重の変化について調べている。どちらの研究でも朝食抜きの人に体重やカロリー摂取量の増加は見られなかった。実際のところ、太っているか痩せているかに関係なく、カロリー摂取量がわずかに減っても、**代謝率**は変化しなかった[15]。また、子どもが朝食を抜くのは一般的によくないとされているが、そのことを示すエビデンスも同じくらい弱いものであり、適切な臨床研究が実施されたこともない[16]。つまり朝食は必須という定説もやはり、ダイエットの神話として葬り去るべきだということだ[17]。

それでも自分にはどうしても朝食が必要だと感じる人もいる。これは一つには文化的な背景というのもあるが、遺伝的な理由もある。私たちの双子研究では、ある人が朝型か夜型かは明らかに遺伝子の影響を受けていることがわかっており、こうした二四時間周期の生活リズムの違いが食事時間の好みに作用しているのは間違いない[18]。朝食をどうするか、食事をいつ食べるかは、定説に従うのではなく、自分の体に決めさせるべきだろう。

一日三食という習慣が生まれたのは、実は驚くほど最近のことで、欧米社会に入ってきたのは一九世紀のビクトリア朝時代のことだ。はっきりしたことはわからないが、旧石器時代の人々は一日一回、しっかりとした食事をとるだけだったのではないだろうか。古代のギリシャ人やペルシャ人、ローマ人、さらに古代イスラエルのユダヤ人もみな、食事は一日に一度で、たいていは夕方に、その日の仕事をねぎらうためにたっぷりとした食事をとっていた。イギリスで一日二食が一般的になったのは一六世紀になってからで、それでも裕福な人だけの習慣だった。この時代には、「朝六時に起き、一〇時に正餐をとり、夕方六時に夕食をとり、一〇時に就寝すれば、はるかに長生きする」という格言があって、一日二食の習慣を健康的で新しい長生きのコツとして称賛している。裕福な上層階級の人々のあいだでさえ、一日に二食だけというのが習慣だったことは、ランツフェルト伯爵夫人が一八五八年に貴族の食習慣について「午前九時に食事をとったら、そこから何も食べない時間が長く続き、午後五時から六時に夕食が出される」と説明していることからも明らかにされている[19]。

断食ダイエットをおこなう期間を長くすれば体への効果が高まることには、はっきりとしたエビデンスがある。その断食の方法は、カロリー摂取量を通常の二五パーセントに制限する日を週に二日つくる5：2メソッドでもいいし、あるいは食事を抜いて何食分かまとめて取ったりする方法（一日のカロリー摂取量は変えなくてよい）でもいい。

先に述べたスペインの介護ホームでの研究と似ているが、もっと期間が短い研究では、カロリーも内容も等しい食べ物を、一方の被験者グループには一回の食事としてまとめて与え、もう一方のグループには三回の食事に分けて与えた。これを八週間続けた後、休憩期間をはさんで、今度は両グループの食事方法を入れ替えて実験を続けた。その結果、心拍数や体温、血液検査のほとんどの項目に大きな違いは見られなかった。一回の食事にまとめたグループのほうが空腹感を強く感じ、血中脂質値がわずかに上昇していたが、体脂肪率や、ストレスホルモンと呼ばれるコルチゾールの分泌量は大幅に減少していた[20]。つまり、一日のうち二食を抜くと、空腹感は強いかもしれないが、それが具体的な害を及ぼすというエビデンスはない。それどころか、体や腸内細菌にとっては、代謝機能の面でプラスになるかもしれない。腸内細菌が二四時間周期のリズムをしっかりと刻んでいることは、免疫システムや健康にとって大切であり、食事の間隔を長くするのはそうしたリズムを整えるのに役に立つのである。

スーパーフードにご用心

最近よく耳にするようになったスーパーフードは、巨大な成長産業とみなされている。人々は、栄養価がとくに高いと感じた食品だとか、友人が知らない風変わりなナッツや野菜などには、大金を支払うのをいとわないものだ。魔法のような治療効果があるとメディアでもてはやされた食品ならなおさらだろう。しかし、スーパーフードに関する研究で、本物の科学論文として扱われているものはほとんど存在せず、そこで言われている「驚異的な効果」も、試験管での実験で確かめられたものばかりだ。それ以外の研究が珍しくあったとしても、ラットに純粋な化合物を大量に与えるような実験にすぎない。適量の化合物か通常の食品を使って、ヒトを対象に適切な方法でおこなわれた研究はごくわずかしかなく、しかもきわめて短期間のものばかりなのだ。

スーパーフードとしてよく取り上げられるものには、ザクロやブルーベリーなどがある。また、アサイーやゴジベリー（クコの実）が、抗酸化性が期待できるとして盛んにもてはやされているが、そうした派手な宣伝にもかかわらず、ほかのベリー類との違いはまだ見つかっていない。さらには、なんということのないビートルート〔ビートの食用品種〕まで、血中の一酸化窒素レベルを変える働きがあるという触れ込みで売られている。

流行のスーパーフードには、もっと変わったものもある。たとえば、クロレラなどの淡水藻だ。クロレラは濃い緑色をしていて、免疫性疾患や糖尿病、ガンと闘う性質があると言われており、一カ月分の価格は「たったの九〇ドル」だ。一方、藍藻類であるスピルリナも、タンパク質とビタミン類を豊富に含み、「免疫を高める」スーパーフードとされている。私もぬるぬるしたスープとして食べたことがあるが、あいにく一グラムあたりの価格は肉の三〇倍以上する。スピルリナは、淡水湖の水面でくっつきあう微生物の集まりで、実はシアノバクテリアという、古くからいる細菌の一種である。シアノバクテリアは、地球大気が形成されるもとになった生物であり、その後の進化で植物の葉にある葉緑体になった。その意味では、シアノバクテリアは古代のプロバイオティクスとみなせるだろう。シアノバクテリアの仲間は水中にのみ存在すると考えられていたが、一部の種は、私たちが研究対象としている双子の腸内からも見つかっている。[21] ここからも、私たちと共生関係にある微生物については、知らない事柄がまだたくさんあることが改めてわかる。

スピルリナは、ビタミンを生成できるほかの細菌と同じように、ビタミンKを生成している。さらに、ある種のビタミンB12を生成するので、ヴィーガン向けのウェブサイトでは、肉の代わりになる食品として大々的に宣伝されることがある。とはいえ、スピルリナが生成するビタミンB12が、基本的な性質や健康効果の面で本物のビタミンB12と同じであることを示すエビデンスはない。[22] 海藻がそうだったように、適切な腸内細菌と、それが生成する三万の特別な酵素がない限り、海藻以上に変わった食品であるスピルリナから栄養分を取り出すことはできないだろう。

スーパーフードというのは面白い考えに思えるかもしれないが、詐欺同然のマーケティングとも言える。新鮮な果物や野菜は、ほぼ何でもスーパーフードだからだ。果物や野菜には何百種類もの化合物がつまっていて、それぞれにたくさんの特性が挙げられる。ヨーグルトやキヌア、卵、ナッツ類の多くをスーパーフードと考える人もいるし、この本の前半で取り上げた伝統製法で作られたチーズ、オリーブオイル、ニンニクもスーパーフードに入れていいだろう。候補を挙げたら、それこそきりがない。スーパーフード市場について書かれた本では、最近注目のスーパーフードトップ一〇一が紹介されているほどだ。

食品には、単独で食べるよりも、ほかの食品と一緒に食べたほうが栄養面での効果が高いものが多くあることが、次第に明らかになってきている。たとえば、ホウレンソウやニンジンがその好例で、どちらもカロチンという栄養素を含んでいるが、オリーブオイルのドレッシングに含まれる脂肪があったほうが体への吸収が良くなる。[23] これもまた、食べ物を選ぶうえで過度の単純化を避けるべき理由となるだろう（これまで見てきた以上に理由が必要だとすればだが）。要するに、特定のスーパーフードを数種類だけ、気まぐれなタイミングで大量に食べても、さまざまな種類の野菜をまんべんなく日常的に食べるのに比べると、はるかに効果は低いようだ。

あまりにも大量の果物を使ったジューシングを長期間続けるのも、危険な結果になりかねない。フルクトースとカロリーを大量に摂取することになるのに、砂糖の吸収を遅くする効果の高い食物繊維が同時にとれないからだ。また歯科医によれば、ジューシングにはまっている健康な二〇代で、新たに虫歯になる人が最近増えているという。そう考えれば、過度なジューシングよりも、何種類もの野菜を使ったジュースを毎日の食事に加えるほうが、はるかに健康に良さそうだ。少し温めてスープにしてもいいだろう。いろいろな種類の野菜がそのまま皿にのっているより、スープにしたほうが進んで食べる気になることが、複数の研究によって明らかになっている。野菜に軽く火が通った程度の濃厚なスープであれば、消化のスピードも遅くなるし、脳や大腸に満腹だというシグナルを送ることもできる。それに加えて、スープにすると栄養素が水に流れて失われないというメリットもある。一般的に、健康な人であれば、生野菜のサラダにしたり従来のやり方で調理するよりも、ジュースやスープにしたほうがずっと多くの野菜を食べられる。ジューサーを使うことで、果肉や食物繊維をジュースの中に残し、栄養素を多くとるようにするのは賢い考えだと言えるが、それも夢中になりすぎない程度にしておくのが大切だ。

なぜ野菜嫌いな人がいるのか？

欧米の平均的な食事には、食物繊維や、野菜や果物由来の糖質が不足していると言われる。そのため、健康に問題のない人でも、実は腸内細菌の点では異常な状態にあることが多い。糖質が腸内細菌の手の届くところにないせいだ。[24] さらに事態を悪化させているのは、ここまでいくつかの例で見てきたように、野菜に対して奇妙な嫌悪感を抱いている人がいることだ。八～一八カ月の乳児について調べた研究では、乳児が緑の野菜に触れたり、食べたりするのを激しく嫌がることがわかっており、その様子は、ヘビや昆虫に対して嫌悪感を自然と覚えるのに似ていたという。[25] こうした野菜嫌いがその後、たとえばホウレンソウが大嫌いになるといった形で現れるのには、子どもが毒性のある植物を摘んで食べてしまうのを防ぐなど、進化上の理由があるのだろう。

　親なら誰もが知っているとおり、まわりに比べて野菜嫌いが激しい、言い換えれば、食物忌避の本能が強い子どもがいる。とくに初めて挑戦するものが苦手という場合が多く、このような新規恐怖症《ネオフォビア》は、大人になっても好き嫌いとして残るケースがよく見られる。そうした人は、新しい食べ物や初めての味に挑戦しようとする気持ちが弱く、最終的には、制限の多い栄養不足の食生活に行き着いてしまいがちだ。私たちの研究で大人の双子について調べたところ、食べ物の好き嫌いは、遺伝性と持続性がきわめて強いことがわかっている。[26] だとすれば、ジューシングのような方法で食品の物理的な形状をうまく変えるのは、こうした嫌悪感を抑える一つの方法になるかもしれない。緑ではない明るい色の料理にするのも効果的だろう。

　現代社会では、腸内細菌の働きを助ける植物や野菜はすべて、スーパーフードとして扱われるべきである。ただし、決まった食材ばかりとり続けたり、スピルリナのスープを一日三回食べるような晩年を送ったりするよりも、スーパーフードをコミュニティとして、つまり有益な食品の集まりとして考えたほうがいいだろう。食べる種類は多ければ多いほどいいのだ。その際の調理法には、スープやジュース、生のままで、あるいは加熱するなどいろいろあるだろうが、重要なのはおそらくそこではない。むしろ食事のタイミングや間隔のほうが、私たちの体や腸内細菌にとっては大切だ（食事の内容が重要なのは言うまでもない）。腸内細菌がきちんと機能するには、ほかの生物と同じように、仕事をしたら十分に休憩の時間をとり、規則正しい活動パターンをもつことが必要なのである。

　なお、加工食品ではない、天然の食べ物の多くには、栄養素やポリフェノールだけでなく、食物繊維が含まれている。この食物繊維は、食べ物を消化しにくくすることで腸内細菌に十分な運動をさせる作用があって、一般にこの作用が体に好影響を与えると言われている。次の章では、その食物繊維の働きを詳しく見ていくことにしよう。

13　食物繊維

プレバイオティクスという新しい科学

大英帝国最後の科学者

アイルランドの医師デニス・バーキットは、大英帝国が生み出した、研究に熱中する探検家タイプの科学者としては、最後の一人と言えるだろう。食物繊維と私たちの関係に対する今日の理解には、このバーキットが大きな影響を与えている。

大学で内科学と外科学を学んだバーキットは、第二次世界大戦中に東アフリカに派遣された。のちに四〇代になってからは、「神の声」に応えて中部アフリカのウガンダに赴き、宣教師兼医師として働くことになる。ウガンダでは数年を過ごし、小さな病院や診療所を訪れて手術や伝道活動をおこなった。その移動距離は一万六〇〇〇キロにも及んだという。

バーキットは、アフリカでの旅行の空き時間に、各地の病気の流行状況を地図に書き込んでいった。それによって、ある種のリンパ腫がマラリア発生地帯でしか見られないことに気づき、そこから、そのリンパ腫の原因が感染症、つまりウイルスであって、治療可能だという説を唱えた（この予測は正解だった）。バーキットが作成した地図はそれだけではない。現地住民の食事と排便習慣を示す地図を作っていて、一九七〇年代にはそれをもとに新たな説を考えついている。

ロンドン大学衛生熱帯医学大学院の学生時代に聴いたバーキットの講演のことは、昨日のことのように覚えている。バーキットはその講演で、旅行中に撮影したスナップ写真を見せてくれた。多かったのは、異国の土地で撮影されたアフリカ人の驚くほど巨大な大便の写真だ。カラハリ砂漠のブッシュマンが提供する標本は、平均の重さが約九〇〇グラムもある。一方、「文明化された」ヨーロッパ人がするのは、せいぜい一〇〇グラム程度にすぎない。さらにバーキットの作成した地図上では、ブッシュマンの大便の量と、食事に含まれる食物繊維の量や、西洋社会でよく見られる病気の少なさには関係があるという説が示されていた。

食物繊維の一番の効果は、便の量を多くすると同時に、柔らかくすることだとバーキットは考えていた。それによって便が腸を通過する時間が短くなるので、毒素が体に再び吸収されることがなくなり、がんの原因が除去されるという。また食物繊維は、心臓疾患の原因となる腸内の脂肪を取り除き、痔疾や静脈瘤を予防するとした。バーキットの観察力は鋭く、時代の先を行くものだった。彼はそれ以外にも、穀物などの糖質を精製して外側の食物繊維部分を捨て去ること、つまり精白小麦粉を食べるという近代の流行も批判していた。

またバーキットは、西洋風のトイレに座った姿勢ではうまく排便できないと考えたり、食物繊維の不足が大腸がんにつながるとも主張したりもした。その後おこなわれた研究では、この大腸がん原因説を支持する結果は得られなかったし、さらに最近の研究では、便秘というのは、たしかにほかの問題の原因にはなるが、がんのリスク要因ではないという驚くべき結果が示されている（ただし、食物繊維が多く配合された下剤はがんに対する予防効果をもつ可能性がある）[1]。とはいえ、バーキットが情熱的に普及に努めたおかげで、食物繊維はもてはやされ、私たちの語彙に加えられることになった。

食物繊維とは何か？

「食物繊維」は、食物に含まれている消化されにくい成分の総称だ。かつて、食物繊維は完全に不活性だと考えられていた。つまり体に対して実質的な効果もなければ、機械的な作用を除けば、体との相互作用もないというわけだ。しかし食物繊維にもいろいろな種類があり、大別すると、水に溶ける水溶性食物繊維と、水に溶けにくい不溶性食物繊維に分けられる。

水溶性食物繊維は、オート麦や果物に含まれていて、腸の中で発酵する性質がある。一方、全粒小麦やナッツ類、種子類、小麦ブラン〔小麦のふすま〕、果物の皮、豆類一般、サヤマメなどの野菜には、不溶性食物繊維が含まれている。しかし、不溶性食物繊維も完全に不活性というわけではなく、細菌の働きで発酵して、ガスなどの副産物が作られることがある。一般に、食物繊維は水を吸収することで、腸の通過時間を短くしている。食物繊維が体に良いことはほとんどの人が認めているが、なぜそのような効果をもつのかという理由については、必ずしも意見は一致していない。

食物繊維というのはある種の糖質なので、理論上は一グラム当たり四キロカロリーのエネルギーを含んでいる。しかし、このエネルギーはほとんど吸収されず、食品ラベル上の表示もまちまちだ。低脂肪ブームが最高潮を迎えていた一九八〇年代、とくにアメリカでは、オートブランをたくさん食べるのが健康に良いとされた。一九九三年になると、同時に含まれる脂質の量にもよるが、食物繊維を健康機能表示として載せていいことになったが、こうした表示にもアメリカ人の食生活を変える力はなかった。現在でも、大半のアメリカ人（そしてイギリス人）の食物繊維摂取量は少なく、摂取基準（一日一八〜二〇グラム）のわずか半分ほどだ。子どもの摂取量はもっと少ない。

ＦＤＡが食物繊維の健康機能表示を承認した当時、その観察的データは実のところかなり疑わしかった。食物繊維の摂取と心臓疾患に関する研究報告書二二件を対象に最近実施されたメタアナリシスでは、研究によって結果にかなり大きな違いがあることが明らかになっている（こうなるのはだいたい、もともとの研究の質に問題があるということだ）。それでもこのメタアナリシスは、食物繊維には一般的に効果があると結論している。具体的には、食物繊維の摂取量が七グラム増えるごとに、心臓疾患のリスクが一〇パーセント低くなるという計算だ。[2]合計一〇〇万人近くを対象とする七件の研究では、食物繊維には一般的な死亡率についてもほぼ同様の保護効果があることがわかっている。[3]

大半の研究では、全粒穀物の食物繊維は健康を左右する要素だとされているが、何よりも健康に良いのは、実のところほかの野菜類に含まれる食物繊維だ。一方、果実の食物繊維の効果については、十分なデータが得られていない。一日の食物繊維摂取量を七グラム増やすのは、それほど大変なことではない。全粒穀物を一人分（一〇〇グラム）か、豆類（インゲンマメやレンズマメ）を一人分、または緑黄色野菜を一、二人分、あるいはジュースではないそのままの果物を四切れ増やせばよいのである（ただし皮まで食べること）。

先ほど書いたとおり、朝食用のオートブランは、アメリカでは一九八〇年代から一九九〇年代にかけて大々的に宣伝され、大ブームになった。オートブランがコレステロール値を劇的に下げることを示す初期段階の研究結果が発表されたためだ。ほかにも、血圧や糖尿病リスクを奇跡のように下げる効果があるとも謳われた。マーケティング界の指導者たちの動きは素早かった。一九八八年の『ニューヨーク・タイムズ』紙は、オートブラン・マフィンが急に大人気になり、店では品切れになって「八〇年代のクロワッサン」と同じ状況になったと報じている。その後、オートブランの健康効果に疑問を投げかけるような矛盾した研究結果が出たこともあったが、オート麦についての研究六六件を対象とした最近のメタアナリシスでは、その健康効果についてはっきりとしたエビデンスを示している。このメタアナリシスは、糖尿病や血圧への効果は見られなかったが、血中コレステロール値には一貫して有益な効果があることが確かめられた。[4]

とはいえ残念ながら、オートブランの効果は小さく、コレステロール値を下げる効果も、もともと数値がかなり高いのでなければ、二〜四パーセントという控えめなものでしかないことがわかっている。こんな少しばかりの効果でも、実現しようと思ったら、おとぎ話のお父さんグマが使うような巨大なボウル一杯のオートブラン（三箱分）を毎日食べなければならない。オートブラン・マフィンはもっと厄介だった。余計なカロリーもあるうえ、脂肪の含有量も多いので、オートブランの控えめな健康効果など吹き飛んでしまう。とはいうものの、一九九〇年代の科学者たちは、そもそもブランにそんな効果がある理由がわからずに困っていた。三〇年後、その答えを出したのはここでもやはり腸内細菌だった。

プレバイオティクスと腸内細菌

プレバイオティクスとは、体に有益な腸内細菌と密接な関わりをもつ食品成分のことだ。あらゆる食物繊維がプレバイオティクスと呼べるとは限らないが、逆にあらゆるプレバイオティクスは、その定義から必然的に難消化性食物繊維になる。ここからもわかるとおり、たとえば最も一般的なプレバイオティクスである**イヌリン**の含有量を測定すると、食事中の食物繊維の含有量を反映した数値が出てくる。研究仲間であるキングス・カレッジのケヴィン・ウェランによるデータでは、イギリスで摂取されているイヌリンと食物繊維の量には見事な相関関係が見られ、この二つが切り離せないものであることを示している。こうして、プレバイオティクスという新しい科学と、食物繊維という昔ながらの概念が結びつくのである。

食べ物と腸内細菌の相互作用のプロセスで重要なのが、プレバイオティクスが介在するものだ。プロバイオティクスと言えば、宿主の健康に効果がある特定の細菌のことだが、プレバイオティクスというのは、大腸内の細菌にとっては肥料になるような食品成分である。こういったほとんど消化されない食物繊維には、有益な細菌の増殖を盛んにするという作用があり、その種類はいくつかある。私たちが生まれて初めて出会うプレバイオティクスは、母乳に含まれているもので、オリゴ糖という。これは、糖類がかたく結合してできる複雑な化合物だ。[5]

プレバイオティクスの多くは難消化性デンプンである。その性質は、米やパスタなどのかなり精製された(つまり分解された)デンプンが、消化されてグルコースになりやすいのとは対照的だ。健康な人が腸内細菌と自分自身の両方を健康に保つには、大まかな計算では、一日に約六グラムのプレバイオティクスが必要だとされている。

数種類のプレバイオティクスについては、有効性が科学的にきちんと認められているが、それ以外にも、効果はありそうだがきちんとした裏付けがないというものも数多くある。当然ながら、インターネット上ではどちらも同じように売られている。よく知られているプレバイオティクスには、先ほど取り上げたイヌリン(インスリンと混同しないように)という重要な成分のほかに、オリゴフルクトースやガラクトオリゴ糖がある。食品業界ではプレバイオティクスを添加物として使うことが増えているので、私たちが手に取る機会はこれから多くなるだろう。プレバイオティクスとプロバイオティクスを同時に摂取することはシンバイオティクスと呼ばれる。

こうしたプレバイオティクス成分は、チコリの根やキクイモ、タンポポの若葉、リーク、タマネギ、ニンニク、アスパラガス、小麦ブラン、小麦粉、ブロッコリー、バナナ、一部のナッツ類のような天然の食材に含まれている。[6] イヌリンの含有率はそれぞれ、チコリの根の約六五パーセントから、バナナのわずか一パーセントまで、大きな差がある。たいていは乾燥させると活性成分量が増え、逆に加熱調理すると半減するので、完全に火が通っていない食べ物が好きではなかったら、多めに食べる必要があるだろう。

プレバイオティクスの基準摂取量(六グラム)を達成するためには、バナナだと毎日〇・五キロ(一〇本)食べる必要があるが、チコリの根かキクイモなら細かく刻んだものを小さじ一杯だけですむ。驚くのは、穀類やパンにもイヌリンが約一パーセント含まれていることで、プラスチックみたいに人工的なスライスした食パンにも、そこそこの量が含まれている(ライ麦パンはほかのパンよりも少し多い)[7]。繊維の多い野菜の消費が減ったため、アメリカとイギリスのどちらでも、プレバイオティクスの主な摂取源はパンに変わったと考えられている。食物繊維の一日平均摂取量はアメリカで二・六グラム[8]、イギリスで四グラムだ。非アングロサクソン系のヨーロッパの人々、とくに地中海式食事法をしている人々になると、食物繊維の摂取量はその三倍にもなる[9]。

ニンニクを食べると風邪が治る？

プレバイオティクスのなかでも最上のものとして、ポリフェノールやビタミンの宝庫であるニンニクが挙げられるだろう。かつてはニンニクを使うかどうかが、北ヨーロッパと南ヨーロッパの料理や生活習慣の大きな違いだった。アジアでもニンニクは数千年前から使われている。

イギリスでは、一九八〇年代になるまでニンニクを見かけることはめったになかった。私が子どもだった一九七〇年代初めに、フランス人の男性が、人目を引く口ひげに青いストライプのシャツ、黒いベレー帽という出で立ちで、外国産で当然ながら値段も高いニンニクやエシャロットを紐でつないだものを自転車にぶら下げ、ロンドン郊外を走り回っているのを初めて目にしたのを覚えている。修学旅行で訪れたパリで、早朝の地下鉄に強烈なニンニクの臭いがしていたのも忘れられない。でも今だったら、そんなことに気づく人もあまりいないだろう。都会らしさにあふれたロンドンの地下鉄も同じようなものだからだ[10]。

ニンニクは、風邪の予防や治療、がん、関節炎など、さまざまな健康効果があるとして大々的に宣伝されている。私自身も関節炎への効果についての研究論文を発表したことがあるが、その結果は、興味深いものではあったが、効果を説得力のある形で証明するところまではいたらず、健康的な食生活やライフスタイルの指標となることを示しただけに終わった[11]。地中海沿岸の国々では、ニンニクを風邪の治療に使う伝統が根強く残っている。私は一度、トスカーナ地方に伝わる風邪予防の治療法を試してみた。症状が出たときに、生のニンニクを三片、トスカーナのキャンティ・ワイン一本と一緒に食べるのだ。結果は素晴らしかった。次の日起きると、息はニンニク臭く、ひどい二日酔いで、予想していたとおりの風邪の症状が出ていた。後になって、それは風邪を引く前にやるべきだったと言われた。

コクラン共同計画が独立の立場で実施した最近のレビューでは、ニンニクと風邪に関する八件の臨床研究を検討している。残念ながら、評価の基準に達していたものは一件しかなかった。この研究はイギリスの研究者がおこなったもので、一四六人の被験者を無作為抽出して、一つのグループにはアリウム・サテブブム（ニンニクの学名）のサプリメントを、もう一つのグループにはプラセボを与えた。一二週間後に、風邪の症状が現れた日数を調べると、ニンニクを与えられたグループの日数はプラセボグループの三分の一だった。[12] マイナス面は、この研究での一日の服用量はニンニク八片分以上に相当するので、それだけの量をとるのが難しい人もいることだろう。ここで、一つ役に立つことを教えよう。ヨーグルトにパセリを混ぜて食べると、息のニンニク臭さが早くおさまるらしい。ヨーグルトとパセリが一緒になると、微生物が見事な消臭効果を発揮するのだ。

一方で、コレステロール値の低下や脂質プロファイルの改善に対する効果のほうは、いくつもの研究で同じ結果が出ていることや、数件の無作為抽出化試験についてのメタアナリシスから考えれば、本当である可能性が高そうだ。[13] ただしニンニクの効用は、ほかにどんなものを食べているか、もともと腸にどんな細菌がいるかといったことに左右されるかもしれない。

三日間のプレバイオティクス食事法

私は最近、自分の病院で大腸内視鏡検査を受けてみたが、[14] この検査の受診者に対する追跡調査というのは、ほんの数例しかおこなわれておらず、最大規模のものでも対象者数は一五人にすぎない。大腸内視鏡検査では事前に強力な下剤を服用するので、腸内細菌のほとんどが失われてしまう。しかし追跡調査からは、一カ月後には、受診者の大半が以前と同じ腸内細菌コミュニティを取り戻していることが判明した。ただし、一五人中三人では細菌の組成が大きく変化しており、その理由はよくわかっていない[15]。症例レベルになるが、胃が専門の同僚に聞いた話では、軽度の大腸炎やＩＢＳにかかっている患者が、大腸内視鏡検査で腸をきれいにした後に、奇跡的に症状が改善したと言ってくるケースがときどきあるのだそうだ。これはおそらく腸内細菌が大幅に変わったためだろう。それはともかくとして、私は自分の腸で生き残った細菌たちの我慢強さに対してご褒美をあげたかったので、三日間の集中的なプレバイオティクス食事法を実践することにした。

まず腸内細菌のための食料が必要だった。キクイモ（エルサレム・アーティチョーク）は季節外れでどこにも売っていなかったので、代わりにアーティチョークを使うしかなかった。同じような名前だが、キクイモはヒマワリ属の植物の根で、見た目はジャガイモに似ている。イギリス人は親しみをこめて「ファーティチョーク」と呼んでいる〔ファートはおならのこと〕。おそらく遺伝によるのだろうが、その特別な副作用に悩まされる人もいるからだ。ほかにはチコリ（エンダイブ）を見つけた。チコリの根はイヌリンを多く含んでおり、もし手に入れば理想的だったのだが、そちらのほうは見つからなかった。タンポポの若葉は、農場暮らしでない私には簡単には手に入らなかったし、だからといってタンポポワインでは効果がないだろう。

それ以外のものは問題なく入手できた――ニンニク、タマネギ、リーク、アスパラガス、ブロッコリーなどだ。フラックスシード（亜麻仁）やピスタチオ、ほかにもいろいろなナッツも追加した。作ったのは巨大なサラダだ。集めてきた食材を細かく刻んで、ホウレンソウとトマトを少し足す。風味付けにパセリをふって、もちろんエクストラバージン・オリーブオイルとバルサミコのドレッシング、そして全粒ライ麦パンを少々。おいしいとは思ったが、こういう加熱しないものを一日に三回も食べたら、いくつか副作用があった。たとえば上からも下からもガスが出たし、誰もキスをしたがらなかった。下剤と大腸内視鏡検査の直後には気分爽快だったのだが（下剤や断食の後にはそういう気分になることが多いらしいが、詳しくはわかっていない）。

とはいえ、こういう努力は私の腸内細菌のためになったのだろうか？

腸を下剤で洗い流した直後、私はブリティッシュ・ガット・プロジェクトの研究室で腸の状態を調べてもらっていた。細菌の数は大幅に減ってはいたものの、細菌種の組成は下剤の荒波が押し寄せる前とほとんど変わっていなかった。しかし、腸内細菌回復のための食事法を終えた一週間後に調べると、おそらくはプレバイオティクスと、私の腸内細菌がもつ素晴らしいサバイバルスキルと繁殖能力のおかげだと思うが、ビフィズス菌が多くなり、腸内細菌全体の種類も前より増えていた。以前は少なくてカウントできなかった新しい細菌種もいくつか見つかった。どうやらプレバイオティクスは、少なくとも私の場合には、ある程度理論どおりの効果があったようだ。ただ当然のことながら、一人を調べただけでは、決定的な証拠とはとても言えない。

科学的根拠を考える

プレバイオティクスは、適切に実施された臨床研究でプラセボと比較した場合でも、本当に効果があると言えるのだろうか？　プレバイオティクスに関する科学的研究のほとんどが、食品を刻んで摂取するのではなく、その化学成分を適量投与する方法を採用している。そのほうがプレバオティクスの量がわかりやすく、効果を確認しやすいからだ。臨床研究で最も一般的なのは、イヌリンを一日五～二〇グラム投与する方法だが、オリゴ糖を使う場合や、イヌリンとオリゴ糖を組み合わせて使う場合もある。実際にプレバイオティクスであると認められるには、最低でもビフィズス菌の大幅な増加が認められなければならない。プレバイオティクス製品のなかには、ヒトでの効果をきちんと検証していないものも多いのだが、そうした製品がそのまま宣伝され、販売されているのが現状だ。

最近のメタアナリシスでは、プレバイオティクスが体重に与える効果を調べた、二六件、計八三一人の臨床研究について、その結果をレビューしている。これらの臨床研究は、規模が小さいだけでなく、期間も短く、数日から最大でも三カ月と、その質は全体的に低かった。[16]また、実際に肥満患者を対象とした研究は五件しかなかった。[17]そして大半の臨床研究では、有益な細菌の増加が見られたものの、体重減少への効果ははっきりしないか、一貫した結果が得られないかのどちらかだった。こうした問題はあったものの、メタアナリシスからは、投与した場合に食後に満腹感があると自己申告した被験者の数が四〇パーセント増加するという、きわめて一貫した効果があったことがわかった。また血中のインスリン濃度や血糖値の低下も見られた。

このような一貫性のある所見が見られる理由として考えられるのは、プレバイオティクスが肥料の働きをして、ビフィズス菌などの体に有益な細菌の数を増やすとともに、まだ定量的に検出されていない、新たな謎の細菌を微妙に変化させているということだ。こうした細菌は、体に重要な効果をもたらす短鎖脂肪酸を作り出す。[18]短鎖脂肪酸のなかでもとくに重要なのが酪酸で、空腹を抑える働きのあるホルモンの分泌を促す作用がある。このホルモンは、脂肪を蓄積モードにする恐れのある血糖値とインスリン値の上昇を穏やかにする。酪酸に、免疫応答をやわらげ落ち着いた寛容状態を生み出す高い効果があるのは、偶然ではない。

プレバイオティクス成分を含む食品をたくさん食べるのは気が進まないというなら、野菜はなしでもいい。酪酸の合成サプリメントはアメリカ国内やオンラインで手軽に購入できるし、ＦＤＡの承認もちゃんとついている。ただ、いくつか注意すべき点もある。一つ目は、そうしたサプリメントはヒトで正しく検証されていないと考えられること。[19]二つ目は、酪酸を単独で摂取するのと、ほかの天然由来の化学物質と同時に摂取するのには同じ効果があるという前提が誤りであること。そして三つ目は、天然の酪酸は、古いバターの臭いのもとになっている物質で、私たちの吐瀉物のあの独特な臭いの原因にもなることだ。環境保護団体のグリーンピースなどは、酪酸を悪臭弾として捕鯨船に投げつけたこともある。

グルテンフリーダイエットの真実

前に見た地中海式食事（6章）の話題では、全粒穀物がもつ重要な役割について考え、それが食物繊維としてだけでなく、プレバイオティクスの摂取源としても重要であることを指摘した。しかしその一方で、全粒穀物は本質的に体に良くないとする考え方も広がってきている。また、そこからさらに踏み込んで、穀類はすべて体に毒であり、肥満やあらゆる西洋型の病気の原因になっているという主張もある。

こうした動きが生まれる大きなきっかけとなったのが、アメリカで発売された何冊かのベストセラー本だ。アメリカの循環器専門医、ウイリアム・デイビス博士の著書もその一つで、デイビス博士は自分のウェブサイトでこう主張している。「私の書いた『ホウィート・ベリー』[20]は、栄養学の世界をひっくり返し、ヘルシーな全粒穀物というのが実は遺伝子が組み換えられた『フランケン小麦』であり、農業遺伝学者とアグリビジネスがそれを一般市民に押しつけていることを暴いた、画期的な本です」。私たちはみな、一万年前の技術革新で生まれた穀物というものに耐性がないか、ある程度のアレルギーをもっており、適応ができていない。だから穀類を含む食品はどれも避けるべきであり、そうしなければ恐ろしい結果になる。それがデイビス博士の説である。

もちろん、小麦をはじめ多くの穀類に含まれるグルテンというタンパク質に耐性がない人がいるのは本当だ。グルテンはラテン語で「糊」を意味し、その分子同士がくっつき合って、パン独特の弾力を生み出している。最近よく耳にするセリアック病という自己免疫疾患の原因物質もまた、このグルテンだ。セリアック病になると、腸壁にある指のような突起（絨毛）が収縮してしまい、深刻な消化の異常や吸収不全が起こる。一般的な認識とは異なり、かなり珍しい疾患で、この病気になる可能性がある人は一〇〇人に一人、実際に発症が確認されるのは三〇〇人に一人しかいない。

イギリスやアメリカでこの病気にかかっていると考えている人は、血液や腸の状態の変化から見て実際に発症していると判断される人の一〇倍もいる。そして皮肉なことに、実際にこの病気になっている人で、正確な診断を受けているのは一〇人に一人程度にすぎない。グルテンに対する関心が高まったことで、グルテンフリーの商品を提供するファーストフードチェーンやレストランが大幅に増えてきた。グルテンフリー商品は、アメリカだけでも売上高が九〇億ドル規模、年二〇パーセントの成長を示すビッグビジネスであり、その流行はヨーロッパにも広がり始めている。街角の小さな雑貨店でさえグルテンフリーのケーキやパンを置くようになり、逆に大豆製品やクォーンは姿を消しつつある。

デイビスはその著書で、自分のダイエット・プランが正しい理由として、セリアック病患者の多くがグルテンフリーの食事療法で体重を減らしていることを挙げている。しかし実際には、この病気になったから体重が減ったというのが正しい（私が医者として出会ったのは、食べ物を適切に吸収できない、痩せた患者ばかりだ）。また、デイビスが引用した研究論文では、グルテンフリー食事療法で体重が増えた患者は、体重が減った患者の三倍以上になり（前者が九五人、後者が二五人）、すでに過体重の患者でも結果は同じだった[21]。

いずれにしろ、科学的な証拠がないのに、デイビスのグルテンフリーダイエットや、それについての著書やレシピは、もともと食品メーカーへの不信感を募らせていたアメリカ国民の共感を得て、大ヒットした。デイビスの著書はアメリカで一〇億ドル以上を売り上げている。とはいえ、たしかに体重が減った人もいるが、ほとんどの場合、それはグルテンとはまったく関係がなさそうだ。この本ですでに取り上げてきた具体的な食事制限ダイエットと同じように、グルテンフリーダイエットでも多くの食品群を食事から除外するようになり、とりわけスナック菓子を食べる機会が劇的に減るのだ。

小麦や大麦、ライ麦を食べないようにしても、ほかの体に良い野菜を代わりに食べるのなら問題はないのだが、そうする人はあまりいない。多くの人は、グルテンフリーのチーズピザだとか、グルテンフリーのビールとかいう妙な品目ばかりの食事をとってしまう。結果的に、ビタミンBや食物繊維、プレバイオティクスの貴重な摂取源を失って、腸内細菌の多様性が大きく損なわれることになりかねない。

本当にセリアック病にかかっている人は、ほんの少しでもグルテンを摂取すると具合がひどく悪くなるので、グルテンフリーの食事療法を続ける強い動機もあるだろう。しかし、セリアック病の症状のない、普通の太りすぎの人がすべての穀類を一生断とうとするのは、どう考えてもはるかに苦労が大きい。加工食品やソース類には、口当たりを良くするためにつなぎとしてグルテンが添加されているのが普通なので、そうした少量のグルテンを摂取しないようにするのは困難だ。しかも、グルテンフリーダイエットで有益と断言できるのは、加工食品をとらなくなることくらいなのである。

唾液の突然変異

穀物を食べないダイエットに効果があるという考え方は、私たちの祖先は約一万年前まで穀物を食べていなかったという、この本ですでに触れた前提から導き出されたものだ。この前提に立てば、私たちには穀物をきちんと消化するための遺伝子や体内のメカニズムを進化させるだけの時間がなく、穀物を食べると体に有害なアレルギー反応が起きる。そのアレルギー反応によって腸に炎症が生じたり、肥満などの問題が起こったりするということになる。そのうえ、私たちが摂取している穀類はカロリーが高く、体に良いはずがないとしている。一方で、およそ六〇〇〇年前にヒトの遺伝子が突然変異をして、生乳を飲めるようになったことや、ほんの数年前には穀物と同じように、乳製品は体に悪いらしいという話がしきりに取り沙汰されていたことは、すでに説明したとおりだ。

だとすれば、人類が一万年という年月のうちに、穀物やほかのデンプンを食べられるように無事適応できるほどの柔軟性はないという見方があるのはなぜだろうか？　実際、適応できるという証拠はすでに見つかっている。ここで注目するのは、酵素の一種である**アミラーゼ**だ。このアミラーゼは、ヒトをはじめとする多くのほ乳類の唾液に含まれていて、糖質を分解する働きがある。また、膵臓から小腸にも分泌されている。

アメリカのある遺伝学者グループは、デンプンを摂取する習慣に大きな違いがある世界各地のさまざまな集団を対象に、アミラーゼ遺伝子のコピー数を調べるという素晴らしいアイデアを思いついた。

デンプンはあらゆる植物に含まれていて、たとえば、ジャガイモやパスタ、米などの糖質はほぼすべてデンプンである。またデンプンは、生の状態ではなかなか分解できないが（難消化性）、加熱調理をすると比較的簡単に分解できるという性質をもつ。火を使って調理する方法を身につけた私たちの祖先は、デンプンを含む固い根菜も食べられるようになった。それ以前は生で食べるしかなかったので、苦労しても栄養がとれないばかりか、有毒である可能性もあったのだ。そしてこれを機に、人類は世界中のさまざまな場所で根菜を大量に育てるようになる。

先のアメリカの遺伝学者たちは、アフリカの熱帯雨林地方や北極圏のシベリア地方に住む人々のアミラーゼ遺伝子と、穀物を食べる習慣のあるヨーロッパやアフリカの人々、さらに米を食べる日本人のアミラーゼ遺伝子を比較した。思ったとおり、遺伝子のコピー数には大きな違いが見つかった[22]。伝統的な食習慣に従っている部族の人々は、デンプンを食べている人々と比較して、アミラーゼ遺伝子のコピー数が少なかったのだ。この遺伝子のコピー数が多いほど、アミラーゼを多く作り出すことができ、デンプンの分解を十分におこなえることを意味する。

ヒトの遺伝子は、九九パーセント以上がサルと同じである。しかし果物が主食で、ときたま肉を食べるという食生活を送るサルには、アミラーゼ遺伝子のコピーが存在しない。欧米社会に住む私たちは、牛乳を飲むのと同じように、デンプンを多く食べる環境に短期間で適応してきた。そうした適応をすれば、進化のうえでかなり優位に立てたからだろう。最新の学説では、アミラーゼ遺伝子のコピー数が多ければ、デンプンからエネルギーを取り出せるので、下痢性疾患で死ぬ子どもが少なくなった可能性があるとしている。

私たちの研究グループとインペリアル・カレッジ・ロンドンの研究者たちは共同で、双子の協力を得て、この説をさらに進める研究をおこなった。双子のそれぞれがアミラーゼ遺伝子のコピーをいくつもっているかを調べ、そのコピー数を彼らの体重と比較したのだ。得られた結果は明快だった――ただしそれは、私が予想もしていなかった方向を指していた。

アミラーゼ遺伝子のコピー数が最も多く、したがってアミラーゼの量が最も多い人、言い換えれば、理論上はほかの人よりデンプンを簡単に消化できる人が、最も痩せていたのである。逆に、適応の度合いが低くコピー数が少ない人、つまりデンプンを消化しにくい人が一番太っていた。[23] 私の予想では、消化機能が優れていれば、糖質からより多くのカロリーを取り出すことになるので、結果として体重は増えるとみていた。その逆とは思いもしなかった。

私はこの謎を解明しようと決めた。考えたのは、腸内細菌が答えを与えてくれるのではということだ。消化プロセスの初期段階での作用によって構造が大きく変化した食べ物は、大腸に進み、そこで腸内細菌と相互作用するからだ。いつものごとく、正しい方向性を示してくれたのは双子研究だった。

双子なのに体重が違う理由

リンダとフランシスは、私たちの研究に参加している六八歳の双子だ。二人が双子と見られることはあまりない。体重がリンダは七六キロ、フランシスが五四キロだということもあるし、二卵性双生児なので、普通の姉妹のように遺伝子を半分しか共有していないということもある。生まれたときはリンダが一七〇グラム大きいだけだったが、物心ついてからずっと、体が大きいのはリンダだった。一六歳のとき、フランシスのところに男の子たちが集まってくるのを見たリンダは、初めてのダイエットをする。最初にやった、飢餓状態に近くなるまで食事をとらないダイエットでは、いっときフランシスの体重に近づけたが、すぐに元の体重に戻ってしまった。二人は二〇代半ばまで一緒に暮らしていた。食べ物の好みも同じで、食べたり飲んだりするものはいつも同じだったし、量も変わらなかった。リンダはフランシスよりも運動やスポーツをしていたのに、その体重はひたすら増え続けた。一方でフランシスの体重は増えなかった。

「代謝が違っているというのは前からわかっていました」とフランシスは言う。「リンダがかわいそうだし、私はいつでも好きなものを食べられるので、しょっちゅう後ろめたく思っていました」。リンダはこう言っている。「つらさとか怒りとかはなくて、ただダイエットや運動で体重を落とそうと一生懸命でした。フランシスがボーイフレンドを独り占めしてるのを見てきましたから」

長いあいだ、リンダはいろいろなダイエットに挑戦してきた。一番長続きしたのがアトキンスダイエットの六カ月間で、これはうまくいっていたのだが、同じ食事の繰り返しにうんざりしてやめてしまった。キャベツスープダイエットもやってみたが、「これも何カ月かはよかったんですけど、副作用があって。想像できると思いますけど」ということだった。「自分にダイエットなんて無駄だとわかったので、食べるものに気をつかいすぎるのはやめにしました。ただ、今でもジムに行ったり、ゴルフやテニスをしたりしていますし、健康維持のためと、新鮮な野菜を手に入れるために、市民農園を借りています」

私たちはアミラーゼ遺伝子を調べる研究プロジェクトの一環として、ほかの約一〇〇〇組の双子と同じように、リンダとフランシスの血液からＤＮＡを抽出してあった。そこで、二人のアミラーゼ遺伝子のコピー数を測定することにした——ちなみに、これはとても難しい作業だ。毎回の検査はかなり不正確なので、六回検査をおこなって、結果を平均化している。リンダとフランシスの場合、結果は明確だった。リンダはアミラーゼ遺伝子のコピーが四つしかなかったが、フランシスには九つあったのだ。アミラーゼのコピー数が一つ少ないと、肥満のリスクは一九パーセント高くなる。これはリンダがたとえ同じ食事をしていても、肥満のリスクはフランシスのおよそ二倍あるということを意味する。

「こういう結果を、いま説明していただいて、納得がいきました。フランシスと私が違っている理由も、食べ物への反応という点で代謝が異なっている理由も、よくわかります。私たちにとっては遅すぎたかもしれないですけど、私たちの子どもたちを調べることはできますか？」

この結果は驚くべきものだったので、私たちは確認に一年をかけた。そして、ダイエットに関するニュースはいつもそうだが、私たちの研究結果もメディアで大きく取り上げられた。それまでの研究との比較で言うならば、私たちが発見した肥満の遺伝効果は、それ以前に知られていた効果より一〇倍近く大きかったと言える。たとえば、いち早く簡単に発見された肥満遺伝子（FTO遺伝子）も、いまとなっては重要性がかなり低く、個人の肥満を予測するには役に立たなさそうだ。マイナス面は、この遺伝効果は現在のところ正確に計測するのがきわめて難しく、どうしても費用が高額になってしまうことだ(24)。

FODMAPダイエットと腹部膨満感

過敏性腸症候群（IBS）に悩まされている人の多くは、FODMAP《フォドマップ》食事療法のことを知っているだろう。FODMAPとは「Fermentable Oligosaccharides, Disaccharides, Monosaccharides and Polyols」（発酵性のオリゴ糖、二糖類、単糖類、ポリオール）の頭文字で、この食事療法では、フルクタンやガラクトオリゴ糖のような、体に吸収されにくい糖質の摂取を制限する。具体的には、小麦、豆類、一部の果物や野菜など、多くの食べ物を避けるようにするのである。この食事療法は、ＩＢＳ患者の一部では症状の劇的な改善につながる場合があるが、実際にどのような結果が得られるかは予測が難しい。マイナス面は、摂取を制限される食品には、食物繊維やビタミン、さらにはポリフェノールなど、たくさんの重要な栄養素が含まれていることだ。また、患者のマイクロバイオームの健康や多様性にマイナスの影響を与えることも多いと考えられる。したがって大切なのは、ＦＯＤＭＡＰ食事療法をおこなう場合には必ず、栄養士の資格をもった人の指導を受けることだ[25]。この食事療法でいったん症状がやわらいだら、ＦＯＤＭＡＰの成分を多く含む食品を何種類かずつ、徐々に食事に足していく。そうすることで、その食品に耐性があるかを確かめるのだ。患者の腸内細菌には大きな個人差があることも、食品耐性の有無の予測を難しくしている可能性がある。

地中海式食事法によってもたらされる健康効果についてはすでに触れたが、それはおそらくオリーブオイルや赤ワイン、ナッツ、乳製品によるものだけではないだろう。日常的に使われている食品の種類の多さと、そこに含まれる食物繊維の量が大事なのだ。すでに述べたように、地中海式食事法では、トマトやタマネギ、ニンニクが基本的なソースの材料として使われていて、そのソースを穀物、といってもたいていはパンやライス、パスタなどの上にかけて食べている。とはいえ、ほかの豆類（インゲンマメ類も含む）やひよこ豆、あるいは広く食べられているアブラナ科の野菜も忘れてはならない。そうした野菜がマイクロバイオームにとって重要な効果があるポリフェノールを含むということもあるが、何よりもっと多くの食物繊維を摂取しなければならないからだ。

最近、私たちが摂取する食物繊維の量は、理想とされる量よりもはるかに少なくなっている。そんな状況で、最新の食事制限ブームなどに乗っかって、食物繊維や栄養素を豊富に含む多様な食品を一生涯食べないようにする余裕などないのだ。

14 人工甘味料および保存料

ダイエット飲料の甘くない現実

飛ばし屋ジョンの不満

「飛ばし屋《ロング》ジョン」の異名をもつジョン・デーリーは、運のいい男だった。一九九一年のことだ。PGAツアーに本格参戦したばかりだったデーリーが、アーカンソー州の自宅でのんびりしていると、電話が鳴った。全米プロゴルフ選手権に参加予定のゴルファーの一人が、妻の出産が早まったため急遽家に帰ってしまったという連絡だった。そして、デーリーは大会の補欠リストの九番目に入っており、彼より前にいた八人は、大会開始時間に間に合わない。彼は大会会場に駆けつけ、ほかの人のキャディーを借り、練習すらせずにいきなりコースに出た。そしておおかたの予想に反し、結局その大会で優勝してしまう。新人ゴルファーであるデーリーは、エチケットなどおかまいなしでショットを飛ばしまくり、そのあっけらかんとした態度で、たちまち観客の人気者になった。続く全英オープンでも同じようなスタイルで優勝した。

　しかしそれ以降、内なる悪魔に支配されてしまったデーリーは勝利から遠ざかる。食べすぎるようになり、アルコールの自制もきかなくなって、ゴルフの成績に影響したのだ。タバコもやめられなくなり（一日四〇本吸っていた）、何百万ドルという賞金もギャンブルでする始末だった。四〇代になって、コーチが「君の人生で一番重要なのはアルコールだ」という書き置きを残して去ってしまったのをきっかけに、デーリーはアルコール依存症のリハビリ施設に入った。アルコールは断つことができたが、代わりにコーラを飲むようになった。体重が増えてからはダイエットコーラに変えたが、たちまちそれにも依存するようになった。そのくせ体重は変わらなかった。

一年後、デーリーは体重を減らすために胃のバンディング手術を受けた。しかしこんな不満を言っている。「このバンドのせいで、たくさん飲めなくなった。氷がなかったら飲めない。炭酸のせいで、氷なしで飲むのは無理なんだ。前は一日二六缶から二八缶飲んでたんだけどね。今は多くても一〇缶から一二缶ってところだね」。デーリーはまだゴルフをしているし、マスターズ・トーナメントにも参加している。ただしそれはプレーするためではない。彼の「オフィス」であるフーターズの横にバスをとめて、そこでオリジナル商品を売るためだ。

デーリーの問題が、通常のコーラからダイエットコーラに変えても解決していないのは明らかだ。そして近年、砂糖の入った「本物の」コーラであろうと「ダイエット」コーラであろうと、依存してしまう人が多く見られるようになってきている。この種の依存は、たしかにアルコールやコカインの依存症に比べれば金はかからないが、体の代謝には取り返しのつかない影響をもたらす。しかも深刻な薬物中毒とみなされない場合がほとんどだ。たとえばデーリーには、ほかの依存症で確認されているような離脱症状は見られず、ただコーラをひたすら飲み続けたいという強い衝動があるだけだ。

ダイエット飲料への期待と現実

ダイエットペプシが一九六三年にアメリカで、その二〇年後にイギリスで発売された当時、ダイエット飲料はまさに現代における究極の発明に思われた。食品用のノンカロリー甘味料自体は一〇〇年ほど前からあったアイデアで、実際に使われてもいた。最近では、砂糖がもたらす影響を避け、体重を減らすために、ほぼゼロカロリーのダイエット飲料に変えるという人が増えつつある。

しかし、誰もがダイエット飲料を好きなわけではない。味蕾が鋭すぎたり、ある種の遺伝子バリアントがある人は、その人工的な味が強烈すぎて不快に感じる。後味が嫌いだという人もいる。こうした嫌悪感の原因としては、そうした飲み物に含まれている、砂糖の味を真似しようとしている化学物質の舌触りや構造に、私たちがきわめて敏感だということもあるだろう。炭酸もまた別の要因で、脳をだまして、その飲料が実際よりも甘くないと思わせることができる。[1] 気の抜けたコーラはたいてい、飲めたものではない。

ダイエット飲料の売上げは一九八〇年代以降、世界中で着実に増加してきた。二〇一四年の時点でダイエット飲料は、アメリカの炭酸飲料売上高全体の三分の一を占め、その市場規模は七六〇億ドルに達している。

しかし、こうしたたっぷりと甘いドリンクの流行は、潮目が変わりつつある。甘味料の化学物質が健康に与える影響、とくにがんの恐れをめぐる社会的関心が高まるとともに、アメリカでの売上高は二〇一〇年以降減少しており、ヨーロッパでも、カフェイン入りのエナジードリンクに切り替える人が増えたこともあって、やはり売上げが減少傾向にある。とはいえ、ゼロカロリーの人工甘味料は減量に有効だと考えている人はいまだに多い。太りすぎの子どもに対して、それまで飲んでいた砂糖入りのドリンクの代わりに人工甘味料入りのドリンクを与える短期的な実験をおこなってみると、体重減少に効果があったという結果になるのがふつうだ。ただし、そういった研究を詳しく見てみると、カロリー摂取量に大きな差があるため、期待していたほど明確な結果とは言えない。

そうした研究のなかでこれまでで最大の規模のものは、六四一人の子どもを対象に、一八カ月にわたって実施したオランダの研究だ。子どもたちを無作為抽出によって、ダイエットコーラを一日一本飲むグループと、通常のコーラを飲むグループの二グループに分けた。[2] どちらのグループも、時間がたつにつれて体重が増え続けた。たしかに、ダイエットコーラのグループのほうが、体重の増え方が通常のコーラを飲んだグループよりも少なかったが、劇的に少ないわけではなかった。ダイエットコーラグループの体重増加を平均してみると、予想以上に多く、がっかりさせられる結果だった。一方で、通常のコーラを飲んだグループと比べて、満腹感の違いもわずかしかなかった。[3]

アスパルテームとスクラロース

甘味料の摂取は、体重増加や糖尿病と関連性があることが、観察的ではあるが長期にわたる多くの研究から確かめられている。体重が重い人はもともと甘味料を使う傾向が強いという事実の影響を排除しても、この結果は変わらなかった。[4] この結果は、長期にわたる心理的効果が行動を変化させると考えれば、ある程度説明できる。別の研究では、一一四人の学生を対象とした実験で、通常のスプライトを飲むグループと、アスパルテームを含むスプライトゼロを飲むグループ、そして対照群として炭酸入りの水を飲むグループに無作為に分けた。この研究からは、スプライトゼロによって、学生の将来的な行動が部分的に変化させられて、カロリーを余計にとるようになったことが確かめられた。これは、世界で一番使われている甘味料の主成分であるアスパルテームが脳に影響していることを意味している。[5]

これはそんなにおかしな考えではないかもしれない。アスパルテームは脳の**視床下部**の細胞に影響することがあり、理論的には、食欲調節経路を混乱させる可能性もあるからだ。[6] それに加えて、別の複数の研究からは、ダイエット飲料を習慣的に飲んでいる人では、砂糖からより強い刺激を得られるように、脳の報酬経路が変化したことがわかっている。[7] このように、甘味料は味覚受容体をだまして摂取カロリーを増加させているわけだが、この物質は今ではさまざまな食品や飲料に添加されているので、完全に避けるのは難しい。

世界で一番用途が広く、食品やソフトドリンク、アルコールに使われている甘味料がスクラロースだ。耳なじみの良い名前だが、実際の名前はもっと覚えにくくて、「1,6-ジクロロ-1,6-ジデオキシ-β-D-フルクトフラノシル-4-クロロ-4-デオキシ-α-D-ガラクトピラノシド」という。砂糖の五〇〇倍の甘味があるスクラロースはかつて、体をそのまま通過する不活性な化学物質だと考えられていて、発がん性の有無を調べる検査も難なく合格していた。さらに、世間一般で言われているのとは違い、スクラロースの使用とがんを結びつけるきちんとしたエビデンスは存在しないものの、例のごとく、話はこれだけではすまない。

いくつかの研究によれば、この「不活性」なはずのスクラロースが、消化に関係するホルモン分泌を変化させていることがわかっている。スクラロースは、舌だけでなく、膵臓や腸、さらに視床下部でも見つかっている甘味受容体を活性化するのだ。この結果、インスリン分泌量の増加や、胃の運動機能の上昇、GLP－1などの通常の消化管ホルモンの分泌につながることが、肥満患者を対象とした小規模な研究から明らかにされている。[8] また、ヒトであればさまざまな薬剤への反応に影響する作用のある肝臓酵素が、スクラロースによって変化することが、げっ歯類の実験で確かめられている。

甘味料は明らかに「不活性」ではない。消化の面では、甘味料はほとんど変化せずに大腸に到達し、そこで細菌と相互作用する可能性があるのだ。甘味料への反応にはかなりの個人差があるが、それも腸内細菌コミュニティに左右された結果なのかもしれない。これに関するエビデンスは、ラットの腸内細菌を調べた初期段階の研究から得られている。二〇〇八年に実施されたこの研究では、FDAが推奨するヒトの摂取量に相当するスプレンダ（スクラロースを含む人工甘味料の商品名）をラットに一二週間与えたところ、腸内細菌の総数と種類が大幅に減少し、とくに健康に良い細菌への影響が大きかった。[9] また腸の酸性度が強まることもわかり、こうした変化の一部は、スプレンダをやめてから三カ月たっても続いた。それ以外でも、被験者九八人の食生活を調べた観察的ながら詳細な研究は、甘味料の影響を見るための研究ではなかったものの、アスパルテームの摂取と腸内細菌の組成の関連性を、ヒトについて初めて示している。[10]

食事によって腸の酸性度を変えるという試みは、栄養の世界で何度となく話題になってきたが、再び注目が集まったのは、アルカリ性ダイエットが人気になったときだった。酸性の食品を減らせば腸内の酸性度が下がり、血液のアルカリ度が高まって「健康的」になる、というのがその理屈だ。しかしやはり、体の酸性度をめぐるほかの説明を踏まえてみれば、この説もナンセンスだ。腸はもともと、食物を消化するために強酸性になるようにできている。一方で、血液はわずかにアルカリ性の状態にある。体は、腎臓や尿の働きによって、血液の酸性度をかなり厳重にコントロールしているので、ダイエットでそれを変えることは不可能だ。ただ、アルカリ性ダイエットで食べていい食品には野菜が多く、肉は食べてはいけないことになっているので、このダイエット神話には、思わぬプラスの効果も多少はあるかもしれない[11]。

腸内細菌が教える人工甘味料のリスク

マディソンは、私が指導している博士課程の学生で、ある短期間の研究に「志願」してくれた。それは、最初に通常のコーラを飲み、次にダイエットコーラを飲んだ場合に、腸内細菌がどう変化するのかを観察する実験だ。計画はこうだ。まず平常時の腸内細菌の状態を調べる。次に三日間、砂糖が入った本物のコーラを一日一・五リットル飲む。次の三日間は、ダイエットコーラを飲み、その次の三日間はただの水を飲む。一人だけを分析するのは大変なことで、彼女のサンプルを分析し直さなければならないこともあった。ＤＮＡシーケンシングは、現実的には、いつも完全にうまくいくとは限らないからだ。

マディソンは結果を見て喜んだ。彼女の腸には、クリステンセネラセエという珍しい（そして発音しにくい）細菌の数が非常に多かったのだが、この細菌は私たちの双子研究によって、肥満防止に効果があることが明らかになっていたからだ。といっても、マディソンはどのみち健康で痩せ型だったので、心配する必要はなかったのだが。しかし、ダイエットコーラを飲んだ三日間には、食事応答性の高いバクテロイデーテス門の細菌が増加するという、驚くような変化も見つかった。この意味を説明するのは難しかった。

運よく、ほぼ同じころに、エラン・エリナフとエラン・シーガルをリーダーとするイスラエルの研究グループが、発想はこの実験と同じだが規模がはるかに大きい研究を実施し、その成果を『ネイチャー』誌で発表した。エリナフらの実験ではまず、通常のエサを与えられているマウスと、脂肪の多いエサを与えられているマウスのそれぞれに、一般的な三種類の人工甘味料（スクラロース、アスパルテーム、サッカリン）を、ヒトの通常の摂取量に相当する量で与えた。すると、砂糖を与えられたマウスよりも血糖値が大幅に上昇することを発見した。次にこの実験を、抗生物質で腸内細菌を死滅させたラットでおこなったところ、人工甘味料の影響はまったく見られなかった。

次に、人工甘味料を与えられたマウスの腸内細菌を無菌マウスに移植したところ、無菌マウスでも同様の血糖値上昇が生じたので、腸内細菌が直接関わっていることが確かめられた。続いて、ヒトを対象とした栄養調査では、人工甘味料を日常的に摂取している被験者四〇〇人の腸内細菌を、摂取していない二三六人の腸内細菌と比較した。すると、マウスの場合とまったく同じ影響が見られた。つまり、血糖値とインスリンレベルの異常だ。そこで研究グループは別の実験をおこなった。人工甘味料を摂取していない七人に、栄養管理された標準的な食事に加えて、サッカリンのサプリメントを（通常の推奨摂取量で）七日間投与し、血糖値の変化を観察することにしたのだ。

反応には個人差があったものの、七人中四人に大きな変化が見られた。バクテロイデーテス門の細菌が増加し、珍しい腸内細菌も多少見つかったが、これは血糖値の変化と同時に起こっていた。人工甘味料は腸内細菌に働きかけて、前に説明した代謝シグナルを発する二つの短鎖脂肪酸を過剰生産させていたのである。ただし通常とは異なり、健康に良い酪酸はそこに含まれていなかった。全体として見ると、新たな腸内細菌コミュニティの機能は人工甘味料によって高められ、炭水化物やデンプンを以前より効率的に消化するようになっていた。これが通常の食べ物の消化にも影響し、体重増加の原因になると考えられるのである。

この見事なまでの実験は、人工甘味料が決して利点ばかりではないことを示している。代謝作用にとって潜在的に有害なのは間違いなく、それが体重や糖尿病リスクの増加につながる可能性もある。そうしたことが起こるのは、いわゆる「不活性な」化学物質でも腸内細菌を大きく左右する場合があるからだ。腸内細菌の機能が変化することで、私たちの体に影響する可能性があるのだ。人工甘味料に実際にどの程度のリスクがあるのか、誰もが影響を受けやすいのかというあたりは、まだよくわかっていない。しかし、いま紹介した腸内細菌の実験からはっきりとわかることがある。それは、人工甘味料のような新しい「安全な化合物」を承認する立場にある政府の食品規制担当者はもちろん、私たちもまた、そうした化合物が従来の検査に合格した時点で、次は腸内細菌の機能を変化させることによるリスクを、もっと真剣に考える必要があるということだ。

保存料とアレルギー

砂糖には細菌の繁殖を抑える効果がある。しかし、ダイエットコーラのような清涼飲料水や、加工食品の多くでは、そうした天然の保存効果が見込めない。そこで、食品メーカーは安息香酸ナトリウムや安息香酸カリウム、クエン酸、リン酸などの化学的な保存料を大量に加えることで、保存効果を補っている。こうした保存料のうち、安息香酸塩やタルトラジン〔黄色の食用色素〕、グルタミン酸ナトリウム、亜硝酸塩や硝酸塩といった多くの物質はアレルギーの原因になることが広く報告されている。

これらの化学物質が、腸内細菌に思いもよらない大きな影響を与えている可能性もある。化学的な保存料によって、腸内細菌の数や菌種の多様性が減少する恐れがあるのだ。さらには免疫システムにも、直接的な影響と、腸内細菌との相互作用を通じた間接的な影響の両方を与えている。[12] これもまた、アレルギー症状が最近増加してきた理由の一つではないかと言われている。食品添加物や人工甘味料の化学的安全性を確かめる試験ではたいてい、毒性や発がん性のリスクを測定することに力を入れており、体内での代謝の変化については確かめていない。そういった事情を考えると、もっと詳しいことがわかるまでは、こうした「無害な」化学物質の摂取量を減らすか、理想を言えば、摂取自体を控えたほうがいいかもしれない。

自然食品に回帰する動きが一部で見られるなかで、清涼飲料水や食品への人工甘味料の使用が世界規模で増加するという傾向は、落ち着いてきているかのように見える。しかし前にも書いたとおり、自然食品に回帰すれば、かえって砂糖の使用が増えるというマイナス面がある。清涼飲料水メーカーは、人工甘味料の「ナチュラルな」代替品として甘いステビアの葉を使うことで、消費者の健康志向についていこうと努力している（EUでは二〇一一年にステビアの使用が許可された）。ステビアは、カロリーを三〇パーセント抑えられるとされているが、価格が高いので、通常は安価な砂糖と混ぜて使われている。ステビアにはマイナス面はないという話だが、きちんと調べられたことはない。この新しい奇跡の甘味料が、大量生産の清涼飲料水という形で口に入るまでの過程では、過剰な化学的処理をされているのは確かだ。ただ、それだけ処理をしても、ステビアがもつアニスシードのような味が感じられるという人もいる。

ところで、何千年も前から使われている、あの天然の興奮剤はどうなのだろうか――あれもやはり体に悪いのだろうか？

15　カフェイン

コーヒーとチョコレートの誘惑

間違った科学

私が医学生時代に書いた論文で初めて学術雑誌に掲載されたのは、各国のデータにもとづいて、コーヒーの消費量と膵臓がんに関連性があることを示したものだった。膵臓がんは、命に関わることの多い厄介ながんで、当時欧米で増加しつつあった。そして私が見つけたデータからは、コーヒーがその一因である可能性が推測できたのである。この論文は大きなブレークスルーだった。とはいっても、科学にとってのブレークスルーだったわけではない。論文が掲載されたおかげで、私の経歴書が見栄えのするものになったという意味でのブレークスルーだ。事実、結果として私の研究人生は軌道に乗った。

これまで見てきたとおり、こうした生態学的研究〔疫学研究の一種で集団を分析単位とするもの〕は、不完全なものがほとんどだ。たとえば、これと同じ分析から、欧米でやはり増加していたテレビやベルボトムの所有率と、膵臓がんとの関連性を見つけることもできただろう。そうなればメディアは、テレビやベルボトムが膵臓がんの「原因だ」と大きく取り上げたに違いない。このような間違った科学と、メディアが取り上げる恐ろしげなニュースは、その後三〇年にわたり絶えることなく生まれ続けた。それと同時に、観察的なデータを使ったり、気の毒なラットにコーヒーを過剰投与したりといった費用のかかる研究が、何百件も実施されたのである。

一九八〇年代にも同じような話があった。ホルモン置換療法はうつ病や心臓疾患、認知症、性欲の減退まで、あらゆる病気の特効薬だと考えられるというのだ。私も当時、この話を真に受けてしまった一人だ。臨床研究がおこなわれてようやく、この療法には心臓疾患とがんのリスクがあり、骨折の予防になる以外にメリットはないことがわかった。私たちは過去の過ちから学んできているが、古くからの考えや先入観を覆すには、往々にして時間がかかるものだ。とはいえ、コーヒーとその共犯者であるカフェインが起訴内容どおりに有罪なのか、そしてチョコレートやカカオは「いたずらっ子だけどすてき」、つまりカロリーが高いけれど体に良い、というのは本当なのかという点については、陪審員の結論は出ている。

世界で最も有名な向精神薬

メディカルスクールの一年目、中期試験の時期にこんなことがあった。私と友人たちはある日、生化学の難しい試験に向けての勉強がはかどらず、慌てていた。いちかばちか徹夜で復習するしかないということになって、みんなでカフェインのタブレット（「プロプラス」という製品）を飲んだ。これを飲めば、しゃきっとした状態で起きていられるのは間違いないという話だったので、テストまで丸一二時間は猛烈に勉強できるという気になった。現実はいささか違っていた。震えやけいれんが起こって集中できなかったし、何一つ記憶できなかった。疲労困憊で、答案に意味のあることをまったく書けずに、さんざんな成績で試験に落ちた。それから長いあいだ、カフェインには気をつけてきた。ほかの多くの人と同じように、カフェインだけでなく、ココアも体に悪いと信じていた。ココアは、カフェインがコーヒー豆から分離されるように、カカオ豆からできる成分として知られている。

カフェインはおそらく、最も一般的に使われている向精神薬であり、世界の八〇パーセントの地域で飲まれている。しかし、そのコーヒー愛飲者の多くはカフェイン中毒だ。中毒症状としては、震えや注意力不足があり、急に摂取をやめると離脱症状として頭痛まで起こる。

最近では、コーヒーやココアのような複雑な食品の影響も正確に調べられるようになっている。私たちの体には、メタボライト（代謝産物）と呼ばれる、細胞の代謝プロセスと重要な関わりをもつ物質が何千種類も循環している。メタボライトは細胞の特徴を示す化学的な指紋のようなもので、最近では**メタボロミクス**という科学的手法によって、唾液か尿を一滴調べるだけで、メタボライトの大半について個別に、かなり正確な測定ができるようになっている。この手法を私たちの双子研究で使ったところ、遺伝子に関係する注目すべき発見がいくつもあり、病気とのつながりも新たに見えてきた。さらに、血液中で特定できるメタボライトのサインは、現在一二〇〇種類が判明しているが、そのうち少なくとも二五〇種類は腸内細菌が単独で作り出していることがわかった。[1] ヒトを対象とした数件の研究では、細菌やプロバイオティクス、抗生物質によって、神経伝達物質の前駆体である主要なメタボライトの濃度が変化する可能性が示されている。

そうした神経伝達物質には、トリプトファンやセロトニンなどがあるが、これらは脳で重要な役割を果たすとともに、うつや不安感にも大きく影響している。ホルモンの一種であるセロトニンは、そのほとんどが腸で合成され、最近ではこのセロトニン合成が、食事をしていない時間帯に主に腸内細菌によっておこなわれることがわかっている。また自閉症と腸内細菌の乱れを関連づける報告も一貫して増えている。こうした腸内細菌の乱れは、脳での化学的シグナルの異常とつながっている可能性がある。[2]

チョコレートは奇跡の食べ物か？

チョコレートには奇跡的なパワーがあるとする研究は、メディアや大衆にとても喜ばれる。とくにイギリスではそうだ。二〇一二年に、イギリス人は一人当たり九・五キロのチョコレートを消費している。これはアイルランドとスイスについで世界第三位であり、アメリカのほぼ二倍だ。チョコレートには、食べると気分が良くなる効果があるが、それは一つには腸内細菌によるものだ。

ダークチョコレートを大人に与えると、腸内細菌にしか作り出せない神経伝達物質やメタボライトが血中で大きく変化することが、いくつかの研究で確かめられている。[3] 肥満の人は痩せた人と比べて、チョコレートの魅惑的な香りに敏感だというエビデンスもある。[4] つまり、あなたのチョコレート好きが少し度を超しているとしたら、悪いのは、脳を楽しい気分にさせておこうとする腸内細菌なのだ。

防腐剤や着色料、脂肪、ハンバーガーなど、ほかのいろいろな食品や食品添加物が体に悪いと標的にされやすいのに対して、「チョコレートは健康に良い」という話は新聞でも頻繁に取り上げられている。たとえば、チョコレートは心臓疾患やがん、うつ病、性欲の減退や性的不全の予防や治療に奇跡的な効果があるとされている。このような評判の良い「特別なパワー」の源になっているのは、発酵させた後にローストしたカカオ豆だ。カカオ豆は、テオブロマ・カカオという学名をもつ植物の果実で、テオブロマは「神々の食べ物」という意味である。これを初めて栽培したのはアステカ族だと考えられている。私たちが食べているチョコレートは大半が、砂糖と脂肪、乳固形分、カカオ豆を材料としている。使われるミルクの量やカカオ豆の割合は、文化によって、そしてマーケティング方針によって違ってくる。[5]

チョコレートに含まれるカカオは、それ自体が三〇〇以上の化学成分からなる。そのカカオが心臓のリスク要因を減らすのに効果的だというのは、メディアが盛んに取り上げている話だし、長期的な研究もなかったので、私も最初は疑っていた。しかし現在では、水も漏らさぬとまではいかないが、かなりしっかりしたエビデンスがある。[6] カカオの定期的な摂取が、体重の減少に関連性があることを指摘する研究も、観察的ではあるが数件ある。[7] カカオに関するヒトの臨床研究は七〇件超実施されており、動物を対象としたものはもっと多い。

カカオには多くの化学成分が含まれているが、そのなかで最も明確な効果を示す成分が**フラボノイド**という化合物だ。このフラボノイドというのは、すでに取り上げたナッツやオリーブにも含まれているポリフェノールの一種で、抗炎症作用や抗酸化作用があり、腸内細菌に大きな効果を与えている[8]。グラム当たりで比較すると、カカオにはどんな食品よりも多くのポリフェノールが含まれている。そういう意味で、カカオは貴重な農作物なのだ。

腸内細菌再び

チョコレート好きの人というのは、チョコレートをどのくらい食べているかを聞かれると決まり悪く感じることが多い。カロリーやアルコールの摂取量と同じで、人はチョコレートを食べる量について「真実を出し渋る」ものなのだ。そうした事態を避けるために、私たちはイーストアングレア大学のノリッチ・メディカルスクールと協力して、二〇〇〇人の双子の血液中の代謝マーカーを調べた。すると、チョコレートやベリー、ワインに由来するフラボノイドの血中濃度が最も高かった人は、体重、動脈の状態、血圧、骨密度、糖尿病リスクといった項目がほかの人よりも良いことがわかった[9]。

観察的研究だったことを差し引いても、これは出来すぎた話に思えるが、腸内細菌の役割を考えれば納得がいく。実際に、腸内細菌も私たちと同じでチョコレートが大好きだということを示す、有力なエビデンスもある。カカオに由来する化学物質には血中の脂質レベルを改善する働きがあるが、腸内細菌はこのカカオ由来物質の代謝に重要な役割を果たしているのだ。またイギリスで実施された臨床研究で、被験者にカカオからのポリフェノール抽出物（フラボノイド）を四週間投与したところ、腸内のビフィズス菌とラクトバチルス菌が大幅に増加した。一方、フィルミテクス門の細菌は減少し、炎症マーカーの低下も見られた[10]。

この臨床研究の報告書は、カカオフラボノイドがプレバイオティクスのサプリメントとして有効である可能性を示唆している。実際にインターネットでは、カカオサプリメントをいろいろなところから買える。最近は、グレードの高いカカオを健康食品ショップで購入できるし、マーズのような大手菓子メーカーも、

「ココアビア」というカカオフラボノイドのサプリメントを販売している。このココアビアは、カカオフラボノイドを二五〇ミリグラム含んでおり〔現在は三五〇ミリグラムに増量〕、パウダー状なので、牛乳やオートミール、スムージーに加えられる。[11] スイスのチョコレートメーカーが販売する同様の商品は、EUから健康機能表示を認められており、今後そうした商品はさらに増えるだろう。

一方で、実際の食品（たとえば、多くの人が健康に悪いと考えているよくあるチョコレートバー）の形で、飽和脂肪酸や砂糖とカカオを同時に摂取すると、どういった影響があるのかはあまりわかっていない。この点については、カカオを七〇パーセント含むダークチョコレート二五グラムを被験者に一日二回、二週間にわたって与えるという詳細な実験が、最近スイスで実施されている。[12] 実験では、一回分のチョコレート（スポンサーであるネスレの「インテンス」が使われた）に、カカオのほかに砂糖が六グラム、脂肪が一グラム含まれていたが、被験者の総コレステロール値や、悪玉コレステロール（ＬＤＬ）値の上昇は見られなかった。また、脂肪を摂取していたのに、善玉コレステロール（ＨＤＬ）値は大幅に増加していた。スイスで実施された別の実験では、ダークチョコレートを四週間食べたところ、血管の状態に改善は見られたものの、チョコレートのフラボノイド含有量が多くても違いはなかった。[13] ほかの研究では、脂質の値に同様の短期的な改善が見られている。

腸内細菌はフラボノイドをエサにして、健康に良い酪酸など、多くの有益な副産物を作り出している。印象的なのは、ポリフェノール代謝物の量を一週間後に調べたところ、食事だけで説明できる量よりも多かったことだ。つまり腸内細菌は、いったんある程度のチョコレートを与えられると、その後は酪酸などの健康に良い化学物質を自力で作り出すということだ。さらに、チョコレートを日常的に食べている人は、時々食べるだけの人とは異なり、代謝作用や腸内細菌がより健康的な状態にあった。[14]

ミルクチョコよりもダークチョコを

そういったわけで、カカオ七〇パーセントのダークチョコレートが好きというのなら問題ない。しかし、子どもだけでなく、たいていのイギリス人やアメリカ人はそうなのだが、キャドバリーやハーシーズのようなミルク分が多いチョコレートのほうが好きな場合はどうなるのだろうか？　この種のチョコレートは、腸内細菌や体にとって好ましいのか、それとも有害なのだろうか？

イギリスの最大手メーカーであるキャドバリーのミルクチョコレートは、一九〇五年に「初めての」本格的ミルクチョコレートとして発売された（ただしミルクチョコレートそのものは一八三九年にドイツで開発されている）。現在、キャドバリーのミルクチョコレートはカカオを二六パーセント含んでおり、さらにカカオバター（カカオ豆由来の天然脂肪分で、飽和脂肪酸を多く含む）、牛乳、砂糖を材料としている。このミルクチョコレートはたった四かけで、飽和脂肪酸が四・七グラム、砂糖が十四・二グラム（小さじ三・五杯分）含まれている。以前はカカオ分が二三パーセントだったのだが、新たなEUの規制で、ミルクチョコレートには本物の牛乳を使用し、カカオの割合が二五パーセント以上でなければならなくなったので、二〇一三年にカカオ分を増やしたという経緯がある。

一方アメリカでは、カカオ分がたった一〇パーセントしかなくてもチョコレートと呼んでよいことになっている。ハーシーズのミルクチョコレートにはカカオ分が十一パーセントしかなく、その分だけ甘い。このミルクチョコレート一枚には、飽和脂肪酸が八グラム、砂糖が二四グラム（小さじ六杯分）含まれている。ミルクチョコレートは、ダークチョコレートと同じ種類のカカオを使っているが、ポリフェノールの効果を同じだけ得るには三～五倍の量を食べる必要がある。そんなに食べたら、ポリフェノールの効果が出る前に太ってしまうし、歯もなくなるではないか。

そう考えてみると、味覚をトレーニングして、カカオ分七〇パーセント以上のダークチョコレートを食べられるようになれば、長期的に見て意味があるかもしれない。しかし、一日に最低でどのくらい食べればいいのかを計算するのは難しいだろう。体に良いとされるフラボノイドの実際の含有量は、製造方法によって大きなばらつきがあるからだ。添加物を使うことで、カカオの割合をひそかに高くしているメーカーもある。そもそも、表示されているカカオ分の割合というのはおおよその目安にすぎないのだ。できれば、近いうちにフラボノイドやポリフェノールは食品成分表示に追加されるといいのだが[15]。

食品メーカーの科学者たちは何十年も前から、大量の脂肪と砂糖を組み合わせると、依存性に近い性質が生じることがあると気づいている。これをチョコレートの魔法のような性質と一緒にしたら、たまらないものになるはずだ。大人気のお菓子はほとんどがそうした配合を採用しており、企業は消費者の味蕾を引きつけようと、自社の配合にたえず手を加えている[16]。

ただ、そういった高度に加工された食品を食べることが、腸内細菌の改善や、ポリフェノールの健康作用、スリムなウエストラインにつながると期待してはいけない。ここでまた、フレンチ・パラドックスが出てくる。フランスやスペイン、イタリアといった地中海諸国に住む人の多くは、ミルク分が多くてヘルシーではないチョコレートよりも、苦い（カカオ分が多い）ダークチョコレートのほうを伝統的に好むのだ。そういった国々では、ダークチョコレート好きのおかげで、循環器系の病気が少ないと考えられる。ただ、それを証明するのは難しい。

カフェイン中毒の誘い

マイケル・ベッドフォードは、ノッティンガムシャー州マンスフィールドの自宅近くで開かれたパーティーに出かけた。そこで彼は、オンラインで合法的に購入してあったカフェインパウダーをスプーンに二杯、エナジードリンクで流し込んだ。するとまず、ろれつが回らなくなった。やがて嘔吐して、意識を失い、最終的には亡くなってしまった。摂取したカフェインは五グラムを超えていた。エスプレッソなら約五〇杯分だ。検死官によれば、死亡原因はカフェインの「心毒性」だという。ベッドフォードは二三歳だった。カフェインは楽しみをもたらしてくれるが、必ずしも無害とは言えないのだ。

清涼飲料水メーカーは、風味や味の奥行き、苦味を増すために、または刺激を強くするために、本物の砂糖を含まないダイエット飲料を中心に、日常的にカフェインを添加している。一本のペプシやコカコーラに添加されるカフェインの量は、子どもが興奮しすぎて寝ないという親たちからの苦情があったため、近年になって減らされた。同じ商品でも、アメリカとヨーロッパでは含有量が違い、アメリカのほうが多い。(17)

カフェイン成分を、夜通しのパーティーで「エネルギー」を必要とするような人たちに向けて売り込んでいるメーカーもある。たとえばレッドブル（カフェイン含有量八〇ミリグラム）などがそうだ。一般的な炭酸飲料は、平均で三〇～四五ミリグラムのカフェインを含む。これは普通のコーヒー一杯の約半分、薄めの紅茶一杯とほぼ同じ量になる。

メーカーがほとんどの清涼飲料水にカフェインを添加しているのは、表向きは香りを出したり、味に奥行きを加えるためだ。しかし、フルクトースの強力な依存性があるところに、カフェインを加えてさらに依存性を高めようという陰の目的もある。一方、茶のカフェイン含有量にはばらつきがあるが（二〇～七〇ミリグラムまで）、一杯当たりではコーヒーの半分というのが普通だ。カフェインの濃さは、茶の色とは関係がない。当然のことながら、イギリスのメディアは昔から、茶には薬効があるとして、その良さを伝えてきた。こうしたメディアによる評価には、合理的な疫学データによる裏付けがあったようだ。二二件の前向き研究のメタアナリシスによれば、一日二～四杯の茶を飲むと死亡率が二五パーセント減少するが、それ以上飲むと効果が低くなることがわかっている。(18)注意しなければならないのは、効果は緑茶を飲んだ人にしか見られず、イギリス人のような紅茶好きには無縁の話らしいということだ。

予測できない含有量

イギリスでも、紅茶に代わってコーヒーが最もよく飲まれるようになっているが、コーヒーチェーンが世界中で成功しているのを見ると、イギリスでの変化は、世界規模で進行するカフェイン依存症の一部だと言える。カフェインと、それを最も多く含む飲み物であるコーヒーは、これまでひどい疑いと監視の目にさらされてきた。メディアが流す恐ろしい話のネタにされることも多かった。カフェインは、ストレスの増加や睡眠不足、また長期的には心臓疾患やがんとの関連性が取り沙汰されている。

コーヒーを一杯飲むと、どのくらいの量のカフェインを摂取することになるのかを知ろうとしても、かなり難しい。基準というものがないためだ。イギリスで二〇軒のエスプレッソバーを調べたところ、シングルショット（一杯）に含まれるカフェインの量には四倍近い差があり、一番多いものには二〇〇ミリグラムも含まれていることがわかった。これは妊娠中の女性に対して摂取量上限値として勧告されている量にあたる。同じコーヒーショップからのサンプルでも、日による変動が大きい。また国によっても、シングルショットに含まれるカフェインの量は一〇倍の差があるという。カフェインの量が飲む前にわからないのは、カップのサイズに規格がないせいだ。いまだにイタリア人がアメリカのコーヒーの薄さに驚くことがあるらしい[19]。

ただし、たとえ一日で合計六杯のコーヒーを飲んでも、大半の人には影響がないことがわかっている。独立におこなわれた二一件の前向き研究の結果についてのメタアナリシスから、説得力のあるデータが得られている。この二一件の研究では、ヨーロッパ、アメリカ、日本の合計一〇〇万人以上のコーヒー習慣を、数年にわたって追跡した。このうち、一二万八〇〇〇人が追跡調査期間内に亡くなっている。このデータからは、一日三～四杯というほどほどの量のコーヒーを飲む習慣によって、死亡リスクが約八パーセント、心臓疾患のリスクが二〇パーセント低くなることがわかった。一方、私自身が若いころにおこなった質で劣る例の分析とは違って、この分析結果からは、がんについてプラスの効果もマイナスの効果も見られなかった。[20]
　もちろんこの分析結果にも、飲酒や喫煙などの、病気と関連性のある別の習慣の影響が含まれている可能性はあるので、やはり疫学的データは慎重に見るべきである。とはいえ、被験者にコーヒーを飲むことを強制するような、長期的な臨床研究の実現可能性が低いことを考えれば、これよりも良い推定値が得られることはこれからもないだろう。心臓が刺激に弱いという人であれば、カフェインのとりすぎは避けるべきだ。しかし毎日コーヒーを飲んでいる二〇億人の大半にとっては、カフェインは体に良いと言えるだろう。

コーヒーの健康効果

　では、コーヒーが本当に体に良いとすれば、それはなぜなのだろうか？　コーヒーには依存性があるし、飲みすぎれば不安感や不眠、不整脈を引き起こす。イギリス人はまだ、とくにカフェイン含有量の面で、コーヒーには用心している。
　コーヒーの木がカフェインを大量に作り出すよう進化したのは、その葉を食む捕食者から身を守るのが主な目的だ。実際に、カフェインは葉に集中している。そうすることで、周囲の土地に広がっていくチャンスを増やすことができる。もしかしたら、カフェインの作用を受けやすい動物が中毒になって、何度も葉を食べにやってきては、その種子を拡散するかもしれない。遺伝学者は最近、コーヒーの木とヒトには、ある重要な特徴が一つ共通していることを発見した。それは遺伝子の多さだ。タンパク質をコードしている遺伝子の数は、実際にはコーヒー（二万五〇〇〇個）のほうがヒト（約二万）よりも多い。これを知れば、コーヒーの進化についての評価は高くなるか、あるいはヒトへの評価が低くなるはずだ。[21]
　コーヒーの飲み方と発がん性に関係があるとか、コーヒー豆の焙煎過程で発がん性物質が生じる可能性があるとかいう恐ろしい話は、いまだ世間に出回っている。[22]しかしコーヒー豆には、カフェイン以外にも数千種類の化学成分が含まれていて、その数は焙煎によってさらに増える。インターネットに書かれている話は、何千もある含有成分のなかのたった一つだけに注目した、誤解を招くようなものばかりだ。アラビカ種のコーヒーには、ポリフェノール化合物が少なくとも一二種類含まれており、そのなかで最も一般的なものには「クロロゲン酸」という、水泳プールのほうが合っていそうな嫌な名前がついている。とはいえ、これまでわかっている範囲では、カカオやオリーブに入っているものを含めて、ポリフェノール化合物はほとんどが、たとえ毒がありそうな名前でも、実際には体に良いものだ。

私たちが実施した双子研究からは、さまざまな食べ物と同じように、コーヒーの好き嫌いも遺伝の影響が強いことが明らかになっている。[23] これには味覚に関する遺伝子も部分的に関係しているかもしれないが、ほかの研究チームと協力して遺伝子の関連性についてのメタアナリシスを実施したところ、コーヒーの好き嫌いを左右するのは、コーヒーとその数千種類の化学成分を肝臓で処理する方法を制御する、いくつもの固有の遺伝子であることがわかった。コーヒーのような複雑な食品を摂取したときに、良い気分と悪い気分のどちらになるかは、酵素がコーヒーを分解してできる化学物質の種類によっても違ってくる。別の言い方をすれば、コーヒーの影響は個人によって違うということだ。[24]

コーヒーには、数千種の化学成分と、数十種類の抗酸化ポリフェノールのほかに、一カップに〇・五グラムという驚くほど多量の食物繊維が含まれている。このような食物繊維とポリフェノールの組み合わせによって、コーヒーは腸内細菌のエサにもなりえるのだ。[25] 腸内細菌が食物繊維を分解することで、酪酸などの主要な短鎖脂肪酸を作り出し、この酪酸などがバクテロイデス属やプレボテラ属といったほかの有益な細菌を増加させる、というわけだ。[26] コーヒーは腸内細菌を毎朝目覚めさせているわけだが、それはたんにカフェインのみの作用ではないのである。

エスプレッソや濃いコーヒーが好きではないという人は、どうすればいいのだろうか？　アメリカで、コーヒーから十分なポリフェノールを摂取するには、五〇〇ミリリットル近く入るような巨大なマグカップで飲む必要があるかもしれない。しかしポリフェノールの量が同じなら、ノンカフェインやフリーズドライのインスタントコーヒーのポリフェノールでも、腸内細菌は同じくらい喜んでくれるはずだ。ただし、これはお茶（緑茶でも紅茶でも）が好きな人には当てはまらない。茶にもポリフェノールはある程度入っているものの、コーヒーのように食物繊維が多くはない。また、焙煎前のコーヒー豆からの抽出物をサプリメントとして服用すると、体重を減らせる可能性があるというエビデンスも、不十分なものではあるが報告されている。本物のコーヒーの香りで目覚めるのが苦手な人には、耳寄りのニュースと言えるだろう。[27]

コーヒーのように以前は悪者だったものがヒーローとして持ち上げられたり、逆にヒーローから悪者に転落させられる話を聞くと、ふつうの食べ物を危険だと言ったり、逆に病気の特効薬だと断じるエビデンスを額面どおりに受け入れることに抵抗を感じてしまうかもしれない。とはいえその一方で、コーヒーやココアを飲むという長年の歴史をもつ習慣に害はない、あるいは体に良いらしいということは、現時点での知識から確かめられている。そう聞けば、なにやらほっとさせられるだろう。

ところで、これと同じことは、あの悪魔の飲み物にも言えるのだろうか？

16 アルコール　百薬の長か、万病の元か

ロシアの密造酒

「イエロー・デス」と呼ばれる病気が広まったのは、二〇〇六年の末のことだった。ロシア各地の救急センターには、肌と白目が黄色になってしまった人々が次々と担ぎ込まれ、最終的には数千人にも達した。患者たちはひどく具合が悪く、嘔吐とかゆみの症状を訴えた。彼らのなかには、一週間以内に死んだ者もいたし、運よく数年生き延びた者もいた。たとえば、モスクワ近郊に住むナターシャは、七歳の息子がいる三〇歳のシングルマザーだったが、肝不全になり、発症から一年後に亡くなった。

イエロー・デスの患者全員に共通していたことが一つある――密造酒を飲んでいたのだ。密造酒のことをロシア語でサマゴンと言うが、そのサマゴンは、医療用のエタノールが九五パーセントも含まれた粗悪な飲み物で、患者たちはそれを一瓶二〇ルーブル（約八〇円）で買っていた。その当時だけで合計一万二五〇〇人が被害を受け、およそ一〇人に一人が亡くなった。対応した地元の住民たちは、患者たちを飲んだくれ扱いするばかりで、決して同情はしなかったという。

この六〇年というもの、ロシアは世界屈指の大酒飲みの国とされてきた（それに加えてヘビースモーカーの国でもある）。酒の消費量が最も多かったのは、ソ連崩壊直後の一九九〇年代前半で、この時期にはアルコールによる死亡率が一時的に四〇パーセントを超えていた。現在は、ロシア人の二五パーセントがアルコール問題を抱えていると推定されている。また五五歳未満のロシア人男性では、アルコールを大量に飲む

人は四人に一人の割合で死亡しているという研究もある。おかげで、平均寿命は男性で六四歳とヨーロッパで最も短く、世界全体で見ても下位五〇カ国に入る惨状だ。この短い平均寿命の主な原因は、心臓疾患とがんである。しかし同時に、一人当たり平均年間一五・七リットルという、アメリカの二倍にあたるアルコール消費量や、ウォッカを短時間で大量に飲む習慣も関連がないとは言えないだろう。[1]

飲料をめぐる矛盾だらけの主張

アルコールは体に良いのか、それとも悪いのか——この問いに対する明確な答えはない。飲む量にもよるし、どこの国でどんな人が飲むのかによっても違ってくるからだ。たとえば、酒がロシア人に悪い影響を与えているのは間違いないが、ワインを飲むことが文化の一部になっている地中海諸国の人たちにとっては、そうとも言えないようだ。

世の中には、矛盾するような話がいろいろ広まっている。ある人は、アルコールは有害で依存性があり、子どもの先天的異常を引き起こしたり、がんやうつ病の原因になったりする可能性があると言う。一方で、気分を高揚させるとか、社会活動や性的関係を成功させる、心臓疾患を緩和する、寿命を延ばすといった効果があると主張する人もいる。

イギリスではガイドラインとして、一日のアルコール摂取量を女性で二ユニット、男性で三ユニット以内に抑えるよう推奨している（一ユニットは純粋アルコール一〇ミリリットルに相当）。ワインならグラス二、三杯といったところだ。しかし、この量は平均摂取量から算出した推定値にすぎないし、グラス一杯といっても人によって量は異なる。ヨーロッパをはじめ多くの国では、アルコール飲料に対する一般的な成分表示義務がないので、そこに何が含まれているかは必ずしも知られていない。ビール一パイントで一八〇キロカロリー、ワイン一杯で一五〇キロカロリーあると聞くと、たいていの人は驚くのではないだろうか。ビールはアルコールだとみなさない国や文化も多いため、混乱は増すばかりだ(2)。

ハリウッドスターのご乱心

二〇〇六年の午前二時三六分、カリフォルニアの暖かな夜の出来事だった。ハリウッドスターのメル・ギブソンが、マリブの海沿いのハイウェイで愛車のトヨタ・レクサスを気持ちよく走らせていると、ハイウェイ・パトロールに停車させられた。制限速度が時速七〇キロのところを一三五キロも出していたのだから無理もない。ドライブの友として助手席に置いてあったのは、中身がわずかに減ったテキーラの瓶で、ギブソンはそれを少しばかり引っかけたことを認めた。彼はしばらくは大人しくしていたが、呼気検査で法定基準値を五〇パーセント上回る結果が出て逮捕されると、態度を一変させた。まるで内なる悪魔に乗っ取られたようだった。

警察の報告書によると、ギブソンは車で帰宅することが許されなかったため、怒りを爆発させ攻撃的になったらしい。最初は「人生終わりだ。俺はばかだ。ロビンに捨てられる」と自暴自棄になっていたが、やがて「マリブはオレのもの」で、「仕返しをしてやる」と息巻いた。そして警官にユダヤ人かと尋ねた挙げ句、「くそったれのユダヤ人め、この世界の戦争は全部ユダヤ人のせいだ」と言い放ったという。

この報告書がインターネットで公開されると、世界中ですさまじい反発が起きた。ギブソンは深く謝罪するとともに、自分は当時、大変なプレッシャーのせいで怒りが鬱積していたと説明し、こう付け加えた。「誰でもこういうたぐいのことをするものだ」。もしかすると彼は、悪いのは自分の遺伝子だと言いたかったのかもしれない。ギブソンは超保守主義のカトリック教徒の家の生まれで、彼の父もその数年前、ホロコーストは「ほとんどがフィクション」だと主張するなど、反ユダヤ的な発言で息子と同じような騒ぎを引き起こしていたのである。

私たちが実施した双子研究から、攻撃的な行動や極端に保守的な見方、信仰心といった人間の根深い特質は、遺伝的な影響を強く受けていることがわかっている（約五〇パーセントの遺伝率[3]）。しかし、こうした遺伝的な事実を根拠として弁護しても、裁判では判事にあまり受けが良くないだろう。それは、人間が決して変わらないと示唆するものであり、おそらくは公正な見方とは受け止められない。

よく聞かれる疑問は、アルコールは心理的な抑制を解除するだけで、それによってその人の本音があらわになるのか、それともアルコールと怒りの組み合わせが、他人を場当たり的に侮蔑したり、くどくどと批判するといった行動を引き起こすのか、ということだ。ギブソンはアルコールと自分の心理状態が悪いのだとした。逮捕後のギブソンは、三カ月の免許停止になり、アルコール問題の矯正プログラムを受けさせられた。彼がもし、自分のアルコール依存の問題は家族に受け継がれているもので、弟のクリスも同じ問題に悩んでいると主張していたら、もう少し同情してもらえただろうか？

すぐに酔うアジア人、酒に強いヨーロッパ人

私たちの体は、アルコールとさまざまな関わり方をするが、どんな形であっても、ある程度は遺伝的な影響を受けている。ビールの苦味のようなアルコールの味が嫌いだという人もいれば、ちょっと飲んだだけで吐き気や頭痛がするという人もいる。一方で、大量のアルコールに耐性があって、副作用もないという人もいるが、実はそういうタイプこそアルコール依存症になりやすい。アルコールを楽しく飲める能力は、何種類かの重要な酵素によって決まるのだが、その酵素は住んでいる地域によって違いがある。たとえば、アジア人はアルコール耐性が低いことが知られている。それはアルコールデヒドロゲナーゼ（アルコール脱水素酵素）の合成に関わる遺伝子に変異が生じているため、そうした変異をもたないヨーロッパ人やアフリカ人と比べると、アルコールの代謝速度が五〇倍速いからだ。

これを具体的に言えば、日本人の友人や同僚と酒を飲みに行ったら、たいていの相手は一杯飲んだだけで顔が真っ赤になり、くすくす笑い出してしまうということだ。白人が西部を獲得する際には、こうした遺伝子の変異が利用されたという見方がある。「白人の火《ファイアー》の水《ウォーター》」（ウイスキーのこと）のせいで、一万年前にアジアから遺伝子とともに渡ってきたネイティブ・アメリカンの多くが身を滅ぼしてしまったのだ。現在の説では、アルコールに関する遺伝的適応が起こった時期は、アミラーゼ遺伝子の変化によってデンプンの消化方法が変わったのと同じで、農耕が始まって以降だと考えられている。体内では、アルコールがアルコール脱水素酵素によってアセトアルデヒドに分解される。このアセトアルデヒドが、顔の紅潮や、頭痛、嘔吐、健忘症、脱抑制といった、あらゆるいやな副作用の原因になる。アルコール脱水素酵素を合成する遺伝子には、個人差や、国による差が大きいことがわかっている。

　中国では、一万年前に大規模な稲作が始まると、微生物を使って米を発酵させる醸造酒などの酒がすぐに作られるようになった。たくさんの人たちが自家醸造の酒を日常的に飲むうちに、アルコール耐性ができたり、アルコール依存症になったりする人が出てきたと考えられる。そうした男性が酔っ払うと（もちろん女性にも可能性がある）、子どもの面倒もみないで、気づくと田んぼでうつぶせに倒れていることがよくあったに違いない。田んぼの側溝に嘔吐物まみれで横たわっていたりしたら、異性から好ましい相手とは見てもらえなかっただろう。それに女性が妊娠中に飲酒していた場合、子どもが無事に育つ可能性は低かっただろう。そうこうするうちに、アルコール耐性のある遺伝子は絶えてしまい、ラガービールをグラスに半分飲んだだけで酔うくらい、アルコールにとても敏感な遺伝子が繁栄した。というのも、そうした遺伝子をもつ人々は、酒に依存することがなかったし、より多くの子どもが無事大人になれたからだ[4]。

　当初はこうした遺伝子変異も珍しい存在だったが、およそ六〇〇〇年前から増え始めてアジア全域に広がり、あっという間に標準的な遺伝子になった。アルコール依存症の人はアジアにもいるが、まれであり、一般的にそうした人は変異していないヨーロッパ系の遺伝子をもっている。こういったことを考えれば、日本やアジア各地でカラオケバーが繁盛しているのもうなずけることなのかもしれない。そこに行けば、彼らはアルコールの臭いをかぐだけで心理的な抑制を解除できるのだから。中国でアルコール関連遺伝子がたどってきた歴史と進化を考えると、アルコールはこの国の住民にとってはプラスとなることばかりではなかったと言える。しかしこの遺伝子変異はヨーロッパ各国にはそれほど広がらず、ヨーロッパ人でアルコールに耐性がない人の割合は低い。

では、その遺伝子の変異がヨーロッパ人のあいだに定着しなかったのはなぜだろうか？　ヨーロッパの女性が意外にも酔っ払った男性に魅力的を感じていたのか、それとも常習的に酒を飲む人を優位に立たせる何かが酒の中にあって、それがアルコール依存症という明らかな問題の影響を薄めたのだろうか？

酒を一切飲まない人と比べると、適度な飲酒をしている人のほうが心臓疾患のリスクが低いことが、世界中でたびたび実施されてきた大規模な観察的研究で明らかにされている。[5] 三四件の観察的研究を対象とするメタアナリシスでは、男性で一日四・八ユニット、女性で一日二・三ユニットを上回らない程度の飲酒で、リスクが約一八パーセント低くなることがわかっている。心臓発作や死亡率に対する保護効果が最大になるのは、一日の摂取量が一ユニット弱の場合で、これはワインを小ぶりのグラスで一杯飲むくらいだ。[6] 一方で、ロシア人のような大量飲酒者となると、心臓疾患のリスクは逆に減少から増加に転じる（こうしたリスクの変化はJカーブと呼ばれている）。

気をつけてほしいのは、こうした結果はあくまでも観察的研究によるものであり、飲酒に関連する別の因子によるバイアスが悪影響を及ぼしている可能性があることだ。[7] 一方、フランスは数十年にわたり、心臓疾患による死亡数がイギリスの半分しかなく、この傾向は、両国で死亡率が減少し始める時期まで続いた。フランス人が主に飲むのはワインだったため、ワインをよく飲む習慣は例のフレンチ・パラドックスを説明する最も有力な説とされた。しかしフランス人のワイン好きは、肝硬変や他のアルコール関連のがんがきわめて多いことにも表れている。つまり、アルコールによる保護効果とリスクは紙一重ということなのだ。

酒の消費量とワインサプリメント

一九六五年の時点では、平均的なフランス人は男性も女性も、赤ワインを週に五本近く飲んでいた。朝食の時間帯に、高速道路のガソリンスタンドで大型トラックのフランス人運転手がコニャックを飲んでいるというのは、一九七〇年代には当たり前の風景だった。法規制も社会の目も厳しくなった現在では、ワインの消費量はじりじりと減少し、かつての四分の一のレベルになっている。同時に交通事故死も減り、肝硬変の発症率もある程度は低くなっている。それでもフランス人は、ワインの消費量が世界トップクラスで、一人で毎週一本弱を飲む[8]。フランス人がかなわないのは、ローブと長靴下でめかし込むのが好きな大酒飲みの女子禁制クラブ、バチカンだけだ。

とはいえ、たとえ赤ワインが心臓疾患を予防するのが本当の話だとしても、せいぜい穏やかな効果しかなく、歴史的に見られる心臓疾患をめぐる違いの説明にはならないだろう。そこに一役買っている可能性があるのが、文化だ。つまり、重要なのはアルコールの飲み方なのかもしれない。毎日のように好きな時間帯にリラックスして飲むというフランス式のやり方に効果があるらしいのだ。多くのイギリス人はこれとは正反対で、ときたま金曜夜の「ハッピーアワー」に、思い出したように一度に大酒を飲んで騒ぐ。こういう飲み方が生産力の損失という形でイギリスに与えている損害は、総額で二〇〇億ポンドを上回るという[9]。

アルコールの保護効果が赤ワインに限られたものなのかどうかは、研究からは明らかになっていない。一部の研究によると、どんな種類のアルコールも働き方は同じであり、そこには健康志向のイギリス人が心おきなく大量に飲んでいるビールも含まれるという――しかし残念ながら、ギネスビールに心臓に対する保護効果があると言われるのを別とすれば、ビールに期待されるような効果はなさそうだ。[10]

赤ワインだけでなくビールも飲む人も多いし、明確なエビデンスのない話ではあるが、赤ワインには体に有益な化学的性質があると考えられる理由はほかにもある。ブドウ自体がポリフェノールをきわめて豊富に含んでおり、そこに見つかる健康に良い化学成分は合計で一〇九種類にもなるのだ。そのなかには、ポリフェノールの一種であるフラボノイドもあれば、最近人気の**レスベラトロール**という成分もある。レスベラトロールにはサプリメントもあり、赤ワインを飲まない人でも摂取できるため、よく売れている。

レスベラトロールは、ブドウやピーナッツ、一部のベリーに含まれている成分で、体にさまざまな効果があり、多くの遺伝子をエピジェネティクス的に調節する働きがあるとされている。すでに発表されている研究や世の中の評判をすべて信じるならば、レスベラトロールには、寿命を延ばしたり、心臓疾患や認知症、がんのリスクを低くしたりといった、大変多くの利点がある。二〇年あまりに及ぶ集中的な研究では、一日にワイン六本分以上に相当する大量のレスベラトロールを服用すれば、心臓疾患のリスクを低くできることが示されている。ただし、これはラットの話だ。げっ歯類を使った研究や、試験管での実験は数百件も実施されてきているが、レスベラトロールの適切な投与量についてはいまだに混乱がある。

ヒトとげっ歯類では、アルコールやレスベラトロールを代謝する仕組みが異なるため、ヒトでの実験を実施することがどうしても必要だ。残念ながら、ヒトでのデータは、質と結果の両面で期待外れなものばかりである。問題は、レスベラトロールという物質はヒトの腸で吸収されにくいため、ラットのように、必要とされる大量のレスベラトロールを血流中に取り込めないことだ。短期的な効果を示唆するきわめて小規模な研究はいくつかあるものの、一日の服用量が一グラムを超えると、一般的な副作用として下痢などが起こるようになる。[11] 服用量をさらに増やした場合には、数人の被験者で腎臓への有害な作用が見られた。このように現時点では、レスベラトロールが私たちにとって有益だというエビデンスは得られていない。[12]

赤ワインをたしなむ腸内細菌

いくつかの研究からは、飲酒と腸内細菌の関係が明らかにされている。たとえば、九八人のアメリカ人を対象に腸内細菌のゲノムシーケンシングをおこなった研究からは、体格や食事中の脂肪分をほかにすれば、腸内細菌の組成を左右する食生活面での要因で最も大きいのは、赤ワインを飲む習慣であることがわかった。[13] また、アメリカン・ガット・プロジェクトとブリティッシュ・ガット・プロジェクトが集めた約三〇〇〇人の被験者のデータからは、習慣的に飲酒をしている人は、腸内細菌の多様性がきわめて高いことが示されている。ただしこの研究では、ワインの効果とバドワイザーの効果を区別できていない。また、腸内細菌と関わりがあるのがアルコール分そのものなのか、それともワインやビールに含まれる化学成分なのかという点も、やはりはっきりしていない。こうした違いを観察的研究だけで理解するのは、たやすいことではないのだ。

あるスペインの研究は、倫理面での承認を何とかとりつけたうえで、お金をもらって定期的にアルコールを飲んでもいいという熱心な被験者を一〇人集めた。被験者たちは、三カ月かけて三種類のアルコールを順に飲んでいった。最初の期間は、赤ワイン（スペイン産のメルロー）を一日二杯、次の期間には度数の低いメルロー（〇・四パーセント）を一日二杯、最後の期間にはジンを一日二杯、という順番だ。研究チームが被験者の腸内細菌の変化を調べたところ、いずれの期間でも、細菌の多様性が向上するという、ほぼ間違いなく体に良いと言える結果が得られた。

ワインを摂取した期間（ジンを摂取しなかった期間）には、主要な菌種に有益な変化が見られた。具体的には、おなじみのビフィズス菌やプレボテラ属の細菌が大幅に増加しており、こうした細菌の働きで脂質の値や炎症マーカーも減少していた。この実験から示唆されるのは、最大の効果をもたらしているのは、アルコールそのものではなく、ワインに含まれるポリフェノールだということだ。[14] 一方で、レスベラトロールや、ほかの何百種類もの化学成分、さらに一〇九種類のポリフェノールがもたらす可能性のある効果を区別するのは不可能だった。

エリザベス二世の母である故エリザベス皇太后は、ジントニックを愛飲していたおかげで、健康で長生きできたとよく言われる。ただ、もしそのジントニックにオリーブを添えていたら、ポリフェノールをもっと多く摂取でき、腸内細菌の働きでさらに長生きしていたかもしれない[15]。

赤ワインのレスベラトロールが健康に良いという説に対して、赤ワインでは含有量が少ないので、一日六本も飲まない限り大きな効果は得られないという批判もある（それだけ飲めば、どんな副作用があるかは明白だ）。また、レスベラトロールの含有量が最も多いのは、少量のカビに感染したブドウから作られた、安い赤ワインが中心だ。こういった事情から、レスベラトロールのサプリメントがビッグビジネスになっている。大手製薬会社も、レスベラトロールという奇跡の化学成分単独での効果を信じ込むという罠に陥っている。世界的な巨大製薬会社であるグラクソ・スミスクラインは製薬会社のサートリスを七億二〇〇〇万ドルで買収した。サートリスが主要製品として扱っていたレスベラトロールは、抗加齢作用のあるＳＩＲＴ１酵素を活性化させるという話だった。ただし、このＳＩＲＴ１の抗加齢作用は疑わしいとされている。

前にも書いたように、食品と腸内細菌の相互作用を考えるときに、食品に含まれる化学成分のレベルまで分解するのは意味のないことだ。そうした相互作用の力をもたらしているのは、自然の食品に含まれる成分全体であり、さらに言えば、食品成分同士や、食品成分と腸内細菌のあいだに相互作用があるときに見られる、数多くのメタボライトである可能性が高いからだ。

お酒はほどほどに……

レスベラトロールの過剰服用を試みたせいで、翌朝につらい目にあった経験がある人は[16]、「食中毒になった」という昔ながらの言い訳をするのもいいが、今後は自分の腸内細菌に責任を負わせてもかまわない。ケンタッキー州で実施された研究では、大量飲酒の状態を再現するために、被験者にウォッカを大ぶりのグラスで一杯（一四〇ミリリットル）飲んでもらって、腸や血液に何が起こるかを観察した。すると、細菌の外膜から放出されたエンドトキシン（リポ多糖）が血液中ですぐに検出され、それは同時に、炎症性の細菌の増加としても現れた。こうした変化が免疫システムを刺激する原因となったのである。ウォッカが被験者に与える影響がひどいほど、腸内細菌の破壊は深刻で、リポ多糖の生成量も多かった。[17]

このリポ多糖は、免疫システムを活性化し、アルコールへの依存性を生み出すことが、マウス実験によってわかっている。[18] 多少こじつけのように聞こえるかもしれないが、人間のアルコール依存でも腸内細菌が原因の一部になっている可能性があるということだ。ただし、アルコールについての研究では常に言えることだが、この研究でも、アルコールへの反応にはかなり幅があった。その原因は、遺伝的な要因だけでなく、ウォッカを飲んだ被験者の腸内に元からいた細菌の種類やその多様性の違いにも関係している。

最近イギリスなどでは、大規模で長期的な疫学的研究がいくつも実施されており、そこからは、適度の飲酒には多少の保護効果があり、とくに高齢の女性での効果が大きいという結果が次々と出てきている。一方で、そうした研究ではバイアスの懸念が依然として消えない。[19] いくつかの研究では、飲酒習慣の有無を示すものとして、正直さという古くさいものに頼った信頼性の低いアンケートなどではなく、アルコール不耐性遺伝子を使っている。大腸がんと飲酒には関連性があるというのは、ずいぶん前から観察的研究にもとづいて言われてきたことだが、バイアスをできるだけ排除した大規模な遺伝子研究では、そうした関連性を証明できなかった。[20] 二〇一四年に発表された二六万人を対象とする大規模なメタアナリシスでは、自己評価式のアンケートではなく、アルコール不耐性遺伝子（アルコールデヒドロゲナーゼ遺伝子）を飲酒のマーカーとして用いている。このメタアナリシスの結果、適度な飲酒の保護効果の有効性については疑問が出てきている。しかし、遺伝子や、遺伝子と文化の関わりについてはまだ十分に整理されていないし、これまでの研究も、とくにワインだけを対象にしていたわけではない[21]。

*

そういうわけで、私は念のため、これからも毎日グラス一杯のワインを飲んで、腸内細菌たちがポリフェノールを堪能してくれるのを期待するつもりだ（ウォッカのがぶ飲みはしない）。どの酒を飲めばどうなるかというのはきわめて個人的な話であることを、最近の研究ははっきりと示している。アルコールへの反応は人それぞれで、その原因は遺伝子だけではない。腸内細菌も関係しているし、アルコール以外の食事内容や飲酒パターンに左右される面もある（ラットを使った研究によれば、プロバイオティクスにはアルコールの副作用を抑える働きがあるそうなので、派手に飲む予定があるときには、ヨーグルトを食べておくといいかもしれない）。したがって、政府は安全な酒量について一律的なガイドラインを示しているが、その数字は、ある人にとっては少なすぎるし、別の人には多すぎることになるだろう。ガイドラインは一人ひとりに合わせて作る必要がある――テキーラはショットで一気飲みするものかもしれないが、政府のガイドラインはそんなふうに鵜呑みにしないほうがいいのである。

ところで、イギリスでは酒を毎日飲む人よりも、ビタミン剤を毎日飲む人のほうが多い。だが実際のところ、ビタミン剤が酒よりもはるかに健康的だと言い切れるのだろうか？

17　ビタミン　サプリメントを買う前に

食事から点滴へ

多くの人たちがビタミン剤を飲んでいる。その理由はさまざまだが、健康や活力の増進、あるいはがんの予防というのが最も一般的なところだろう。とはいえ、リアーナやマドンナのようなセレブリティはもう、ビタミンの錠剤を飲んだりはしない。メディアが伝えるところによると、このごろはビタミン剤を各人向けに調合して、体が「より多くのビタミンやミネラルを吸収できるよう」、静脈に点滴投与することもあるという。また、高級なスパリゾートや流行の「点滴バー」で定期的にビタミン点滴を受けると、特別な陶酔感があって元気が出るという話もよく耳にする。私たちも、そんなセレブリティのまねをするべきだろうか？それとも、それは金のかかる二日酔いの治療にすぎないのだろうか？

ここまで見てきたように、現代の私たちが口にする食品は、五〇年前どころか、三〇年前と比べても不健康になってきている。理由としては、私たちが加工食品を大好きだということが大きい。加工食品では、原材料の栄養素がほぼすべて失われてしまっているからだ。それに加えて、あまり知られていないことだが、生の野菜や果物、一部の肉でさえ、栄養価やビタミンが五〇年前のわずか半分に減っているのだという。

さまざまなアドバイスや巧みな宣伝にさらされて、私たちはビタミンに夢中になった。しかしそのビタミンは、いつの間にか、本来それを含む食品とは切り離された存在になってしまっている。

ビタミンの発見とビッグビジネス

ビタミンは、第三世界に多かった脚気《かっけ》の研究から発見された（その当時はvitaminではなくvitamineと綴った）。脚気になると、足や腕のむくみや心不全、健忘症などの精神や神経の病気が引き起こされるが、二〇世紀に入ってもその原因は依然として不明なままだった。しかし、やがてポーランドの化学者カシミール・フンクによって、脚気の原因が食習慣の急激な変化にあることが突き止められる。人々は、玄米をやめて白米を食べるようになっていた。白米は、玄米を精白して表面を覆うぬかを取り除いたものだが、そのぬかには実は、さまざまな栄養素や健康に不可欠なビタミンBが含まれていたのである。フンクは、ほかの多くの病気も「vitamine」の不足が原因だと考えた。

ビタミンの多くは食品に含まれているが、私たちの腸内細菌もまた、たとえばビタミンB6やB5、ナイアシン、ビオチン、葉酸といったビタミンB群や、ビタミンKを作り出すことができる。[1]細菌により大腸で合成されるビタミンB12は、肉を食べないヴィーガンの役に立つと思われるかもしれないが、残念ながら、実際にはそれほど効果はない。ビタミンB12が正しく吸収されるには、胃でホルモンと結びつく必要があるが、胃というのは大腸よりずっと上にあるからだ。またビタミンAなどは免疫システムに不可欠で、不足した場合には大きな影響がある。私たちの腸には、ある特定のビタミンが不足していることを検知する受容体があり、その働きによって腸内細菌が変化して（具体的には保護的な作用をもつセグメント細菌が減少する）免疫反応や炎症を引き起こすのだ。[2]

つまり、ビタミンの摂取量を適切なレベルに保つことは、私たち自身ばかりでなく、腸内細菌のためにもなる。生の野菜や果物を日常的にとり、たまに肉を食べるという、バランスのとれた食生活をしていれば、九九パーセントの人が十分なビタミンを摂取できるはずだが、これに納得していない人は非常に多い。

最初のマルチビタミンサプリメントが商業生産されたのは一九四〇年代のことで、それ以来、ビタミンサプリメント市場は着実に成長をとげてきた。イギリス人の三五パーセント、アメリカ人の五〇パーセントは、サプリメントを日常的に摂取しており、その市場はイギリスで七億ポンド、アメリカでは三〇〇億ドルという驚くべき規模に成長している。

かつては、ビタミンの効果について知ろうと思えば、おばあちゃんの知恵や、個々の症例といったものに頼るほかなかった。具体的には、この植物にはこういう滋養があるというような知識や、壊血病やくる病といった深刻なビタミン欠乏症の症状からの推測だ。しかしやがて、短期間の観察的研究や試験管実験による研究がいくつかおこなわれるようになった。そうした研究はさして説得力もなかったが、間違いなくサプリメントの売上げ増加につながっていった。

また当時広まっていた考え方に、野菜や果物に心臓疾患やがんの予防効果があるならば、その重要成分とされていたカロチンなどにも同じ効果があるはずだ、というものがあった（どこかで聞いたような理屈だ）。アメリカでは一九九〇年代に、医療関係者を対象にした大規模な観察的疫学研究によって、抗酸化作用のあるビタミンEサプリメントの服用は、心臓疾患の減少と関連があることが示された(3)。それを知った世界中のメディアは、この関連性を両者のあいだに因果関係がある証拠として報じたので、誰も彼もが抗酸化サプリメントを買い求めるようになった。

こうした状況は、サプリメント企業の株主ならともかく、はたして私たちにとって本当に好ましいことなのだろうか？

サプリメントに忠誠を誓う人々

二〇〇〇年代半ばになるとようやく、そういった症例や観察的研究、宣伝文句の一部について、きちんと無作為化された多くの臨床試験による検証がおこなわれるようになった。対象になったのは、人気の抗酸化ビタミンやミネラル、とくにカロチンやビタミンE、セレニウムだ。それらの研究では、そうしたビタミンなどを服用したグループに心臓疾患への効果はまったく見られず、逆に、がんや心不全のリスクの大幅な増加が見られた(4)。このせいで、サプリメントの売上げは一時的ながら多少の落ち込みを見せている。この種の観察的な疫学研究はもともと、ほかの多くの病気についての研究と同様に、ある特有のバイアスのせいで誤解を招きやすかった。ビタミンEタブレットを摂取したいという人は一般に、金があって、学歴が高く、痩せており、酒はあまり飲まない、野菜や果物をよく食べるというタイプなのだ。

さらに最近では、マルチビタミンサプリメントの有効性に関する評価結果が公表され、大きな話題となった。報告されたなかには、マルチビタミンについての二七件の既存研究を対象とするメタアナリシスと、新たに実施された信頼性の高い大規模な無作為化試験が二件含まれており、被験者は合計五〇万人近くになる。こうした研究がはっきりと示したのは、有効性は一切ないということである(5)。集められたエビデンスすべてを見渡したうえで専門家が出した結論は、マルチビタミンにとって不利なものだった。ベータカロチンやビタミンE、さらに高用量のビタミンAを含む各種サプリメントは、明らかに体に害があるというのだ。ほかの抗酸化ビタミン、葉酸、ビタミンB群を含むサプリメントにも、マルチビタミンサプリメントやミネラルのサプリメントと同様に、死亡率や、主要な慢性疾患の罹患率を下げる効果は見られなかった(6)。

オメガ3を成分に含む魚油カプセルは、現代の食生活やライフスタイルにおいて欠けている栄養素を補うと同時に、関節炎にも効くという、万能のサプリメントとして広く宣伝されている。大げさな広告や有名人を起用した宣伝が見受けられるが、商品に本物のオメガ3が含まれている場合でも、子どもの認知機能や知能指数、注意欠陥障害にはまったく効果はない。心臓病のハイリスク患者一万二〇〇〇人を対象とした大規模な研究でも、魚油カプセルで心臓疾患のリスクを下げることはできなかったと報告されている(7)。すでに書いたとおり、オメガ3とオメガ6の摂取量比率を変えようという、盛んに言われている話は見当違いだ。また、ほかのきわめて大規模な臨床研究からは、魚油オイルには黄斑変性症やアルツハイマー症、前立腺がんの予防効果はないことがわかっている。

ビタミンCサプリメントは、多くの国で最も一般的に服用されているビタミン剤だ。免疫機能が高まり、風邪をひくリスクを下げるという効果が期待されるからだ。しかし、適切な方法で実施された臨床試験によれば、ビタミンCサプリメントには、風邪や、がんなどの病気を予防する効果はないという。亜鉛サプリメントなどには、前もって服用すれば風邪の回復を半日早められる可能性があることを示す研究がいくつかあるが、オレンジやブロッコリーにも同じ効果がありそうだ。

医師が処方した薬は、ほとんどが無駄になってしまっている。深刻な症状のために処方されたものでさえ、きちんと服用されるのは五〇パーセントに満たない。私の経験上、あらゆる薬を拒否するという患者も多い。ところがその薬が「ビタミン」と呼ばれていれば、一部の人は、たとえその効果が証明されていなくてもぜひとも飲みたくなるらしい。これを私は「ビタミン信仰」と呼んでいる。ビタミンサプリメントは、病気ではない人での有効性は証明されていない。実際のところ、これまでに得られているエビデンスが示しているのは、ビタミンサプリメントの日常的な服用には、とくに量が多ければリスクがあるということだ。

「多ければ多いほど良い」という幻想

ビタミンの一つである葉酸は、葉野菜や果物を主な摂取源とする栄養素だ。ふつう、葉野菜や果物を食べても大人の体には問題ないので、葉酸は上限なしに摂取できる。少なくとも以前はそう考えられていた。それと同時に、葉酸を多く摂取するのは心臓疾患の予防になり、さらにはがんの発症を防ぐ可能性や、妊娠しやすくする効果もあることが、複数の研究から示唆されていた（もちろん観察的な研究だ）。そのため多くの専門家が、あらゆる食品や飲料水への葉酸添加を熱心に勧めたという経緯がある。たとえばアメリカでは、以前からパンなどの食品に葉酸が添加されていて、葉酸のとりすぎが珍しくはなくなってきている。しかし、二〇一二年に発表された、遺伝的要素を考慮しておこなったメタアナリシスでは、葉酸に心臓疾患の予防効果があるという以前の研究結果は不正確なものだったことが明らかになった。一方、葉酸サプリメントの抗がん効果を調べるための臨床試験は十数件おこなわれているが、それらの研究を分析したメタアナリシスでは、抗がん効果は一切ないという結果になっている(8)。

妊娠中や妊娠前の女性は特殊なケースであって、ほとんどの国で、一日二〜五ミリグラムの葉酸サプリメントを摂取するようアドバイスされている。対象の女性すべてに投与すれば、二分脊椎症（妊娠二七週目で脊髄がうまくつながらなかったことによる病気）やほかの先天的欠損症の割合が低くなるという、説得力のある研究結果が出ているためだ。偏った食生活、とくにこの場合では新鮮な野菜や果物の不足のせいで、もともと葉酸摂取量が少なかった人は、葉酸補給の効果がとくに高い。こうした措置はきちんとした科学に裏付けられたものであり、先天的欠損症の発生率が減少したことは、公衆衛生キャンペーンの成功にとって重要な意味があったと言える。

一方で、もともと体内の葉酸レベルが高い女性が、さらに葉酸サプリメントを大量に摂取したらどうなるのだろうか？　または、よくあることだが、葉酸が必要とされる妊娠二七週を過ぎても、サプリメントの摂取を長期的に続けた場合にはどうだろうか？　ビタミンはたくさんとるほど効果があるという間違った考えを抱いている人は多い。不安になった妊娠中の女性が、推奨量の五〜一〇倍の葉酸を念のために摂取してしまうこともある。しかし葉酸については、母親と胎児の両方において、病気に対して保護的な作用をもつ遺伝子の一部をエピジェネティクス的にオフにする可能性や、大量に服用した場合にはアレルギーやぜんそく、乳がんのリスクを高めるといった悪影響の可能性があることが、いくつもの研究によって指摘されている（ただし白血病のリスクを下げる効果はある）(9)。

天然の栄養と人工の栄養

こういった葉酸についてのエビデンス[10]を聞くと心配になるが、実はそのほとんどがラットでの実験によるものだ。当然ながら、ラットは必ずしも最適なモデルとは言えない。ヒトでの実験もおこなわれてはいるが、小規模な実験か、観察的研究のいずれかである。それでも、葉酸の過剰摂取が健康に影響を与える可能性は現実的なものだし、そうした可能性はほかのビタミンにも当てはまる。

このことで改めて気づくのは、人工的に合成された「葉酸」の効果は、たとえばブロッコリーなどに含まれる、過剰摂取の危険性がない天然の「葉酸塩」の効果とは同じではないということだ。二〇一二年に発表された研究はこうした問題をテーマとするもので、臨床試験により、天然のブロッコリースプラウト（ブロッコリーの芽）を食べるのと、同量の成分を含むカプセル状のブロッコリーサプリメントを摂取するのとでは、結果が大きく異なることを示している。天然食品を摂取した場合、人工のサプリメントと比較すると、血液や尿に含まれるポリフェノールの量が四倍になったのである。[11]

私はかつて、二〇年にわたって、すべての骨粗しょう症患者にカルシウムとビタミンDのサプリメントを一グラムずつ投与していた。それが患者の役に立つと考えていたのだ。こうした習慣の根元にあったのは、古い研究結果であり、カルシウムは骨に有益なはずという「常識的」な考えだった。同時に、より強力な骨粗しょう症治療薬の臨床試験結果で提案されているのと同じ治療をおこなうべきだという、医学界での定説もあった。

私は二五年ものあいだ骨粗しょう症の診察をしてきて、生粋のアフリカ人が単純な骨粗しょう骨折になったのを見たことがない。世界中のほとんどの地域では、牛乳を飲む習慣がなく、食事由来カルシウムの摂取量が欧米諸国の人々に比べて少ないのに、現実には骨粗しょう症による骨折が少ない。かといって、サプリメントを摂取しているわけでもない。私はそのことをずっと奇妙に思っていた。

一九八〇年代に、脂肪摂取量を減らそうというキャンペーンがおこなわれた結果、欧米では乳製品を食べるのをやめるか、量を減らしたほうがよいとアドバイスされることが多くなった。医者は、患者から乳製品をやめたと言われると、カルシウム剤を増やすことで対応していた。実際には、ヨーロッパ人がカルシウム剤を定期的に服用すると、動脈にカルシウム沈着物が増えて、動脈硬化が生じることがわかっている。心臓疾患や脳卒中を予防しようとしたのに、逆にそうした病気のリスクをわずかに高めてしまっているのだ[12]。

カルシウム剤の弊害については依然として賛否両論があり、どちらもそれぞれの見方を変えようとしていない。カルシウム剤の投与には潜在的なリスクがあるうえ、骨粗しょう症による骨折予防に効果的だという決定的なエビデンスもないにもかかわらず、臨床医は、ずっとやってきたカルシウム投与の習慣をなかなか変えようとしないことが多い。とはいっても、私のような臨床医にしてみれば、患者へのサプリメントの投与を中止して、その三カ月後に転倒して骨折されたりでもしたら、とんでもない医者だと非難されるはめになる。これは、抗生物質の投与を控えようというときに、医師が抱えるジレンマと同じだ。

ただ幸いなことに、世間の考えやアドバイスは時代によって変化する。最近では、カルシウムとビタミンDのサプリメントをどんな患者にも日常的に与えるのではなく、欠乏によるリスクがある高齢者に限り投与するようになってきている[13]。

ビタミンDがよく話題に上がるのには理由がある。このビタミンは、脂分の多い魚、卵、乳製品、一部のキノコなどの食品からも摂取できるが、得られる量が少ないからだ。ビタミンDの不足と、心臓疾患、高血圧、がん、線維筋痛症、自己免疫疾患、多発性硬化症など一〇以上の一般的な病気や、うつ、早死などのリスクの増加とは常に関連づけて考えられてきたが、それは例のごとく観察的研究によるものだ。心臓疾患と多発性硬化症は例外かもしれないが、それ以外については関連性は誤りの可能性がある（私自身がそうした研究を何件か発表していることを認めなくてはならない）。集団における体内のビタミンDレベルを調査してみると、対象者の三分の一がビタミンD不足という結果になることも多い。こうした状況にあって、ビタミンDは万能薬さながらに、さまざまな状況に対応するサプリメントとして服用が推奨されるようになっている。

ビタミンD不足には太陽の光を

ビタミンD不足を解消したかったら、日の当たるところに一日一〇～一五分座って、顔や腕に太陽光をあてる（必要量のほとんどは太陽光を浴びることで合成される）、あるいはそれが難しい冬は、脂の多い魚を食べるといい。それが実際的なアドバイスだ。しかし、患者にこうしたアドバイスがされることはめったになく、代わりにサプリメントが処方されている。その背景には、太陽光への必要以上の恐怖心があるのだが、人々にそうした恐怖心を植えつけてきたのは、がん関連の慈善団体や、日焼け止めクリームのメーカーだ。そうした団体などのアドバイスのもとになっているのは、皮膚に生じるメラノーマについての古すぎて役に立たない観察的疫学研究である。

毎年春になると、太陽光はメラノーマの「原因」だと言われるのを耳にする。しかしメラノーマの研究が示していたのは、日常的な強い日焼けと、メラノーマのリスクのわずか五〇パーセントの増加に関連性があるということにすぎない。つまり、太陽光の浴びすぎで説明できるのは、メラノーマの症例のうちのせいぜい四分の一足らずなのだ。(14) こうした比較的穏やかなリスクは、遺伝子によって決まる肌の色のタイプ違いを考慮すれば、見えなくなってしまう。実のところ、メラノーマの主な原因は遺伝子と不運であり、太陽光のせいではないのである。(15)

それでも、たいていの皮膚科医はメラノーマの患者に、何としてでも太陽光を避けるように言うものだ。しかし、ビタミンDレベルが低く太陽光にあたっていないと、逆にメラノーマが再発する可能性が高くなってしまう。[16]

近ごろは、誰もが医師とビタミン剤ばかりを信頼している。その一方で、脂の多い魚や太陽のような自然界にあるものは軽視しがちなのだが、実際は、こちらのほうを信頼したほうが一般的には良い結果が得られる。私はしばらく前に、通常時のビタミンDレベルが低い女性の双子を対象に、ビタミンDサプリメントの無作為化比較試験を二年間実施したことがある。ビタミンDサプリメントを摂取した被験者と、彼女の双子のきょうだいであるプラセボを摂取した被験者の骨を比べても、違いは見られなかった。その一方、遺伝的な要因を調整していないほかの小規模な研究では、有効性が報告されている。[17]ところが、最近になって真実が明らかになった。五〇件以上の臨床試験を対象とするメタアナリシスで、ビタミンDのサプリメントを摂取した計九万五〇〇〇人以上の被験者を分析したところ、サプリメントが死亡率や骨折の発生を抑えていることを明確に示すエビデンスは見つからなかったのである。[18]

一カ月に四～六万ユニットという大用量のビタミンD（通常は三万ユニット）を投与する三件の無作為化比較試験は、ビタミンDに危険な物質という新たなイメージを与えることになった。ビタミンDを大量に投与された人や、血中のビタミンD濃度が平均より高かった人は、低用量を投与された人や、「最適な血中濃度」に達しなかった人に比べて、骨折や転倒の数が三倍になった。[19]現代社会に見られる体内のビタミンレベルの低さには、病気の原因というよりも、一般的な栄養状態の悪さや戸外での運動の不足を示すマーカーという面が多少はあるかもしれない。だとすれば、そうした栄養や運動の状態を正常にするのが先だろう。[20]

本物の食品を選ぶこと

私たちの体は、チーズや牛乳、ブロッコリー、イタリアのミネラルウォーターといった通常の食品から、ビタミンやカルシウムを徐々に取り出すことには対応できるが、そうした化学成分が胃で急激に増加してもどうにもできない。それどころか、カルシウムを人工的な形で一度に大量服用すると、骨の形成や吸収に関係がある副甲状腺ホルモンなど多くのホルモンが、骨吸収を刺激するように作用する場合がある。これは、カルシウムを一日かけてゆっくりと自然に摂取する場合とは逆の作用である。おそらく同じことは、ほかのさまざまなビタミンを、自然のままではなく、人工的に摂取した場合にも当てはまるだろう。

腸内細菌とビタミンの相互作用については、ほとんどわかっていない状況だ。とくに、大量服用した場合にどうなるかは不明である。ビタミンB12が腸内細菌コミュニティにかなり大きな影響を与えることを示した研究があって、ほかのビタミンによっても同じような影響がある可能性は高い[21]。合成ビタミンや、ビタミンの過剰摂取による副作用のなかには、腸内細菌のコミュニティが関係するメカニズムが原因のものもありそうだ。

ビタミン欠乏症であることがわかっていたり、ひどい食生活を送っていたりするのでなければ、ビタミンサプリメントは役に立たないばかりか、体や腸内細菌に悪影響を与える可能性がある。それが私の結論になるだろう。お勧めしたいのは、洗面台のキャビネットから家族が飲んでいるサプリメントを全部取り出して、ゼロから考え直すことだ。「ビタミン添加」の加工食品がどんどん増えているが、そのリスクについての十分なデータが得られるまでは注意したほうがいいだろう。

私たちとビタミンとの報われない恋愛関係からよくわかるのは、病気を治せる魔法の成分一つを選び出す還元主義的アプローチに、私たちがいかに執着しているかということだ。ぜひ子どもと一緒に、サプリメントではなく本物の食品を食べるようにしよう。ある程度幅の広い種類の食品を食べれば、そこには必要なビタミン類の大半が含まれている。健康な腸内細菌と協力すれば、それ以外のビタミンも体内で作り出せるだろう。

18　抗生物質

腸内細菌の殺戮兵器

感染症が根絶される日

抗生物質の誕生は、地球環境において過去一〇〇万年に起こった変化のなかでも、とくに大きなものに数えられるが、その影響が現れたのはここ五〇年ほどのことにすぎない。一九二八年に、スコットランド人のアレクサンダー・フレミングが抗菌性のある化学物質、つまりペニシリンを作り出すカビをなかば偶然発見したとき、彼は近代社会がその物質に依存するようになるとはつゆほども思っていなかった。

実際フレミング自身は、自分が発見したカビを薬に変えることにすら大きな可能性を見いだしておらず、その仕事は、ハワード・フローリーとエルンスト・チェーンの手にゆだねられた。彼らはペニシリン精製法の開発というきわめて重要な仕事をやりとげた。さらに、通常は死に至るような感染症にかかった数名の患者を対象に臨床試験をおこない、驚くような結果を出した。ペニシリンはとても希少だったので、患者の尿から回収して、不純物を多少取り除いてから、次の患者に再利用するということまでしたという。その後ロンドン大空襲が始まると、二人は戦時下のロンドンを離れてアメリカに居を移し、工業規模でのペニシリン製造を開始する。ペニシリンを連合国の兵士のために使うことを目指したのだ。

抗生物質は驚異的な大成功を収めた。以前であれば死んでいたような恐ろしい細菌感染症から、数え切れないほどの命を救ったのである。戦後になって医師たちは、やがてヒト感染症が撲滅される日が来る、抗生物質はその前触れだと予言するようになった。

こうした輝かしい歴史をもつ抗生物質が、食品ラベルの栄養成分表示に記載されることはまずないが、ぜひとも表示すべきだと私は思う。私たちは、自分でも気づかないうちに、抗生物質にさらされ続けているからである。

消し去られた共通点

アラナとリサは、二六歳になる双子の姉妹で、「マック・ツイン」という名前でDJやテレビタレントとして活躍している（ついでに言うと、元気いっぱいに人生を謳歌しているブロンドのスコットランド人である）。彼女たちは、見た目は瓜二つの一卵性双生児だが、そっくりな外見の内側は、想像以上に違っている。たとえば、二人の身長は同じで、体重も健康的な六〇キロ程度とほぼ同じだったが、リサのほうがウエストまわりがたっぷりしており、かつては六カ月で一二キロ太ったこともあった。現在のリサは、日常的な運動で体重をコントロールするのを楽しんでいる。一方のアラナは、激しいスポーツを楽しむタイプではなく、ホットヨガで汗を流すほうがお気に入りだ。アラナは、体重をコントロールするためなら5：2ファスティングダイエットをするのも平気だが、リサのほうは、いつもどおりのカロリーをとれないと、とてもではないが落ち着いていられない。

二人は性格もまったく違う。アラナは昔は内気だったが、現在はかなり現実的な考え方をする落ち着いた性格になっている。リサのほうはときどき不安な気分になるし、強迫性障害の発作を起こしやすい。二人の父親はゴルフ中に心臓発作を起こして、五八歳という若さで不幸にも急死しているが、二人の悲しみ方は正反対と言っていいほどだった。アラナは冷静で、ときどき激しく悲しむという感じだったが、リサは落ち込んで現実から目をそらそうとした。自分たちがこれほど同じなのにこれほど違うのはなぜなのか、二人にはずっとわからなかった。

スコットランドで育った二人は、一七歳になるまで部屋も一緒だった。しょっちゅうけんかもしたが、仲良しだった。生後六カ月のころは体が弱く、二人とも気管支炎になって病院で治療を受けた。その後も耳の炎症や扁桃炎にたびたびかかったため、抗生物質を何度も投与されている。四歳のときに、アラナは長期入院が何度も必要になるような膀胱炎を繰り返し、二年のあいだほとんどずっと抗生物質を飲み続けた。その直後にアラナは、遺伝的な自己免疫疾患である、若年性特発性関節炎にかかる。あちこちの関節に症状が出て、痛みを伴う腫れと硬直が起こったが、アラナはたくさんの薬を飲みながら、どうにか普通とほとんど変わらない生活を送った。この関節炎の痛みは一六歳のときに突然消えた。

リサは関節炎に一度もならなかったので、アラナを診ていた医師たちは驚いていた。ただリサは、自宅を離れた直後にひどいニキビが出るようになった。これは、そのときのリサの年齢を考えると予想外のことだった。また、アラナにはニキビができなかったのも奇妙に思えた。私たちの双子研究からは、ニキビは最も遺伝性が強い病気の一つであることがわかっていたからだ。リサのニキビはひどかったので、医師はミノサイクリンという抗生物質を数カ月投与し、それ以降も完治を目指してもっと強い薬を出した。数年後、リサは尿路や腎臓の感染症にかかるようになっていた。こうした感染症はリサを苦しめ続け、一カ月ほどの抗生物質投与がたびたび必要になった。医師には、抗生物質を一生飲み続けることになるとまで言われた。

遺伝子がまったく同じ二人のあいだに、ここまで違いが生じたのはなぜだろうか？　これまでの経緯を振り返ってみると、その理由には抗生物質が関係していると考えられる。アラナは子ども時代に何度も感染症にかかって、その治療でたびたび抗生物質を投与されたため、母親から受け継いだ自然な腸内細菌を大量に失った。こうした事態が起きていなければ、アラナが関節炎になることもなかったかもしれない。腸内細菌は、彼女の免疫システムに影響を与えているはずだ。もしかしたら「ホットヨガ」が好きなのもそのせいかもしれない。同じように、リサに大人になってからニキビができたのは、遺伝的な面もあったが、細菌の異常増殖とそれに対する過剰反応が原因だった。ニキビができた後に、感染症にかかりやすくなったのも、腸内のマイクロバイオームの不調が原因と考えられる。

アラナとリサは二人とも、卵のピクルスからハギスまで、ポテトチップスからスシまで、あらゆる食べ物が好きだ。ただ、子ども時代こそ同じ時間におまるに座っていたものの、今では、二人の排便習慣やトイレに行く頻度にはかなり違いがある。食生活もライフスタイルもまったく同じなのにもかかわらずだ。私たちが二人のマイクロバイオームを検査したところ、一般的な細菌種のほとんどに違いが見られた。全体的に、二人に共通して見られる腸内細菌はほんのわずかで、赤の他人同士のようだった。つまり、二人が生まれたときにあった遺伝子に由来する共通性を、抗生物質が消し去ってしまっていたことになる。

濫用される抗生物質

アメリカだけで、毎年二億五〇〇〇万クールの抗生物質が処方されている。イギリスでも、一般医による診察での抗生物質の過剰使用に対して重大な警告が出されているにもかかわらず、処方率はいまだに増加していることが、最近実施された調査で示されている。

一九九九年の時点で、一般医に対して、軽い細菌感染やウイルス感染の治療目的での抗生物質の処方を減らすようにという警告が出されていた。そうした警告は無視された――実際のところ、状況はさらにひどくなったのだ。二〇一一年までに、抗生物質の処方率は四〇パーセント増加しており、平均的な一般医は、咳や風邪の症状を示す患者の半分以上に対して抗生物質を出している。こうした感染症はウイルスが原因で、ウイルスには抗生物質は効かない。一般医の一〇人に一人はさらに思慮に欠けていて、患者の九七パーセントに抗生物質を処方している。おそらくは患者を満足させておくためか、あるいは診察を早く終わらせるためだろう。

世界全体での抗生物質の使用状況を見ると、この三〇年で、データがある国のほぼすべてで使用量が増えている。患者に渡される処方箋の四〇パーセントは、先ほど述べたような理由で、まったく役に立たない(1)。どの国も抗生物質を過剰に使用してはいるが、スウェーデンやデンマークなど、適切に管理された集中的なヘルスケアシステムのある国の使用量が最も少ない――人口比で考えると、アメリカの使用量の半分だ。そうした国は、狭域抗生物質の使用が多い点も特徴だ。狭域抗生物質では、ターゲットとする細菌をずっと絞り込んでいるので、腸内細菌への影響も少なく、問題が大きくなることはない(2)。

細菌が間違いなく関係しているという珍しい症例でさえ、第三者の立場から検討すると、抗生物質の効果はわずかでしかないことがわかる。たとえば、咽喉や副鼻腔の痛みに対して直ちに抗生物質を処方すれば、症状の緩和がわずか一日ほど早まる。この一日の違いは大きいと考える人もいるのかもしれないが、それもマイナス面がない場合に限られるだろう。

死に至る治療

アルンは二歳のときに初めて抗生物質が必要になった。母親がそれを何とも思わなかったのは、自分も子どものころ、何度となく抗生物質を飲んでいて、抗生物質は安全で効果的だと考えていたからだ。深刻な副作用のことなど頭をかすめもしなかった。

アルンと母親の苦難が始まったのは、ある日の夕方だった。表で遊んでいたアルンに、蚊に刺されたような跡ができたのだ。アルンが家に戻ると、母親はその部分にかゆみ止め成分の入った虫刺され薬を塗ってから、ベッドに入れた。次の日、刺された跡は赤くなって、感染を起こしているように見えた。赤みは脚の上のほうまで広がっているようだった。かかりつけ医に行くには時間が遅すぎたので、母親はアルンを地元病院の救急医療センターに連れて行った。そこで、いくつもの未知の細菌と戦うために広く使われている、強力なセファロスポリン系抗生物質のセフトリアキソンを注射された。さらに念のため、別のバクトリム（二種類の抗生物質を組み合わせたもの）もシロップ薬として投与され、母親はこの薬を一〇日間飲ませるように言われた。

この抗生物質を飲み始めると、まもなくアルンの脚は良くなり始めたが、代わりにひどい下痢になってしまった。母親は、それが抗生物質によくある副作用だと知っていたのであまり心配していなかったが、下痢はひどくいつまでも続き、やがて便に血が混じっているのに気づいた。病院に連れて行くと、便検査をされた。後日、クロストリジウム・ディフィシルという細菌の検査で陽性反応が出ており、現在の症状は偽膜性大腸炎だと言われた。これは大腸で発生する厄介な炎症だ。医師はそこでまた、クロストリジウム・ディフィシルによる大腸炎の第一選択薬である、フラジールという別の抗生物質を出した。新しい薬を飲むようになって最初の数日は、アルンのおなかの調子はとても良くなったが、服用期間の終わりになると、元の症状がまた出てしまった。医師は同じ抗生物質をまた投与したが、同様のパターンの繰り返しだった。

「この段階で、小児胃腸科の専門医に紹介されました。ただ一週間後の予約しか取れず、待たなければなりませんでした。私は怖くなって、かかりつけ医に相談しました。ひどい症状があるのに、そんなに待つなんて考えられなかった。アルンは急激に痩せていて、具合が悪いのは一目瞭然でした。アルンの病気について調べているうちに、数は少ないですが、深刻な合併症があって、それにかかると大腸が破裂してしまう可能性があり、命に関わることが多いと知りました。かかりつけ医には、自分にできることはもうない、どうしても心配なら子ども病院に連れて行くようにと言われました。私はもう取り乱してしまって、二日間眠れませんでした。そこで、奇跡みたいな話ですが、アルンは良くなったんです。理由はこれからもわからないでしょう。ただ、アルンはもう少しで死ぬところでした。抗生物質にどんな害があるのか、世の中の人に知ってもらいたいです」

アルンのように運の良い患者ばかりではない。この大腸炎にかかった子どもは、半数が死亡する可能性がある。腸が抗生物質によってひどく傷つけられているので、免疫システムや腸の防御機構がまったく機能しなくなるからだ。そうなる場合にはまず、抗生物質をたびたび服用したことで、大腸内にもともとすみついていた細菌が激減してしまう。すると、通常であれば保護的な効果をもつ細菌コミュニティの多様性や力が失われ、逆にクロストリジウム・ディフィシルという、攻撃的な、つまり病原性のある種類の細菌が力をつけて増殖していく。そして最終的には、大量のクロストリジウム・ディフィシルが腸を完全に支配するようになる。こうした結果は恐ろしいものだが、まれなケースで、起こるのは抗生物質の使用一万回につき一回程度だ。ちなみに、そのリスクはミルクで育った子どものほうが高い。ミルクで育った子どもの腸では、ビフィズス菌のような多様性が高くて健康に有益な細菌が、プレバイオティクスをたっぷり含む母乳を好きなだけ消費することができないからだ。そのような細菌が多ければ、感染症と戦う力が高まると同時に、アレルギーも少なくなる。(3)

現在は、一年間で何百万クールにも相当する抗生物質が処方されており、そのほとんどが非特異的な広域抗生物質だ。広域抗生物質は、病原性があるとされる細菌だけでなく、出会った細菌をすべて殺してしまう。そのためクロストリジウム・ディフィシルによる大腸炎は、抗生物質耐性一般とともに、増加の一途にある。この病気から改めて考えさせられるのは、抗生物質の過剰使用は、とくに一見些細な理由でそうされた場合に悲惨な結果をもたらすのだが、そのような事実は往々にして秘密にされていることだ。

無菌出産がもたらす問題

私たちの健康維持に役立つ基本的な腸内細菌コミュニティを形成するうえで、生まれてから最初の三年間というのは最も重要な期間である。しかし残念なことに、出産前後から多くの抗生物質が使われており、かわいそうな腸内細菌のことはまったく考慮されていないのが現状だ。たとえば、軽度の尿路感染症にかかった妊婦への抗生物質の投与が、当たり前のようにおこなわれている。また三〇年ほど前から、帝王切開手術の直前には、一〜三パーセントほどの確率で発生する術後感染症のリスクを抑えるために、セファロスポリンのような強力な広域抗生物質の静脈注射を処方するのが日常的になった。こうした抗生物質は胎盤を経由して胎児に届くし、母乳にも影響する。さらには、それ以上の悪影響を及ぼす可能性もある。[4]

私自身は、一部の帝王切開については全面的に支持している。[5]ただし、命を救う緊急手術と、そうではない選択的な手術とでは話が違ってくるだろう。

ヨーロッパを見ると、帝王切開手術がおこなわれる割合は国によって大きく違っているようだ（ただし、二〇〇〇年以降増加してきている点は共通している）。イタリアは、意外でもないが割合が最も高く、二〇一〇年には新生児の三八パーセントが帝王切開で生まれている。この割合には大まかながら南北差があり、イギリスは二三パーセントと中間的な数字だ。帝王切開の実施率が低い「恵まれない」国々となると、オランダが一四パーセントとヨーロッパで最も低く、わずかな差で北欧諸国が続いている。こうした国々での割合は、ヨーロッパだけでなく、一九八〇年代以降ほとんど状況に変化がない先進国全体で見ても最低レベルだろう。そしてこのあたりが、目標としてふさわしい水準と言えるのかもしれない。[6]

こうした背景の違いには、美容、費用、文化といった面での理由がある可能性が高いが、それ以上に重要なのは、医師の役割だと思われる。帝王切開を選べば、医師たちはもう午前二時に起きる必要はないし、ゴルフのハンディキャップも減らせるのだから。

この世で初めて触れる人

三〇歳のマリアは、すでに子どもが一人いて、さらに双子を出産予定だった。病院で働いていたので出産の流れはわかっていた。医師と相談の結果、三七週の段階で帝王切開をすることになり、ついにその日がやってきた。事前の絶食と簡単な浣腸でおなかをすっかりきれいにする。手術室は産科スタッフでいっぱいで、緊張した様子のマリアの夫も、殺菌した白衣とマスクを着けて決まり悪そうに立っていた。夫とマリアの側からは、足の方にいるスタッフを直接見ることはできなかった。

マリアは意識を失わない程度の軽い麻酔注射と、脊柱への硬膜外麻酔を受けた。無事に手術が終わり、健康な双子の男の子ですよと言われたときにはほっとした。二人の赤ん坊はすぐに目の届かない場所に連れて行かれてしまったが、手術跡の縫合が終わってから三〇分ほどたつと、戻されてマリアに手渡された。初めて抱く赤ん坊たちは平均よりも小さいが危険なほどではなく、体重はどちらも二キロ以上あった。そして驚くほどそっくりだった。

母乳を与えるようになると、二人とも少しずつ体重が増えていった。しかし自宅に戻り、生後一週間を過ぎたあたりで様子が変わってきた。ジュアンはあまり体重が増えず、マルコに比べてよく泣くように思えたのだ。二カ月後、授乳の大変さから調合乳を取り入れることにしたが、二人ともちゃんと飲んでくれた。ただ、ジュアンはやはりマルコよりも成長が遅かったし、眠らない夜が多く、ときどき乳児疝痛《せんつう》を起こした。二歳の誕生日を迎えるころには、マルコはぽっちゃりした元気な赤ん坊になっていたが、ジュアンは痩せていて、あまり元気がなかった。マリアはジュアンを何度か小児科に連れて行ったが、心配ないと言われるばかりだった。

あれこれ相談した結果、ジュアンにはラクトース耐性がないかもしれないので、豆乳を飲ませてみるよう勧められた。豆乳を与えた当初はうまく体重が増えたが、やがてちょっとした不可解なアレルギーがいくつかあらわれてしまう。家族は、いまや目に見えて体格差のある双子にDNAテストをするよう手配した。テストの結果、二人は一卵性双生児であることが確認できた。二人が遺伝的クローンであり、同じように育てられてきたことを考えると、体重がそれほど違う理由は、医師たちにも家族にも見当がつかなかった。

ふつうの新生児と同様、ジュアンとマルコの腸内細菌は、最初はまったくのゼロである。また一般的に、新生児の腸に母親と環境の両方に由来する細菌が定着する時期に、一卵性双生児のあいだで腸内細菌を比較すると、二卵性双生児や、血縁関係にない人のあいだで比較する場合よりは似ているものの、まったく同じではない。しかし帝王切開で生まれた双子は、自然分娩で生まれた双子よりも腸内細菌の違いが大きい傾向にある。ときに、その違いは奇妙な理由による。たとえば、出産直後のケアの方法がちょっと違っただけで、きわめて大きな差が生じる場合もあるのだ。

ジュアンとマルコに話を戻そう。彼らの場合、手術そのものは無菌状態でおこなわれた。ただ、胎盤から取り出された双子は、それぞれ別の看護師に渡された。その看護師たちは十分清潔だったかもしれないが、手洗い消毒をして、特別な服を着ていても、体には細菌がうじゃうじゃいて、髪の毛や肌、口から絶えずばらまかれていただろう。赤ん坊の体重を測定し、腕にタグを付け、体を拭くといった手順のあいだに、看護師たちは新しいさまざまな細菌を、新生児という肥沃な大地に落としていたのだ。こうした「外来」細菌が双子の口に入り、さらに腸へと進んでいったのだが、それは進化の流れのなかでは本来起こるはずのないプロセスだった。そういった事情で、母親のもとに返された時点ですでに、双子ははっきりと特徴の異なる細菌をもつようになっていた。このように生じた細菌の違いが、双子それぞれの食品への耐性を左右しただけでなく、残りの人生を決めることになったのである。

最初の数時間が未来を決める

自然分娩の場合、新生児の腸に最初にすみつくのは産道にいた細菌で、それは膣や尿、腸などに由来する。その後、皮膚由来の細菌もやってくる。これらの細菌が、重要な最初の三年間のための出発物質に十分な多様性を与える。先に述べたとおり、腸の性質やそこでの複雑な相互作用はその三年間で形作られるのだ。

こうした細菌コミュニティは、ヒトの体が正常に発達するうえで鍵となる存在であり、とくにゼロからの学習が必要な免疫システムを訓練するという大切な役割がある。とりわけ膣内の細菌は、出産プロセスの準備として、妊娠期間中に劇的に変化する。膣内の細菌が変わると、出産の初期段階が引き起こされる。一方、帝王切開で生まれる新生児の場合、進化の道筋に沿った従来のルートを通って通常の細菌に接する前に、体の外に出されることになる。

実際に、帝王切開で生まれた新生児の腸と、膣を経由して生まれた新生児の腸には、最初の二四時間で大きな違いが生じることが研究によって明らかになっている。とくにはっきりと違うのは、帝王切開で生まれた新生児には、ラクトバチルス菌のような膣由来の有益な細菌がなく、その代わりに、ブドウ球菌（軽度の皮膚感染症の主な原因になる細菌）やコリネバクテリウム属のような皮膚に存在する細菌がいることだ(7)。こうした細菌は必ずしも母親由来ではなく、帝王切開で生まれた新生児にいる細菌の大半は、手術室内の知らない人の皮膚にいた細菌だと考えられている。あるいは父親の細菌のこともある。ただし、父親が失神して手術室から連れ出されていなければの話だが。

出産から数時間以内で、このようなキーストーン種の変化が起こり、その状態は少なくとも三年間、もしかしたら一生続くことになる。また、帝王切開で生まれた乳児の腸は、ラクトバチルス菌やビフィズス菌のような有効な細菌が後になって定着しようとすると、より強い抵抗性を示す。通常の授乳を始める場合でも、そうしたことが起こる(8)。

帝王切開の赤ちゃんにはアレルギーが多い

こういったことと同じくらい重要なのは、帝王切開で生まれた子どもは、腸内細菌だけでなく、免疫システムもうまく機能しておらず、成長後にセリアック病や、とくに食物に対するアレルギーなどの免疫関係の問題を抱えるリスクが高くなることだ。[9]これまでに発表されている疫学研究（臨床研究ではなく観察的研究）のほぼすべてにおいて、帝王切開で生まれた子どもでは、食物アレルギーやぜんそくが平均して二〇パーセント増加することが示されている。[10]大半の研究では、母親自身にアレルギーがあった場合に子どものリスクが最も高くなるとしている――そうしたケースでは、リスクは七倍になることもある。ほとんどの研究で、通常手術と緊急手術のリスクは同じという結果になっているため、バイアス因子が存在する可能性は低く、研究結果は信用できるものだと言える。

ここまで見てきたことからわかるように、いまや新生児の三人に一人が経験している帝王切開という驚異的なイノベーションは、自然分娩を避けることで、今まで考慮されてこなかった進化の強い力に干渉している。とはいえ、帝王切開を禁止するのは名案とは言えない。だとすれば、それ以外に現実的な代替策はあるだろうか？

アメリカン・ガット・プロジェクトを率いるロブ・ナイトは以前、帝王切開についての比較研究プロジェクトを進めていたころ、妊娠中だった自分の妻に、話だけ聞くとかなり奇妙に思えるアイデアを提案した。帝王切開が必要になったら、自然な状態を取り戻せるよう試みてもいいだろうか、というのである。ナイトの妻は賛成して、実際に娘を出産するときには帝王切開が必要になった。麻酔をかける前に、ナイトは彼女の脚のあいだを綿棒でぬぐい、さらにそれで尻のあたりもこすった。健康な女の赤ん坊が医者の手で取り出されると、ロブはすぐにその綿棒で赤ん坊の顔や口、目のまわりを軽くぬぐった。本来は自然がするはずだったことを再現しようとしたのだ。

三年後、その女の子にはこの処置による悪影響はまったくなく、マイクロバイオームも自然な状態だ。母方の家族にはアレルギーがとても多かったが、今のところ彼女にはアレルギーはないようである。抗生物質が必要な炎症も、喉頭炎に一回かかっただけだ。聞いたところによると、北欧諸国にはすでに、この新しい処置をひそかに実施している病院があるという。[11] 別の研究では、ビフィドバクテリウム・インファンティスという、自然分娩で生まれた赤ん坊にはたくさんいる細菌をプロバイオティクスとして投与することで、細菌のバランスを取り戻せるかどうかを探っている。

自然は、有益な栄養素や免疫シグナルを母から子の世代へと引き渡すプロセスを、遺伝子だけでなく、母親の細菌を介してもおこなっている。この母親の細菌というのは、妊娠中に食べたものによって微妙に違ってくる。また、この二世代ほどでアレルギーが劇的に増加しているのは、赤ん坊の体にいる細菌の多様性が減少し、それが免疫システムを変化させたからだと考えられる。ただ、その仕組みはまだよくわかっていない。生まれてきた赤ん坊は、三歳になるまでに抗生物質を投与される可能性がきわめて高い。ほとんどの国では現在、三歳までに抗生物質を平均して一～三クール投与されるとされている。こうなると、入念に作り上げられてきた細菌コミュニティの微妙なバランスが乱されてしまい、二度と元に戻らない可能性もある。

アメリカやヨーロッパでは、処方薬の副作用としてとくに一般的なものが八つあるが、そのうち五つは抗生物質が原因のものだ。アメリカでは、子どもが大人になるまでに、抗生物質を平均で一七クール服用している。その大部分が不必要なものだというのはイギリスと同じだ。もちろん、「平均」以上の抗生物質を服用している幼い子どもも多く、その影響で、ほかの感染症に対する免疫が弱くなるだけでなく、それ以外の厄介な副作用が起こる可能性もある。

発展途上国で働く小児科医たちは、なかなか治らない感染症が子どもの発育を妨げており、それが貧しい人々に背の低い人が多い原因になっていることに昔から気づいていた。最近発表された、幼い子どもに抗生物質を長期投与した一〇件の臨床研究についてのレビュー論文によれば、投与を受けた子どもは、実際に一年間で〇・五センチ身長が伸びたが、体重増加の効果はさらに大きかったという。[12]

アフリカや南アメリカの子どもに使われるような場合には、抗生物質は全面的に役に立つものだと言える。栄養不足を減らすことができるし、おそらくは多くの有害な細菌をいつの間にかやっつけられるだろう。しかしそうしたメリットも、先進国には意味がなさそうだ。

抗生物質と肥満の関係

マーティン・ブレイザーは、ニューヨーク大学医学部の微生物学者だ。彼は、抗生物質を使うことや、二次的影響を考慮せずに細菌を撲滅してしまうことには、長期的な危険が隠れていることに初めて気づいた研究者の一人である。二〇〇九年にニューヨーク州ロングアイランドで開催されたある遺伝学学会で、私はブレイザーの講演を初めて聴き、そうした危険は現実のものだと確信した。ブレイザーはこのテーマについての優れた本を書いている。[13]

アメリカの各州で過去二一年間に、人口に占める肥満者の割合がどう変化してきたかを示した政府の調査結果は、多くの人が見たことのあるもので、ブレイザーもこの調査を知っていた。その調査結果は、色分けされた地図の形で、肥満者の割合が年を追うごとに変化する様子を視覚的に表しているのだが、見ようによってはホラー映画のようでもある。[14] 地図上の色は、一九八五年には明るい青（肥満者の割合が一〇パーセント未満）だったのが、やがて濃い青、茶、そして赤（二五パーセント超）へと変化していく――まるで伝染病の広がりを表しているかのようだ。一九八九年には肥満者の割合が一四パーセントを上回る州はなかった。しかし二〇一〇年の時点では、二〇パーセント未満の州はなくなっていた。最も割合が低く、健康的なコロラド州でさえ、二〇パーセントを上回っていたのである。肥満者の割合は南部の州が高く、西部の州が低い傾向があった。現在、アメリカの成人の三分の一以上（三四パーセント）が肥満である。

こうした肥満者の割合の変化を説明するのは簡単ではないが、ヒントはある。二〇一〇年に、同じアメリカ各州での抗生物質使用率も発表された。その結果もやはり、国全体で見た場合に、病気の発生率や人口構成では説明できないような大きな差があった。驚くことに、州ごとに色分けをしていくと、抗生物質の使用率と肥満者の割合の分布には共通した特徴があった。抗生物質の使用率がとくに多い南部の各州は、肥満者の割合もとくに高い州だったのである。一方、カリフォルニア州とオレゴン州は抗生物質の使用率が最も低いが（平均してほかの州より三〇パーセント少ない）肥満に比較的なりにくいのもこの二州だった。

こうした全国規模のデータに基づく研究は誤解を招きやすいものだということは、さすがに十分理解されている。たとえば、肥満の割合とフェイスブックの使用やボディピアスとの相関関係を示した、同じような全米地図を作ることもできる。そういう意味では、この二つの調査の結果というのは、きちんとした証拠だとはとても言えない。抗生物質と肥満が関係あるという仮説を確かめるには、再実験が必要だった。

その最初の機会は、私がしばしば一緒に研究をしている「親と子のためのエイボン長期研究」で集められたデータを使うことで得られた。これは、ブリストルの子ども一万二〇〇〇人を出生時から追跡調査するもので、そのために測定データと医療記録が慎重に集められている。[15]この研究によれば、出生後六カ月以内に抗生物質を使用すると、子どもの脂肪量が大幅に増加し（二二パーセント）、続く三年で肥満になるリスクが全体的に高まったという。その後の研究では、抗生物質の影響はこれより小さいという結果になったが、ほかの薬では肥満への影響はまったくなかった。この結果は、デンマークでの出生コホート研究とよく似ている。デンマークの研究では、出生後六カ月以内の抗生物質使用が、七歳になった時点での体重に影響していることがわかっている。[16]

アメリカではこれよりも大規模な、六万四〇〇〇人の子どもを対象とした研究が実施されており、最近結果が発表された。この研究では、使用された抗生物質の種類や正確な投与時期などとの比較が可能だった。[17]研究対象となった子どもたちはペンシルベニア州出身で、その七〇パーセント近くが二歳になるまでに平均して二クールの抗生物質投与を受けていた。二歳前に投与されたのが広域抗生物質である場合、幼児期の肥満リスクは平均一一パーセント増加し、投与の時期が早いほどリスクも高くなることがわかった。

対照的に、より狭い範囲の細菌を殺す狭域抗生物質を投与した場合、はっきりとした影響はなく、一般的な感染症にかかることもなかった。もちろんこうした「疫学的」研究の結果は、仮説を支える要素ではあるが、決定的なものではなく、ほかのバイアス因子によって引き起こされていた可能性がある。たとえば、抗生物質を服用した子どもは、何か別の面での違いがあったり、ほかの要因の影響を受けやすかったりしたのかもしれない。そこで、マーティン・ブレイザーの研究チームは、これをさらに先に進めて、自身の抗生物質仮説をマウスで試験することにした。

抗生物質を三歳までの乳幼児に投与した場合の影響を再現するために、ブレイザーたちは、実験用マウスの子どもを使った実験をおこなった。子マウスを、抗生物質を投与したグループとしなかったグループに分け、前者には、のどや耳の感染症にかかった乳幼児に与える量に相当する、注射三本分の抗生物質を五日間にわたって投与したのである。結果は劇的だった。抗生物質を投与したグループは、成長スピードがはるかに速い一方で、マイクロバイオームは乱れ、多様性も失われていた[18]。そして体重と体脂肪が大幅に増加したのだ。影響が最も大きかったのは、高脂肪食も与えられたマウスだった。

とりわけ幸運でもない限り、過去六〇年間に生まれた人々の大半は、乳幼児期に抗生物質を投与され、人生のいずれかの時点で高脂肪食を摂取してきたはずだ。そうした人々はブレイザーの子マウスと同様の影響を受けている可能性がある。私は以前、イギリス各地に暮らす成人の双子一万人に、抗生物質を一度も服用したことがない人がいるかどうか聞いてみた。もしいたら、その人の体や細菌を調べたいと思ったのだ。しかし残念ながら、該当者は誰一人としていなかった。たとえ子どもも時代に抗生物質を飲まずにすんでも、私のように帝王切開で生まれてくることは避けられなかったかもしれない。あるメタアナリシスでは、ほかの要因を差し引くと、帝王切開で生まれて、魔法の綿棒を使った処置を受けなかった人は、肥満のリスクがおそらく二〇パーセント高まるとしている。私はそれが細菌のせいだと思っている。[19]

薬漬けの動物たち

ここまでは私たちの身の回りの話をしてきたが、実のところ、世の中で製造・販売されている抗生物質のほとんどは人間向けではない。ヨーロッパでは、国によって大きな違いはあるものの、抗生物質の七〇パーセントが農業用である。アメリカでは現在、抗生物質全体の約八〇パーセントが農場で使われている。それは大変な量だ――一九五〇年代にはわずか五〇キロだったのに対して、二〇一一年には一三〇〇万キロである。[20]そうした農場ではかわいそうな家畜たちが咽頭炎に苦しんでいるに違いない、と思うかもしれない。実は、その抗生物質は別の目的で使われている。

終戦直後から一九六〇年代にかけて、科学者たちは家畜の成長を早めるための方法をあれこれと試していた。[21]試行錯誤の末にやっと発見したのは、ほぼどんな家畜でも、低用量の抗生物質を加えた飼料を与え続けると、成長のスピードが劇的に速くなり、市場に出すまでの期間を短縮できることだった。早く市場に出せれば、出荷までのコストが安くすみ、いわゆる飼料効率が高くなる。もっと言えば、その「特別な」飼料を与え始める時期が早いほど、効率も良くなる。抗生物質は以前よりも安くなっていたので、これは畜産業界全体にとって経済的に意味のあることだった。牛やニワトリでこれだけ一貫した効果があるとなれば、人間で効果があるのも当然という気はする。

アメリカの農場というのはもはや、私たちが知っている農場とは似つかない場所になっている。アメリカの農業は現在、集中家畜飼養施設と呼ばれる、工業規模の巨大な飼育施設が有名である。これはニワトリやブタなら最大五〇万頭、牛では五万頭まで収容できる施設だ。牛は超高速で繁殖がおこなわれ、子牛の段階から食肉処理場へ送られるまで一四カ月ほどだ。その出荷時にはすでに、平均で五四五キロという巨大なサイズになっている。[22]子牛は天然の干し草や青草を食べることをすぐにやめさせられて、低用量抗生物質を添加した、大量生産のコーン飼料を食べるように訓練される。コーンは価格が安く、政府の補助があり、生産量も多い。飼料用コーンが育つ農薬まみれの広大なコーン畑の合計面積は、イギリス全体の面積に相当する。そうした新しい人工的な食事は牛たちをいらいらさせる。飼育環境の過密化も進み、牛たちは新鮮な空気を吸うこともできなくなる。近親交配も進む。そのため、逆説的ではあるが、牛たちは抗生物質から恩恵を受けているのである。

ここまで大規模におこなわれている工業的農業において、使用が禁止されている抗生物質はほんのわずかである。アメリカ農務省は、この金になる市場への本格的な介入には及び腰だった。一方EUは、抗生物質が食物連鎖を通じて私たちの口に入る可能性や、薬剤耐性を引き起こす危険性を認識し、一九九八年には一部の抗生物質について、人間の健康に効果があるものであっても、家畜へ投与することを禁止した。その後二〇〇六年には、抗生物質を含めてあらゆる薬剤を成長促進目的で投与することを禁止している。

こうした規則がある以上、ヨーロッパではほとんどの肉が抗生物質なしで育てられているはずだが、残念ながら、実際にはそうはなっていない。以前、オランダで家畜に抗生物質の入った飼料が与えられていたことが発覚して問題になったが、そうした違法な抗生物質投与はいまも後を絶たない。[23]またEUの農家は、家畜が病気になった場合には今でも抗生物質の投与が法律上認められているので、そうした名目での投与を日常的におこなっており、きわめて大量の投与も珍しくない。EUは病気治療の目的で投与できる薬剤を制限しようとしているが、実際にはほとんどコントロールできていない状況だ。農家にしてみれば、群れの一頭が病気に感染したら、その一頭を隔離して様子をみるよりも、五〇〇頭すべてに抗生物質を与えてしまったほうが安上がりなのだ。それだけ大量の抗生物質が食物連鎖と環境の両方に存在していれば、薬剤耐性のある細菌が増える。そうなれば家畜にはそれまで以上に強力な抗生物質が必要になるし、やがて人間でも同じことになるだろう。

ＥＵ域外の畜産生産者には、こうした寛大なルールさえ適用されない。そのうえ、ＥＵは大量の農畜産物を域外から輸入しているので、自分が買った加工肉製品の生産地が必ずしもわかるとは限らない。それどころか、ヨーロッパ各国で馬肉入りのラザニアが販売された事件でもわかったように、パッケージに表示されている動物の肉が使われているかどうかもあやしいことがある。

一方、私たちが食べる魚の三分の一以上は、ノルウェーやチリのサーモンにしても、タイやベトナムのウシエビにしても、集約的養殖施設で育てられたものだ。抗生物質は養殖施設でも使われていて、その量は増加の一途をたどっている。そしてそうした大規模な養殖業者の大半はＥＵやアメリカの規制を受けていない。魚を育てる条件が悪いほど、必要とされる抗生物質の量は多くなる。推計では、養殖魚に与えられる抗生物質の七五パーセント以上が、養殖施設の囲いをすり抜けて、近くを泳いでいるタラなどの天然魚の口に入り、そこから食物連鎖に入っていくと考えられている。(24)

世界は抗生物質であふれている

こうしてみると、肉や魚を食べる習慣があれば、牛肉のステーキや豚肉料理、サーモンなどと一緒に、抗生物質を摂取する可能性がきわめて高いことがわかる。規制対象ではあるが、多くの国では少量の抗生物質が牛乳から検出されることもある。厳格なヴィーガンで、抗生物質なんて使わないという人でも、安全とは言い切れない。堆肥のなかに抗生物質を投与された家畜の糞が混入していて、そういう堆肥を施された野菜などが最終的に食卓にのぼるということも、アメリカではかなり多いし、ほかの国でもあり得ることだから だ。さらに私たちが利用する上水道も、台所やトイレから流れてきたり、動物の糞に入っていた大量の抗生物質で汚染されており、最近では抗生物質耐性をもつ細菌コロニーもたくさん含まれている。

水道会社はおおっぴらにしていないのだが、彼らには、抗生物質や耐性菌を監視したり、それを濾過する手立てがない。欧米各国では、浄水場や農村地域の貯水池から大量の抗生物質が検出されている。[25]同じことを調べる研究は、世界中の川や湖、貯水池で実施されており、そこでもきわめて似通った結果が出ている。[26]抗生物質の量が多く、種類が多様であるほど、見つかる耐性菌の遺伝子も多い。[27]そういうわけで、どこに住んでいて、どんなものを食べていても、水道水を通じて常に抗生物質を摂取することになるのだ。ペットボトル入りの水でも安全ではない場合がある。研究者が調べたさまざまなブランドのボトル入り水の大半には、抗生物質にさらされており、その多くに耐性をもつ細菌が含まれていたのである。[28]

工業的農業を手がける企業や、政府の食料・農業関連省庁は、私たちの食物連鎖のなかに入ってくる抗生物質の量はまったく害のないレベルだと言っている。しかし、そのような「利益相反がなく」私たちの健康だけを考えているご立派な組織の言うことが間違っていたらどうなるだろうか？ 少量の抗生物質でも害になることはないのだろうか？

この点についても、マーティン・ブレイザーは実験で確かめてみることにした。その結果、彼の研究室が発見したのは、治療用量以下の少量の抗生物質を一生を通じて与えられたマウス（家畜の状況に酷似している）は、体重や体脂肪が通常のマウスの二倍になること、そして脂質の代謝が変化しているということだった。[29]そのうえ腸内細菌の組成も大きく変化していた。バクテロイデス属やプレボテラ属の細菌が増え、ラクトバチルス菌が減っていたのだ。

抗生物質の投与を中止すると、腸内細菌の組成は、抗生物質を未投与のグループに近づいた（ただし多様性は低いままだった）。しかしその後、両方のグループに同じエサを与えていても、投与グループのほうが生涯にわたって未投与グループより太った状態だった。投与グループに対して、通常のエサの代わりに高脂肪食を与えると、結果はさらにひどいものになった。ブレイザーの研究チームは、投与グループの免疫システムがひどく損なわれていることにも気づいた。腸内細菌が変化したことで、通常のシグナル経路が妨げられ、腸壁を健康に保つ働きのある免疫システムの制御遺伝子が抑制されていたのだ。

こうした結果が腸内細菌の変化によるものであり、抗生物質自体の毒性が直接的に影響しているわけではないことを証明するために、ブレイザーの研究チームは、投与グループの腸から採取した細菌を無菌マウスの腸内に移植する実験をおこなった。そうすると、無菌マウスにも同じような著しい体重増加が起こったことから、直接の問題は腸内細菌の減少であり、抗生物質の毒性ではないことが結論できた。また投与グループの腸では、投与量の多少にかかわらず、**レプチン**などの肥満に関連するホルモンや、空腹を引き起こすホルモンの分泌量が増加した。このホルモンは、食物の通過時間を短くして、あらゆる種類の食物からより多くのカロリーを取り出せるようにするシグナルが脳から発せられると放出されるものだ。ここからもまた、脳腸相関の重要性が改めて感じられるだろう。

どうすれば避けられるのか?

現代社会に生まれてくる赤ん坊たちは、抗生物質の猛攻撃にさらされている。帝王切開をおこなう前の母親にも抗生物質が注射されているし、赤ん坊が軽度の感染症にかかった場合も短期間投与される。また母乳にも抗生物質が含まれている。そのうえ、水道水や食物にも抗生物質が微量に混入しているが、その影響のほどはまだよくわかっていない。

抗生物質が、それ自体とは関係のない、予想外の病気を引き起こしている可能性もある。たとえば、抗生物質治療をおこなうと、蚊がマラリア原虫に感染しやすくなり、マラリアの流行と感染のリスクが高くなることが最近になってわかっている。[30] また抗生物質は、近年急増している小児期に始まる肥満を説明する決定的な要因である可能性もある（少なくともいくつかの要因のうちの一つであるのは間違いない）。肥満を増やす最悪の状況は、腸内細菌の減少と、砂糖を多く含んだ高脂肪食が重なり合って生み出されているからだ。

私たちの世代が太ってしまい、脂肪好きの細菌ばかりが子どもに伝わるようになると、悪循環が始まる。次の世代は、私たち以上に多くの抗生物質にさらされて、その腸内細菌は一段と弱体化してしまうはずだ。別の言い方をすれば、腸内細菌の激減という問題は、世代を重ねるごとにエスカレートしていくのである。そう考えれば、現在観察されている抗生物質をめぐる影響や傾向が、肥満の母親の子どもたちでは、より深刻になる理由もよくわかる。その子どもたちは、腸内細菌が不完全な状態で人生をスタートしていたのだ。

抗生物質から逃れるのがそれほどまでに難しいとすれば、この混乱から抜け出す方法はあるのだろうか？ニューエイジ志向で薬を受け付けない、オーガニックなヴィーガンに変身するというのは、自分自身だけでなく、自分の細菌や子どもにとっても、多少は有利に働くかもしれないが、それよりも意味があるのは、抗生物質の使用を減らすことを目指した地域社会活動を起こすことだ。

つまり、医師たちが抗生物質を処方するよう圧力を受けなくなるというのが、何よりも子どもたちのためになるだろう。たしかに緊急時には抗生物質の助けを借りる必要があるが、ちょっとした病気なら一日か二日待ち、自然に治るかどうか様子を見てみよう。ときには具合が悪くても、できれば半日は薬の処方を受けずに症状を我慢するようになれば、腸内細菌たちはいつまでも幸せに過ごせるだろう。抗生物質の処方が多すぎる医師を政府が摘発するようにすれば、状況は変わる。フランスでは二〇〇二～六年に、まさにこの方法によってそれまでの流れを断ち切り、子どもへの抗生物質の処方を三六パーセント削減できたのである。

本当に抗生物質が必要であれば、最新の遺伝学を使って、標的とする病原菌をもっと絞った抗生物質を開発するべきであって、現在ある薬でマイクロバイオームを一掃するようではいけない。肉を食べる量を減らし、余裕があればオーガニック食品を食べるようにするのはもちろんだが、抗生物質に頼った工業的規模での食肉生産に対する補助金を減らすよう、政府に働きかけることもすべきだ。抗生物質耐性菌の世界的な急増を受けて、近いうちに、重篤な感染症を治療できる薬がなくなってしまう恐れがあるため、代わりとなる薬の研究に本腰を入れなければならない。そうした代替薬では、自然界に存在する、細菌を殺す性質をもつウイルスのうち、ヒトに害のないものを使うことになるかもしれない。このためには、害のあるウイルス種を速やかに特定して、それを代替薬の候補から外さなくてはならないため、その分野への研究助成金を増額する必要がある。

プロバイオティクスは治療薬になるか？

アシドフィルス菌やビフィズス菌を加えたヨーグルト飲料や、フリーズドライ状のプロバイオティクス製品は、抗生物質によって乱された腸内細菌に効果があるだろうか？　すでに述べてきたとおり、幼い子どもや高齢者、あるいは重症患者には効果があるというエビデンスは増えてきている[31]。それ以外の人々にとっては、そうしたヨーグルト飲料などのプロバイオティクスはとくに害はないが、ヒトでの効果をきちんと示す臨床試験はまだない状況だ。これはおそらく、もともと腸内細菌が個人ごとに大きく異なっているからだろう。そういうわけで、取り替えるべき細菌が何かがわからない段階では、ヨーグルト飲料を飲んで効果があるかどうかは運次第だと言える。

将来的には、一人ひとりに合わせたプロバイオティクスが作られるようになることを期待しているが、そのためには誰もが腸内細菌を定期的に検査する必要がある。もちろん、それは可能なことだ[32]。その一方で、抗生物質を服用している期間には、細菌を助けるプレバイオティクスを豊富に含んだ食品（アーティチョーク、チコリ、リーク、根セロリ、さらには発酵食品やヨーグルト）を食べるのは、理にかなっているように思える。ただし、これはデータによる裏付けはまだない段階だ。

抗生物質と帝王切開は、アレルギーの増加と関連づけられてきているが、アレルギーの原因と考えられる食品のなかには、腸内細菌に有益なものもある。だとすると、アレルギーを防ぐために食事をさらに厳しく制限するのは良いことなのだろうか？

19　ナッツ　食品とアレルギー

高度九〇〇〇メートルでの出来事

フェイは四歳の元気な女の子で、五分前まで姉と楽しく遊んでいたはずだった。ところがいまでは、その肌は土色になっていた。そればかりか、顔はひどく腫れ、唇はふくれあがり、呼吸も停止している。それを見た母親は叫び声を上げた。高度九〇〇〇メートルの飛行機内での出来事だった。

フェイの家族は、陽光あふれるカナリア諸島での休暇を終え、ライアンエアーのフライトでイギリスに戻るところだった。幼いフェイには重いアレルギー疾患があり、客室乗務員は乗客に向けて、ナッツの袋を開封しないよう三度にわたり注意のアナウンスを流していた。しかし、フェイたちの四列後ろに座っていた男性乗客には、その注意も効果はなかった。どうやら、危険を大げさに言い立てているだけだと思ったようだ。男性乗客は、三時間のフライトに耐えるためにミックスナッツをどうしても食べたかったらしく、近くの乗客が止めるのも聞かず、結局その欲求に負けてしまった。

数分後、食べ物の粒子やほこりを循環させてしまう強力な空調によって、ナッツの屑が拡散したに違いない。フェイは頬を掻き始めたかと思うと、すぐに顔が赤くなり、やがて意識を失った。ナッツのある場所から遠ざけるために、母親は娘を機内の前のほうに急いで連れて行ったが、すでに症状は出てしまっていた。父親は、いつも携帯しているアドレナリン自己注射薬を取り出した。ところが緊張で手が震えてしまい、うまく扱えない。両親の目の前で、幼いフェイは死に瀕していた。

客室乗務員も注射を打つ訓練は受けておらず、どうにも手の出しようがなかった。しかし幸運なことに、乗客のなかに救急隊員をしている人が見つかり、駆けつけて注射を打ってくれた。フェイは徐々に意識を取り戻し、そこにいた誰もがほっとした。もちろん、例のナッツ好きの男性もその一人だ。あやうく乗客たちに袋だたきにされるところだったし、彼自身もひどく罪悪感を覚えていたからだ。その男性は後日、ライアンエアーから二年間の利用禁止を言い渡されたという。(1)

ナッツとポリフェノール

ナッツは、人類の祖先が食事の一部としていたものであり、現代ではさまざまな料理の材料として一般的に使われている。また、ここまで何度も取り上げてきた、健康に良い地中海式食事法に欠かせない食材でもある。ナッツにはたくさんの種類があるが、どれも不飽和脂肪酸が主な成分で、そのほかに多少のタンパク質やポリフェノールを含んでいる。

平均的な欧米人では、食事で摂取する抗酸化ポリフェノール全体の約五分の一がナッツからのものだ。含有量が最も多いのがクルミで、二〇種類以上のポリフェノールを含んでいる。(2)クルミ三〇グラムに含まれるポリフェノールの量は、野菜三〇グラム、果物三〇グラムに含まれる平均的なポリフェノールの合計に等しい。ピーナッツバター好きのアメリカ人の場合、抗酸化物質摂取量の三分の二がピーナッツによるものであり、ピーナッツバターでは多くなりがちな砂糖やカロリーによる影響も、これで相殺されていると言える。

一般的に、ナッツをローストすると抗酸化ポリフェノールが一五パーセント多くなるが、これはナッツの種類によってもかなり違いがある。栄養素を増やし、有毒物質を取り除くために、食べる前にナッツを水に漬けるというのが最近のはやりだ（もちろん睾丸《ナッツ》のほうではない）。これは害があるわけではないし、ある種の豆の場合には理にかなった方法だが、そろそろあなたも、本物の食べ物に含まれる架空の有毒物質を取り除くようにという意見には警戒心を抱くようになってきているはずだ。それにどんなに堅いナッツでも、腸内細菌がその栄養素を取り出す働きをしてくれる。

一九八〇年代、ナッツはコレステロールと脂肪を多く含むため、体に悪い食品としてとくに標的にされていた。私自身も以前は、ナッツはヘルシーではないと考えていた。しかしナッツには、塩分さえ多すぎなければ、食欲を抑える効果があることが研究によって次第に明らかになってきている。さらに前向き研究によって、ナッツが減量や、血中脂質値の改善に役立つこともわかっている。[3] PREDIMEDという、食生活に関する有名な無作為化比較研究についてはすでに取り上げたが（6章）、この研究で生のミックスナッツ三〇グラムを食事に加えたグループの結果は、心臓疾患を予防するとされる低脂肪食のグループよりはるかに良好で、オリーブオイルを追加したグループと肩を並べるほどだった。[4]

ナッツには、知名度は高くないが、ほかにもさまざまな化学成分が多く含まれている。たとえば、減量に役立つ可能性があるカケクチンなどだ。この複雑な成分の集まりに砂糖や塩をかけないのであれば、ナッツはどれも体に良いと言える。ではナッツはいったいいつから、食品ラベルやレストランのメニューで目立つように表示されるほど「危険」と結びつけられるようになり、飛行機機内では死に至る凶器として扱われるようになったのだろうか？　変わったのはナッツなのか、それとも私たちなのか？[5]

神話が生まれる瞬間

食物アレルギーが医学的な見地から初めて言及されたのは、タイタニック号が沈没した一九一二年のことだ[6]（それは卵と牛乳のアレルギーだった）。しかしその当時、アレルギーが発症する確率は、氷山にぶつかる確率よりもずっと低かった。だから、食物アレルギーの患者がやってきたら、医師はきっと目を輝かせたことだろう。その珍しい病気について詳しい論文を書いたり、同僚に面白おかしく話したりできたたし、さらには本を出版して評判の著名人となり、あちこち旅行して回ることも可能だったからだ[7]。

それから一〇〇年以上たった現在、空の上で意識を失ったフェイのような子どものケースは、徐々に珍しくなくなってきている。アナフィラキシーショックで死に至る可能性がある、重篤なアレルギーを抱える人の数も増えてきた（ただしアナフィラキシーショックによる子どもの年間死亡数はとても少なく、イギリスでは一桁台だ）。近ごろは、ナッツを一切使用しないと明言する学校も増えてきており、困った親たちはそこに子どもを通わせているという。もしこうした流れが続き、ブリティッシュ・エアウェイズのように乗客の声を受けてナッツを禁止してしまう航空会社が増えたりしたら、袋入りのピーナッツが大量破壊兵器と見なされる日もやってくるかもしれない。あるいはまた、空気中に舞う小さなアレルゲン（アレルギー誘発物質）を避けるのは不可能なので、アレルギーをもった子どもが休暇で旅行するときには、そのための特別便が必要になるかもしれない。とはいえ、こんな心配もまた食べ物にまつわる新たな神話の一つにすぎないのだろうか？

ライアンエアーで起きた出来事は当時かなり話題になったため、飛行機内でピーナッツを提供しないよう求める世論まで高まったほどだ。そこで私は、その件について数人の医師たちに意見を聞いてみることにした。彼らは、ロンドンでも指折りの病院でアレルギーの上級専門医として指導的な立場にある医師だったが、その意見は予想外のものだった。どの医師も、このアレルギーをもった幼い女の子の隣でピーナッツを食べたとしても問題はなかったはずだと答えたのだ。彼らによれば、どんな反応が起こるにしても、ナッツのかけらが口の中に直接入る必要があったという。アレルギー源となる食品で、空気中を漂ったり、ほこりに紛れたりして体に届くものはほとんどない。これは、ピーナッツに含まれる主なアレルゲンである、Ａｒａｈ２というタンパク質でも同じだ。フェイの場合は、何か別の無関係なアレルゲンが彼女の口に直接入ったのが引き金となったのではないか――それが、私が話を聞いたアレルギーの専門家たちの共通した説明だった。

こうした医師たちは、リスクの高い子どもたちを対象に、毎月何百件というアレルギーテストを実施している。そしてその経験から、この種の激しいアレルギー反応はきわめてまれで、空気中を漂ってきたピーナッツの成分では決して起こらないと言っているのだ。ただし、魚アレルギーは例外である。アレルギーを誘発するタンパク質を含むのが、魚の匂い成分だからだ。

飛行機内のナッツアレルギーの話からは、メディアや珍しい病気の患者団体の力によって、新たな神話が世間に広まっていく様子がよくわかる。そうした神話はいつまでも消えずに、大きな社会学的影響をもたらすことがある。次に飛行機に乗るときに、アレルギーをもつ子どもが乗っていて、その親からナッツを食べないようにしてほしいと言われたら、あなたならどう答えるだろうか?

食物アレルギーは最近の現象か?

大げさな話や間違った情報が広まっている面があるとはいえ、食物アレルギーはたしかに増加している。(8)一方で、食物不耐症も増加しているが、こちらはアレルギーとはまったく異なるもので、定義もずっと難しい。アレルギーの場合は、食物に対する明確な反応がすぐに生じる。体が腫れて赤くなり、麻痺が生じる。呼吸が停止したり、意識を失うことも少なくない。「大したことのないがん」とか、「大したことのない死亡」というのがないのと同じで、「大したことのないアレルギー」というのはあり得ない。一方、食物不耐性のほうは一般的に、食後に膨満感や吐き気、腹痛、下痢、便秘を伴うと説明される。こうした病気すべてが、本当に最近増えてきたものなのか、それとも昔から存在はしていたが、これまでは病気として報告されてこなかったのか、どちらなのかはわからない。

私が診察した関節リウマチの患者には、さまざまな食べ物が自分の病気の原因になっている、または症状をひどくしていると思っている人が多い。私はいつもそういう患者には、髪の毛のサンプルやバイオリズムを使ったアレルギーテストなどという疑似科学に高い金を払うよりも、野菜と水だけを摂取する除去食を二週間試して、症状が改善するかどうか確かめてみるべきだと言っている。それで良くなった人は誰もいない。こうした病気に食物アレルギーが関係している割合は、実際には一パーセントにも満たないのである。

とはいえ、アレルギーは現実に問題になっている現代病であり、何がアレルギー反応のきっかけとなり得るか、挙げ始めたら切りがない。その患者数もいろいろだ。最も一般的なアレルギーの一つがニッケルアレルギーで、私たちが調べた双子のうち、中年世代の女性では五人に一人の割合でこのアレルギーがあった。逆に珍しいものでは、エビ（五〇人に一人）やバナナ、トマト、さらには、薬のコーティング剤や、太陽光（一〇〇〇人に一人）で起こるアレルギーもある。それ以上に珍しいのが、水に対するアレルギーだ（「水じん麻疹」という病名がある）。このアレルギーがある人は、自分の涙や、夫のキスでもアレルギー反応が出てしまう。とても辛い症状だが、皿洗いはしなくてもいいだろう。近ごろでは、複合的な原因による変わったアレルギー症状も現れてきている。ある女の子は、カバノキの花粉を受粉したリンゴを食べてしまったときだけ、アレルギーによるショック症状が出るという。

そもそも、子どもはいつアレルギーになるのだろうか？　最近の研究によれば、食品に含まれる特定のタンパク質（アレルゲン）に子どもが感作される（敏感に反応する状態になる）時期は、その食べ物に出会う幼児期だけとは限らないという。人生のもっと早いタイミング、つまり子宮の中にいるあいだに感作されることもあるのだ[9]。アレルギーについて心配する妊婦には従来、フランス産のチーズやサラミといった特定の食品を避けるようにという医学的アドバイスがおこなわれていた。そして最近では、まれな感染症やアレルギーのリスクを考慮して、妊婦が避けるべきとされる食品は次第に増える傾向にある。与えられるアドバイスはリスクからの防御ばかりを考えた、エビデンスに基づかないものであることが多い――それでなくても妊娠中は、ヘルシーで多様性の高い食事を必要としているし、体からは必要なものを常に要求される期間だというのに、そんなアドバイスがされているのである。具体的なところでは、妊娠中にはピーナッツを食べないようにすれば安心だと言われる。しかし最近の研究では、それは逆だということがわかっている。妊娠中にピーナッツをつまんでいた女性のほうが、ピーナッツを控えていた女性よりも、ナッツアレルギーの子どもを産む可能性が実際のところはるかに小さいのだ(10)。

新生児のときに多様性に富んだマイクロバイオームをもっていることは、将来のアレルギーのリスクを減らすうえで不可欠であるようだ(11)。その多様性をもたらすのは母乳だが、それを支えているのは、母親の健康的な食事であり、遅めの離乳であり、家がそれほど清潔ではないことだ。対照的に、数が少なく多様性に欠けるマイクロバイオームは、アレルギーと関連性があることが多い(12)。アレルギーは、ミルクで育った、免疫システムの弱い乳児に多く見られる。すでに触れたとおり、健康で多様性に富んだマイクロバイオームは、腸の免疫システムを常に刺激しておき、未知のタンパク質に対して過剰反応しない状態を保つというのが、現在の一般的な説である(13)。

衛生仮説と清潔ヒステリー

アレルギーに関心のある人なら、「衛生仮説」という言葉を聞いたことがあるかもしれない。この仮説の生みの親であるデイヴィッド・ストラカンは、子どものぜんそくや湿疹の発症状況を誕生時から追跡した全国規模のデータを見て、強い興味をもった（ちなみに私は彼と一緒に疫学を勉強していたことがある）。ストラカンが気づいたのは、イギリスでは湿気の多い住環境とアレルギーの発症のあいだに相関関係があることだった(14)。ただしその相関関係は、直感的に予想されるようなものではなかった。湿気の多い劣悪な住環境や、家族が多くて狭苦しい家のほうが、実際にはアレルギーが起こりにくかったのだ。この結果は、バイアスの原因となりうる別の要素を調整しても変わらず、ほかの国でも裏付けとなるデータが得られている。このようにして、行きすぎた衛生観念が現代のアレルギー疾患の原因となったという仮説が生まれたのだ。

あまり衛生的ではない環境で、日常的に動物と接したり、寄生虫に感染したりしながら育った人というのは、ぜんそくや食物アレルギーにかからないようだった。これは当初、免疫システムに単純に関係したものだと考えられていた。免疫システムによる防御機能を微調整するには、生後間もない段階で感染症にかかることで、免疫システムを刺激する必要があるというわけだ。ヒトは一〇〇万年にわたってそうやって進化してきた。しかし一九六〇年代になると突然、子どもたちが育つ環境が以前よりも衛生的になった。寄生虫や汚物にもさらされなくなったし、以前は免疫システムを訓練する役目を果たしていた、さまざまな軽い感染症にもかからなくなった。こうして、国が豊かになり、自然界から身を守るようになるほど、結果的にアレルギーが増えることになったというのである。

実際、母親が家を極端に清潔に保ち、赤ん坊を非常に清潔にしていると、その赤ん坊はアレルギーのリスクが高くなる。最近の研究では、吸っていたおしゃぶりを親にきれいにしてもらって、また口に戻してもらっている赤ん坊のほうが、無菌のおしゃぶりにこまめに交換してもらっている赤ん坊よりも、アレルギーが大幅に少ないという結果が出ている。[15] 母親が子どもの食べ物を先に噛んでやるという昔ながらの習慣は、欧米では最近あまり見かけないが、これは固いデンプン質の食べ物や肉を砕いてやるという点でも、唾液をかいしてさまざまな種類の有益な細菌を受け渡すという点でも、役に立っている。親が赤ん坊を舐めるというのは、多くのほ乳類で見られる習慣であり、人間でも一部の文化ではおこなわれている。そしてもちろん、キスというのは世界共通の習慣だ。

自然な環境を友人として受け入れること

ぜんそく患者の増加は、一九八〇年代と一九九〇年代にピークを迎えており、おそらく最悪の時期は過ぎただろう。しかし、ぜんそくをもつ子どもの割合が減少する一方で、今度は重度の食物アレルギーや皮膚アレルギーが大幅に増加しつつある。こうしたアレルギーはぜんそくとは違って、大人になってもおさまることがないようだ。子どもの二〇人に一人はピーナッツや牛乳、その他の食べ物にアレルギーがあり、この割合は過去二〇年間、毎年約三パーセントのペースで増加している。グルテンアレルギーも前よりも増えてきた。皮膚プリックテスト〔アレルゲンを塗布したパッチを肌に貼り、時間をおいて反応を見るテスト〕や皮膚パッチテスト〔皮膚を軽く針で刺してから、アレルゲン液を垂らして反応を見るテスト〕を実施すれば、信頼性の低い質問形式の検査に頼らずとも、アレルギーが実際にどれだけ広まっているのかを定量的に調査できる。最近アメリカで実施された調査では、子どもの五四パーセントが何かしらの軽いアレルギーの兆候を示した。私たちの研究グループが調べたのはそれより年上で、イギリスの都市居住者と農村居住者の両方を含む、成人の双子だ。すると、三人に一人は皮膚パッチテストでアレルギーの疑いがあるという陽性反応が出た。

しかしアメリカには、広がりつつあるアレルギーから比較的うまく逃れているグループがある。インディアナ州の研究者たちが地元に住むアーミッシュの子どもたちを調べたところ、皮膚プリックテストで陽性反応が出たのはわずか七パーセントで、遺伝的に近いスイスの子どもたちと比べると六分の一だった。[16] アーミッシュの生活様式は、その祖先が一七世紀にスイスのベルンを離れたときからほとんど変化していない。子どもはみなコミュニティ全体で育てられ、干し草やわら、動物の毛、堆肥がたくさんある家畜小屋の中で、牛を歩かせたり、乳搾りをしたりすることを教えられる。農作業を一番よくする人の腸内細菌が最も多様性に富んでおり、プレボテラ属の細菌など、一部の菌種がとくに大量に存在していた。このプレボテラ属の細菌は、すでに説明したとおり、アメリカ人では珍しいが、アフリカではふつうに見られるものである。[17]

衛生仮説は、これまで時の試練に耐えてきた。しかし最近では、細菌の存在を重要視する新しい知識に適応する必要が出てきている。腸内細菌が免疫システムの訓練に重要な役割を果たしていることを思い出してほしい。腸内細菌のそうした働きは、腸壁に存在する制御性T細胞とのコミュニケーションを通じておこなわれている。この制御性T細胞は、私たちが食べたものと、免疫システムのあいだにある、重要な意思伝達装置か、あるいはサーモスタットのようなものだ。[18] 制御性T細胞のレベルが高ければ、免疫システムを抑制するので、一般的には健康だと言える。そういう意味では、食物アレルギーのある母親から生まれた子どもは、母親の遺伝子と食事制限の両方が原因で、生まれたときにはすでに制御性T細胞のレベルが低いということも、それほど意外ではないだろう。[19]

アーミッシュのアレルギー発症率がこれほど低い理由の一つは、加熱殺菌されていない、細菌を含んだ生乳を飲む習慣があるからだ。ヨーロッパの家庭についておこなわれた研究でも、同じような結果が出ている。妊婦や乳児のために、アーミッシュ式の食事やプロバイオティクスを特別に用意して、制御性T細胞の化学シグナルを最大化させることができれば、アレルギーの広がりを止めるきっかけになるだろう。[20] 私たちの多くは、赤ん坊の健康のためには衛生を最優先すべきだという考えのもとで育てられてきた。しかし、これからもやはり赤ん坊を清潔に保つよう努力するべきだろうか？　アーミッシュが、自然だが清潔ではない住環境で暮らすことでアレルギーから守られているのは、そこらじゅうにあるほこりや動物の毛だけでなく、そういうものをエサにする無数の細菌のおかげなのだ。ヨーロッパでも、農場の近くで育った子どもにはぜんそくやアレルギーが少ない。

しかしながら、最近では、農場であればどこでもいいというわけではない。アメリカでは、巨大な集中家畜飼養施設の近くに住んでいると、食物アレルギーが減ってもぜんそくが増えることがあるという。[21] 一方で、ある研究では、赤ん坊が一日中屋外で泥や土の中を転げ回って遊べるようにしたところ、定期的に体を洗って、屋内で育てた赤ん坊に比べて、アレルギーや免疫疾患が少なくなり、腸には体に良いラクトバチルス菌が多くなることがわかった。ただし、これはヒトではなく、ブタの赤ん坊の話だ。とはいえ、細菌や遺伝子、健康という点では、ヒトはブタととても近い関係にある。[22]

＊

アレルギーをもつ子どもの母親の多くは、罪悪感に苛まれて、死をもたらすほど危険なアレルゲンの攻撃から子どもたちを守ろうとする。アレルゲンを含むほこりや動物の毛を取り除いて、自分の家を、無菌実験室として使えるほど清潔な状態に保とうと大変な労力を費やしているのだ。そればかりでなく、ナッツやグルテン、小麦、卵がほんのひとかけらでも食物に入り込むのを心配するあまり、食事をしていても、ボルジア家の祝宴に出ているような気分になってしまう人もいる。

ナッツアレルギーが死につながる場合があるのを考えれば、この不安はもちろん理解できる。しかしその一方で、家を農場のような状態にして、ペットや、なんならブタを飼ったりすると、アレルギーの発症率が高くなるどころか、むしろ低くなるという研究もある。ペットと暮らすことには、長生き、アレルギーの低減、うつになりにくくなるなど、健康上のメリットがいくつかある。そうしたメリットの一部は、ペットの毛や汚れだけでなく、多様性に富んだペットの腸内細菌からももたらされるものだ。[23]

汚れや多様性を友人として受け入れること、そして食物不耐症が重大な病気だという考えを捨て去ることは、たしかに難しい注文なのだろう。しかし、次の世代のことを考えるなら、それは重要なことだと言えるかもしれない。

20 賞味期限

捨てられていく大量の食品

賞味期限と消費期限

私たちの社会では、まだ食べられる食品が驚くほど大量に、正当な理由もなく捨てられている。推定では、欧米諸国の大半の家庭で購入される食品のうち、三〇～五〇パーセントが廃棄されているという。もちろん、やむをえず捨てるケースもあるだろう。たとえば、私は健康な体を目指して野菜や果物をつい買いすぎるので、熟しすぎたり、カビが生えたり、虫がついたりして、一部がゴミ箱行きになってしまうことがある。しかしここで言いたいのは、そういう話ではない。

賞味期限切れの食品を食べたら死ぬ、あるいはそこまでいかなくても、食中毒になる可能性が高いと思っている人は多い。一方でこの日付が、味や風味などの食品の「品質」を保証する期限にすぎず、「安全性」についての期限ではないことを知っている人はあまりいない。実のところ、賞味期限を過ぎた食品は細菌だらけになって、それを食べると食中毒になるというのは、ありがちな神話にすぎないのだ。

もちろん、本当に避けるべきものはある。とくに大量生産の鶏肉のような生肉は、サルモネラ菌やカンピロバクター菌に汚染されている可能性があり、腸の感染症を引き起こす恐れもあるので、注意しなければならない（ただし、その生肉が冷蔵されていた場合は、保存期間との相関は低くなる）。ただ、すでに説明してきたとおり、良質なチーズは最初から細菌や菌類だらけだが、カビが生えた表皮をこそぎ落とせば、まったく問題はない。同じことはジャムやヨーグルト、ピクルスにも言える。今では、酢やオリーブオイルのような、保存効果があって品質が落ちるはずのない食品にまで、賞味期限や消費期限がつけられるようになった。科学的な調査をしたわけではないが、私はこれまで、自宅の冷蔵庫に入っていた食べ物で具合が悪くなった人にお目にかかったことがない。奇妙な話だが、食中毒の大半は、衛生基準がより厳しいはずの外食で発生しているのだ。そうした食中毒は、肉や卵が原因で起こることが多い。しかしありがたいことに、食中毒はほとんどの国で着実に減少しており、現在では二五年前の四分の一にまで減っている(1)。

神経質な客と製造者の都合

ラベル上の日付はもともと、スーパーマーケットの店員が倉庫から商品を持ち出し、棚に補充する作業を効率化するためのものだった。しかし店側はすぐに、客がこの日付をよく確認して、古い商品を避けて一番新しいものを選んでいることに気づいた。それを知った食品メーカーは、政府の後押しもあり、賞味期限や消費期限、販売期限などの紛らわしい区分けをひねり出した。そうすれば食品がさらに廃棄されるようになり、売り上げ増につながると見抜いたからだ。こうして今では、業界全体が手のつけられない状況になっている。何万トンもの食品が廃棄されていることに多くの人が腹を立てているが、そうしているのはスーパーマーケット側だけではない。消費者も、ラベルだけを見て、冷蔵庫や棚の中身を捨てているのだ。

スーパーマーケットの経営者を対象とした最近の調査では、ほぼ全員が、自分は期限切れの商品を日常的に食べていて、その安全性にはまったく問題がないと考えていると答えている。EUは、混乱をなくし廃棄物を減らすことを目指して、米やパスタなどの間違いなく安全な商品については、無意味な「賞味期限」表示を段階的に廃止する決定を下した。これに比べると、食品ラベル表示の規制がいまだに州ごとに異なっているアメリカは遅れていると言わざるをえない。こうした混乱した状況は食品メーカーにとって都合がいい。期限が短くなるほど廃棄される商品も多くなり、ひいては代わりに補充される商品が多くなるからだ(2)。

食品の保存については、社会全体で基本原則を見直して、リスクのバランスを考え直す必要があるだろう。色や舌触りが悪くなった食品を消費するときの些細な健康リスクと、一切のリスクを受け入れない場合に生じる結果のどちらを選ぶべきか、私たちは考えなければならない。また同時に、見た目の良さを長持ちさせるためだけに食品に添加される、「安全な」化学物質の量が増やされていくことにも無頓着であってはならない。

期限切れの食品を手当たりしだいにゴミ箱に捨てたりすれば、たとえば気候変動の問題は間違いなく悪化することになる。とはいえ、まずは細菌に対する過度の恐怖心をなくさない限り、私たちが正しい道徳的判断を下すのは難しいのかもしれない。

21　騙されないためのチェックポイント

レジに向かう前に

ここまでの章で、私たちは食品ラベルの栄養成分表示に記載されているものをすべて見てきたことになる。その商品を持ってレジに行く前に、ダイエットをめぐる代表的な神話と、その神話にある間違い、そして食生活と健康を改善するために私たちができることを振り返っておこう。

ダイエットにまつわる神話のなかでもとくに危険なのが、食べ物への反応は誰でも同じだと考えてしまうことだ。私たちは、ある食事をしたとき、あるいは何らかのダイエット法を試したときに、自分たちの体が実験用ラットのように、誰でも同じ反応を見せると考えがちだが、実際にはそんなことはない。私たちの体は誰一人として同じではないのだ。だから、たとえば体重のことを心配する際に、摂取カロリーと消費カロリーのバランスだけにこだわっても何の意味もないし、それどころか混乱の原因にもなりかねない。たとえ食べ物や環境が同じでも、食べ物への反応は人それぞれなのである。3章で紹介したケベック州の学生の驚くべき実験結果を思い出してほしい。痩せ型の双子たちに過剰なカロリーを摂取させたその実験では、食事の内容も運動習慣も同じだったのに、二カ月間で増えた体重には三倍の開きがあったのだ（ある双子は四キロ、ほかの双子は一三キロ増えた）。

食べ物、運動、環境など、あらゆるものに対して、私たちの体はそれぞれまったく異なる反応を示し、それが脂肪の蓄積量、体重の増加量、さらには食べ物の好みなどに影響を及ぼす。すでに説明したとおり、こうした反応の違いは、遺伝子によっても生じるし、腸にすむさまざまな細菌の作用も受けている。私たちの腸内細菌には、さまざまな病気の予防や体重の増加防止といった働きをもつものもあれば、そうした要素への感受性を高めているものもある。

このように私たち一人ひとりが固有の存在であり、影響の受け方も異なることには十分注意を払うべきだが、その一方で、ダイエットに関しては、議論の余地のない事実もまた存在している。それは、砂糖や加工食品の多い食生活は腸内細菌に悪く、ひいては私たちの健康にも悪影響を及ぼすこと。そして反対に、野菜や果物が多い食生活は腸内細菌に良く、健康にもプラスになるということだ。このことをマイケル・ポーランは、「本当の食べ物を、植物を中心に、ほどよい量だけ食べる」とシンプルに言い表している。またポーランは「おばあちゃんが食べ物だと思わないものは食べない」と言っているが、それをアレンジして「おばあちゃんの腸内細菌が食べ物だと思わないものは食べない」と言い換えることもできるだろう。

私たちの体にすむ細菌の多様性は、ここ数十年で着実に減少している。これは間違いなくまずい状況だと言えるし、アレルギーや自己免疫疾患、肥満、糖尿病の急増の主な原因になっている可能性もある。食事の多様性が高いほど細菌の多様性も高まり、どの年代であっても健康に好影響を与えるのは明らかだ。だとすれば、私たちもそうした食生活を送ればいいわけだが、身に染みついた古い習慣をそんなに簡単に変えることはできるのだろうか?

私が見つけた食事への新しい向き合い方

この本の準備と執筆に費やした五年間で、私は自分自身について、また自分と食べ物との関係について、実に多くのことを学んだ。たとえば、私がチーズを食べるのをすっかりやめようと思っても、命に関わる病気のリスクがある状況にでもならなければとても無理だし、チーズをやめたら今度はヨーグルトが食べたくなるだろう。また私の体は、ビタミン不足を防ぐために、一カ月に一回か二回、最低限の肉由来タンパク質の摂取を必要とするようだ。それで気づいたのは、私には地中海式食事法がよく合うということだ。これは、私が南ヨーロッパに由来する遺伝子をもっているせいかもしれないし、地中海風の食事をするために出かける、よく晴れた気持ちのよい土地のおかげかもしれない。

私の朝食は、ヨーグルトと新鮮な果物で十分だ。夕食には、色とりどりの野菜サラダとオリーブオイル、そのほかには魚をはじめ幅広い食材の料理を楽しむ。精白小麦粉で作ったパスタや白米やジャガイモが材料の食品など、精製度の高い炭水化物の摂取量は減らしたほうが体調が良いし、それらの代わりに全粒穀物や豆を食べるのはかなり手軽にできることだと気づいた（ただし、食事の準備には時間がかかるようになった）。ただ、オリーブオイルからの脂肪が増えた分、結局、炭水化物を食べたい気にはあまりならなかった。

とてもうれしい驚きだったのは、濃いコーヒーやダークチョコレート、ナッツ、高脂肪のヨーグルト、ワイン、チーズといった、体に悪いと思いつつもやめられなかった食べ物が、実は私自身にも、腸内細菌にも有益らしいという発見だ。バーバラ・キングソルヴァーは著書『動物、野菜、奇跡』で、「食べ物は、倫理的な選択をしたほうがむしろ喜びの声をあげる結果になるという、珍しい道徳領域である」と書いている。[1]付け加えるなら、そうした選択は腸内細菌にも喜びの声をあげさせることになるのである。

食生活と腸内細菌の多様性を高めよう

世に氾濫するダイエット・プランを比較してみると、肉か野菜か、あるいは低糖質か低脂肪かという点で、互いに正反対のアドバイスをしているケースが多く見受けられる。しかし、あらゆるカリスマ的インストラクターやダイエット本が声をそろえて言っていることもある。それは、加工食品やファストフードは避けるべきだということだ。私自身は、ときどきは柔らかいリコリスキャンディーやポテトチップスについ手がのびてしまうことはあったが、加工食品は食べないでも平気だということがわかった。

もしあなたが、自分の食生活をもっと健康的なものにしたいのなら、果物や野菜の摂取量を増やすべきだ。とくに野菜の量は多いほうがいい。私の経験では、肉を一時的に食べないようにするのは難しくなかった。肉を食べないと決めると、その分ほかの食べ物を食べる余裕ができるし、食事に招かれた席で、出された料理を失礼なく断る言い訳にもなる。ジューシングは新鮮な経験だった。ジューサーなどの後片付けが大変だが、週末の手軽な気分転換になるし、できあがる野菜ジュースが見た目よりはるかにおいしい点は保証しよう。そのうえ、冷蔵庫に余った野菜を使い切るのにも好都合だし、食事の多様性を高めるのにも役に立つ。一月にある「ドライ・ジャニュアリー」という断酒キャンペーンでアルコールを控えたときには、野菜ジュースがその代わりになってくれた。

こうした経験を経て、胃の声に耳を傾けられるようになるにつれ、私は決まった時間に食事をするという古い習慣をやめた。そのおかげで、いろいろなことがわかった。忙しい日は朝食か昼食を抜いても問題なかったし、間欠的断食法は予想よりはるかに簡単だった。本格的な断食も、大腸内視鏡検査を受けたときのように期間が短く、いつからいつまでときちんと決まっていれば大丈夫だった。ただし、それほど忙しくなく、気を紛らわすものがなかったら、断食もぐっと難しくなる。私の場合も、もし本格的な断食を週末に自宅でおこなったのであれば、きっと大変だったはずだ。しかしとにかく、何らかの形で断食をするのは、それ自体がある種のエクササイズとして有効だと言える。自分が精神的に耐えられることがわかるし、たとえ食事を一回抜いても、あるいは一回飲みに行かなくても、死んだり意識を失ったりする心配がないことがはっきりするからだ。さらに腸内細菌にとっても、腸の内側を大掃除するちょうどいい機会になる。

糖質を極端に減らすかゼロにして、代わりにタンパク質を多くとるダイエット法は結局試さなかった。というのも、すでに肉を食べる量を徐々に減らしていたので、以前ほど肉を受けつけなくなっていたからだ。

それに加えて、ある種の食品を意図的にまったくとらないダイエット法は間違いだと考えるようになっていたこともある。それが、穀類や豆類など、栄養分や食物繊維を多く含む食品であればなおさらだ。必要なのは、摂取する食品の種類を増やすことであって、減らすことではないのである。

さらに私は、初めての食べ物に挑戦することを信条にした。もちろん、忙しい現代生活の制約のなかで、できるだけ多様な食品を食べるというルールも忘れてはいない。週に一〇～二〇品目を摂取すれば腸内細菌にも有効なので、食品の多様性を示す目安としては、そのあたりを目指すことをお勧めする。最近の私は、仕事が忙しい日があると、病院の食堂で味気ない食事をするのではなく、果物を一切れとミックスナッツをひとつかみですませることが多くなった。内心、この分は夕食で埋め合わせしよう、とひとりごちながら——そして本当にそうしている。

腸の住人たちについて調べよう

私はこの一年間、新しいダイエット法を試しては腸内細菌の状態を調べるということを何度も繰り返してきた。ただ研究者仲間には、自分の便を毎日採取する強者もいて、それには到底かなないそうもない（彼らと同じ冷蔵庫を使う気にはとてもなれないだろう）。

すでに説明したとおり、私はブリティッシュ・ガット・プロジェクトという、アメリカでおこなわれているもっと大規模なプロジェクトのイギリス版を立ち上げているが、これを利用すれば、インターネットと郵便を通じて、誰でも自分の腸内細菌を調べることができる。(2) やり方は、使用済みのトイレットペーパーを綿棒でこすり、採取した試料を分析のためにプロジェクトへ郵送するだけだ（自分のデータを世界中の市民科学者《シチズンサイエンティスト》に公開することに同意しさえすれば、少額の寄付金でサービスを受けられる）。自分の結果を受け取って、それを世界中の人々の結果と比較してみるときには、不思議なほどわくわくした気持ちになるだろう。実際私は、自分の腸に何がいるかを知って感情的にさえなった。私の細菌の組成を全体的なレベルで見ると、一般的な傾向とはかなり違っていた。バクテロイデーテス門の割合が平均よりはるかに少なく(一八パーセント)、フィルミクテス門が多いという、不安を覚えるような結果だったのである。

数年前であれば、このような細菌の組成は、肥満や病気につながる「悪い」状態だと考えられたはずだ。しかし今日では、その見方はあまりに単純すぎることがわかっている。同じ大きなグループに含まれる何百もの細菌種が、とくに肥満に関しては、互いに異なる効果をもつ場合があることが理解されてきたからだ。そうした細菌種は、同じグループに入れられてはいるが、遺伝的な違いはきわめて大きく、それを一緒にするのは私たちとヒトデを比べるようなものなのである。

私の腸内細菌全体をアメリカ、南米のベネズエラ、アフリカのマラウイの平均と比較してみると、北米と南米を足して二で割ったような感じだった。つまり私の腸内細菌は、平均的なアメリカ人(そしてハンバーガーばかり食べている息子)よりも多様性が高いが、平均的なアフリカ人にはとても及ばないということだ(ちなみに、マイケル・ポーランの腸内細菌の組成に奇妙なほど似ていた)。

実のところ、健康のバロメーターとして優れているのは、腸内に何か特定の細菌種が存在することではない。むしろ、腸内細菌全体の多様性、つまり細菌の遺伝子の豊富さのほうだ。私は大腸内視鏡検査のために下剤を使った後、野菜からプレバイオティクスをたくさん摂取することで、腸内細菌を何とか健康な方向にもっていけたが、だからといって、誰かに狩猟採集民と間違われるところまで腸の状態を変えることはできなかった。それでは、自分の腸の状態を劇的に変えたい、しかもそればかりでなく永久に変えたい場合にはどうしたらいいのだろうか? 一つの解決策として、まずは型破りな科学者ジェフ・リーチのやり方にならってみるのはどうだろう。リーチは、西洋型の腸内細菌が自分に合っていないことに気づき、それを変えてしまいたいと考えたのである。

腸内細菌の大改造

「なんとか足を宙に浮かせて、夜空にのぼってくる、ぼんやりとした星座に爪先を向ける。たぶん南十字星だろう。支えになる大きな岩に尻をのせ、その尻の下に手を置いた姿勢で、空中に自転車が逆さまにぶら下がっていると想像して、そのペダルを漕ぐ。新しい腸内生態系が体内に何とかきちんと定着するまで、時間をつぶすためだ。太陽がタンザニアのエニシ湖に沈むころには、巨大なターキーベイスター〔オーブン料理で肉汁をかけるのに使うスポイト〕を自分の尻に挿入して、ハッザ族男性――世界に残された数少ない狩猟採集部族の一員だ――の便を下行結腸に送り込んでから、三〇分近くがたっていた」

これはちょっと思い切った方法に思えるかもしれないが、すでに紹介したとおり、リーチは勇気ある男だ。自分の腸内細菌のコミュニティを変えようとしたリーチは、狩猟採集の暮らしを送るハッザ族のもとで雨期の数日間を過ごし、一緒に食事をした。ヒヒの糞で汚染された水を飲み、ハッザ族が採った野生のハチミツや硬い根茎類を食べる。シマウマの肉を食べることもたまにあったという。それにより、リーチの腸内細菌はたしかに変化したが、それも望んでいたほどではなかった。この結果が、先に紹介したリーチの型破りな行動につながる。逆さまになって、三〇歳の男性からの「寄付」が入った巨大なターキーベイスターを尻に差し込むという実験をおこなったのだ（男性はＨＩＶと肝炎の検査をすませていた）。この実験においてリーチは間違いなく先駆者だったが、他の人たちはそれを正気の沙汰ではないと考えた。とりわけ、彼が病気ではなく、その実験を「科学のために」実施したことが、そう思わせた大きな理由だった。

リーチのように、ドナーの協力を得て腸内細菌を豊かにしたいと強く願うこと自体は、実はそれほど珍しくもなければ、おかしなことでもない。実際、深刻なクロストリジウム・ディフィシル大腸炎に悩む数多くの患者が、すでに世界中で糞便移植を受けている。そうした移植は専門クリニックでおこなわれる場合がほとんどで、成功率も高いが、クロストリジウム・ディフィシルを根絶するには複数回の移植が必要になるケースもある。一般的な移植術では、リーチの実験とは違い、ターキーベイスターは使わない（たまたま知ったのだが、ターキーベイスターは、医者に頼らずにおこなうＤＩＹ人工授精でも使われるそうだ）。ちゃんとした糞便移植専門クリニックでは、大腸内視鏡検査のようにチューブを大腸まで通す方法をとるが、成功率を高めたいときには、もっと細いチューブを鼻から胃へと通すことになる。

理由は言わなくてもわかると思うが、もっと無難な方法も開発されている。ドナーの便を凍結保存してからフリーズドライにしたものをカプセルに封入し、それを飲み込むという方法だ。カプセルは酸には強いが大腸では溶けるので、そこで細菌は低温休眠状態から目覚めることになる。この方法は、とくにクロストリジウム・ディフィシル大腸炎に対しては、液体の形での移植法と同程度の成功率である。当然ながら被験者の多くは、鼻にプラスチックのチューブを差し込みながら、糞便が漏れる可能性をちらりと考えて不愉快になるよりは、この小さな「オーガニック」のカプセルを二日間にわたって一五粒服用するほうを好む。[3]

最近では、深刻な疾患の治療を目的とした移植のために、ドナーの糞便を販売している企業さえある。[4] たとえばアメリカでは、精子や卵子のドナーと同様に、健康な人であれば糞便の提供と引き替えに報酬（四〇ドル）を受け取ることができる。[5]

細菌が変われば肥満は改善するか？

糞便移植について現時点で有効性がはっきりと確かめられているのは、肥満のマウスの場合だけだが、それがヒトの肥満治療に使われるようになるのも時間の問題だろう。ある小規模な予備的研究で、肥満の被験者九人に痩せ型のドナーのサンプルを移植したところ、体重には大きな変化はなかったが、血糖値やインスリンプロファイル、酪酸を生成する腸内細菌の数では改善が見られた。

ロードアイランド州に住む三二歳の女性は、抗生物質の過剰服用が原因で、クロストリジウム・ディフィシルの再発性感染に悩まされていた。それが糞便移植によって治癒し、トイレに一日二〇回も行かなくてよくなったことをとても喜んでいた。彼女は体重で困ったことは一度もなく、この感染症になるまでずっと同じ体重だった。しかし、糞便移植から一六カ月後、彼女はクリニックを再び訪れて、体重増加を訴えた。その体重は平均レベルの六二キロから、肥満とされる八〇キロに増加し、BMIは三四になっていた。それから一〇カ月間、医師の指導を受けながらダイエットをしたが、体重は変化しなかった。

この女性が糞便移植のドナーとして選んでいたのは、一六歳になる自分の娘である。移植の当時、娘は健康で、体重は六三キロとわずかに太りすぎという程度だった。しかし、ティーンエイジャーというのは短期間のうちに体が変化することがある。女性の娘もその後二年で急に一四キロ増え、肥満になっている。ほかにもニューオリンズ州で、匿名のドナーからの糞便の移植を受けた女性が、移植後に体重が増加したという報告がある。(6) このような気の毒なケースはまれであり、糞便移植以外で説明することも可能だ。それでも、マウスだけでなくヒトでも細菌が肥満の原因となったり、逆に肥満を改善させたりする可能性があると言える。そしてこの話の教訓は明白である――ドナーは慎重に選ぶべき、ということだ。

元アスリートやスーパーモデルのような人たちは、糞便移植のドナーという金になる仕事を始められるようになるかもしれない。ただし、拒食症の細菌をもらうのはやめたほうがいいだろう。一方で、糞便移植は、FMTという、より上品な正式名称があるにしても、あまりに極端なアイデアと受け止める人のほうが多い。そこで、あなたが太りすぎで不健康だが、糞便移植は遠慮したかったら、いつでも肥満外科手術（胃バイパス術）という選択肢があることを覚えておこう。これはある種の自己移植であり、腸内細菌コミュニティを大きく変化させる効果がある。術後九年間の追跡研究によれば、この変化は永続的なもののようだ。

ただ、どちらの減量方法も嫌だとしたら、ほかにどんな方法があるのだろうか？　ここまで取り上げてきたダイエット法や微生物、食べ物に関する新たな知識を減量に生かすには、どうすればいいのだろうか？

一、二キロ痩せたいという場合に、食事の内容を減らすダイエット法にいきなり専心するのはお勧めしない。なかなか続けられるものではないし、やめたとたんにリバウンドが待っているからだ。はっきり言ってしまえば、昔ながらのダイエット法を始めるのが、そもそも的外れなのである。大切なのは、栄養面に配慮した継続可能な方法によって、体重を少しずつ減らし続けることだ。そのためには自分の食生活というものを、量だけでなく、栄養や食品の種類、食事のタイミングといった観点から根本的に見直す必要があるだろう。

もう一度確認しておきたいのは、私たちの体とそこにすむ細菌は、個人ごとにまったく異なっているので、柔軟性のない画一的なダイエット法ではなく、自分に一番合うダイエット法を見つけなければならない、ということだ。体重を一時的にでも減らして、大幅なリバウンドがないようにすることには、生涯にわたって心臓疾患のリスクを下げられるという特典もある。(7)間欠的断食法による短期間での体重減少は、腸内細菌のコミュニティを改善する傾向が強いように思われる。そして重要なのは、その体重を維持することだ。

三〇品目を食べてペットと触れ合うダイエット

「自分のマイクロバイオームについて知ったことで、食生活や、口にするものへの意識がすっかり変わりました」。カレンは三七歳のシングルマザーで、ロンドンで研究職についている。「マイクロバイオーム研究に関心をもったのは、体重についての悩んでいたのと、一四歳のときからかかっているIBSがきっかけ。娘が生まれて、それまでやっていた空手をやめてから、数年間で急に三〇キロ近く太って、それからIBSが悪化したんです。それまでにも、昔からあるダイエット法をいろいろ試していたけれど、どれも自分には効き目がなかったので、ぜひ何か違う方法を試したいと思っていました。それでインターネットを検索したら、このＤＩＹマイクロバイオームダイエットが出てきました。それはこういう方法です。六〇日間、できるだけたくさんの果物と豆類、野菜を食べる。これは、洗わず、加熱もしていないものがいいみたい。理想は一週間に三〇品目以上です。それから、毎日一匹、違う種類の動物を触る。それ以外は、加工食品でない本物の食べ物なら好きなものを食べていいけれど、穀類はだめ。普通とはまったく違うダイエットでした」

「簡単に三キロ落ちました。ただ、珍しい野菜を買うのは思っていたよりも難しかったし、値段も高かった。リスを追いかけて触るのも大変でした。このダイエットをさらに六カ月続けましたが、品数のルールは緩めて、一週間に二〇品目にしてみました。三カ月でまた三キロ痩せたんですが、その後、ほぼ同じだけリバウンドしてしまいました。がっかりしたのは、ダイエット開始から一年の時点で、体重が劇的には変わっていなかったこと。ただ、一五年ぶりに腸の状態が良くなった感じがしたのは嬉しい驚きでした。トイレに一日一〇回は行っていたのが、一回ですむようになったんです。夢みたいでした」

カレンは、前より健康になったと実感していたが、そこからさらに二〇品目の果物や野菜を食べるという、変化に富んだプレバイオティクスダイエットに挑戦した。ただし今回は、まず便秘薬を飲んで大腸をすっかりきれいにすることで、弾みをつけてから始めた。その結果、さらに五キロ減った。その時点で私はカレンに、腸内細菌を変えて体重を減らす方法として、間欠的断食法を長期的におこなうことを勧めた。三カ月後、カレンの体重はさらに五キロ減った。合計では一〇キロ減少したことになったが、それ以上に重要だったのは、体調がとても良くなったことだ。カレンが間欠的断食法をやめても、腸内細菌への効果がずっと続くのかは不明だ。ただ、断食をしているあいだには、粘液をエサとする細菌が腸内の清掃活動を始めるため、細菌種に大きな変化が起こることがわかっている(8)。

カレンの話はたんなる一症例にすぎず、臨床研究はないし、きちんとしたエビデンスともとても言えないが、この話からは重要な点が浮かび上がってくる。自分の体内に未知のパラレルワールドがあることに気づくだけで、食事との向き合い方が心理的なレベルで変わる効果があるのだ。中国の肥満のスペシャリストである趙立平はこう言っている。「上海で私のところに来る肥満患者は、自分の腸内細菌がどんな状態にあり、それが健康にどうかかわっているかを知ることによって、考え方が変わってきます。体重計の数字ばかり気にすることがなくなり、食生活の変化を受け入れるようになのです」

体脂肪を気にするだけでなく、まず全体的な健康状態の改善を目指すことも重要だ。つまりカレンはおそらく、長期的な体重の問題に取り組む以前に、ＩＢＳを解決する必要があったのだろう。プレバイオティクスダイエットはどうやら、それを見事に解決したようである。

もっと健康になりたい人の食事法

基本的に調子は良いが、もっと健康になりたいという人は、かなりシンプルな方法でそれを実現できる。私が勧めてきた方法で、腸内細菌の手助けをしてあげればいいのだ。まず、摂取する食品の種類を増やそう。とくに果物、オリーブオイル、ナッツ、野菜、豆類など、また成分としては食物繊維やポリフェノールを意識する。加工食品やとくに低脂肪と謳っていたり、原材料が多すぎる食品は避け、肉の摂取も少なくする。伝統的な製法で作られたチーズや脂肪が入ったヨーグルトを選ぶようにして、本物でないものは避ける。さらに、ケフィアやザワークラウト、大豆食品などいろいろな発酵食品を食事に加えてみるのもいい。

昔の人たちの食事はかなり不規則で、季節的な変化もあったという説を、私は気に入っている。そういう意味では、間欠的断食法や、肉を数カ月断つこと、あるいは何食か抜くことは、食事の多様性についての認識を高めるのにいいように思う。食卓に上がる食べ物の種類を増やすために、年間を通じて、そのときどきの旬の果物や野菜を食べるようにしよう。また、ジュースなどの清涼飲料水に含まれる砂糖のような、液体由来のカロリーや、さらにはケーキやスナック菓子のカロリーを減らすのもいいことだ。砂糖のかわりに人工甘味料を日常的に使うのもやめよう。

毒は体に良い？

フリードリヒ・ニーチェに「私を殺さないものは私をいっそう強くする」という言葉がある。そしてデータを見ると、私たちの腸内細菌は、多様性の高い食事と、ときおりの大激動が好きなようだ。だとすれば、たまに毒素を少量取り込むことにも効果があるのだろうか？　これは家で試さないでほしいのだが、少量のヒ素を摂取するとプラスの効果があると考えている人は多い。こうした悪いものを少しだけ摂取するのは体に良いという考え方は「ホルミシス」と呼ばれていて、私の意見では、ホメオパシーの専門家たちは、このホルミシスという概念をあまりに広くとらえすぎているように思う。彼らは、単位量当たりの物質量を一分子未満まで薄めた液体が、重要な生物学的効果をもつ場合があると主張する。だがそれは、大西洋におしっこをしたらその違いがわかる、と言うようなものなのだ。

そうは言っても、細胞レベルから体全体まで、生物学のほとんどの領域において、低レベルのストレスは生物にとってプラスに働く。たとえば体内の寄生虫は、オキシダント〔光化学スモッグなどの原因となる酸化性の強い物質〕や熱ストレスに急激に短時間さらされると長生きになるし、細菌は低用量の抗生物質によってより強くなる。抗がん剤も投与量が少なすぎると、がん細胞がかえって抵抗性をもつことがある。[9]もっと言えば、運動も一種のストレスで、それが健康に有益なことは常識とされている。同じように間欠的断食法にも、小動物の寿命を長くする可能性がある――一晩だけ断食するとか、朝食を抜くだけでも、体に有益なホルミシスとして作用することがあるのだ。

そういう意味では、常に柔軟な考え方をもつことが大切だと言える。年に一度ジャンクフードを馬鹿食いしたり、朝食に油っこいイングリッシュブレックファストを食べるという楽しみは、私たちの体に刺激を与えると同時に、腸内細菌や免疫システムを微調整している可能性がある。同じように、ベジタリアンが年に一回ステーキを食べるとか、肉ばかり食べる人が珍しい野菜の入ったサラダに挑戦するとかいうことにも、驚くほどの効果があるかもしれない。これは、ちょっと油断して、良くないものを食べてしまったときの言い訳にもなる。ただし忘れてはならないことがある。これが効果的なのは、そうしたショックがたまにしか起こらない場合だけだ。それが毎日だとか、一時間ごとに起こるようではだめなのだ。そして基本には、食物繊維が多く腸内細菌に良い食事がなければいけない。

ホルミシスが有益だというのは、たとえその働きが理解されていなくても変わらない。控えめに用いるのなら、食事の多様性を高めるという大きな目標への後押しになるだろう。ある植物をどんな土壌で育てればよく育つのかを予測できるようになるまでには、ある程度の試行錯誤が欠かせないというのは、園芸家のあいだでは常識だ。私たちの体内にある天然の土壌にもとても大きな個人差があることを考えると、自分の体で試行錯誤をしてみるという姿勢と、柔軟な考え方があれば、健康につながる新たな近道がみつけられるだろう。

インドのゴア州出身であるダリルは、起業家精神を備えた科学者で、私は彼と飛行機の機内で出会った。ダリルはイギリスのオックスフォードからニューヨークに引っ越してからというもの、体重が大幅に増えてしまい、ダイエットの専門家に大金を投じて失敗するという苦い経験もしていた。

私と出会ってから、ダリルはＤＩＹの精神でダイエットに取り組んでいる。毎回の食事内容をアイパッドでひたすら写真に撮り、タイムラインプログラムを使って、その写真と、そのときの気分について記した日記をリンクさせるようにしている。ケフィアと肉を一日二回食べるという高タンパク質・低糖質ダイエットを試したときには、六週間でウエストが五センチ細くなった。エネルギーにあふれ、寝なくても平気だった。ただそのエネルギーのせいで攻撃的になり、大人になって初めてけんかをしてしまった。高タンパク質食は自分向きでないとダリルは気づいた。そこで、少しの野菜と、大量の果物とココナッツを食べる「フルータリアンダイエット」を試してみたが、体重が増えてしまった。ダリルは今もほかのダイエット法を模索しているところだが、精製された糖質を減らして野菜と豆類を多くとる、地中海式ダイエットに落ち着きそうだ。現在は、腸内細菌の多様性を週ごとに増やしていくという挑戦を楽しんでおり、今の体重にも満足している。

ダリルのエピソードから、未来を垣間見ることができる。近い将来、遺伝子検査だけでなく、腸内細菌の検査も出生後から定期的におこなわれるようになり、その検査費用も定期的な血液検査より安くなるだろう。テクノロジーがより高度に、より安くなれば、イノベーションをさらに広げ、個人向けにより行き届いたダイエットの処方箋を考えられるようになる。

料理の写真からカロリーを大まかに計算できる「ミール・スナップ」のようなアプリはすでに公開されているし、もっと便利なものも今後登場していくに違いない。こうしたアプリにフードスコアの表示機能を追加して、たとえば、腸内細菌への効果があるプレバイオティクスの含有量を表示させるのは簡単なことだ。このフードスコアと、腸内細菌の遺伝子を毎日検査したデータを組み合わせれば、本当の意味で、一人ひとりに合った栄養のアドバイスを提供できるサービスになるだろう。

健康な社会のために私たちができること

関心をもってこの本を読んできてくれたみなさんは、自分の食生活をどう変えるかという判断、つまり、ある食品の量を増やしたり減らしたりという判断を、十分な情報収集のうえで実行できる人がほとんどだと思う――そうでなければ、私や腸内細菌のことなど気にもとめないはずだ。一方で、情報が不足していたり、啓発が不十分なせいで、そういう判断ができない人も多い。とはいえ、世界規模で広がり続ける病気や肥満は、私たち全員の問題でもある。だとすれば私たちは、各国政府に働きかけて、その流れを逆転させる取り組みを進める必要があるだろう。たとえば、トウモロコシや大豆や砂糖など、加工食品の原材料である作物に対して税金から支払われている巨額の補助金を減らし、それらの作物よりも安い果物や野菜を育てることが、農家の利益につながるようにするべきだ。

私たち自身や腸内細菌の健康状態を高めていくために、世界規模でとるべき対策はほかにもある。子どもは抗生物質の影響をとりわけ受けやすいものだが、そうした抗生物質の乱用を抑える仕組みを考えることもその一つだろう。また帝王切開の実施を減らし、通常分娩を中心とすることも必要だ。

さらには「衛生」という言葉の意味をもう一度考え直して、そのことであまり思い悩まないようにもすべきだ。この言葉は、かつては戸外での排泄という習慣を追放するためのものだったが、今ではその意味が変わり、体(とくに口)が自然に発するにおいや、そこにすむ細菌をすべて取り除こうという強迫観念になってしまった。実際、現代の家庭は無菌実験室になり、キッチンは手術室のようだ。そして食べ物はラップで密封されて売られている。この状態は必ずしも望ましいものではない。とくに子どもたちは、屋外で泥だらけになって遊び、できるだけ多くの友達や動物と触れ合って、微生物のやりとりをしたほうがいい。

もしかすると、食材を洗いすぎるのもやめたほうがいいのかもしれない。この点では、有機野菜などは良いと言えるだろう。ある研究では、とれたての野菜や果物を含む多様な食事をとると、生きた微生物をたくさん摂取することになり、これが健康にとってプラスに働く可能性があるとしている。[10] また、殺虫剤や抗生物質に依存している農業の現状は、とても自然とは言えない。遺伝子組み換え作物をめぐる議論についても再検討して、そうした作物が土壌や植物に与える変化が、私たちの微生物にとって有害かどうかという点にもっと注目すべきだ。一方で、園芸家は平均的に見て一般の人よりも健康で、うつ状態になりにくいという報告がある。土や微生物にじかに触れることが、その違いを生んでいると思われる。

腸はあなたの庭である

万能のダイエット法などというものは存在しない。ここまで繰り返し見てきたように、脳や腸は個人差がとても大きいし、食べ物に対する体の反応も人によってさまざまで、なおかつ柔軟性が高いからだ。また、二番煎じの理論が正確な実験結果の一万倍もあふれているこの世界では、絶対に間違いを犯さない専門家や、完全に公正な判断を下せる人も存在していない。現代は合成ＤＮＡやクローン動物さえも生み出せる時代だが、実のところ、私たちの生命を支える仕組みについては、驚くほど少ししかわかっていないのだ。こうしたことを考えれば、私たちの人生は、自分の体にとって最適な食生活を見つけるための、いわば発見の旅とも言えるだろう。

私がこの本で実現したかったのは、ダイエット法や食べ物にまつわる無数の神話の真実を明らかにすることだった。それによって、もっともらしく売られているダイエット商品や食品の宣伝文句を、読者のみなさんが懐疑的な目で見られるようになったのなら、著者冥利に尽きると言えよう。また私は、ダイエットの神話や根拠のないルールを一掃しようとするにあたって、それらの代わりに新たな制約を持ち出すのではなく、知識をもたらそうと試みた。その代表的なものが腸内細菌だった。

私たちの腸とそこにすむ細菌は、庭の手入れをするように世話をしてやることで、きっと豊かになっていくはずだ。肥料、つまりプレバイオティクスや食物繊維や栄養素をたっぷりと与えよう。そしてその庭には新しい種《たね》、つまりプロバイオティクスや未経験の食べ物を定期的にまいてみよう。断食をして、ときどき土を休ませるのもいいだろう。保存料たっぷりの加工食品や殺菌効果のあるマウスウォッシュ、ジャンクフードや砂糖で、自分の腸という庭の反応を試してみるのはかまわない。しかし、それで庭が汚染されてしまうようでは本末転倒である。

こうして世話をしていけば、あなたの腸内細菌の種類は増え、多様性が最大限に高まり、さまざまな栄養物を合成してくれるようになる。たまに洪水（食べすぎ）や干ばつ（空腹）、あるいは有害な雑草の侵入（感染症やがん）が起きても、腸内細菌の豊かなコミュニティがうまく対処してくれる。もちろん、嵐が襲来すれば多少の犠牲は避けられないだろう。しかし、多様性とバランスのおかげで、その災害を乗り切った後には、あらゆる細菌が再生して、それまで以上にしっかりしたものになり、体や腸内細菌を健康に保ってくれるはずだ。自分の体を寺院だと考えなさいという教えがあるが、私はむしろ、自分の体をこうしたかけがえのない庭と考えていきたいと思っている。

ダイエットと食生活について、研究すべき問題はまだたくさん残されている。しかしそれでも、多様性こそがなぞを解く鍵ではないか——私はそう直感している。

謝辞

この本が長い妊娠期間をへて無事にこの世に生まれてくるまでには、多くの人の助けがあった。意見をくれた人もいれば、詳しい説明をしてくれた人もいる。へんてこなユーチューブの動画を教えてくれた人もいた。この本の準備を軌道に乗せるまでが一番大変な部分で、私のエージェントで友人でもあるコンヴィル&ウォルシュのソフィー・ランバートの素晴らしいサポートがなければ不可能だった。この本は、何度か方向転換をしてきたが、そのたび、ワイデンフェルド&ニコルソンの凄腕編集者であるベア・ヘミングが熱心に導いてくれた。ヘミングからはさまざまなことを学ぶことができ、一緒に仕事をするのが楽しかった。特別に触れておきたい人も何人かいる。クリステン・ワードは、たくさんのトピックについて調べ、病気の事例史を選定してくれた。直感力に優れたアシスタントのビクトリア・バスケスは、ワードの調査を手伝ってくれた。二人とも、初期段階の未完成な原稿を何度も入念に読んでくれている。もう少し後の原稿を読んで、良いものにしてくれたのが、ロビン・フィッツジェラルド、ロズ・カディア、ブライアン・フェフリー、フラニー・ホックバーグといった、古くからの信頼できる友人たちだ。

肥満、遺伝学、栄養、マイクロバイオームの各分野で活躍する研究者たちは、まだ発表されていない、貴重な最新情報を教えてくれた。そこには次の人々が含まれる。微生物学分野の共同研究者であるルース・レイとロブ・ナイト、そして彼のアメリカン・ガット・プロジェクトの研究チームである、ダン・マクドナルドとルーク・トンプソン、ダスコ・エーリック、ピーター・ターンボウ、ポール・オトゥール、グレン・ギブソン、スーザン・アードマン、スタン・ヘイゼン、アミール・ザリンパール、マーティン・ブレイザー、マリア・ドミニゲス＝ベロ、パトリス・カニ、ケヴィン・トゥーイ、ローレル・ラゲノー、ラシュミ・シンハ、ジム・ゲダート、さらにキングス・カレッジ・ロンドンでの私の研究チームである、ミシェル・ボーモント、ジョーダナ・ベル、クレイグ・グラストンベリー、マット・ジョンソン。ほかにも次の専門家の方々には詳しく質問をさせてもらった。スティーブ・オラヒリー、ジョージ・デイヴィー・スミス、マーク・マッカーシー、デーヴィッド・アリソン、クレア・ルウェリン、キルシ・ピエティライネン、エレ・ゼギーニ、アリナ・ファーマキ、バーバラ・ブラインサック、オーブリー・シェイハム、レオラ・アイゼン、デーヴィッド・モーガン。

キングス・カレッジ・ロンドンの同僚であるケヴィン・ウィーラン、ジェレミー・サンダーソン、フィル・チョウェンジク、トム・サンダースとは、とても有意義な議論ができた。バルセロナでは、私の寛大なホストであるシャビエル・エステビリュや、ラモン・エストルッチ、マーク・ニューウェンハウセン、スサナ・プーチ、ヨセップ・マルヴィの知識と親切なもてなしに感謝したい。チーズについては、ポール・ニール、ジョン・スコフィールド、ナイジェル・ホワイト、エリック・ビゾーから、そして食事をめぐる哲学についてはジュリアン・バジーニから教わった。イアン・ウィアー、エーネ・ケリー、イズガー・ボス、アマンダ・ベイリー、ジョン・ヘミング、スワミ、ブレンダ・サムブロック、レズリー・ブックビンダー、ビビアン・ホールから、さらに私が名前を忘れてしまった人からも、同じように有益な情報を提供してもらっている。私の自慢の息子トーマスには、ジャンクフードダイエットに挑戦してくれたことを感謝したい。さらに、ほかの熱心で冒険心にあふれたダイエット挑戦者、そしてＴｗｉｎｓＵＫの被験者全員にも感謝する。セント・トーマス病院、キングス・カレッジ・ロンドン、研究資金を提供してくれたＥＵや国立健康研究所、ウェルカム・トラスト、そしていつものように、申し分のない研究の基礎を提供してくれた素晴らしい双子たちにも感謝したい。ベロニク、ソフィー、トーマスには、長い期間、現実生活から姿を消すことを寛大にも許してくれたことに感謝する。

最後に、この本は多くの手助けを受けて完成したものだが、変化の激しい広大な領域を扱っているため、間違いや漏れはきっとあるだろう。それらの責任がすべて私にあることは言うまでもない。

訳者あとがき

高校二年生のことだ。クラスメートのお弁当箱（というかプラスチックの密閉容器）に入っていたのはリンゴだけ。昼ご飯はそれだけだと言う。「リンゴダイエット」だ。おかずとご飯でぎゅうぎゅうのお弁当箱を広げていた私には信じられなかった記憶がある。リンゴダイエットは今も根強い人気があるらしく、インターネットで検索すると何千件もヒットする（もちろん広告サイトも多いはずだ）。

では、ある人（仮にAさんとする）がリンゴダイエットで減量に成功したとして、その理由はなんだろうか。検索でヒットしたサイトにあるように「リンゴに含まれる食物繊維やカリウムのおかげ」なのか、それとも「一日一食から二食をリンゴだけ」にしたので総摂取カロリーが減ったせいなのか、あるいはその両方なのか。そもそも、リンゴに含まれる成分はAさんの体内でどう作用していたのか。同じような減量効果は誰にでもあるのか。その効果は科学的に検証されたものなのか。おそらく、Aさんはそんなことを考えもせず、フェイスブックに、リンゴダイエットで○キロも痩せた！　と投稿する（ちょっと得意げに）。すると、それを見たBさんが、Aさんが痩せたなら私もやってみようかな、と考え出す。そして、インターネットで「リンゴダイエット」と検索して……。

私たちとダイエットの関係はおおむねこんなものだ。みんながやっていて、それで痩せた人がいるなら、その科学的な根拠があるかどうかなんて気にしない。「アメリカのセレブがみなやっている」ダイエット法だとか、「これを食べれば○○が解消する！」といった話にはとびつきたくなる。そこに「専門家がすすめる」とか「研究によって確かめられている」という魔法の言葉がついていればなおさらだ。ただ、そうした専門家の話や研究結果は、どこまで信用できるのだろうか。

もし、誰もが「こうすれば健康になる」と信じていることが、ただの神話にすぎないとしたら。

本書は、「Diet Myth」（ダイエットの神話）という原題が示すとおり、そうした「ダイエット（そして栄養全般）の神話」を明らかにしていこうという本だ。ダイエットをはじめとする、栄養と健康の話で多いのは、この栄養素は体に良い、この化学成分は体に悪い、だからこの食品は食べるべきだ（あるいは避けるべきだ）という考え方だ。しかし、同じダイエット法でも、あるいは食品ひとつとっても、人によって反応が違うのを見るのと、そうした単純化には無理がありそうだ。そうした個人差を生み出す、もっと複雑な体の仕組みを最近の科学研究の成果を通して解き明かし、ダイエットの神話を一掃しようというのが、この本の目指すところだ。

著者のティム・スペクターは、ロンドン大学キングスカレッジの遺伝疫学教授で、世界最大規模の一万三〇〇〇人の双子を対象とした研究「UKツイン・レジストリ」を指揮している。前著『双子の遺伝子――「エピジェネティクス」が2人の運命を分ける』（ダイヤモンド社）では、遺伝子だけでは説明できない「エピジェネティクス」的な変化で生じる個人差について、自らの双子研究をベースに論じている。本書は、前著までのテーマからやや離れたように見えるかもしれない。ひとつには、本書の冒頭にあるとおり、自ら健康問題に直面した経験が大きいようだ。肉を食べない生活（本人いわく「ベジタリアンみたいなもの」）に挑戦するなどして、ライフスタイルを改善し、病気のリスクを減らそうと取り組むなかで、著者が気付いたのは、世の中には栄養や食事について、混乱を招くようなメッセージがあふれていること、そしてある食品の健康効果や危険性が、きちんとしたエビデンスもないまま広まっているケースが多いことだ。

本書の各章は、(主にアメリカの)食品ラベルにある栄養素がタイトルになっており、その栄養素をめぐる「神話」の存在を、新たな研究成果や、著者の双子研究からの知識によって明らかにしていく。キーワードのひとつが、やはり「個人差」だ。なぜダイエットの効果に個人差があるのか。同じものを食べても太る人とそうでない人がいるのか。著者がなんども指摘するのは、ヒトの腸や脳は個人差がとても大きいこと、そして食品に対する体の反応もきわめて異なっていて、なおかつ柔軟性が高いことだ。そうした個人差の理由を考えるうえで鍵となるのが「腸内細菌」をはじめとする微生物の働きである。

「マイクロバイオーム」(ヒトの皮膚や口腔内、腸、膣などにすむ微生物のコミュニティ)は、最近注目のトピックだ。マイクロバイオームという言葉になじみがなくても、「腸内細菌」と言われたらぴんとくるかもしれない。腸内細菌が食べ物の消化吸収を助けてくれるというのはよく聞くが、腸内細菌の役割はそうしたサポート的なものにとどまらない。たとえば腸内で酪酸などの短鎖脂肪酸を生成し、そうした物質を通して免疫システムと相互作用をするなど、体全体に影響を及ぼしていることが分かってきたのだ。本書では腸内細菌のさまざまな役割について説明しているが、重要なのは、腸内細菌の種類や数が人によって大きく異なることだ。ダイエットや食品への反応の「個人差」の少なくとも一部分は、腸内細菌の「個人差」で説明できる。逆に、腸内細菌を調べれば、自分の体の性質を他人と比較できる。本書でも、腸内細菌の検査(便サンプルに含まれる微生物の分析）は、ある人に固有の腸内環境を知るのに有効な手段として何度も登場している。

今から一年ほど前、本格的な翻訳作業を始めたばかりのころに、私も腸内細菌の検査を受けてみた。利用したのは、「μBiome」というアメリカの有料サービスだ。八九ドル（二〇一六年四月の料金）を支払うと、すぐにサンプル採取キットが送られてきた。採取するサンプル（というか、便だ）の量はごくわずかで良いらしく、小さな綿棒で使用後のトイレットペーパーをこすり、その先を液体が入った小さなプラスチック容器に差し込んで、しばらくかき混ぜるだけ。わずか五センチほどのプラスチック容器をキットに同梱の封筒に入れ、国際郵便でアメリカに送った。これで終わりだ。

一カ月ほどして、ウェブで結果が見られるようになった。「結果は病気や診断、治療、予防のためのものではない」という注意書きがある。あくまでも腸内環境の傾向であり、他の被験者との比較なのだ。腸内細菌を「門」という大きな分類のレベルで見ると、フィルミクテス門とバクテロイデーテス門の二種類が多いとされている。私の場合、「カロリー摂取が多いと増える」傾向があるとされるフィルミクテス門の細菌に偏っていて、全体の約六割を占めていた。一方、もう少し細かいレベルでみると、胃腸を健康にする効果があると言われるビフィドバクテリウム属（ビフィズス菌）の数が平均の三倍近くいた。また腸内細菌の多様性では、検査を受けている人の中でかなり上位に入るらしい。

良いような悪いような、なんとも言えない結果ではある。結果のサイトにあったアドバイスも「低脂肪または低炭水化物の食事を試してみましょう」「ヨーグルトなど生きた細菌の含まれる乳酸菌を食べるとラクトバチルス菌が増えます」といった一般的なものが多かった。しかしとにかく、私の腸内には他の人とは違う、私だけの腸内細菌たちがいることは分かった。そう、検査を受けてみると、腸にすむ小さな同居人（あるいは共同作業者）の存在が実感でき、「私の腸内細菌たち」などと呼びたくなるのだ。

ダイエットの神話が生まれるかげには、こうした腸内細菌たちの役割を過小評価していることがある。もちろん腸内細菌がすべてではない。肥満には遺伝的な影響も大きいが、そこにはやはり、著者が前著から取り上げている、エピジェネティクス的な作用が絡んでくる。

誰にでも効果のあるダイエット法を知りたいという人には、この本は向かないだろう（そして念のために言うと、冒頭のリンゴのダイエットの話はあくまでも例であり、私は効果の有無について言うつもりはない。本書にもリンゴダイエットは出てこない）。万能のダイエット法が存在しないことは著者も言っている。腸内細菌も含めて、自分の体は他の誰とも違っているのだから、体にあう食生活《ダイエット》が他人と同じであるはずがないのだ。この本は、自分にあった食生活を探すための助けになるだろう。

ところで、この本に登場するアメリカやイギリスの食生活の例があまりに極端で、日本には当てはまらないと思われるかもしれない（私も正直なところ、訳しながら胸焼けがしそうになるときがあった）。確かに日本は、過体重または肥満の人の割合がＯＥＣＤ加盟国で最も低い。本書でも、魚中心の日本の食生活が評価されている。しかし、今後もそうだとはかぎらない。私たちの食生活は大きく変化している。魚の消費量は近年急激に減少しており、二〇〇九年以降は肉の消費量が魚を上回っている。会社帰りの若いサラリーマンが、夕食代わりなのか、夜のファストフード店でハンバーガーを食べていたり、友人がフェイスブックにこってり系ラーメンの写真ばかりを投稿していたりするのを見かけると、余計なお世話とは思いつつ、心配になってしまう。

食生活を急に大きく変えることは難しいかもしれない。かといって、流れてくる手軽な情報をうのみにしてしまっていいのだろうか。この本を読む前と後とで、私の食生活が劇的に変わったわけではない。ただ、自分を食べるものは、自分の腸内細菌たちも食べるのだということを意識して、手軽な加工食品を減らして、簡単でもいいから自分で料理するようにした。そのせいかどうか分からないが、最近受けた血液検査の結果は一年前より改善していた。もちろん、何が良かったかは分からない。それでも試行錯誤を重ねて、自分なりの食生活を見つけることが大事なのだろう。

白揚社編集部の上原弘二氏には、本書の翻訳の機会を与えていただき、訳稿に数々の貴重な提案をいただきました。同社編集部の阿部明子氏も、訳稿を丁寧に読み、間違いの指摘をくださいました。心より感謝申し上げます。

二〇一七年春

熊谷玲美

fecal microbiota transplantation for relapsing Clostridium difficile infection.

4 http://www.openbiome.org/practitioner-map/

5 私が訪問した、ボストンのオープンバイオームという非営利企業は、20 人足らずのドナーから集めた糞便を、アメリカ国内で糞便移植を行う 500 近くの医療施設に供給している。

6 Alang, N., OFID. 2015. http://ofid.oxfordjournals.org/content/2/1/ofv004.full.pdf+html Weight gain after Fecal Microbial Transplant ;.http://www.scientificamerican.com/article/fecal-transplants-may-up-risk-of-obesity-onset/

7 Charakida, M., *Lancet Diabetes Endocrinol* (Aug 2014); 2(8): 648–54. Lifelong patterns of BMI and cardiovascular phenotype in individuals aged 60–64 years in the 1946 British birth cohort study: an epidemiological study.

8 Everard, A., *Proc Natl Acad Sci* (28 May 2013); 110(22): 9066–71. Cross-talk between Akkermansia muciniphila and intestinal epithelium controls diet-induced obesity.

9 Zimmermann, A., *Microbial Cell* (2014); 1(5): 150–3. When less is more: hormesis against stress and disease.

10 Lang, J.M., *PeerJ* (9 Dec 2014); https://peerj.com/articles/659/. The microbes we eat: abundance and taxonomy of microbes consumed in a day's worth of meals for three diets.

21　Wells, A.D., *Int Immunopharmacol* (31 Jul 2014); pii: S1567-9. Influence of farming exposure on the development of asthma and asthma-like symptoms.
22　Heinritz, S.N., *Nutr Res Rev* (Dec 2013); 26(2): 191-209. Use of pigs as a potential model for research into dietary modulation of the human gut microbiota.
23　Song, S.J., *eLife* (16 Apr 2013); 2: e00458. Cohabiting family members share microbiota with one another and with their dogs.

■20　賞味期限

1　Gormley, F., *J Epidemiol Infect* (May 2011); 139(5): 688-99. A 17-year review of food-borne outbreaks: describing the continuing decline in England and Wales (1992-2008).

2　ついでに言えば、大量の高価な薬もまた、わけもなく廃棄されている。処方薬のほとんどは使用期限が過ぎても使用に問題がない。舌触りが変わることは多いかもしれないが、有効成分はまだ含まれている。ある研究で、150種類の薬に対して厳しい検査をおこなったところ、その80％は有効期限を何年も過ぎても効き目があった。Lyon, R.C., *J Pharm Sci* (2006); 95: 1549-60. Stability profiles of drug products extended beyond labelled expiration dates.

まれな例外も少しはある。たとえば抗生物質の一種であるテトラサイクリンは短期間で効果が失われてしまうし、液体の薬も分離してしまうことがある。とはいえ、私もそうだが、たいていの医師は「期限切れ」の薬を捨てることは決してせず、自宅の戸棚にたくさんしまってあるものだ。そういう薬は、効能を最大10％失ってしまうかもしれないが、私がこれまでに見つけることのできた研究報告のなかに、期限切れの薬の影響で病気になった人に関するものはない。「国境なき医師団」のような人道援助団体は、いくつかの先進国で、薬局から返品されてきた薬を集め、第三世界で使う取り組みを進めている。またアメリカにも、様子を見ながら薬の有効期限を長くしていく計画がある。Khan, S.R., *J Pharm Sci* (May 2014); 103(5): 1331-6. United States Food and Drug Administration and Department of Defense shelf-life extension program of pharmaceutical products: progress and promise.

もちろん、これよりもさらに進んだ取り組みを進めるべきであり、実際にそれは可能である。

■21　騙されないためのチェックポイント

1　Kingsolver, B., *Animal, Vegetable, Miracle: A Year of Food Life* (Harper Collins, 2007)
2　http://www.britishgut.org and http://www.americangut.org
3　Youngster, I., *JAMA* (5 Nov 2014); 312(17): 1772-8. Oral, capsulized, frozen,

キューをしていて、ピクニックも好き、ヘビ、汚れた足、そして屋外便所（いわゆる「ダニー」だ）が身の回りにあるというイメージだったが、それはもう古い。最近の子どもたちはめったに外で遊ばず、ほとんど屋内で過ごしている。清潔で、空調が効き、掃除機がかけてある家で、プレイステーションやコンピュータで遊んでいる。食べるものもきちんと洗われているし、加工食品も増えている。オーストラリアは、子どもの肥満率が世界でとくに高い国でもあり、そのイメージに反して、スポーツをしている子どもは非常に少ない。ただし、スポーツ観戦をしながらビールを飲むという習慣はしっかりと続いている。

9 West, C.E., *Curr Opin Clin Nutr Metab Care* (May 2014); 17(3): 261-6. Gut microbiota and allergic disease: new findings.

10 Du Toit, G., *J Allergy Clin Immunol* (Nov 2008); 122(5): 984-91. Early consumption of peanuts in infancy is associated with a low prevalence of peanut allergy.

11 Storrø, O., *Curr Opin Allergy Clin Immunol* (Jun 2013); 13(3): 257-62. Diversity of intestinal microbiota in infancy and the risk of allergic disease in childhood.

12 Ismail, I.H., *Pediatr Allergy Immunol* (Nov 2012); 23(7): 674-81. Reduced gut microbial diversity in early life is associated with later development of eczema.

13 Marrs, T., *Pediatr Allergy Immunol* (Jun 2013); 24(4): 311-20. e8. Is there an association between microbial exposure and food allergy? A systematic review.

14 Strachan, D.P., *BMJ* (1989); 299: 1259-60. Hay fever, hygiene, and household size.

15 Hesselmar, B., *Pediatrics* (Jun 2013); 131(6): e1829-37. Pacifier cleaning practices and risk of allergy development.

16 Holbreich, M., J *Allergy Clin Immunol* (Jun 2012); 129(6): 1671-3. Amish children living in northern Indiana have a very low prevalence of allergic sensitization.

17 Zupancic, M.L., *PLoS One* (2012); 7(8): e43052. Analysis of the gut microbiota in the Old Order Amish and its relation to the metabolic syndrome.

18 Roederer, M., *Cell* (2015); The genetic architecture of the human immune system.

19 Schaub, B., *J Allergy Clin Immunol* (Jun 2008); 121(6): 1491-9, 1499. e-13. Impairment of T-regulatory cells in cord blood of atopic mothers.

20 Smith, P.M., *Science* (2013); 341; 6145: 569-73. The microbial metabolites, short-chain fatty acids, regulate colonic Treg cell homeostasis. Hansen, C.H., *Gut Microbes* (May-Jun 2013); 4(3): 241-5. Customizing laboratory mice by modifying gut microbiota and host immunity in an early 'window of opportunity'.

Probiotics for the prevention of Clostridium difficile-associated diarrhea in adults and children.
32 http://www.britishgut.org and http://www.americangut.org

■19 ナッツ

1 http://www.dailymail.co.uk/news/article-2724684/Nut-allergy-girl-went-anaphylactic-shock-plane-passenger-ignored-three-warnings-not-eat-nuts-board.html
2 Vinson, J.A., *Food Funct* (Feb 2012); 3(2): 134-40. Nuts, especially walnuts, have both anti-oxidant quantity and efficacy and exhibit significant potential health benefits.
3 Bes-Rastrollo, M., *Am. J. Clin. Nutr* (2009); 89, 1913-1919. Prospective study of nut consumption, long-term weight change, and obesity risk in women.
4 Estruch, R., *N Engl J Med* (4 Apr 2013); 368(14): 1279-90.
5 ピーナッツは厳密に言えば豆の仲間の植物であって、ナッツではないのだが、同じ原則が当てはまる。アメリカ人がピーナッツバターにかける金額は、年間8億ドル近くになる。ピーナッツバターは悪い話ばかり聞かれるが、タンパク質や脂肪、ビタミンや食物繊維を含んでおり、過剰に加工されなければ、心臓に多少の効果があるかもしれない。それでも、オランダでの大規模な研究によれば、ナッツだけを食べたほうが死亡率の減少には効果があるという。von den Brandt, P.A. *Int J Epidemiol* (Jun 2015); 44(3) 1038-49. Relationship of tree nut, peanut and peanut butter intake with total and cause-specific mortality: a cohort study and meta-analysis.
6 Schloss, O., *Arch Paed* (1912); 29: 219. A case of food allergy.
7 食物アレルギーの症例が近代的な医学雑誌に初めて掲載されたのは、人類が月に着陸した1969年のことである。Golbert, T.M., *J Allergy* (Aug 1969); 44(2): 96-107. Systemic allergic reactions to ingested antigens.
8 オーストラリアは、世界でもアレルギー患者が最も多い国に数えられる。その理由はわからないが、大気汚染のせいだとは考えにくい。この国では、子どもの50人に1人がピーナッツアレルギーで（イギリスでは80人に1人だ）、その割合は20年ごとに倍増している。増加スピードは5歳以下の子どもでとくに速い。オーストラリアへの移住が始まってから最初の5世代は、アイルランドやイギリス諸島から来た人々が大半で、この地にたどりついたときにさまざまな未知のアレルゲンに遭遇した。しかし30年前までは、問題がない人がほとんどだったようだ。私の母がこの国で育ったころ、そして私と兄弟が1960年代の数年間、この国の学校に通ったころと比べて、オーストラリアの生活というのは劇的に変化している。
かつてのオーストラリア人は、屋外活動やスポーツが好きで、いつもバーベ

15 Trasande, L., *Int J Obes* (Jan 2013); 37(1): 16-23. Infant antibiotic exposures and early-life body mass.

16 Ajslev, T.A., *Int J Obes* 2011; 35: 522-9. Childhood overweight after establishment of the gut microbiota: the role of delivery mode, pre-pregnancy weight and early administration of antibiotics.

17 Bailey, L.C., *JAMA Pediatr* (29 Sep 2014); doi:10.1001/jamapediatrics. Association of antibiotics in infancy with early childhood obesity.

18 Blaser, M., *Nat Rev Microbiol* (Mar 2013); 11(3): 213-7. The microbiome explored: recent insights and future challenges.

19 Darmasseelane, K., *PLoS One* (2014); 9(2): e87896. doi:10.1371. Mode of delivery and offspring body mass index, overweight and obesity in adult life: a systematic review and meta-analysis.

20 http://www.wired.com/wiredscience/2010/12/news-update-farm-animals-get-80-of-antibiotics-sold-in-us/

21 Visek, W.J., *J Animal Sciences* (1978); 46; 1447-69.The mode of growth promotion by antibiotics.

22 Pollan, M., *The Omnivore's Dilemma* (Bloomsbury, 2007)〔ポーラン『雑食動物のジレンマ』(ラッセル秀子訳　東洋経済新報社)〕

23 http://www.dutchnews.nl/news/archives/2014/06/illegal_antibiotics_found_on_f/

24 Burridge, L., *Aquaculture* (2010); Elsevier BV 306 (1-4), 7-23 Chemical use in salmon aquaculture: A review of current practices and possible environmental effects.

25 Karthikeyan, K.G., *Sci Total Environ* (15 May 2006); 361(1-3). Occurrence of antibiotics in wastewater treatment facilities in Wisconsin, USA.

26 Jiang, L., *Sci Total Environ* (1 Aug 2013); 458-460: 267-72. doi. Prevalence of antibiotic resistance genes and their relationship with antibiotics in the Huangpu River and the drinking water sources, Shanghai, China.

27 Huerta, B., *Sci Total Environ* (1 Jul 2013); 456-7: 161-70. Exploring the links between antibiotic occurrence, antibiotic resistance, and bacterial communities in water supply reservoirs.

28 Falcone-Dias, M.F., *Water Res* (Jul 2012); 46(11): 3612-22. Bottled mineral water as a potential source of antibiotic-resistant bacteria.

29 Blaser, M., *Missing Microbes* (Henry Holt, 2014)

30 Gendrin, M., *Nature Communications* 6: 5921 (2015): Antibiotics in ingested human blood affect the mosquito microbiota and capacity to transmit malaria.

31 Goldenberg, J.Z., *Cochrane Database Syst Rev* (31 May 2013); 5: CD006095.

いなかった。

6　1968年のアメリカでは、帝王切開による出産は25件に1件の割合だったが、現在では3件に1件に迫っており、毎年130万件の手術が実施されている。Kozhimannil, K.B., *PLoS Med* (21 Oct 2014); 11(10): e1001745. Maternal clinical diagnoses and hospital variation in the risk of Cesarean delivery: analyses of a national US hospital discharge database.

ただ、この数字は地域によって10倍もの開きがある。一部の町では7%と低いものもあるが、逆にニューヨーク市では50%、プエルトリコでは60%である。Kozhimannil, K.B., *Health Aff* (Millwood) (Mar 2013); 32(3): 527-35. Cesarean delivery rates vary tenfold among US hospitals; reducing variation may address quality and cost issues.

帝王切開手術は、出産に伴うリスクがきわめて小さい妊婦でもよくおこなわれている。また地域的に見ると、ブラジル（公立病院で45%）やメキシコ（37%）のような、金銭的な余裕のない貧しい国でもかなり頻繁に実施されている。中国でも帝王切開は普及している。この国では、出産の大多数が帝王切開によるものだ。Zhang, J., *Obstet Gynecol* (2008); 111: 1077-1082. Cesarean delivery on maternal request in Southeast China.

7　Dominguez-Bello, M., *Proc Natl Acad Sci USA* (29 Jun 2010); 107(26): 11971-5. Delivery mode shapes the acquisition and structure of the initial microbiota across multiple body habitats in newborns.

8　Grönlund, M.M., *J Pediatr Gastroenterol Nutr* (1999); 28: 19-25. Fecal microflora in healthy infants born by different methods of delivery: Permanent changes in intestinal flora after Cesarean delivery.

9　Cho, C.E., *Am J Obstet Gynecol* (Apr 2013); 208(4): 249-54. Cesarean section and development of the immune system in the offspring.

10　Thavagnanam, S., *Clin Exp Allergy* (Apr 2008); 38(4): 629-33. A meta-analysis of the association between caesarean section and childhood asthma.

11　この処置は、今では「膣細菌移植」と呼ばれるようになっている。ロブとマリア・ドミンゲス=ベロは、緊急ではない帝王切開を受けるプエルトリコの女性を対象に、膣細菌移植の臨床試験を始めており、この移植を受けた乳児が「正常化」され、アレルギーの発症が減るかどうか、長期的に追いかける予定だ。

12　Gough, E.K., *BMJ* (15 Apr 2014); 348: g2267. The impact of antibiotics on growth in children in low and middle income countries: systematic review and meta-analysis of randomised controlled trials.

13　Blaser, M., *Missing Microbes* (Henry Holt, 2014)〔ブレイザー『失われてゆく、我々の内なる細菌』（山本太郎訳　みすず書房）〕

14　http://www.cdc.gov/obesity/data/adult.html

性があることを示している。Bjelakovic, G., *Cochrane Database Syst Rev* (23 Jun 2014); 6: CD007469.doi: 10.1002/14651858.CD007469.pub2. Vitamin D supplementation for prevention of cancer in adults. Afzal, S., *BMJ* (18 Nov 2014); 349: g6330.doi:10.1136/bmj.g6330. Genetically low vitamin D concentrations and increased mortality: Mendelian randomisation analysis in three large cohorts.

エビデンスが全般的に十分ではない状況のなかでも、例外的に珍しいエビデンスが見つかることもあり、そうしたケースでは、明確なエビデンスがないままサプリメントを使うことにもメリットがあると言える。たとえば、眼球の色素であるルテインとゼアキサチンを適当な用量で同時服用すると、黄斑変性による失明を予防したり、発症を送らせたりする効果があるという結果が、長期間の臨床試験で示されている。ただし副作用を防ぐには、服用量や成分の割合を正しく決めることが重要だ。Age-related Eye Disease Study 2 Research Group, *JAMA* (15 May 2013); 309(19): 2005-15. Lutein + zeaxanthin and omega-3 fatty acids for age-related macular degeneration: the Age-related Eye Disease Study 2 (AREDS2) randomized clinical trial.

21 Degnan, P.H., *Cell Metab* (4 Nov 2014); 20(5): 769-74. Vitamin B12 as a modulator of gut microbial ecology.

■18 抗生物質

1 Shapiro, D.J., *J Antimicrob Chemother* (25 Jul 2013); Antibiotic prescribing for adults in ambulatory care in the USA, 2007-09.

2 Hicks, L., *NEJM* (2013); 368; 1461-2. U.S. outpatient antibiotic prescribing, 2010

3 Garrido, D., *Microbiology* (Apr 2013); 159(Pt 4): 649-64. Consumption of human milk glycoconjugates by infant-associated bifidobacteria: mechanisms and implications.

4 Baaqeel, H., *BJOG* (May 2013); 120(6): 661-9. doi:10.1111/1471-0528.12036. Timing of administration of prophylactic antibiotics for caesarean section: a systematic review and meta-analysis.

5 私の命は帝王切開のおかげで助かった。母の妊娠中、急に胎盤への血流が滞ってしまったため、緊急帝王切開で生まれたのだ。私はかなりの未熟児で、妊娠30週に1800グラムで生まれた小さな赤ん坊だった。その数年前だったら助からなかっただろう。それから25年後、私がコルチェスター近郊の小さな病院で、かなりびくびくしながら赤ん坊を取り上げようとしている最中のこと。はるか昔に朝3時に起きて私の命を救ってくれた外科医のために、自分が開創器で切開箇所を押さえていることに気づいた。私はその外科医に礼を言った。彼の名前は、古い出生記録で見て知っていた——しかし不思議なことに、彼は私の顔を覚えて

そのメカニズムは定かではないが、遺伝子で生じるエピジェネティクス的な変化が重要な要素になっているのだろう。母ラットに大量の葉酸サプリメントを投与すると、生まれてくる子ラットには糖尿病や脳神経接続の変容といった健康問題が多くなるという結果もある。Huang, Y., *Int J Mol Sci* (14 Apr 2014); 15(4): 6298-313. Maternal high folic acid supplement promotes glucose intolerance and insulin resistance in male mouse offspring fed a high-fat diet.

11 Clarke, J.D., *Pharmacol Res* (Nov 2011); 64(5): 456-63.Bioavailability and inter-conversion of sulforaphane and erucin in human subjects consuming broccoli sprouts or broccoli supplement in a cross-over study design.

12 Bolland, M.J., *J Bone Miner Res* (11 Sep 2014); doi:10.1002/jbmr.2357. Calcium supplements increase risk of myocardial infarction.

13 Moyer, V.A., *Ann Intern Med* (2013); 158(9): 691-6. Vitamin D and calcium supplementation to prevent fractures in adults: U.S. preventive services task force recommendation statement.

14 Chang, Y.M., *Int J Epidemiol* (Jun 2009); 38(3): 814-30. Sun exposure and melanoma risk at different latitudes: a pooled analysis of 5700 cases and 7216 controls.

15 Bataille, V., *Med Hypotheses* (Nov 2013); 81(5): 846-50. Melanoma. Shall we move away from the sun and focus more on embryogenesis, body weight and longevity?

16 Gandini, S., *PLoS One* (2013); 8(11): e78820. Sunny holidays before and after melanoma diagnosis are respectively associated with lower Breslow thickness and lower relapse rates in Italy.

17 Hunter, D., *J Bone Miner Res* (Nov 2000); 15(11): 2276-83. A randomized controlled trial of vitamin D supplementation on preventing postmenopausal bone loss and modifying bone metabolism using identical twin pairs.

18 Schöttker, B., *BMJ* (17 Jun 2014); 348: g3656.doi:10.1136/bmj.g3656. Vitamin D and mortality: meta-analysis of individual participant data from a large consortium of cohort studies from Europe and the United States.

19 Bjelakovic, G., *Cochrane Database Syst Rev* (10 Jan 2014); 1:CD007470. Vitamin D supplementation for prevention of mortality.

20 最近おこなわれた10万人のデンマーク人を対象とする研究では、メンデル無作為化手法と呼ばれるバイアスのない方法によって、体内でのビタミンD合成に関係する遺伝子変異を調べた。人工的なサプリメントにはがんや死亡率に関する効果がないことはメタアナリシスによって示されているが、このデンマーク人を対象とする研究は、人工的なサプリメントとは違って、体内のビタミンDレベルを制御する適切な遺伝子があれば、とくにがんによる死亡率が低くなる可能

participant data.

■17　ビタミン

1　葉酸やビタミンB12のような一部のビタミンは、摂取量によっては、遺伝子をエピジェネティクス的に変化させることで、体に予測不可能な影響を与えることがある（詳しくは前著『双子の遺伝子』をお読みいただきたい）。

2　Goto, Y., *Immunity* (17 Apr 2014); 40(4): 594-607. Segmented filamentous bacteria antigens presented by intestinal dendritic cells drive mucosal Th17 cell differentiation.

3　Rimm, E.B., *N Engl J Med* (20 May 1993); 328(20): 1450-6. Vitamin E consumption and the risk of coronary heart disease in men.

4　Lippman, S.M., *JAMA* (2009); 301(1): 39-51. Effect of selenium and vitamin E on risk of prostate cancer and other cancers.

5　Guallar, E., *Ann Intern Med* (17 Dec 2013); 159(12): 850-1. Enough is enough: Stop wasting money on vitamin and mineral supplements.

6　Bjelakovic, G., *Cochrane Database Syst Rev* (14 Mar 2012); 3: CD007176. Antioxidant supplements for prevention of mortality in healthy participants and patients with various diseases.

7　Risk and Prevention Study Collaborative Group, *N Engl J Med* (9 May 2013); 368(19): 1800-8. n-3. Fatty acids in patients with multiple cardiovascular risk factors.

8　Qin, X., *Int J Cancer* (1 Sep 2013); 133(5): 1033-41. Folic acid supplementation and cancer risk: a meta-analysis of randomized controlled trials.

9　Burdge, G.C., *Br J Nutr* (14 Dec 2012); 108(11): 1924-30. Folic acid supplementation in pregnancy: Are there devils in the detail?

10　別のメタアナリシスでは、合計2万7000人の心臓疾患患者を対象とする複数の無作為化比較試験を分析している。これによると、用量が2〜5ミリグラムの葉酸サプリメントには心臓疾患への効果はないという。また葉酸を過剰摂取（1日5ミリグラム超）すると、一部の患者で心臓冠動脈の再狭窄リスクを高める可能性がある。Qin, X., *Clin Nutr* (Aug 2014); 33(4): 603-12. Folic acid supplementation with and without vitamin B6 and revascularization risk: a meta-analysis of randomized controlled trials.

ほかの研究では、葉酸サプリメントは不妊症の改善に効果はなく、むしろそのリスクを高める可能性があることがわかっている。Murto, T., *Acta Obstet Gynecol Scand* (Jan 2015); 94(1): 65-71. Folic acid supplementation and methylenetetrahydrofolate reductase (MTHFR) gene variations in relation to in vitro fertilization pregnancy outcome.

まで学校給食で出されていた。学校で清涼飲料水を出すことに対する反発が強まっている今、学校給食で度数の低いビールの復活があるかもしれない。

11 Vang, O., *Ann NY Acad Sci* (Jul 2013); 1290: 1-11. What is new for resveratrol? Is a new set of recommendations necessary?

12 Tang, P.C., *Pharmacol Res* (22 Aug 2014); pii: S1043-6618(14)00138-8. Resveratrol and cardiovascular health - Promising therapeutic or hopeless illusion?

13 Wu, G.D., *Science* (7 Oct 2011); 334(6052): 105-8. Linking long-term dietary patterns with gut microbial enterotypes.

14 Queipo-Ortuño, M.I., *Am J Clin Nutr* (Jun 2012); 95(6): 1323-34. Influence of red wine polyphenols and ethanol on the gut microbiota ecology and biochemical biomarkers.

15 Chiva-Blanch, G., *Alcohol* (May-Jun 2013); 48(3): 270-7. Effects of wine, alcohol and polyphenols on cardiovascular disease risk factors: evidence from human studies.

16 私のように、アルコールの潜在的な健康効果を信じすぎないよう心がけている人間でさえ、飲みすぎれば嫌になるだろう。平均的なイタリア人とアイルランド人が1年間で飲むアルコールの量はほぼ同じだが、アイルランド人のほうが健康に悪影響を受けやすいようだ。これは遺伝的な理由かもしれないが、地中海式食事法が腸内細菌に作用して、保護効果をもたらしているとも考えられる。アルコールを被験者（たいていは酒がなくて困っている学生）に過剰投与して、短期的な影響を調べるという研究が、世界のさまざまな国でいくつかおこなれている。しかし、フィンランド・ツインレジストリーで研究をしている友人のヤーッコ・カプリオの話では、倫理審査委員会から病院での投与を認められているアルコール量は、被験者の安全を十分に確保するという考えから、ヘルシンキの学生が夜通し浮かれ騒ぐときに普通に飲む量の半分にも満たないらしい。

17 Bala, S., *PLoS One* (14 May 2014); 9(5). Acute binge drinking increases serum endotoxin and bacterial DNA levels in healthy individuals.

18 Blednov, Y.A., *Brain Behav Immun* (Jun 2011); 25 Suppl 1: S92-S105. Activation of inflammatory signaling by lipopolysaccharide produces a prolonged increase of voluntary alcohol intake in mice.

19 Knott, C.S., *BMJ* (2015); 350: h384. All-cause mortality and the case for age-specific consumption guidelines.

20 Ferrari, P., *Eur J Clin Nutr* (Dec 2012); 66(12): 1303-8. Alcohol dehydrogenase and aldehyde dehydrogenase gene polymorphisms, alcohol intake and the risk of colorectal cancer in the EPIC study.

21 Holmes, M.V., *BMJ* (2014); 349: g4164. Association between alcohol and cardiovascular disease: Mendelian randomisation analysis based on individual

『双子の遺伝子』（野中香方子訳　ダイヤモンド社）〕
4　Peng, Y., *BMC Evol Biol*（20 Jan 2010）; 10: 15 The ADH1B Arg47His polymorphism in east Asian populations and expansion of rice domestication in history.
5　Criqui, M.H., *Lancet*（1994）; 344; 1719-23. Does diet or alcohol explain the French paradox?
6　Di Castelnuovo, A., *Arch Intern Med*（11-25 Dec 2006）; 166(22): 2437-45. Alcohol dosing and total mortality in men and women: an updated meta-analysis of 34 prospective studies.
7　ワイン摂取に関する数少ない無作為化比較試験の一つについての論文が、2015年に発表されている。この試験では2年間にわたって、224人の糖尿病患者に対し、標準的な地中海式食事とともに、赤ワイン、白ワイン、ミネラルウォーターのいずれかを1日1杯与えた。結果は驚くほど明確だった。赤ワインを飲んだ場合、水に比べると、血中の脂質値や血糖値が大きく改善された。白ワインの効果は中間的だった。Gepner Y. *Ann Intern Med*（13 Oct 2015）163(8): 569-79. Effects of Initiating Moderate Alcohol Intake on Cardiometabolic Risk in Adults With Type 2 Diabetes: A 2-Year Randomized, Controlled Trial.
8　しかしフランスは最近、ビールの消費量がワインを上回る危機にさらされている。若者たちがワインを買わなくなってきているからだ。同じ傾向は、イタリアやスペインといったほかのワイン通の国々でも見られる。
9　Chawla, R., *BMJ*（4 Dec 2004）; 329（7478）: 1308. Regular drinking might explain the French paradox.
10　ベルギーは、チョコレートと、職人の手によるビールで有名だ。これが盛んになったのは実はフランス革命後のことで、逃れてきた修道士が悲しみを紛らわそうとして始めたのだとされている。ベルギーの本格的なカフェでは、1軒で数えられないほど多くのビールを扱っている。その多くに専用のグラスがあり、果物も含めてとても多くの原材料が使われている。ベルギーの研究者たちは、さまざまなビールポリフェノールにあるとされる健康効果を解明しようと、熱心に研究している。さらにそれ以外にも、ビール酵母や、イヌリンなどのプレバイオティクス、さらには酵母とプレバイオティクスの無限とも言える組み合わせや、数多くのメタボライトも、腸内細菌にプラスの効果を与えている可能性があると考えている。Spitaels, F., *PLoS One*（18 Apr 2014）; 9(4): e95384. The microbial diversity of traditional spontaneously fermented lambic beer.
　ベルギービールのアルコール度数は種類によって大きく異なる。11%という非常に強いビールは、ワインに似たところがあり、「デリリウム・トレメンス」〔アルコール依存症の禁断症状の一つである、手の震えや幻覚などの症状〕だとか、「モール・シュビット」（突然死）とかいった、いかにも健康に良さそうな名前がついている。一方で度数の低いビールもあって、そういう種類は1980年代

of prospective observational studies.
19 Ludwig, I.A., *Food Funct* (Aug 2014); 5(8): 1718–26. Variations in caffeine and chlorogenic acid contents of coffees: what are we drinking?
20 Crippa, A., *Am J Epidemiol* (24 Aug 2014); pii: kwu194. Coffee consumption and mortality from all causes, cardiovascular disease, and cancer: A dose-response meta-analysis.
21 Denoeud, F., *Science* (2014); 345, 1181–4. The coffee genome provides insight into the convergent evolution of caffeine biosynthesis.
22 http://www.dailymail.co.uk/health/article-3027/How-healthy-cup-coffee.html
23 Teucher, B., *Twin Res Hum Genet* (Oct 2007); 10(5): 734–48. Dietary patterns and heritability of food choice in a UK female twin cohort.
24 Amin, N., *Mol Psychiatry* (Nov 2012); 17(11): 1116–29. Genome-wide association analysis of coffee drinking suggests association with CYP1A1/CYP1A2 and NRCAM.
25 Coelho, C., *J Agric Food Chem* (6 Aug 2014); 62(31): 7843–53. Nature of phenolic compounds in coffee melanoidins.
26 Gniechwitz, D., *J Agric Food Chem* (22 Aug 2007); 55(17): 6989–96. Dietary fiber from coffee beverage: degradation by human fecal microbiota.
27 Vinson, J.A., *Diabetes Metab Syndr Obes* (2012); 5: 21–7. Randomized, double-blind, placebo-controlled, linear dose, crossover study to evaluate the efficacy and safety of a green coffee bean extract in overweight subjects.

■16 アルコール

1 Rehm, J., *Lancet* (26 Apr 2014); 383 (9927): 1440–2. Russia: lessons for alcohol epidemiology and alcohol policy.
2 とはいえ、私たちがいまだに水のようなありふれた飲み物で悩んでいるのを考えれば、アルコールで苦労させられるのも不思議ではない。最近の若者たちは、脱水症状を心配して、どこに行くにもペットボトル入りの水を持ち歩くのを習慣にしている（そのペットボトルには化学物質がたくさん使われているが、微生物はいない）。健康を維持するには、水を１日に２リットル以上飲む必要があると一般に考えられているからだ。しかしこれもまた、裏付けデータのない現代の神話にすぎない。必要な水の量は個人差がかなりあるし、私たちの体は、喉が渇いたときにそれを伝えるように、完璧な適応をとげている。どのみち必要とされる水のほとんどは、食事やコーヒー、紅茶、清涼飲料水、さらにはアルコール飲料からとることができるのだ。それが証拠に、狩猟民だった私たちの祖先は、５分おきにペットボトルから水をがぶがぶ飲まなくても生き残れたではないか。
3 Spector, T., *Identically Different* (Weidenfeld & Nicolson, 2012)〔スペクター

と、そうでないタイプの好みには、文化よりも遺伝による影響のほうが大きかった。これは、甘さと同じように、舌触りの違いに対する好みも遺伝的な要因によって決まるためだろう。

6　Ellam, S., *Ann Rev Nutr* (2013); 33: 105-28. Cocoa and human health.

7　Golomb, B.A., *Arch Intern Med* (26 Mar 2012); 172(6): 519-21. Association between more frequent chocolate consumption and lower body mass index.

8　Khan, N., *Nutrients* (21 Feb 2014); 6(2): 844-80.doi: 10.3390/nu6020844. Cocoa polyphenols and inflammatory markers of cardiovascular disease.

9　Jennings, A., *J Nutr* (Feb 2014); 144(2): 202-8. Intakes of anthocyanins and flavones are associated with biomarkers of insulin resistance and inflammation in women.

10　Tzounis, X., *Am J Clin Nutr* (Jan 2011); 93(1): 62-72. Prebiotic evaluation of cocoa-derived flavanols in healthy humans by using a randomized, controlled, double-blind, crossover intervention study.

11　http://www.cocoavia.com/how-do-i-use-it/ingredients-nutritional-information

12　Martin, F.P., *J Proteome Res* (7 Dec 2012); 11(12): 6252-63. Specific dietary preferences are linked to differing gut microbial metabolic activity in response to dark chocolate intake.

13　Esser, D., *FASEB J* (Mar 2014); 28(3): 1464-73. Dark chocolate consumption improves leukocyte adhesion factors and vascular function in overweight men.

14　Moco, S., *J Proteome Res* (5 Oct 2012); 11(10): 4781-90. Metabolomics view on gut microbiome modulation by polyphenol-rich foods.

15　Langer, S., *J Agric Food Chem* (10 Aug 2011); 59(15): 8435-41. Flavanols and methylxanthines in commercially available dark chocolate: a study of the correlation with non-fat cocoa solids.

16　ここ最近でヒットしそうな商品は、クラフトフーズが、キャドバリーと合併して世界最大手になった後に発売したものだ。それは「クラフト・インダルジェンス・スプレッド」という商品名で〔インダルジェンスは「耽溺、贅沢」という意味〕、クラフトフーズが前から出しているフィラデルフィア・クリームチーズを「本物の」ベルギーチョコレートと混ぜたものだ。これはヒットするかもしれない。

17　ペプシ・マックスのカフェイン含有量は、イギリスでは43ミリグラム、アメリカでは69ミリグラムだ。コカコーラの場合は、イギリスで32ミリグラム、アメリカで34ミリグラム。ダイエットコークだと、イギリスで42ミリグラム、アメリカで45ミリグラムである。

18　Zhang, C., *Eur J Epidemiol* (30 Oct 2014); Tea consumption and risk of cardiovascular outcomes and total mortality: a systematic review and meta-analysis

sweet taste in the brain of diet soda drinkers.
8　Pepino, M.Y., *Diabetes Care* (2013); 36: 2530-5. Sucralose affects glycemic and hormonal responses to an oral glucose load.
9　Abou-Donia, M.B., *J Toxicol Environ Health A* (2008); 71(21): 1415-29. Splenda alters gut microflora and increases intestinal p-glycoprotein and cytochrome p-450 in male rats.
10　Wu, G.D., *Science* (7 Oct 2011); 334(6052): 105-8. Linking long-term dietary patterns with gut microbial enterotypes.
11　アルカリ性食品だけで腸の酸性度を大幅に変えることはできないが、一般に使われている薬の中には、それができるものもある。プロトンポンプ阻害薬と呼ばれる胃酸の分泌を抑える薬は、世界で最も売れている薬の一つで、ふつうは処方箋なしで購入できる。この薬は、胸焼けや潰瘍の症状をやわらげるのに効果があり、7人に1人が服用したことがあるとされている。これがよく使われるのは、副作用がほとんどないと考えられているからだ。しかし私たちは2016年に、1800人の双子についての研究で、この薬が腸内細菌を大きく変化させることを明らかにした。具体的には、通常は腸の上部にいる細菌（連鎖球菌など）が大幅に増えていた。このことから、プロトンポンプ阻害薬を服用した人々では通常、腸の感染症の発症率が高くなったり、骨折やがんの発症率のわずかな増加といった副作用が多くなる理由を説明できる。これもまた、薬の安全性試験において、細菌に与える影響が見落とされてきた例の一つと言えるだろう。
12　Gostner, J., *Curr Pharm Des* (2014); 20(6): 840-9. Immunoregulatory impact of food antioxidants.

■15　カフェイン

1　Shin, S.Y., *Nat Genet* (Jun 2014); 46(6): 543-50. An atlas of genetic influences on human blood metabolites.
2　Mayer, E.A., *J Neurosci* (2014), 34(46): 15490-6. Gut microbes and the brain: paradigm shift in neuroscience.
3　Ellam, S., *Ann Rev Nutr* (2013); 33: 105-28. Cocoa and human health.
4　Staff ord, L.D., *Chem Senses* (Mar 13 2015); bj007, p.ii. Obese individuals have higher preference and sensitivity to odor of chocolates.
5　世界中のチョコレートにはかなりの種類があるが、一般的にアングロサクソン系の国々ではミルクチョコレートが好まれるようだ。ただし、ダークチョコレートの消費も増えている。私たちの双子調査では、チョコレートや甘いもの全般を好む傾向には遺伝的な要因が見られたが、ダークチョコレートよりミルクチョコレートを好むのは文化的な要因が中心であり、遺伝的な影響はほとんどなかった。チョコレート好きの人のなかでは、中にクリームが入っているタイプ

できるというのは嬉しいニュースだ。デンプンの多い食生活を送る地域ではデンプンを消化する酵素を多く作り出す遺伝子のコピーが増えたし、牛乳を飲めるような遺伝子の変異も起こった。それならば、同様の遺伝子変異でまだ発見されていないものも、たぶんほかにたくさんあるだろう。異なる食事にさらされると、遺伝子が本当に（エピジェネティクス的に）変化する場合があることも知られている。私たちの体は、これまで考えられてきたよりもはるかに柔軟性が高いのだ。人間はロボットのような大量生産製品ではない――はるかに柔軟性が高くて、環境に適応する能力が備わっているのだ。こういった能力はこれまでずっと、人類が地球上で生き延び、繁栄するための秘訣となってきたのであり、それがあったからこそ、目の前にある多種多様な食事や環境を活用することができた。たしかに集団全体としてはそうした能力がうまく機能している。しかしリンダのような個人のレベルでは、自分の遺伝子や代謝を適応させられない可能性があり、そうだとすれば、食生活と腸内細菌のどちらかを変えることが必要かもしれない。

25 Staudacher, H.M., *Nat Rev Gastroenterol Hepatol* (Apr 2014); 11(4): 256-66. Mechanisms and efficacy of dietary FODMAP restriction in IBS.

■14 人工甘味料および保存料

1 Di Salle, F., *Gastroenterology* (Sep 2013); 145(3): 537-9. Effect of carbonation on brain processing of sweet stimuli in humans.

2 de Ruyter, J.C., *N Engl J Med* (11 Oct 2012); 367(15): 1397-406. A trial of sugar-free or sugar-sweetened beverages and body weight in children.

3 de Ruyter, J.C., *PLoS One* (22 Oct 2013); 8(10): e78039. The effect of sugar-free versus sugar-sweetened beverages on satiety, liking and wanting: an 18-month randomized double-blind trial in children.

4 Nettleton, J.A., *Diabetes Care* (2009); 32(4): 688-94. Diet soda intake and risk of incident metabolic syndrome and Type 2 diabetes in the Multi-Ethnic Study of Atherosclerosis (MESA). Lutsey, P.L., *Circulation* (12 Feb 2008); 117(6): 754-61. Dietary intake and the development of the metabolic syndrome: the Atherosclerosis Risk in Communities study.

5 Hill, S.E., *Appetite* (13 Aug 2014); pii: S0195-6663(14)00400-0. The effect of non-caloric sweeteners on cognition, choice, and post-consumption satisfaction.

6 Bornet, F.J., *Appetite* (2007); 49(3), 535-53. Glycaemic response to foods. Impact on satiety and long-term weight regulation. Schiffman, S.S., *J Toxicol Environ Health B Crit Rev* (2013); 16(7): 399-451. Sucralose, a synthetic organochlorine sweetener: overview of biological issues.

7 Green, E., *Physiol Behav* (5 Nov 2012); 107(4): 560-7. Altered processing of

22 Perry, G.H., *Nature Genetics* (2007); 39, 1256-60.
23 Falchi, M., *Nature Genetics* (May 2014); 46(5): 492-7. Low copy number of the salivary amylase gene predisposes to obesity.
24 もう一つ、大きなパラダイムシフトがある。これまで、肥満との関係が見つかっている遺伝子の圧倒的多数は、脳に作用すると考えられてきた。このことから、肥満というのはたんに、脳が発する食いしん坊シグナルが、意志の弱い肥満の人に食べすぎを引き起こすせいだという認識がいまだに残っている。しかし私たちが発見したのは、代謝の効果（つまりエネルギーに影響を与える効果）のほうが10倍以上大きいということだ。遺伝子コピーという情報を拾い上げるのがとても大変だったことを考えれば、ほかの種類の食べ物に関係する、アミラーゼ遺伝子のようなものがたくさん存在していて、この先発見されるのかもしれない。この分野はこれからまた変わるだろうが、最近の研究によれば、これまで考えられてきたのとは違って、肥満遺伝子（FTO遺伝子など）はたんに脳に作用するのではなく、むしろ脂肪細胞のサイズや種類（褐色脂肪細胞、白色脂肪細胞、ベージュ細胞）を変えるという作用があるという。Clawssnitzer, M. *N Engl J Med* (3 Sep 2015); 373(10) 895-907. FTO Obesity Variant Circuitry and Adipocyte Browning in Humans.

私たちはさらに、双子たちのなかで、アミラーゼ遺伝子のコピー数が最も多い人と、最も少ない人の腸内細菌と代謝パターンを調べた。すると、以前から肥満との関係が指摘されていた、フィルミテクス門（クロストリジウム目）に属する細菌の一部に大きな違いが見られた。まだ全容はわかっていないが、これまでのところ、デンプンに適応していない人々でデンプン消化機能が変化すると、それがきっかけとなって、腸内細菌の組成や、さまざまな脂肪酸の合成に変化が生じるようだ。この結果、デンプンを食べたときのインスリン濃度の増加が速くなり、最終的には、もともと肥満傾向があった人がさらに脂肪をため込み糖尿病リスクが高まることになるのだ。このことが示すのは、ジャガイモやパスタを厳密に同じ量だけ食べていても、その人の遺伝子が腸内細菌に影響を与えるため、脂肪として蓄積される量が多くなる人がいるということだ。誰にとってもジャガイモ1個は1個だとは言えない。人によっては、エネルギーで考えると2個分にあたることもあるのだ。

こうした遺伝子コピーについてさらに詳しいことがわかれば、将来的には、食事の種類によって人々を違ったグループに分類するのに役立つだろう。リンダのように、穀物を多くとる環境にいながら、適切な遺伝子がないことがわかっている人は、糖質の多い食べ物（デンプン）を減らして、その代わりに、自分の体や腸内細菌に合っている脂肪を食べるようにしたほうが、幸せな生活を送れるかもしれない。

それ以外の人にとっても、私たちが新しい食べ物や環境に思ったより早く適応

短時間だけ作用するバリウムのような薬だ。それを飲んでから、検査が始まった。

ジェレミーが動かす内視鏡が、粘液でつやつやした私の腸のなかをゆっくり進んでいく様子を、私はベッドサイドのテレビ画面に映るカラー映像でしっかり見ていた。私たちの研究で使う細胞組織も18回採取した。検査後は仕事に戻ろうと思っていたが、1日休暇を取るように言われた。例のハッピージュースが体調に影響しているかもしれないからだ。ゆっくり体を休めているうち、何億個もの細菌たちのことがかわいそうに思えてきた。あんなに熱心に働いてくれていたのに、検査前にトイレに流してしまった。

例のハッピードラッグのせいだったかもしれないが、ひどく感情的になっていた。私が1年かけて大切に増やそうとしてきた、あの献身的な細菌たちに申し訳なくなった。抗生物質を投与された患者や、大腸内視鏡検査を受けた経験のある人では、腸内細菌の99%以上が失われるという研究のことを知っていたからだ。根性のある生き残りたちは、いつもと違う場所でじっとしている。私のように虫垂がまだあれば、そこを避難所にできる——虫垂がある理由はずっと謎だったが、もしかしてこれがその理由なのだろうか。生き残りの細菌たちは盲腸に集まっている可能性もある。これは、大腸の一部で、いつも多少の液体があるので、彼らにとっては臭いのきつい砂漠のオアシスになる。あるいは、腸壁の小さなすき間にバイオフィルムを作って互いにくっつき合って、身を隠している可能性もある。ただ、細菌たちが腸を駆けめぐる大波をそこまで見事に耐えられる理由はよくわかっていない。

15 O'Brien, C.L., *PLoS One* (1 May 2013); 8(5): e62815. Impact of colonoscopy bowel preparation on intestinal microbiota.

16 Kellow, N.J., *Br J Nutr* (14 Apr 2014); 111(7): 1147-61. Metabolic benefits of dietary prebiotics in human subjects: a systematic review of randomised controlled trials.

17 Dewulf, E.M., *Gut* (Aug 2013); 62(8): 1112-21. Insight into the prebiotic concept: lessons from an exploratory, double-blind intervention study with inulin-type fructans in obese women.

18 Salazar, N., *Clin Nutr* (11 Jun 2014); pii: S0261-5614(14)00159-9.doi: 10.1016/j.clnu.2014.06.001. Inulin-type fructans modulate intestinal Bifidobacteria species populations and decrease fecal short-chain fatty acids in obese women.

19 http://www.jigsawhealth.com/supplements/butyrex

20 Davis, W., *Wheat Belly* (Rodale, 2011)〔デイビス『小麦は食べるな』(白澤卓二訳　日本文芸社)〕

21 Murray, J., *Am J Clin Nutr* (2004); vol. 79 no. 4 669-673. Effect of a gluten-free diet on gastrointestinal symptoms in celiac disease.

of action.

12 Lissiman, E., *Cochrane Database Syst Rev* (11 Nov 2014); 11: CD006206. Garlic for the common cold; Josling P. *Advances in therapy*. 2001; 18(4): 189-93. Preventing the common cold with a garlic supplement: a double-blind, placebo-controlled survey.

13 Zeng, T., *J Sci Food Agric* (2012); 92(9): 1892-1902. A meta-analysis of randomized, double-blind, placebo-controlled trials for the effects of garlic on serum lipid profile.

14 私は最近、天然由来のプレバイオティクスの摂取をめぐって、現実的な問題にぶつかった。きっかけは、大腸内視鏡検査を「志願」して受けたことだ。イギリスではまだ、大腸内視鏡検査を受けるのが趣味だとか、死ぬまでに一度は受けたいという人がどこにでもいるわけではなく、私が受けたのにもいくつか理由があった。一つは、この検査を散髪と同じくらいしょっちゅう受けているらしいアメリカの研究仲間たちに、一度も受けたことがないのは時代遅れと思われたことだ。最近は多くの国で、50歳以上の人には、大腸がんの定期検診で大腸内視鏡検査を実施するよう勧めている。大腸がんは、男性のがんではとくに予防が可能なものとされている。そしてこの検査を受けた理由ははまだあって、人に説いていることを自分でもやってみようと思ったからだ。現在私は双子を対象にした大腸内視鏡検査を計画中なのだが、被験者の双子に侵襲的検査を受けてもらうときには、必ず事前に自分で同じ検査を受けることにしている。それともう一つの理由として、自分の腸内細菌に試練を与えてみたいという気持ちもあった。細菌は検査のときに下剤で洗い流されるが、それは巨大な津波のようなものだ。細菌がそれにどう反応するのか見てみたかった。

検査前の数日間は、なんとも大変だった。まず、食物繊維の量を減らさなければならなかった。食物繊維をとっていない人もいるが、私の場合は果物と野菜、全粒穀物を避けた。絶食中も飲み物は飲んでよかったので、まあなんとかなった。そして強力な下剤を飲んだのだが、その後の数時間はどう過ごすか慎重に考えるよう注意された。仕事には行かないほうがいいし、混み合った電車に乗るのは絶対にやめたほうがいい、できればトイレから10メートル以内にじっとしているべきだ、と言われて、ちょっと大げさかなという気がした。

ちょっと時間がかかったが、下剤が効いてきた。細かいことは割愛するが、今回ばかりはアドバイスに従っていてよかった。トイレに20回駆け込み、トイレットペーパーを一巻使い切ってしまった。それでようやくすっきりして、腸が空っぽになり、準備ができた。私の場合、実際の検査自体は痛みもなく、むしろ興味深い体験になった。それはおそらく、検査をしてくれたのがロンドンで指折りの優れた内視鏡専門医、ジェレミー・サンダーソンだったからだろう。ジェレミーは「ハッピージュース」だと言って薬を少量くれた。簡単に言えば、これは

total mortality: a meta-analysis of prospective cohort studies.
4 Thies, F., *Br J Nutr* (Oct 2014); 112 Suppl 2: S19-30. Oats and CVD risk markers: a systematic literature review.
5 Musilova, S., *Benef Microbes* (Sep 2014); 5(3): 273-83. Beneficial effects of human milk oligosaccharides on gut microbiota.
6 Ukhanova, M., *Br J Nutr* (28 Jun 2014); 111(12): 2146-52. Effects of almond and pistachio consumption on gut microbiota composition in a randomised cross-over human feeding study.
7 Dunn, S., *Eur J Clin Nutr* (Mar 2011); 65(3): 402-8. Validation of a food frequency questionnaire to measure intakes of inulin and oligofructose.
8 Moshfegh, A.J., *J. Nutr* (1999); 129: 1407S-1411S. Presence of inulin and oligofructose in the diets of Americans.
9 van Loo, J., *Crit Rev Food Sci Nutr* (Nov 1995); 35(6): 525-52. On the presence of inulin and oligofructose as natural ingredients in the western diet.
10 1976年に、大手スーパーマーケットチェーンのマークス・アンド・スペンサーがイギリス初の冷凍食品を開発し、議論はあったがそれにニンニクを使った。「チキン・キエフ」という異国風の名前がついているこの料理だが、その起源がモスクワかキエフかをめぐっていまだに激しい論争があるというのも、さほど驚きではない。チキン・キエフは大ヒットし、イギリス人はそれ以来、徐々にニンニクの味に慣れてきている。フライドポテトの大手メーカーのマッケインは、「ローステッド・ガーリック・ウェッジ」というニンニクをふりかけたフライドポテトのスナック菓子まで売り出しているが、ほんの数年前のイギリスならあり得なかったことだ。

不思議なのは、南欧出身なのにニンニクがどうしても食べられないという人がたまにいることだ。私はずっと、南ヨーロッパの人は生まれたての赤ん坊のときからニンニクを与えられるので、その強烈な味にすぐに慣れるものとばかり思っていた。私たちの研究グループでは、イギリスでニンニクを食べる習慣が主に文化的な接触によるものであることを確かめるため、3000組以上の双子を対象とした研究を実施した。結果は予想外だった。ニンニクを食べるかどうかには遺伝的要素が強く（49%）、家庭環境から来る影響は無視できる程度でしかなかったのだ。Teucher, B., *Twin Res Hum Genet* (Oct 2007); 10(5): 734-48. Dietary patterns and heritability of food choice in a UK female twin cohort.

これは、少なくともイギリスでは、とくに苦味を感じる味覚受容体の遺伝子が大きな意味をもつということである。そうした遺伝子は、ニンニクを嫌いな人が少ない南欧の地中海沿岸ではもっと珍しいものなのかもしれない。
11 Williams, F.M., *BMC Musculoskelet Disord* (8 Dec 2010); 11: 280. Dietary garlic and hip osteoarthritis: evidence of a protective effect and putative mechanism

breakfast in energy balance and health: a randomized controlled trial in lean adults. Dhurandhar, E.J., *Am J Clin Nutr*, 4 Jun 2014; 100(2): 507-13. The effectiveness of breakfast recommendations on weight loss: a randomized controlled trial.
16 de la Hunty, A., *Obes Facts* (2013); 6(1): 70-85. Does regular breakfast cereal consumption help children and adolescents stay slimmer? A systematic review and meta-analysis.
17 Brown, A.W., *Am J Clin Nutr.* (Nov 2013); 98(5): 1298-308. Belief beyond the evidence: using the proposed effect of breakfast on obesity to show two practices that distort scientific evidence.
18 Desai, A.V., *Twin Res* (Dec 2004); 7(6): 589-95. Genetic influences in self-reported symptoms of obstructive sleep apnoea and restless legs: a twin study.
19 Shelton, H., 1934 Hygienic systems, vol II, Health Research, Pomeroy, WA.
20 Stote, K.S., *Am J Clin Nutr* (Apr 2007); 85(4): 981-8. A controlled trial of reduced meal frequency without caloric restriction in healthy, normal-weight, middle-aged adults.
21 Di Rienzi, S.C., *eLife* (1 Oct 2013); 2: e01102.doi: 10.7554/eLife.01102. The human gut and groundwater harbor non-photosynthetic bacteria belonging to a new candidate phylum sibling to Cyanobacteria.
22 Watanabe, F., *Nutrients* (5 May 2014); 6(5): 1861-73. Vitamin B12-containing plant food sources for vegetarians.
23 Brown, M.J., *Am J Clin Nutr* (2004); 80: 396-403. Carotenoid bioavailability is higher from salads ingested with full-fat than with fat-reduced salad dressings as measured with electrochemical detection.
24 Sonnenburg, E.D., *Cell Metab* (20 Aug 2014); pii: S1550-4131(14)00311-8. Starving our microbial self: the deleterious consequences of a diet deficient in microbiota-accessible carbohydrates.
25 Wertz, A.E., *Cognition* (Jan 2014); 130(1): 44-9. Thyme to touch: infants possess strategies that protect them from dangers posed by plants.
26 Knaapila, A., *Physiol Behav.* (15 Aug 2007); 91(5): 573-8. Food neophobia shows heritable variation in humans.

■13 食物繊維

1 Anderson, J.C., *Am J Gastroenterol* (Oct 2014); 109(10): 1650-2. Editorial: constipation and colorectal cancer risk: a continuing conundrum.
2 Threapleton, D.E., *BMJ* (19 Dec 2013); 347: f6879. Dietary fibre intake and risk of cardiovascular disease: systematic review and meta-analysis.
3 Kim, Y., *Am J Epidemiol* (15 Sep 2014); 180(6): 565-73. Dietary fiber intake and

4　http://www.dailymail.co.uk/femail/article-2692758/Diet-guru-FreeLee-Banana-Girl-fire-controversial-views-claims-chemo-kills-losing-period-good-you.html
5　Mosley, M., and Spencer, M., *The Fast Diet*, Short Books, 2013〔モズリーほか『週2日ゆる断食ダイエット』（荻野哲矢訳　幻冬舎）〕
6　IGF-1の変化がもたらす、老化防止や細胞のストレス抑制といった効果についての優れたエビデンスは、ほとんどが線虫やハエから得られたものだ。Bao, Q., *Mol Cell Endocrinol*, 16 Jul 2014; 394（1-2）: 115-18. Ageing and age-related diseases - from endocrine therapy to target therapy.
　げっ歯類については明確な結果が得られていない。またそうした効果には、エネルギーや性的関心の欠如といった代償をともなう可能性がある。本当に永遠の命が得られるのでない限り、それだけ代償を払う意味はないだろう。
7　Hanley, C., *FASEB Journal*（Apr 2015）; 29（1）: 118.4. A Systematic Review of the Literature on Intermittent Fasting for Weight Management.
8　Johnson, J.B., *Med Hypotheses*, 2006; 67: 209-11. The effect on health of alternate day calorie restriction: eating less and more than needed on alternate days prolongs life. Vallejo, E.A., *Rev Clin Esp*, 63（1956）, pp. 25-7. La dieta de hambre a días alternos en la alimentación de los viejos.
9　Nicholson, A., *Soc Sci Med*（2009）; 69（4）519-28. Association between attendance at religious services and self-reported health in 22 European countries. Eslami, S., *Bioimpacts*.（2012）; 2（4）: 213-15. Annual fasting; the early calories restriction for cancer prevention.
10　Carey, H.V., *Am J Physiol Regul Integr Comp Physiol*.（1 Jan 2013）; 304（1）: R33-42 Seasonal restructuring of the ground squirrel gut microbiota over the annual hibernation cycle.
11　Costello, E.K., *ISME J*.（Nov 2010）; 4（11）: 1375-85. Postprandial remodelling of the gut microbiota in Burmese pythons.
12　Zarrinpar, A., *Cell Metab*（2 Dec 2014）; 20（6）: 1006-17. doi: 10.1016/j.cmet.2014.11.008. Diet and feeding pattern affect the diurnal dynamics of the gut microbiome.
13　肥満患者を対象とした小規模な介入実験では、軽度の断食を1週間おこなったところ、マイクロバイオームの多様性が高まり、アッカーマンシア属の細菌が増えた。Remely, M., *Wien Klin Wchenschr*（May 2015）127: 394-8. Increased gut microbiota diversity and abundance of Faecalibacterium prausnitzii and Akkermansia after fasting: a pilot study.
14　Casazza, K., *N Engl J Med*.（31 Jan 2013）; 368（5）: 446-54. Myths, presumptions, and facts about obesity.
15　Betts, J.A., *Am J Clin Nutr*.（4 Jun 2014）; 100（2）: 539-47. The causal role of

beverage consumption among children and adults in Great Britain, 1986–2009.
25 Bray, G.A., *Am J Clin Nutr* (2004); 79: 537–43. Consumption of high-fructose corn syrup in beverages may play a role in the epidemic of obesity.
26 Hu, F.B., *Physiol Behav* (2010); 100: 47–54. Sugar-sweetened beverages and risk of obesity and Type 2 diabetes: epidemiologic evidence.
27 Mitsui, T., *J Sports Med Phys Fitness* (Mar 2001); 41(1): 121–3. Colonic fermentation after ingestion of fructose-containing sports drink.
28 Bergheim, I., *J Hepatol* (Jun 2008); 48(6): 983–92. Antibiotics protect against fructose-induced hepatic lipid accumulation in mice: role of endotoxin.
29 Bray, G.A., *Diabetes Care* (Apr 2014); 37(4): 950–6. Dietary sugar and body weight: have we reached a crisis in the epidemic of obesity and diabetes?: health be damned! Pour on the sugar.
30 de Ruyter, J.C., *N Engl J Med* (11 Oct 2012); 367(15): 1397–406. A trial of sugar-free or sugar-sweetened beverages and body weight in children.
31 Sartorelli, D.S., *Nutr Metab Cardiovasc Dis* (Feb 2009); 19(2): 77–83. Dietary fructose, fruits, fruit juices and glucose tolerance status in Japanese–Brazilians.
32 van Buul, V.J., *Nutr Res Rev* (Jun 2014); 27(1): 119–30. Misconceptions about fructose-containing sugars and their role in the obesity epidemic.
33 Kahn, R., *Diabetes Care* (Apr 2014); 37(4): 957–62. Dietary sugar and body weight: have we reached a crisis in the epidemic of obesity and diabetes?: we have, but the pox on sugar is overwrought and overworked.
34 Te Morenga, L., *BMJ* (15 Jan 2012); 346: e7492. Dietary sugars and body weight: systematic review and meta-analyses of randomised controlled trials and cohort studies. Sievenpiper, J.L., *Ann Intern Med* (21 Feb 2012); 156: 291–304. Effect of fructose on body weight in controlled feeding trials: a systematic review and meta-analysis. Kelishadi, R., *Nutrition* (May 2014); 30: 503–10. Association of fructose consumption and components of metabolic syndrome in human studies: a systematic review and meta-analysis.

■12 糖質（糖類以外）

1 Claesson, M.J., *Nature* (9 Aug 2012); 488(7410): 178–84. Gut microbiota composition correlates with diet and health in the elderly.
2 van Tongeren, S., *Appl. Environ. Microbiol* (2005); 71(10): 6438. Fecal microbiota composition and frailty.
3 Friedman, M., *J Agric Food Chem* (9 Oct 2013); 61(40): 9534–50. Anticarcinogenic, cardioprotective, and other health benefits of tomato compounds lycopene, α -tomatine, and tomatidine in pure form and in fresh and processed tomatoes.

susceptibility to caries.

18　私たちはいつも、朝食のシリアルをできるだけ多く食べる競争をしていた。糖分のおかげでハイになったし、微生物にエサを与えることにもなったが、それも食べすぎで具合が悪くなるまでの話だ。

イギリスの読者は「シュガースマックス」「ハニースマックス」「シュガーパフス」「ココポップス」「オールスターズ」「フロスティーズ」といったシリアルを食べた経験があるかもしれない。しかし、そうした製品に純粋な砂糖が35パーセント以上も含まれていたことには気づいていなかっただろう。アメリカでは、同じブランドでもさらに砂糖が10パーセント多く入っていた。私たちは地元の歯科医院で何時間も楽しい時間を過ごしたが、歯科医のほうは私たちがそういうシリアルを食べ続けていてもいっこうに構わず、私たちの金で庭に大きなプールを作ったりしていた。心配なのは、それから40年たっても、これと同じシリアル（一部のブランドは名前から「シュガー」（砂糖）を外している）がいまだに売られていて、そこには健康に良さそうな成分についての表示はあっても、警告が何もないことだ。私は、熱心すぎるオーストラリア人歯科医が原因のもののほかは、まったく歯の問題はなく数十年間を過ごしてきた。しかし、最近は小さな虫歯が2本ほどある。これは運が悪いだけなのか、それとも素晴らしくヘルシーな低脂肪の朝食で、砂糖を余分に摂取したせいだろうか？

19　Holz, C., *Probiotics Antimicrob Proteins*（2013）; 5: 259–63. *Lactobacillus paracasei* DSMZ16671 reduces mutans streptococci: a short-term pilot study.

20　Teanpaisan, R., *Clin Oral Investig*（Apr 2014）; 18（3）: 857–62. *Lactobacillus paracasei* SD1, a novel probiotic, reduces mutans streptococci in human volunteers: a randomized placebo-controlled trial.

21　Glavina, D., *Coll Antropol*（Mar 2012）; 36（1）: 129–32. Effect of LGG yoghurt on Streptococcus mutans and Lactobacillus spp. salivary counts in children.

22　Marcenes, W., *J Dent Res*（Jul 2013）; 92（7）: 592–7. Global burden of oral conditions in 1990–2010: a systematic analysis. Bernabé, E., *Am J Public Health*（Jul 2014）; 104（7）: e115–21. Age, period and cohort trends in caries of permanent teeth in four developed countries.

虫歯の問題がないのは、狩猟採集民だった祖先のように、肉か魚だけを食べて暮らす珍しい部族だけである。新石器時代初期に農耕をおこない、デンプン中心の食生活をしていた祖先でさえ、虫歯に苦しんでいたことがわかっている。イギリスでは現在、子どもが入院する理由で一番多いのが抜歯であり、国はその医療費として4500万ポンド以上を負担している。

23　Bray, G.A., *Am J Clin Nutr*（2004）; 79: 537–43. Consumption of high-fructose corn syrup in beverages may play a role in the epidemic of obesity.

24　Ng, S.W., *Br J Nutr*（Aug 2012）; 108（3）: 536–51. Patterns and trends of

糖が含まれている。そのほか、ステーキパイ、スープ、缶詰の豆、ラザニア、パスタソース、ソーセージ、スモークサーモンやシーフードスティック、ヘルシーそうなサラダ、ダイエットサラダ、シリアルバー、小麦ブランのシリアル、調理済みのカレーにも、砂糖は含まれている。スープボウル1杯分のトマトスープ缶はなんと、「フロスティ」(砂糖でコーティングされたコーンフレーク)1杯よりも砂糖の量が多い(12グラム)。

4 Locke, A.E., *Nature* (12 Feb 2015); 518(7538): 197-206. Genetic studies of body mass index yield new insights for obesity biology.

5 Qi, Q., *N Engl J Med* (11 Oct 2012); 367(15): 1387-1396.

6 Keskitalo, K., *Am J Clin Nutr* (Aug 2008); 88(2): 263-71. The Three-Factor Eating Questionnaire, body mass index, and responses to sweet and salty fatty foods: a twin study of genetic and environmental associations.

7 Keskitalo, K., *Am J Clin Nutr* (Dec 2007); 86(6): 1663-9. Same genetic components underlie different measures of sweet taste preference.

8 http://www.who.int/nutrition/sugars_public_consultation/en/

9 https://www.gov.uk/government/uploads/system/uploads/attachment_data/file/470179/Sugar_reduction_The_evidence_for_action.pdf

10 2015年にアメリカでおこなわれた研究では、甘味飲料に課税すれば、10年で230億ドルの医療費削減と、150億ドルの税収増につながると予想している。Long, M.W. *Am J Prev Med* (Jul 2015); 49(1): 112-23. Cost Effectiveness of a Sugar-Sweetened Beverage Excise Tax in the U.S.

11 Yudkin, J., *Pure, White and Deadly*, reissue edn (Penguin, 2012)〔ユドキン『純白、この恐しきもの』(坂井友吉訳　評論社)〕

12 Wilska, A., *Duodecim* (1947); 63: 449-510. Sugar caries - the most prevalent disease of our century.

13 Sheiham, A., *Int J Epidemiol* (Jun 1984); 13(2): 142-7. Changing trends in dental caries.

14 Birkeland, J.M., *Caries Res* (Mar–Apr 2000); 34(2): 109-16. Some factors associated with the caries decline among Norwegian children and adolescents: age-specific and cohort analyses.

15 Masadeh, M., *Journal of Clinical Medicine Research* (2013); 5.5: 389-94. Antimicrobial activity of common mouthwash solutions on multidrug-resistance bacterial biofilms.

16 Kapil, V., *Free Radic Biol Med* (Feb 2013); 55: 93-100. Physiological role for nitrate-reducing oral bacteria in blood pressure control.

17 Fine, D.H., *Infect Immun* (May 2013); 81(5): 1596-605. A lactotransferrin single nucleotide polymorphism demonstrates biological activity that can reduce

菌された新鮮な牛乳はほぼ無菌状態だと考えている人が多いが、新しい遺伝子検査法で調べたところ、まだ生きている細菌がいることが判明した。加熱プロセスで死滅するのは熱に弱い細菌だけで、大半の細菌は熱に強いのである。害がありそうな熱に弱い細菌さえ、完全に死滅するわけではない――そうした細菌は数が減るだけで、相変わらず牛乳に含まれているのである。実際のところ、含まれている細菌の種類は、生乳と低温殺菌牛乳で驚くほど似通っており、友好的なラクトバチルス属、プレボテラ属、バクテロイデス属といった種類の細菌のほか、健康に関わりがある多くの細菌が含まれており、その種類は科のレベルで 24 以上になる。Quigley, L., *J Dairy Sci* (Aug 2013); 96(8): 4928-37.The microbial content of raw and pasteurized cow's milk as determined by molecular approaches.

つまり低温殺菌されている牛乳でも、微生物の数ははるかに少ないとはいえ、腸を通して私たちに影響している可能性があるのだ。一方で、1936 年にフランシス・ポッテンジャーがネコを使っておこなった歴史的な実験では、生乳と肉を与えたネコが、沸騰させた牛乳を与えたネコに比べてはるかに長生きし、その効果が数世代続くという興味深い結果になっている。もちろんネコとヒトは同じではないが、この実験は、死んだ微生物よりも生きた微生物の効果のほうが高いことをはっきりと示している。Pottenger, F.M., *Pottenger's Cats: A Study in Nutrition* (Price Pottenger Nutrition, 1995)

16 Scher, J.U., *eLife* (Nov 2013); 5; 2: e01202. Expansion of intestinal *Prevotella copri* correlates with enhanced susceptibility to arthritis.

■11 糖類

1 http://www.telegraph.co.uk/news/worldnews/europe/netherlands/10314705/Sugar-is-addictive-and-the-most-dangerous-drug-of-the-times.html

2 実は、そのジュースは言われているほどピュアではない。たいていのオレンジジュースの製造工程では、まずオレンジを低温殺菌してから、無菌状態のタンクに入れて酸素を除去し（この段階で、香りのほとんどが失われる）数カ月貯蔵する。その後、フレーバーパック〔オレンジから作る香料〕を加えて風味を添加し直すということをしているのだ。ちなみに、これ以外の、凍結濃縮果汁を還元して作った安いオレンジジュースでも、実は砂糖の含有量はあまり変わらないのだ。本当は、そうしたジュースに砂糖を加える必要はない――オレンジには天然由来の糖類がたくさん含まれているからだ。

3 スーパーマーケットの棚をあれこれ眺めていると、「ホービス」の商品名で売られている黒パンのような、ヘルシーそうな全粒粉パンにも砂糖が含まれているのに気づく。一般的なハンバーガー用のバンズにも砂糖がたくさん入っているので、小さなキュウリのピクルスをのせて甘さを帳消しにしなかったら、デザートに分類してもいいくらいだ。少なめのケチャップ 1 回分には、小さじ 1 杯の砂

砂糖と肉の消費量が増え始め、その傾向は1980年代まで続いた。1980年代になると、肉と野菜の摂取量が減り、代わりに脂肪と糖類が増えた。アメリカでの乳製品の生産量と消費量は、1950〜60年代に着実に増加し、現在は1970年代の3倍に達している——たいしたものだ。しかし、牛乳の消費量が実は1945年をピークに減り続けていて、現在の消費量はピーク時の半分であることは、乳製品全体の数字からは見えてこない。とくに減少幅が大きいのは、学齢期の子どもだ。http://www.ers.usda.gov/media/1118789/err149.pdf

食習慣が劇的に変化したアメリカでは、牛乳を飲む代わりにプロセスチーズを食べるようになった。この変化が、アメリカ人の身長に何らかの影響を与え、平均身長の伸びを止めた可能性はあるだろうか？　年を経るごとに、アメリカの子どもたちは、健康な微生物やそのほかの栄養素を簡単に摂取できる食物を食べなくなり、脂肪からのカロリー摂取量が多くなっていることは確かだ。ほかの国々では身長が高くなっているのに、移民を除くアメリカ人の平均身長は横ばい傾向にある。カルシウムやビタミンDの摂取量も少し変化しているが、それは身長の伸びを止めるほどではなかっただろうし、実際に骨粗しょう症による骨折の発生率は1970年代をピークに減少傾向にある。

15　私の前著『双子の遺伝子』（野中香方子訳　ダイヤモンド社）では、アメリカとヨーロッパの体格差は、2度の世界大戦を生き抜いてきた世代が、それぞれ異なる経験をしてきたのが原因ではないかという推測について書いた。多くのヨーロッパ人は20世紀前半、心に深い傷を負った。大規模な移住、戦争やスペインかぜ、栄養不足や食料が配給でしか手に入らないことなどは、ふつうにあることだった。ときには飢饉もあった。たとえばオランダでは1944年に「飢餓の冬」というひどい飢饉が起こっている。身長の変化を見ると、1900〜45年に生まれた苦難の世代とのあいだに明確な対応関係が見られる。ストレスに満ちた環境と栄養不足が重なったことで、遺伝子に可逆的な（エピジェネティクス的な）変化が生じた。つまり、発育中の胎児に、生き延びたいなら急いで成長するようにというメッセージが送られていたのだ。

この身長を変化させるプロセスには、遺伝的な要素だけでなく、微生物も関与していたと考えられるだろうか？　すでに説明したとおり、生乳には微生物が大量に含まれており、まれに感染のリスクがあることから、最近では生乳のまま飲む人はほとんどいない。ここで出てくるのが、低温殺菌牛乳だ。低温殺菌プロセスは、ブルセラ症やリステリア症、結核症など、牛の乳から感染する可能性がある病気の撲滅を目指して、20世紀初頭に導入された手法だ。同時に、激しい食中毒を引き起こす頻度こそ少ないが、やはり重要な原因である、大腸菌などの細菌も大幅に減少した。

低温殺菌プロセスでは、有害な微生物を死滅させるため、牛乳をセ氏72度で15秒間加熱してから、すばやく冷却したうえで、ボトルに入れている。低温殺

5　Tishkoff, S.A., *Nat Genet* (2007); 39:31-40. Convergent adaptation of human lactase persistence in Africa and Europe.

6　遺伝子でのもっと微妙な、エピジェネティクス的変化の影響も大きいかもしれない。Spector, T., *Identically Different* (Weidenfeld & Nicolson, 2012).

数世代のうちに生じたエピジェネティクス的変化が、その後永続化することはあり得る。そうした変化がラクターゼ遺伝子の変化を引き起こしたというのは、現時点では私の推測にすぎないが、そこに腸内細菌も重要な役割を担っていたことを証明する、より良いエビデンスはありそうだ。生乳（ここでは低温殺菌されていない未処理の牛乳を指す）は栄養素の宝庫であり、そこには、ラクトバチルス菌やビフィズス菌といった健康に良い細菌から、病気の原因となるいくつかの細菌、さらには機能がわからない多くの細菌まで、多種多様な細菌が育つことができるのだ。生乳はそのまま飲用になることも、低温殺菌しない伝統製法のチーズの原料とされることもある。Quigley, L., *FEMS Microbiol Rev* (Sep 2013); 37(5): 664-98. The complex microbiota of raw milk.

7　Bailey, R.K., *J Natl Med Assoc* (Summer 2013); 105(2): 112-27. Lactose intolerance and health disparities among African Americans and Hispanic Americans: an updated consensus statement.

8　Suchy, F.J., *NIH Consensus State Sci Statements* (24 Feb 2010); 27(2): 1-27. NIH consensus development conference statement: Lactose intolerance and health.

9　Petschow, B., *Ann NY Acad Sci* (Dec 2013); 1306: 1-17. Probiotics, prebiotics, and the host microbiome: the science of translation.

10　Prentice, A.M., *Am J Clin Nutr* (May 2014); 99(5 Suppl): 1212S-16S. Dairy products in global public health.

11　Silventoinen, K., *Twin Res* (Oct 2003); 6(5): 399-408. Heritability of adult body height: a comparative study of twin cohorts in eight countries.

12　Wood, A.R., *Nat Genet* (5 Oct 2014); doi: 10.1038/ng.3097. Defining the role of common variation in the genomic and biological architecture of adult human height.

13　Floud, R., *The Changing Body: New Approaches to Economic and Social History* (Cambridge University Press, 2011)

14　アメリカ植民地時代の初期、健康なアメリカ陸軍の新兵は、イギリス陸軍の新兵と比べて身長が平均約 8 センチ高く、消費カロリーは約 20 パーセント多かった。イギリス陸軍の新兵はわずか 163 センチだった（それでも平均以上だ）。独立戦争後のアメリカ陸軍新兵はさらにたくましい体をしていて、1800 年の時点では平均寿命も約 10 年長かった。栄養状態が恵まれていたアメリカ人は、1960 年代までは世界で一番身長が高かった。しかし、その後はどういうわけか、アメリカ人は急に成長をやめてしまった（少なくとも縦方向には）。1950 年代に

12 Georg, J.M., *Obes Rev* (Feb 2013); 14(2): 129-44. Review: efficacy of alginate supplementation in relation to appetite regulation and metabolic risk factors: evidence from animal and human studies.

13 海辺に住む人々は昔から、海藻を豊富なカルシウムやヨウ素の摂取源としてきた。いまでもブルターニュ地方やウェールズではアマノリが食べられており、オートミールと混ぜ合わせて調理すると「ラバーブレッド」(ウェールズ語では「バラ・ラウル」(bara lawr))になる。アイルランドでは、いまでもダルス〔紅藻の一種〕がスナックとして食べられているし、カラギーン〔ヤハズツノマタ。やはり紅藻の一種〕をゼリーやプディングの材料として使っている。

14 Brown, E.S., *Nutr Rev* (Mar 2014); 72(3): 205-16. Seaweed and human health.

15 Hehemann, J.H., *Proc Natl Acad Sci* (27 Nov 2012); 109(48): 19786-91. Bacteria of the human gut microbiome catabolize red seaweed glycans with carbohydrate-active enzyme updates from extrinsic microbes.

16 Pirotta, M., *BMJ* (4 Sep 2004); 329(7465): 548. Effect of lactobacillus in preventing post-antibiotic vulvovaginal candidiasis: a randomised controlled trial.

17 Dey, B., *Curr HIV Res* (Oct 2013); 11(7): 576-94. Protein-based HIV-1 microbicides.

18 Wang, J., *J Nutr* (Jan 2014); 144(1): 98-105. Dietary supplementation with white button mushrooms augments the protective immune response to Salmonella vaccine in mice. Varshney, J., *J Nutr* (Apr 2013); 143(4): 526-32. White button mushrooms increase microbial diversity and accelerate the resolution of *Citrobacter rodentium* infection in mice.

■10 乳製品由来のタンパク質

1 Campbell, T.C., *Am J Cardiol* (26 Nov 1998); 82(10B): 18T-21T. Diet, lifestyle, and the etiology of coronary artery disease: the Cornell China Study.

2 Minger, D., Dairy consumption in rural China; http://rawfoodsos.com/2010/07/07/the-china-study-fact-or-fallac/. Madani, S., *Nutrition* (May 2000); 16(5): 368-75. Dietary protein level and origin (casein and highly purified soybean protein) affect hepatic storage, plasma lipid transport, and antioxidative defense status in the rat.

3 Brüssow, H., *Environ Microbiol* (Aug 2013); 15(8): 2154-61. Nutrition, population growth and disease: a short history of lactose.

4 チーズやヨーグルトは、ラクトバチルス菌などの細菌の発酵により作られている。前述のとおり、ラクトバチルス菌には、宿主である私たちにはないラクトース分解能力がある。Savaiano, D.A., *Am J Clin Nutr* (May 2014); 99(5 Suppl): 1251S-5S. Lactose digestion from yogurt: mechanism and relevance.

cure

36 Look AHEAD Research Group, *N Engl J Med* (2013); 369: 145-154. Cardiovascular effects of intensive lifestyle intervention in Type 2 diabetes.

37 Franco, M., *BMJ* (9 Apr 2013); 346: f1515. Population-wide weight loss and regain in relation to diabetes burden and cardiovascular mortality in Cuba 1980-2010.

38 Mann, G.V., *J Atheroscler Res* (Jul-Aug 1964); 4: 289-312. Cardiovascular disease in the Masai.

■9 非動物性タンパク質

1 アメリカでは、トウモロコシと同じように大豆農家にも数十億ドルの助成金が支払われており、工業的に生産される遺伝子組み換え大豆の生産量は世界最大である。アメリカの大豆市場は45億ドルの規模を誇るが、そこで取引される大豆のほとんどが家畜のエサ用だ。その家畜もいずれは私たちの口に入る。

2 Frankenfeld, C.L., *Am J Clin Nutr* (May 2011); 93(5): 1109-16. Dairy consumption is a significant correlate of urinary equol concentration in a representative sample of US adults.

3 Fritz, H., *PLoS One* (28 Nov 2013); 8(11): e81968. Soy, red clover and isoflavones, and breast cancer: a systematic review.

4 Lampe, J.W., *J Nutr* (Jul 2010); 140(7): 1369S-72S. Emerging research on equol and cancer.

5 Soni, M., *Maturitas* (Mar 2014); 77(3): 209-20. Phytoestrogens and cognitive function: a review.

6 Spector, T.D., *Lancet* (1982). Coffee, soya and cancer of the pancreas (letter).

7 Tsuchihashi, R., *J Nat Med* (Oct 2008); 62(4): 456-60. Microbial metabolism of soy isoflavones by human intestinal bacterial strains. Renouf, M., *J Nutr* (Jun 2011); 141(6): 1120-6. *Bacteroides uniformis* is a putative bacterial species associated with the degradation of the isoflavone genistein in human feces.

8 Pudenz, M., *Nutrients* (15 Oct 2014); 6(10): 4218-72. Impact of soy isoflavones on the epigenome in cancer prevention.

9 Hehemann, J.H., *Nature* (8 Apr 2010); 464(7290): 908-12. Transfer of carbohydrate-active enzymes from marine bacteria to Japanese gut microbiota.

10 Crisp, A., *Genome Biol* (13 Mar 2015); 16(1): 50. Expression of multiple horizontally acquired genes is a hallmark of both vertebrate and invertebrate genomes.

11 Cantarel, B.L., *PLoS One* (2012); 7(6): e28742. Complex carbohydrate utilization by the healthy human microbiome.

ルニチンを糖尿病や（勇気のある）心臓病の患者に投与してみたことがあり、ある程度の効果が報告されていることだ。イギリスでは最近、食事の前に飲んで減量効果をねらうダイエットドリンクとしてL-カルニチンが売り出されている。この「フルアンドスリム」という製品を作っている会社は、この製品には胃バンディング術〔胃の上部にバンドを取り付けて食べる量を調節する減量手術〕と同程度の効果があるとしている。http://www.dailymail.co.uk/health/article-2530164/Too-good-true-Diet-drink-acts-like-gastric-band-help-people-lose-stone-claim-scientists.html

一部の医師に言わせれば、ボディービルダーは筋肉異形症（ビゴレクシア）という、新しい種類の強迫性摂食・行動障害にかかっているということになるのだが、そうしたボディービルダーやフィットネス愛好者もL-カルニチンが大好きだ。脂肪燃焼や筋肉増強が目的の場合、1日2〜4グラムのL-カルニチンを摂取するよう勧められる。ところがボディービルダーやフィットネス愛好者のグループでは心臓疾患が増加している。原因としては、アナボリックステロイド（筋肉増強剤）を濫用している人が多いこともあるが、実は、L-カルニチンの服用もその一因になっている可能性がある。スポーツジムに関する最近の調査では、ボディービルダーの61％がL-カルニチンサプリメントを大量に服用していた。Karimian, J., *J Res Med Sci* (Oct 2011); 16(10): 1347-53. Supplement consumption in bodybuilder athletes.

1日4グラムのL-カルニチンを食事から摂取しようと思ったら、大量のステーキを食べなくてはならない——私の計算によれば20人前以上になる。L-カルニチンの平均摂取量は、肉を食べる人で1日約120ミリグラムだが、ヴィーガンは1日わずか10ミリグラムの摂取量で生きているし、それで明確な欠乏症も見られない。どう見ても、L-カルニチンサプリメントの摂取は不必要であると同時に、心臓に関する限り、きわめて悪いアイデアに思える。これもまた、状況を考慮せずに栄養素を1つだけ取り出して、超健康的だと宣伝しているが、現実はその正反対という一例なのだ。

31 Kotwal, S., *Circ Cardiovasc Qual Outcomes* (2012); 5: 808-18. Omega 3 fatty acids and cardiovascular outcomes: systematic review and meta-analysis.

32 Mozaffarian, D., *JAMA* (2006); 296(15): 1885-99. Fish intake, contaminants, and human health: evaluating the risks and the benefits.

33 Lajous, M., *Am J Epidemiol* (1 Aug 2013); 178(3): 382-91. Changes in fish consumption in midlife and the risk of coronary heart disease in men and women.

34 O'Dea, K., *Diabetes* (1984); 33: 596-603. Marked improvement in carbohydrate and lipid metabolism in diabetic Australian Aborigines after temporary reversion to traditional lifestyle.

35 http://www.theguardian.com/lifeandstyle/2013/may/12/type-2-diabetes-diet-

肉っぽいあだ名で呼ばれている（私たちイギリス人もフランス人を「フロッグ」（カエル）と呼んだりしているが）。イギリスではこの数百年にわたり、肥沃な土と新鮮な草のおかげで、肉の品質は高いとされてきた。イギリスの料理が伝統的にひどく味気ないのはそのせいだという説がある。対照的に、フランスやイタリアでは家畜の生育が悪いので、肉の味や食感の悪さを消すために創造的で風味豊かなソースを必要としてきたというのである。2015年の時点で、イギリスのベジタリアンの数は、フランスの4、5倍にのぼっている。ただしフランス人なら、イギリスでベジタリアンが増えたのは、味もしない焼きすぎの肉しかないせいだと言うかもしれない。

21 http://crossfitanaerobicinc.com/paleo-nutrition/list-of-foods/

22 リーチの推算によれば、ハッザ族の人々は、1年間に500種を超す動物や植物を食べている可能性があるという。

23 Hidalgo, G., *Am J Hum Biol* (10 Sep 2014); 26(5): 710-2. The nutrition transition in the Venezuelan Amazonia: increased overweight and obesity with transculturation.

24 Schnorr, S.L., *Nat Commun* (15 Apr 2014); 5: 3654.doi: 10.1038/ncomms4654. Gut microbiome of the Hadza hunter-gatherers. Dominguez-Bello, G., Personal communication.

25 Pan, A., *Arch Intern Med* (9 Apr 2012); 172(7): 555-63. Red meat consumption and mortality: results from 2 prospective cohort studies.

26 Rohrmann, S., *BMC Med* (7 Mar 2013); 11: 63.doi: 10.1186/1741-7015-11-6. Meat consumption and mortality - results from the European Prospective Investigation into Cancer and Nutrition.

27 Lee, J.E., *Am J Clin Nutr* (Oct 2013); 98(4): 1032-41. Meat intake and cause-specific mortality: a pooled analysis of Asian prospective cohort studies.

28 Tang, W.W., *N Engl J Med* (25 Apr 2013); 368(17): 1575-84. Intestinal microbial metabolism of phosphatidylcholine and cardiovascular risk.

29 Brown, J.M., *Curr Opin Lipidol* (Feb 2014); 25(1): 48-53. Metaorganismal nutrient metabolism as a basis of cardiovascular disease.

30 心臓疾患を引き起こす可能性のあるL-カルニチンは、魚や肉だけでなく、牛乳などの多くの食品を通して摂取されているが、栄養素としては変わっている。L-カルニチンはほとんどの動物の体内で、2種類のアミノ酸から合成されているが、その分解や代謝ができるのは腸内細菌だけなのだ。L-カルニチンは、サプリメントとして大々的に宣伝されており、そうしたサプリメントを扱う栄養食品のウェブサイトは、L-カルニチンにはミトコンドリア（エネルギーを産生する働きがある）での糖代謝メカニズムによる脂肪燃焼を促進する効果があると書いてある。驚くのは、実施期間が短く、説得力の低い研究ではあるが、L-カ

その3倍という安定した数で、イギリスを引き離しているのだ。これはたんなる偶然ではないだろう。私たちの双子研究では、極端な菜食主義（ヴィーガニズム）のような厳格な食事法をきちんと守る傾向と同じように、信仰心も、ある程度遺伝的なものであることがわかっている。ヒンドゥー教などがそうだが、菜食主義は世界のあちこちで、宗教活動の一部として始まっており、ほかの宗教グループと自分たちの違いを明確にする役割を果たしていることが多い。

15 一卵性双生児を対象とした研究は、文化的要素や遺伝的要素の影響をなくし、観察的研究に見られる多くのバイアスがない状態で、肉を食べることの効果を探るのに適した方法だ。私が参加しているTwinUKプロジェクトでは、一方はベジタリアンかヴィーガンだが、もう一方は肉を食べるというように、食習慣が異なるイギリスの一卵性双生児122人を詳しく調べた。意外なことに、この双子の肥満度を知るためにBMIを測定したところ、その差はわずかしかなかった。ベジタリアンのほうがわずかにスリムだったが、体重差は平均してわずか1.3キロだったのである（ただし体重差が40キロある双子も1組いた）。この結果を、セブンスデー・アドベンチストの調査での、より大きな体重差（約4〜5キロ）と比べてみると、双子研究以外では説明しにくい、遺伝や文化による影響の大きさがわかる。

面白いことに、私たちの研究では、たとえ自分は日常的に肉を食べていても、双子のもう一方がベジタリアンである人は、平均的なイギリスの双子よりも痩せていて、喫煙率も低いという点で、より健康的だとわかった。この研究では、肉を食べる習慣が異なる双子のそれぞれが、実際に食べていた肉の量は考慮していない。しかし、はっきりしているのは、遺伝子や育った環境のことを考慮しない場合、肉を食べない習慣だけを原因とする体重差が実際より多く見積もられてしまうということだ。

16 Fraser, G.E., *Arch Intern Med* (2001); 161: 1645-52. Ten years of life: is it a matter of choice?

17 Le, L.T., *Nutrients* (27 May 2014); 6(6): 2131-47. Beyond meatless, the health effects of vegan diets: findings from the Adventist cohorts.

18 Boomsma, D.I., *Twin Res* (Jun 1999); 2(2): 115-25. A religious upbringing reduces the influence of genetic factors on disinhibition: evidence for interaction between genotype and environment on personality.

19 Key, T.J., *Am. J. Clin. Nutr* (2009); 89; 1613s-1619s. Mortality in British vegetarians: results from the European Prospective Investigation into Cancer and Nutrition (EPIC Oxford). Key, T.J., *Am J Clin Nutr* (Jun 2014); 100(Supplement 1): 378S-385S. Cancer in British vegetarians.

20 イギリス人が固い肉を好んで食べるというイメージはいまだに根強い――フランス人からは、「ロズビフ」（フランス語でローストビーフの意味）という皮

■8　動物性タンパク質

1　Diamond, J., *Guns, Germs and Steel* (Norton, 1997)〔ダイアモンド『鉄・病原菌・鉄』(倉骨彰訳　草思社)〕

2　Atkins, R., *The Diet Revolution* (Bantam Books, 1981)

3　Bueno, N.B., *Br J Nutr* (Oct 2013); 110(7): 1178-87. Very-low-carbohydrate ketogenic diet v. low-fat diet for long-term weight loss: a meta-analysis of randomised controlled trials.

4　Paoli, A., *Int J Environ Res Public Health* (19 Feb 2014); 11(2): 2092-107. Ketogenic diet for obesity: friend or foe?

5　ケトン体ダイエットによる代謝変化は、副次的作用として、ある種の病気の治療に思いがけない効果をもたらす場合がある。たとえば、子どものてんかん発作を予防するためのケトン食療法がある。

6　Douketis, J.D., *Int J Obes* (2005); 29(10):1153-1167. Systematic review of long-term weight loss studies in obese adults: clinical significance and applicability to clinical practice.

7　Ebbeling, C.B., *JAMA* (27 Jun 2012); 307(24): 262734. Effects of dietary composition on energy expenditure during weight-loss maintenance.

8　Ibid.

9　Ellenbroek, J.H., *Am. J. Physiol. Endocrinol. Metab* (1 Mar 2014); 306(5): E552-8. Long-term ketogenic diet causes glucose intolerance and reduced beta and alpha cell mass but no weight loss in mice.

10　MetaHIT プロジェクトは、欧州連合から 2000 万ユーロの研究助成を受けて実施されている。MetaHIT で用いられているのは、遺伝子 1 個だけの DNA を解析する（標準的な）手法ではなく、あらゆる微生物の全遺伝子を対象とした DNA 解析をおこなって、その結果を巨大なジグソーパズルのようにつなぎ合わせて元通りにする手法だ。この手法は、生成されるデータのサイズと、パズルのピースをつなぎ合わせるコンピュータ計算の規模の大きさから、「ショットガン・メタゲノミクス」と呼ばれている。費用も 1 人数千ユーロかかる。

11　Cotillard, A., *Nature* (29 Aug 2013); 500(7464): 585-8. Dietary intervention impact on gut microbial gene richness.

12　Le Chatelier, E., *Nature* (29 Aug 2013); 500(7464): 541-6. Richness of human gut microbiome correlates with metabolic markers.

13　Qin, J., *Nature* (4 Oct 2012); 490(7418): 55-60. A metagenome-wide association study of gut microbiota in type 2 diabetes.

14　イギリスの人口に占めるベジタリアンの割合はアメリカの 2 倍以上で、この差は年々大きくなってきている。この傾向は、宗教を信仰する人数では正反対になる。イギリスでは宗教を信仰する人が減りつつあるのに対して、アメリカは

ネル大学に数年間滞在して、食事と健康について学んだ。アメリカ式の食事をしていると腹回りがかなり大きくなることを、自らの体験として知ったのもこのときである。山西省に戻って自分の研究室を立ち上げたときには、有益な細菌を使った植物感染症のコントロールを研究テーマにした。1990年代には、細菌には豚の感染症を抑制する可能性があり、ヒトにも効果があるかもしれないという学説を検討する研究もおこなっている。一方で、彼の家族の健康は、悪化しつつあった。父親は太りすぎて、脂質の値が急激に上昇しており、脳卒中を2度起こしていた。2人の弟も肥満だった。そこで趙は研究テーマを、植物と動物から、ヒトの健康へ変更することにした。

アメリカのマイクロバイオーム研究の草分けであるジェフ・ゴードンが2004年に書いた、腸内細菌が肥満に影響を与える可能性を示した論文を読んで、趙の興味はさらに高まった。研究費が十分ではなかったので、趙は自分を実験台にして、どの腸内細菌が体重減に関係しているのかを突き止めることにした。趙にとっては、低カロリー食とつらい運動を組み合わせる西洋式の減量法には意味がないように思えた。「栄養面で体がすでにストレス状態にあるところへ、さらに肉体的ストレスを加えることになります。体重を減らせるかもしれませんが、健康まで損ないかねません」

父親が飲んでいた薬草ドリンクを思い出した趙は、西洋式の減量法の代わりに、中国伝統の方法に頼ることにした。プレバイオティクス食品（ナガイモやニガウリ）を発酵させたものや、全粒穀物を使った食事療法によって、自分の消化器系に生息する細菌の生態系がどう変化するかを調べたのである。この個人的な実験の結果、趙の体重はわずか2年で20キロ減り、10年前のアメリカ暮らしで太くなっていた腹回りもすっきりした。腸内細菌の種類も増え、とくにフィーカリバクテリウム・プラウスニッツィイという、抗炎症性をもつ細菌の数が劇的に増加した。趙はこの結果から、特別なプレバイオティック食を用いれば、有害な細菌を減らして、代わりに体に良い細菌を増やせると確信した。そしてこの結果をきっかけに、いまやすっかり肥満化してしまった国民を治療し、その肥満を研究するための資金獲得を目指した。

29 Alcock, J., *Bioessays* (8 Aug 2014); doi: 10.1002/bies.201400071. Is eating behavior manipulated by the gastrointestinal microbiota? Evolutionary pressures and potential mechanisms.

30 Vijay-Kumar, M., *Science* (9 Apr 2010); 328(5975): 228-31. Metabolic syndrome and altered gut microbiota in mice lacking Toll-like receptor 5.

31 Shin, S.C., *Science* (2011); 334(6056): 670-4. Drosophila microbiome modulates host developmental and metabolic homeostasis via insulin signalling.

32 Tremaroli, V., *Nature* (13 Sep 2012); 489(7415): 242-9. Functional interactions between the gut microbiota and host metabolism.

役立つ治療法」の意味）には、不思議な力をもつ治療薬がいくつか載っている。Zhou, H., *Dongjin Dynasty*（Tianjin Science & Technology Press, 2000）

一番の秘薬がゴールデン・ジュースというもので、材料は、優れた効能をもつえりすぐりの薬用植物と、健康な人の便、そして粘土だ。これらを混ぜ合わせたものを壺に入れて、ふたを密閉し、土に埋めて2年間熟成させる。できあがった薬を病人に飲ませるときには、お茶にすることが普通だった。

趙教授が使った12種類の漢方成分には、残念ながらゴールデン・ジュースはないが、その12種類の1つであるベルベリンという成分についてはかなり詳しく研究されている。ベルベリンはトウオウレンという植物から抽出されるもので、ラットを使った実験では、高脂肪食による炎症を防ぐ効果が確かめられている。また、健康にプラスになる腸内細菌の増殖を促すプレバイオティクス作用もあるのではないかと言われている。Zhang, X., *PLoS One*（2012）; 7(8): e42529. Structural changes of gut microbiota during berberine-mediated prevention of obesity and insulin resistance in high-fat diet-fed rats.

中国で数多く実施されてきた小規模な臨床研究を対象とするメタアナリシスは、ベルベリンが糖尿病の代替治療薬として使用できることを示唆しており、インターネット上ではベルベリンが糖尿病の特効薬として広くもてはやされている。しかし、購入は気をつけたほうがいい。ベルベリンのような薬用植物由来の成分は、効用が強いことが多いし、製品の品質や効き目がなかなか確認しにくいからだ。

私たちがここで直面するのは、中国の臨床研究に対する質の評価という大きな問題だ。中国の科学者でも上のレベルにいる人たちは、世界トップクラスの学術論文を発表しているが、もっと低いレベルを見るとカネさえ払えば誰でも論文を発表できるという状況だ。成功したいが、時間やアイデア、そして本来は最も大切な、きちんとしたデータが手元になくて苦労している科学者でも、数千ドルのカネを払えば、代わりに偽論文を書いて発表してもらえるビジネスがあり、一つの業界として確立している——そのためにフリーダイヤルまで用意されているほどだ。残念ながら、偽学術雑誌スキャンダルは中国だけの話ではない。科学界が直面している世界規模の問題である。http://www.sciencemag.org/content/342/6162/1035.

趙立平教授はというと、その生い立ちは興味深い。山西省の小さな農村に育った趙は、文化大革命前夜に生まれた大半の中国人と同じく、2人の弟とともに質素な育てられ方をした。父は高校教師で、母は繊維工場で働いていた。両親は伝統的な治療薬を固く信じていた。父がB型肝炎をやっつけるためだと言って、薬草を混ぜ合わせて作った、刺激臭のする怪しげな色の飲み物を1日2回飲んでいたところを、趙は覚えているという。

趙は、植物分子病理学で博士号を取った後、1990年代初めにアメリカのコー

ことが関係あるかもしれない。乳化剤は「安全」と考えられているが、マウスでは、腸内細菌のバランスを乱すとともに、肥満につながる炎症誘発性の化学物質を生成することが確かめられている。Chassaing, B., *Nature* (5 Mar 2015); 519: 92-6. Dietary emulsifiers impact the mouse gut microbiota promoting colitis and metabolic syndrome.

乳化剤や結合剤は、ソースやマヨネーズなどの大量生産される食品にかなり広く使われている。マウスでの実験結果から推測すれば、私たちが摂取する食べ物のわずか0.1%にそうした乳化剤などが含まれているだけで、体への影響があるという計算になる。これはまさに、現在の食品安全性試験に疑問を投げかける話だ。

22 Ridaura, V.K., *Science* (6 Sep 2013); 341(6150): 1241214. Gut microbiota from twins discordant for obesity modulate metabolism in mice.

23 Goodrich, J.K., *Cell*, (Nov 2014); 159(4): 789-99. Human genetics shape the gut microbiome.

24 Fei, N., *ISME J* (2013); 7, 880-884.

25 Backhed, F., *Proc Natl Acad Sci USA* (2004); 101: 15718-15723. The gut microbiota as an environmental factor that regulates fat storage. Backhed, F., Proc Natl Acad Sci USA (2007); 104: 979-984. Mechanisms underlying the resistance to diet-induced obesity in germ-free mice.

26 パン・ヤーは中国北西部に住む3歳の女の子で、両親は標準体型だったが、彼女の体重は46キロもあった。彼女は食欲をコントロールできず、ヒステリーを起こしては泣き叫んだり、いろいろな手を使って食べ物を手に入れようとしたりした。思い詰めた両親は話し合いの末、上海にある趙教授のクリニックの近くに引っ越して、教授の厳しい食事療法を3年にわたって実践させることを決意。パン・ヤーが減量に成功し、正常な腸内細菌を取り戻すまでの物語は、中国のテレビドキュメンタリーとして放送された。

趙教授の食事療法は、これまでに1000人以上の中国人が受けており、その患者の多くが、マイクロバイオームの詳細検査も受けている。趙教授は、自分の仕事に関する情報をすべて公開することは渋ってきたが、独自のベジタリアンダイエットの初期段階の結果についての論文は発表している。

27 Xiao, S., *FEMS Microbiol Ecol* (Feb 2014); 87(2): 357-67. A gut microbiota-targeted dietary intervention for amelioration of chronic inflammation underlying metabolic syndrome.

28 4世紀の東晋王朝時代、高名な中国の漢方医である葛洪（かつこう）は、食中毒や深刻な下痢の治療薬として、薬用植物を使った特殊な調合薬の処方を初めて書き記したことで知られている。葛洪の治療は大変な効果があったようだ。中国で初めて書かれた救急医療の手引きである、葛洪の『肘後備急方』（「緊急時に

during probiotic-mediated attenuation of metabolic syndrome in high-fat-diet-fed mice.

食事に含まれる脂肪分が一気に増えると、保護効果のある厚い細胞膜をもった、ある種の細菌が急激に増加する。腸内では、こうした細胞膜（リポ多糖（LPS）と呼ばれる、脂質と糖の複合体）の破片が急速に増えて、エンドトキシン（内毒素）として作用するようになる。エンドトキシンとは細菌内にある毒素のことで、ヒトはこれに強い反応を示す。

リポ多糖が鍵を握っているのは確かだ。エンドトキシンであるリポ多糖をマウスに注射すると、ジャンクフードを食べたときと同じような一連の反応を示すからだ。ただし、ジャンクフードのように、束の間の楽しい気分は味わえないが。そうした反応の一つとして引き起こされる腸壁の反応により、炎症プロセスがスタートする。Cox, A.J., *Lancet Diabetes Endocrinol* (Jul 2014); 21.pii: S2213-8587. Obesity, inflammation, and the gut microbiota.

それによって腸壁の透過性が高くなり、さきほどの有毒なリポ多糖が血液に流れ込む。これは脂肪組織や肝臓などの臓器にも到達する場合がある。すると、連鎖反応が始まって、体は不顕性炎症と呼ばれる高度警戒状態に入るのだ。Mraz, M., *J Endocrinol* (8 Jul 2014); pii: JOE-14-0283. The role of adipose tissue immune cells in obesity and low-grade inflammation.

過体重や肥満のフランス人45人を対象とした最近の研究では、体脂肪量にかかわらず、野菜をほとんど食べず、ジャンクフード中心の食生活を送ると、腸内細菌の多様性や数が減少し、血液中の炎症マーカー値が高くなることが確かめられている。Kong, L.C., *PLoS One* (Oct 2014); 20; 9(10): e109434. Dietary patterns differently associate with inflammation and gut microbiota in overweight and obese subjects.

このような低レベルの炎症は体に対していったいどのような影響があるのだろうか？　そうした炎症状態になると、血流を通じて多くのストレスシグナルが送られ、これが細胞分裂を加速させ、寿命を短くしてしまう可能性がある。しかしそれだけでなく、脂肪細胞にも影響する。すると脂肪細胞は、炎症を引き起こす化学物質やシグナルをさらにたくさん生成するので、それによって血液中のインスリンが増加する。これがやがてグルコースの効率的な代謝を妨げるようになる。これが合図となって、より多くの（不要な）脂肪が蓄積するようになり、とくに腹回りの内臓脂肪が増える。もちろん、これは喜ばしいことではない。

20　David, L.A., *Nature* (23 Jan 2014); 505(7484): 559-61. Diet rapidly and reproducibly alters the human gut microbiome.

21　腸内細菌がきわめて短期間でジャンクフードに反応する理由は、腸内細菌にとっては完全に食物繊維不足である一方で、脳にとっては脂肪と砂糖が過剰にある状態だからだと考えられる。ほかには、化学物質や保存料が加えられている

は、マイクロバイオームが大きく変化しただけでなく、炎症誘発性がきわめて高い状態になっていた。つまりそのマウスの細胞は、攻撃を受けた場合のような警戒モードにあったということだ。具体的には、細胞の化学的な防御機能を強化するとともに、細胞膜の透過性を高めるようなシグナルが送られていたのだ。Poutahidis, T., *PLoS One* (Jul 2013); 10; 8(7): e68596. Microbial reprogramming inhibits Western diet-associated obesity.

短期的な炎症状態はよくあるが、それが持続するようだと体に良くない。高脂肪・高糖質の食事をとると、こうした炎症状態の変化が生じるだけでなく、腸壁の透過性が高くなり、腸内細菌や化学物質が腸壁を通り抜けて血液中に入れるようになることが、げっ歯類を使った別の数件の研究で確認されている。Martinez-Medina, M., *Gut* (Jan 2014); 63(1): 116–24. Western diet induces dysbiosis with increased E coli in CEABAC10 mice, alters host barrier function favouring AIEC colonisation.

たいていの加工食品で使われている、脂肪、砂糖、塩、さらにはたくさんの防腐剤や化学添加物という体に悪い材料自体に炎症誘発性があるという説は、しばらく前からあるが、それを裏付ける確かなエビデンスはない。ただし、マウスに脂肪と糖分の多いエサを与えると、その体は攻撃を受けたかのような反応をするという結果は、先ほどの研究も含めて数多くある。そうした脂肪や糖分の多い食べ物自体に、脂肪細胞を拡張させて、炎症シグナルを生成させる働きがあるのだろうか？

最近まで、脂肪細胞というのはたんなる脂肪の貯蔵庫であって、体のほかの部分とのやりとりはほとんどないと考えられていた。しかし今では、その表面には有用な免疫細胞（制御性T細胞）がたくさんあって、脂肪細胞と体の免疫システムとのやりとりを仲介していることがわかっている。Huh, J.Y., *Mol Cells* (May 2014); 37(5): 365–71. Crosstalk between adipocytes and immune cells in adipose tissue inflammation and metabolic dysregulation in obesity.

肥満になって脂肪細胞が変化すると、脂肪細胞の表面にあって、炎症反応を抑えている制御性T細胞が減少し、炎症シグナルがすべて発せられるようになる。すでに説明したとおり、腸内細菌と制御性T細胞がたがいにやりとりしている。だとすると、私たちが肥満になるプロセスでは、腸内細菌が重要な役割を担っているのだろうか？

先ほどの高脂肪のエサを無菌マウスにやっても、ほとんど何も起こらず、その体重を増やすには腸内細菌を与える必要がある。このことは、腸内細菌が実際に決定的な要因となっていることを裏付けるものだ。ボストンでの実験を含むいくつかの実験では、無菌マウスに対して、おなじみのラクトバチルス菌やビフィズス菌などのプロバイオティクスを追加投与すると、ジャンクフードの影響を受けにくくなった。Wang, J., *ISME J* (2015) 9, 1–15; Modulation of gut microbiota

リス本社を個人でオープンさせ、そのビジネスモデルを「値段に比して価値のある食べ物を作り出し、そのうえ利益も上げている」と評価した。アメリカではほかのファストフード企業も大成功を収めている。たとえばバーガーキング、KFC、タコベル、ピザハット、サブウェイなどは、世界規模の巨大市場を築いており、どの会社も人々の心と胃袋を征服している。

12　脂肪、砂糖、塩という三位一体の材料をすべて使った食品は、とてつもなく長持ちすることがある。ユタ州に住む男性はあるとき、古いコートのポケットを探っていて、紙に包まれたままのビッグマックを見つけた。14年前にポケットに入れて忘れていたものだが、そこにはカビ一つ生えていなかった。小さなキュウリのピクルスだけは腐っていたが、残りは乾燥して化石のようになっていたという。何百年も後の未来には、そうした出土品が、ツタンカーメンの遺物のように博物館で展示されるかもしれない。http://www.dailymail.co.uk/news/article-2313276/Man-keeps-McDonalds-burger-14-years-looks-exactly-the-day-flipped-Utah.html

13　Moss, M., *Salt, Sugar, Fat: How the Food Giants Hooked Us*（WH Allen, 2013）〔モス『フードトラップ』（本間徳子訳　日経BP社）〕

14　Johnson, P.M., *Nat Neurosci*（May 2010）;13(5):635-41. Dopamine D2 receptors in addiction-like reward dysfunction and compulsive eating in obese rats.

15　Avena, N.M., *Methods Mol Biol*（2012）; 829: 351-65. Animal models of sugar and fat bingeing: relationship to food addiction and increased body weight.

16　Taylor, V.H., *CMAJ*（9 Mar 2010）;182(4):327-8. The obesity epidemic: the role of addiction.

17　Bayol, S.A., *Br J Nutr*（Oct 2007）; 98(4): 843-51. A maternal 'junk food' diet in pregnancy and lactation promotes an exacerbated taste for 'junk food' and a greater propensity for obesity in rat offspring.

18　たいていの学生は大学時代にかなり太ってしまい、そのまま体重が落ちないことが多い。アメリカでは、大学1年生（フレッシュマン）が平均15ポンド（7キロ）太ることから、「フレッシュマン15」と呼ばれるという。イギリスやアメリカの学生の食生活がそこまでひどい理由は、たんにお金がないからとか、面倒だからというだけではない。家族から離れて暮らすストレスもあるだろう。もっと言うなら、食文化がしっかりしていない多くの国では、料理をするのは「カッコいい」ことではない、ということもあるかもしれない。

19　ボストンの研究グループは、ビッグマックと同じような栄養価のエサを液状にしてマウスに与えて、そのマウスや体内の細菌の状態を、通常のエサを食べるマウスと比較する実験をおこなった。どちらのグループのマウスも、エサは好きなだけ食べられるようにした。すると予想どおり、ファストフードグループのマウスは体重がかなり増加し、とくに危険な内臓脂肪が増えた。太ったマウスで

and food sources in the U.S. population: NHANES 1999-2002.
5 Thomas, L.H., *American Journal of Clinical Nutrition* (1981); 34:877-86. Hydrogenated oils and fats: the presence of chemically-modified fatty acids in human adipose tissue.
6 イギリス政府は2005年になってようやく、圧力団体からの訴訟の結果を受けて、業界による自主規制と食品ラベル表示の改善という対策を打ち出した。しかし、安全に摂取できる許容摂取量は不明だというのが専門家の一致した見解であるにもかかわらず、全面的な禁止はいまだに拒んでいる。イギリスの医学コミュニティと国立保健医療研究所（NICE）は、加工食品でのトランス脂肪酸の使用禁止や、塩や飽和脂肪酸の使用量を減らす法律の制定といった、年間4万人の死亡を防ぐことのできる対策の導入を要求したが、実現していない。そんななかでも、状況は少しずつ改善されてきている。2010年にイギリス国民が摂取したトランス脂肪酸は、エネルギー摂取量全体の平均1%未満と推定されている。一方のアメリカは、依然として2%程度だった。しかし、社会階層や地域による格差はあいかわらず大きく、安価な揚げ物や加工食品を食べている人々はいまでも、平均の3倍という危険な量のトランス脂肪酸を摂取している。残念ながら、このトランス脂肪酸問題はすでに世界中に広がってしまっている。それは避けられないことだったのかもしれない。
7 Iqbal, M.P., *Pak J Med Sci* (Jan 2014); 30(1): 194-7. Trans fatty acids - a risk factor for cardiovascular disease.
8 Kishino, S., *Proc Natl Acad Sci* (29 Oct 2013); 110(44): 17808-13. Polyunsaturated fatty acid saturation by gut lactic acid bacteria affecting host lipid composition.
9 Pacifico, L., *World J Gastroenterol* (21 Jul 2014); 20(27): 9055-71. Nonalcoholic fatty liver disease and the heart in children and adolescents.
10 Mozaffarian, D., *N Engl J Med* (3 Jun 2011); 364(25): 2392-404. Changes in diet and lifestyle and long-term weight gain in women and men.
11 マクドナルドは、1948年にレイ・クロックがマクドナルド兄弟から経営権を買収して、巨大ファストフード・チェーン帝国に育て上げた企業だ。いまでは、118カ国に展開し、毎日6800万人以上の客が訪れる。マクドナルドは、好むと好まざるとにかかわらず、世界中でアメリカ文化の代名詞的存在になっていて、象徴的な「黄金のアーチ」で有名なマクドナルドのMマークは、清潔さと効率性のシンボルになると同時に、動物の権利保護活動家や健康推進団体からは批判の矛先を向けられている。1974年に当時のリチャード・ニクソン大統領はビッグマックのことを、自分の妻が作るもの以外では「アメリカで一番のハンバーガー」だとお墨付きを与えた。イギリスのマーガレット・サッチャー首相は1989年、自らの選挙区であるフィンチリー地区に、マクドナルドの新しいイギ

evidence. Siri-Tarino, P.W., *Am. J. Clin. Nutr* (2010); 91: 535-46. Meta-analysis of prospective cohort studies evaluating the association of saturated fat with cardiovascular disease.

5 Price, W.A., *Nutrition and Physical Degeneration*, 6th edn (La Mesa, Ca, Price-Pottenger Nutritional Foundation, 2003)

6 Willett, W.C., *Am J Clin Nutr* (Jun 1995); 61(6 Suppl): 1402S-1406S. Mediterranean diet pyramid: a cultural model for healthy eating.

7 Estruch, R., *N Engl J Med* (4 Apr 2013); 368(14): 1279-90. Primary prevention of cardiovascular disease with a Mediterranean diet.

8 Salas-Salvadó, J., *Ann Intern Med* (7 Jan 2014); 160(1): 1-10. Prevention of diabetes with Mediterranean diets: a subgroup analysis of a randomized trial. Guasch-Ferré, M., *BMC Med* (2014); 12: 78. Olive oil intake and risk of cardiovascular disease and mortality in the PREDIMED Study.

9 Konstantinidou, V., *FASEB J* (Jul 2010); 24(7): 2546-57. In vivo nutrigenomic effects of virgin olive oil polyphenols within the frame of the Mediterranean diet: a randomized controlled trial.

10 Lanter, B.B., *MBio* (2014); 5(3): e01206-14. Bacteria present in carotid arterial plaques are found as biofilm deposits which may contribute to enhanced risk of plaque rupture.

11 Vallverdü-Queralt, A., *Food Chem* (15 Dec 2013); 141(4): 3365-72. Bioactive compounds present in the Mediterranean sofrito.

■7 トランス脂肪酸

1 地溝油は、製造のプロセスで加熱がおこなわれており、成分分離のために工業用の化学製品が添加されている。この有毒な油は、中国料理に悪いイメージを与えてしまったばかりでなく、気の毒ながら、中国人の腸にすむ細菌にも悪影響を与えているに違いない。地溝油の作り方は以下の動画で紹介されている。https://www.youtube.com/watch?v=zrv78nG9R04

2 2014年には、中国食品をめぐる新たな大スキャンダルが再び起こって、マクドナルドをはじめとする多くの企業が影響を受けた。マクドナルドなどの主要供給元だった業者が、廃棄処分になった豚肉や鶏肉、牛肉を再処理して、製品用に再利用していたことが明らかになったのだ。再利用された肉には、使用期限を1年以上過ぎていたものもあった。Lam, H.M., *Lancet* (8 Jun 2013); 381(9882): 2044-53. Food supply and food safety issues in China.

3 Mozaffarian, D., *N Engl J Med* (2006); 354: 1601-13. Trans fatty acids and cardiovascular disease.

4 Kris-Etherton, P.M., *Lipids* (Oct 2012); 47(10): 931-40. Trans fatty acid intakes

22　Jones, M.L., *Br J Nutr* (May 2012); 107(10): 1505–13. Cholesterol-lowering efficacy of a microencapsulated bile salt hydrolase-active Lactobacillus reuteri NCIMB 30242 yoghurt formulation in hypercholesterolaemic adults.

23　Jones, M.L., *European Journal of Clinical Nutrition* (2012); 66, 1234–41. Cholesterol lowering and inhibition of sterol absorption by Lactobacillus reuteri NCIMB 30242: a randomized controlled trial.

24　Morelli, L., *Am J Clin Nutr* (2014); 99(suppl): 1248S–50S. Yogurt, living cultures, and gut health.

25　McNulty, N.P., *Sci Transl Med* (26 Oct 2011); 3(106). The impact of a consortium of fermented milk strains on the gut microbiome of gnotobiotic mice and monozygotic twins.

26　Goodrich, J.K., *Cell* (6 Nov 2014); 159(4):789–99. Human genetics shape the gut microbiome.

27　Roederer, M., *Cell* (2015). The genetic architecture of the human immune system.

28　Saulnier, D.M., *Gut Microbes* (Jan–Feb 2013); 4(1): 17–27. The intestinal microbiome, probiotics and prebiotics in neurogastroenterology.

29　De Palma, G., *Gut Microbes* (Jun 2014) 12; 5(3). The microbiota-gut-brain axis in functional gastrointestinal disorders.

30　Sachdev, A.H., *Curr Gastroenterol Rep* (Oct 2012); 14(5): 439–45. Antibiotics for irritable bowel syndrome.

31　Idem 27.

32　Tillisch, K., *Gastroenterology* (Jun 2013); 144(7): 1394–1401. Consumption of fermented milk product with probiotic modulates brain activity.

33　Tillisch, K., *Gut Microbes* (2014); 5: 58–7. The effects of gut microbiota on CNS function in humans.

■6　不飽和脂肪酸

1　この歌はまた、チャールズ1世による悪名高い課税や、そのずっと前に起きたリチャード1世と弟ジョンとのいさかいを題材にしているとも言われる。

2　2003年のヨーロッパの消費量は、1961年の2倍になっているが、それでもアメリカの消費量にははるかに届かない。Daniel, C.R., *Public Health Nutr* (Apr 2011); 14(4): 575–83. Trends in meat consumption in the United States.

3　http://www.eblex.org.uk/wp/wp-content/uploads/2014/02/m_uk_yearbook13_Cattle110713.pdf

4　Micha, R., *Lipids* (Oct 2010); 45(10): 893–905. Saturated fat and cardiometabolic risk factors, coronary heart disease, stroke, and diabetes: a fresh look at the

リアでは一般的な、ピザ職人の手による焼きたてピザではなく、安い冷凍加工食品なのだが、その市場規模はアメリカだけで400億ドルを超えている。広告に登場するピザのなかには、トッピングやクラストにたくさんのチーズを使っていて、1ピースだけで脂肪分が14グラム、カロリーが340キロカロリーになるものもある。安価で日持ちする限り、どんなチーズでも使ってしまっているようだ。

アメリカのチーズ消費量は1970年から4倍になっているが、これと同じ期間に、脂肪分摂取への不安感から牛乳の消費量は減少しているというのだから皮肉である。チーズ消費量の増加は、アメリカ農務省の栄養ガイドラインとは合わないのだが、その農務省や、農業従事者たちにとっては嬉しい話だ。アメリカで作られた「本物の」チーズピザの輸出も増加しており、とくに急成長中のメキシコへの輸出が多い。Minger, D., *Death by Food Pyramid* (Primal Blueprint, 2013).

15 最近、ギリシャヨーグルトの生産量が急増しているが、エコロジーの観点では問題がありそうだ。ヨーグルトの水切りをする際に出る、不要な乳清タンパク質は酸性度がきわめて高いため、通常の方法での廃棄が法律で禁止されている。植物や野生動物に害を与える可能性があるからだ。アメリカ北東部では1億5000万ガロン（約5億7000万リットル）もの有毒な乳清が保管され、廃棄を待っている。先端的なエコロジー活動に取り組む人々は、この有毒な乳清を動物の堆肥と混ぜて、細菌の発酵作用によってメタンガスを発生させるという実験を進めている。このメタンガスのにおいはかなりひどいが、それを使えばヨーグルト発電が実現するかもしれない。

16 Chen, M., *Am J Clin Nutr* (Oct 2012); 96(4): 735-47. Effects of dairy intake on body weight and fat: a meta-analysis of randomized controlled trials.

17 Martinez-Gonzalez, M., *Nutr Metab Cardiovasc Dis* (Nov 2014); 24(11): 1189-96. Yogurt consumption, weight change and risk of overweight/obesity: the SUN cohort. studyhttp://dx.doi.org/10.1016/j.numecd.2014.05.015

18 Jacques, P., *Am J Clin Nutr* (May 2014); vol. 99 no. 5 1229S-1234S. Yogurt and weight management.

19 Kano, H., *J Dairy Sci* (2013); 96: 3525-34.Oral administration of *Lactobacillus delbrueckii* subspecies bulgaricus OLL1073R-1 suppresses inflammation by decreasing interleukin-6 responses in a murine model of atopic dermatitis.

20 Daneman, N., *Lancet* (12 Oct 2013); 382(9900): 1228-30 A probiotic trial: tipping the balance of evidence?

21 Guo, Z., *Nutr Metab Cardiovasc Dis* (2011); 21: 844-850. Influence of consumption of probiotics on the plasma lipid profile: a meta-analysis of randomised controlled trials.

dietary fat guidelines in 1977 and 1983: a systematic review and meta-analysis.
10 Siri-Tarino, P.W., *Am J Clin Nutr* (2010); 91: 535-46. Meta-analysis of prospective cohort studies evaluating the association of saturated fat with cardiovascular disease.
11 Hjerpsted, J., *Am J Clin Nutr* (2011); 94: 1479-84. Cheese intake in large amounts lowers LDL-cholesterol concentrations compared with butter intake of equal fat content.
12 Rice, B.H., *Curr Nutr Rep* (15 Mar 2014); 3: 130-13. Dairy and Cardiovascular Disease: A Review of Recent Observational Research.
13 Tachmazidou, I., *Nature Commun* (2013); 4: 2872. A rare functional cardioprotective APOC3 variant has risen in frequency in distinct population isolates.
14 微生物は食品ラベルへの表示義務がまだないので、ドミノピザにかかっているチーズの中に生きた状態で含まれている友好的な微生物がどれくらいいるかはまったくわからない。見たところ、あれは冷凍チーズとデンプンでできているようだ。とにかく、自分の遺伝子と腸内細菌に相当の自信があるのでないかぎり、チーズピザダイエットはお勧めしない。

工業的に作られるプロセスチーズは、アメリカやヨーロッパで牛乳が以前ほど飲まれなくなり、大量に余ってしまったのがきっかけで作られるようになった。その中心になったのがクラフトフーズなどの大手加工食品メーカーだ。クラフトフーズは1950年代に、賞味期限が数カ月あるチーズをアメリカ全土に輸送する方法を開発している。クラフトフーズのヒット商品「チーズ・ウィズ」は明るいオレンジ色をしたソース状の製品で、ヨーロッパの伝統製法によるチーズとはまったく違っている。そうしたプロセスチーズの製造過程には、脂肪分と乳成分がよく混ざり合うように、原料となるチーズの加熱や攪拌、乳化剤などさまざまな化学物質による処理が取り入れられた。また保存料を加えて、数カ月もつようにしている。そうして作り出された無菌状態（生きた微生物は含まれない）のチーズを加えると、味が良くなったり、くせになるような風味が出たり、食感のばらつきがなくなるので、ほとんどどんなものにでも使われるようになり、それが今に続いている。

ピザは、プロセスチーズとの組み合わせでとくに成功した食べ物であり、いまではおそらく世界で最も人気のある食べ物と言えるだろう。アメリカ人がピザを食べる量は着実に増えつつあり、恐ろしいことに、飽和脂肪酸の主な摂取源（全体の14パーセント）として、総カロリーの3分の1を占めるまでになっている。そしてアメリカの若者の3人に1人はピザを毎日食べているのだ。ピザという食べ物が、1889年にイタリアのナポリで現在の形のものが作られ（マルゲリータ王妃のために作られた）、1905年にアメリカに持ち込まれたにすぎないことを考えれば、驚くような話だ。もちろん、現在食べられているピザのほとんどが、イタ

オーダーメイドチーズは、牛乳や羊乳で作ったふつうのチーズとそっくりで、その一つひとつには細菌を提供した人物にちなんだ名前がついている。普通のチーズを作るのに使われる細菌は、私たちの体のなかでも、ほかより奥まっていて、あまりきちんと洗うことのない部位にすみついている細菌と近縁関係にあるのだ。

鼻をつくようなにおいが有名なリンバーガーチーズは、多くの人の足指のあいだにいる細菌（ブレビバクテリウム・リネンス）からできている。足がにおうのはこの細菌が原因だ。ほかの生物を引きつけやすい人と、そうでない人がいるのは、体のこうした部位にいる細菌の構成によるのかもしれない。とくに蚊はとても敏感なようだ。ある細菌のにおいは避け、別のにおいには一直線で進む習性は、さまざまな種類の蚊に見られる。虫に刺されにくいように見える人がいるのはそのためだ。私たちは最近、「幸運な」双子たちを選んで、蚊がたくさん入ったビニール製の球体のなかに手を入れてもらい、刺されそうになった回数を数える実験をした。その結果、その数には大きな個人差があり、そうした蚊に刺されやすさには遺伝性が見られることがはっきり示された。

においというのはきわめて主観的な感覚だと言える。そのことを、先ほどのUCLAの研究チームは、においの比較実験の前にあらかじめ被験者にヒントを与えるという方法で確かめている。実験の前に、ブレビバクテリウス・リネンスという細菌はチーズのようなにおいがします、と言われていた被験者は、実験後にいいにおいだったと報告したが、この細菌は体から採取したのだと言われていた被験者は、チーズは嫌なにおいがしたと言ったのである。クリスティナは、「自分のへその細菌で作ったチーズ」を試食してみたらしく、「ふつうのマイルドなチーズと変わらない」という感想を述べている。この「ヒトチーズ」は、毎日の食事に登場するところまではいっていないが、この先どうなるかはわからない。究極の「セルフィー」としてヒットするかもしれない。

4　Bertrand, X., *J Appl Microbiol* (Apr 2007); 102(4): 1052-9. Effect of cheese consumption on emergence of antimicrobial resistance in the intestinal microflora induced by a short course of amoxicillin-clavulanic acid.

5　ちなみに、私たちの最近の研究から、イギリス人の腸内細菌の平均的な組成は、健康的ではなく、多様性にも欠けていることがわかっている。しかしそれでもアメリカ人の腸よりはましなのだから、ひどい話だ。

6　David, L.A., *Nature* (23 Jan 2014); 505(7484): 559-563.

7　Teicholz, N., *The Big Fat Surprise* (Simon & Schuster, 2014)

8　Goldacre, B., *BMJ* (2014); 349 doi: http://dx.doi.org/10.1136/bmj.g4745. Mass treatment with statins.

9　Harborne, Z., *Open Heart* (2015); 2: doi:10.1136/openhrt-2014-000196. Evidence from randomised controlled trials did not support the introduction of

こうしたダニの存在は、チーズがまさに生きている、つまり微生物にあふれた一つの生き物だということを強く示している。そこには、特殊な乳酸菌であるラクトバチルスから、ロックフォールやスティルトンといったチーズにできる、風味豊かな青カビ部分を作り出す酵母や菌類まで、さまざまな微生物がいる。アメリカの食品医薬品局（FDA）は、いらぬ知恵を働かせて、チーズカビだけでなく、チーズ中に含まれる細菌にも多少の危険性があると判断して（銃器は安全だと思っているらしいのに）、低温殺菌していない生乳を材料とする、コンテやルブロション、ボーフォールなど、伝統的な製法のチーズの輸入を禁止している。さらにFDAは近ごろ、殺菌消毒が難しい「旧式の」木製の棚で熟成することが認められたチーズへの規制強化まで発表している。伝統的な食べ物と、工場で作られた「健康的な」食べ物が、それぞれアメリカ人に与えるとされるリスクを比較してみると、現在の健康や栄養についての政策において、リスク評価のバランスがどうなっているのかがよくわかるのだ。

つまり、安全性を重視するFDAと、商魂たくましいアメリカ農務省が、無菌状態で工業的に加工された、細菌がほとんどいないチーズタイプ商品を強く後押しするのをよそに、フランス人は、自分たちの伝統的なチーズのほうを好むのだ。フランスのスーパーで売られているチーズさえ、数兆個もの微生物がいる。こういうチーズを冷蔵庫の外に出しておくと、チーズの形が変化していく様子が見られることがある。細菌や酵母が相互作用したり、互いに争う過程で、乳成分を分解してエネルギーを作り出すからだ。細菌が作り出した酸性度の高い環境は、その細菌のライバルとなる微生物を遠ざけ、結果としてチーズが腐敗するのを防いでいる。

普通、本物のチーズが少しずつ悪くなっていくときのサインは限られている。たとえば、表面にカビが生えてくることがある。よく知られているのはアオカビ属のカビだ。またタレッジョやリンバーガー、エポワスなどの水分が多いチーズの場合は、悪くなり始めると強いアンモニア臭がすることもあり、ほかのチーズよりも早めに食べたほうがいい。一方、チーズに生息する菌類によって作られる毒素は、それ単独では有害なこともあるが、チーズに含まれる場合には分解されてしまっているので、安全だと言える。チーズというのは、においがどうであれ、味さえよければ食べても大丈夫だと思ってよさそうだ。

3　ある種の細菌を牛乳と混ぜれば、また別の非伝統的なチーズができる。一人ひとりに合わせて作ることのできるチーズだ。その作り方は簡単で、わきの下やへそ、足指のあいだを綿棒でぬぐって、取れたものを牛乳に混ぜ、そこへ乳酸菌を少し加えるだけ。そうすると、あら不思議、世界に一つだけのオーダーメイドチーズのできあがりだ。これは、UCLAのクリスティナ・アガパキスが、においをテーマに活動しているノルウェーの芸術家たちと協力して作った芸術作品で、ダブリンで最近開催された「セルフメイド」という展覧会で展示された。この

10　Campbell, T.C., *The China Study* (BenBella Books, 2006)〔『チャイナ・スタディー　葬られた「第二のマクガバン報告」』(松田麻美子訳　グスコー出版)〕

■5　飽和脂肪酸

1　Law, M., *BMJ* (1999); 318: 1471-80. Why heart disease mortality is low in France: the time lag explanation.

2　私は先日、フランスのサヴォワ地方に住む友人たちを訪ねたおりに、コンテ・アルパージュという伝統的なチーズの製法について説明してもらった。そのレシピは、何世紀も前から変わっていない。説明は（たっぷりのワインとチーズを楽しみながら）1時間もかかった。ただし基本的な手順は、家の外で、春の山の空気のなか、冷たい牛乳と温かい牛乳を混ぜるというものだ（ほかのチーズでは酵素を使う)。これにより、乳タンパク質の末端が化学的に切断されるので、乳タンパク質が凝固して塊になり、脂肪と結合できるようになる。この塊ができた液体を、細かいリネンの網でこして少し水気を切ってから、湿度の高い地下室内で、古い木製の棚に並べて保存する。この地下室の床にある大樽には乳清と塩水が満たしてあり、そこにひたした布でチーズを定期的に磨く。そうするとチーズには微生物でいっぱいの良質な外皮ができるのだ。そうした微生物のなかには、酸度や風味を変化させる細菌や菌類もいる。フランス産チーズの場合、その多様な風味の鍵になるのは、布に染みこんでいたかもしれない、ほかの物質だ——昔であれば、大樽には馬の尿などが混じっていただろう。これがチーズに酸度だけでなく、独特の香味を与えていたのである。

本格的なチーズはたいてい時間をかけて熟成させる（チェダーのようなハードチーズでもそうだ)。そうするとチーズの外側には外皮ができるのだが、そこには、チーズダニと呼ばれる、高倍率のルーペなら目に見えるくらいの大きさをした別の微生物がいる。このチーズダニは食欲旺盛で、外皮の上でほかの微生物やチーズを食べる。それによって小さな穴ができると、チーズの香りが良くなる。チーズダニ自体は普通、出荷前に払い落としてあるが、ミモレットというチーズはかつて、たくさんのチーズダニが這いまわる状態のままアメリカに輸入されていたため、保健当局によって輸入が禁止されてしまった。禁止措置以後、ミモレットには巨大闇市場が生まれている。ミモレットは明るいオレンジ色をしたチーズで、もともとは熟成したエダムチーズの代替品として17世紀に登場したものだ。その外皮の土臭い風味はチーズ好きの人々に好まれている。ユーチューブに投稿されたマニアックな動画では、透明で、当然のごとく丸々としたチーズダニが、チーズをむしゃむしゃ食べながら楽しそうに動き回る様子が紹介されている（https://www.youtube.com/watch?v=134aMOQwyhY)。ちなみにこの動画は、フランス産チーズを二度と食べる気がしなくなる恐れがあります、という警告付きだ。

■4　総脂質

1　脂質が短い鎖状の脂肪酸からなる場合には、液体（脂肪油）の状態であることが多い。一方、長い鎖状の脂肪酸だと、室温では固体になる（いわゆる脂肪）。

2　このタンパク質は、コレステロールを間違った場所に運搬したうえで、そのコレステロールから健康に有害なプラークを形成する働きのある、血管内のチャネルを開く。重要なのは、従来考えられていた体内を循環するコレステロールの総量ではなく、コレステロールが集積する場所なのだ。そしてその場所には大きなばらつきがある。

3　de Nijs, T., *Crit Rev Clin Lab Sci* (Nov 2013); 50(6): 163-71. ApoB versus non-HDL-cholesterol: diagnosis and cardiovascular risk management.

4　Kaur, N., J. *Food Sci Technol* (Oct 2014); 51(10): 2289-303. Essential fatty acids as functional components of foods, a review.

5　Chowdhury, R., *Ann Intern Med* (18 Mar 2014); 160(6): 398-406. Association of dietary, circulating, and supplement fatty acids with coronary risk: a systematic review and meta-analysis.

6　Würtz, P., *Circulation* (8 Jan 2015). pii:114.013116. Metabolite profiling and cardiovascular event risk: a prospective study of three population-based cohorts.

7　2015年にニュージーランドで行われた調査で、製造国がすべて異なる32の魚油サプリメントについて調べたところ、表示と同量のオメガ3脂肪酸を含んでいるものは全体の10パーセント未満であり、大半の製品は表示量以下しか含まないことがわかった。Albert, B.B., *Sci Rep* (21 Jan 2015); 5: 7928. doi: 10.1038/srep07928. Fish oil supplements in New Zealand are highly oxidised and do not meet label content of n-3 PUFA.

　これ以前にも、アメリカやイギリス、カナダ、南アフリカでおこなわれた調査で、まったく同じ結果が出ている。Ackman, R.G., *J Am Oil Chem Soc* (1989); 66: 1162-64. EPA and DHA contents of encapsulated fish oil products. Opperman, M., Cardiovasc J Afr (2011); 22: 324-29. Analysis of omega-3 fatty acid content of South African fish oil supplements.

　ほかにも、こうした製品に頼るのは慎重にならねばならない理由がある。魚油サプリメントを試験してみると、表示している成分を含んでいないものがほとんどだったのだ。とはいうものの、オメガ3脂肪酸とオメガ6脂肪酸という2種類の脂肪自体は、どちらも体に良さそうだ――少なくとも食品としては。

8　Micha, R. *BMJ* (2014); 348: g2272. Global, regional, and national consumption levels of dietary fats and oils in 1990 and 2010: a systematic analysis including 266 country-specific nutrition surveys.

9　Campbell, T.C., *Am J Cardiol* (26 Nov 1998); 82(10B): 18T-21T. Diet, lifestyle, and the etiology of coronary artery disease: the Cornell China study.

以降も発症率は増加していないという。Spector, T.D., *BMJ* (5 May 1990); 300 (6733): 1173-4. Trends in admissions for hip fracture in England and Wales, 1968?85.

この結果は当時の私たちにとっては驚きだったが、今考えるとこれは、アメリカでは1970年代、イギリスでは1980年代から、これまでの常識とは逆に、運動レベル全体がそれほど変わっていないという話とぴったり合っている。

27 Hall, K.D., *Lancet* (27 Aug 2011); 378(9793): 826-37. Quantification of the effect of energy imbalance on bodyweight.

28 Williams, P.T., *Int J Obes* (Mar 2006); 30(3): 543-51. The effects of changing exercise levels on weight and age-related weight gain.

29 Hall, K.D., *Lancet* (27 Aug 2011); 378(9793): 826-37. Quantification of the effect of energy imbalance on bodyweight.

30 Turner, J.E., *Am J Clin Nutr* (Nov 2010); 92(5): 1009-16. Nonprescribed physical activity energy expenditure is maintained with structured exercise and implicates a compensatory increase in energy intake.

31 Strasser, B., *Ann NY Acad Sci* (Apr 2013); 1281: 141-59. Physical activity in obesity and metabolic syndrome. Dombrowski, S.U., *BMJ* (14 May 2014); 348: g2646. Long-term maintenance of weight loss with non-surgical interventions in obese adults: systematic review and meta-analyses of randomised controlled trials.

32 Ekelund, U., *Am Journal of Clinical Nutrition* (14 Jan 2015). Activity and all-cause mortality across levels of overall and abdominal adiposity in European men and women: the European Prospective Investigation into Cancer and Nutrition Study.

33 Hainer, V., *Diabetes Care* (Nov 2009); 32 Suppl 2:S392. Fat or fit: what is more important? Fogelholm, M., *Obes Rev* (Mar 2010); 11(3): 202-21. Physical activity, fitness and fatness: relations to mortality, morbidity and disease risk factors.

34 Viloria, M., *Immunol Invest* (2011); 40: 640-56. Effect of moderate exercise on IgA levels and lymphocyte count in mouse intestine.

35 Matsumoto, M., *Biosci, Biotechnol Biochem* (2008); 72: 5 72-6. Voluntary running exercise alters microbiota composition and increases n-butyrate concentration in the rat cecum.

36 Hsu, Y.J., *J Strength Cond Res* (20 Aug 2014). Effect of intestinal microbiota on exercise performance in mice.

37 Clarke, S.F., *Gut* (Dec 2014); 63(12): 1913-20. Exercise and associated dietary extremes impact on gut microbial diversity.

38 Kubera, B., *Front Neuroenergetics* (8 Mar 2012); 4: 4. The brain's supply and demand in obesity.

これだけ運動していても、30年前あるいは40年前と比べれば、やはり体を動かす量がはるかに少ないという話はよく聞くが、それは本当なのだろうか。たしかに私たちの仕事は、テクノロジーのおかげで以前より手間がかからなくなったかもしれないが、余暇の時間に運動を取り入れる傾向は強まっている。それはともかく、かつては仕事で体を動かすことが肥満防止に重要だったというなら、仕事でより多くのカロリーを消費している肉体労働者のほうが、オフィスワーカーよりも肥満になりやすいのはなぜなのだろうか。話を難しくしているのは、正確なカロリー消費データを集めて、何十年にもわたって比較するのは難しく、結果として、頼るべき確かな事実がほとんどないことだ。

ミネソタ州の主婦を対象とした長期研究では、多くの主婦にとって生活は楽になってきていることが明らかになった。テレビを見るなどの体を動かさない行動と比較すると、家事のために毎日消費するエネルギーの量は大きく変化しているのだ。1965年と、その50年後にあたる現在を比較すると、現在のほうが1日の消費エネルギーが200キロカロリー少ないようだ。Archer, E., *Mayo Clin Proc* (Dec 2013); 88(12): 1368-77. Maternal inactivity: 45-year trends in mothers' use of time.

しかし、オランダで1981年から2004年の期間に収集された、より詳細な調査データからは、体脂肪が年を追うごとに大幅に増加している一方、低くなっていると予想されていた余暇の運動レベルは、実際にはわずかに高くなっていることが明らかになった。Gast, G-C. M., *Int J Obes* (2007); 31, 515-20. Intra-national variation in trends in overweight and leisure time physical activities in the Netherlands since 1980: stratification according to sex, age and urbanisation degree.

そのほかにも、1980年代以降にアメリカとヨーロッパで実施された、いくつかの研究を再検討したところ、一般に考えられるのとは逆に、労働時間を含めた1日の総エネルギー消費量は全体的に見て変化しておらず、肉体的活動は減少していないことがわかった。Westerterp, K.R., *Int J Obes* (Aug 2008); 32(8): 1256-63. Physical activity energy expenditure has not declined since the 1980s and matches energy expenditures of wild mammals.

運動などの肉体的活動は、常に骨や筋肉の強度に関係している。そしてそうした骨や筋肉の強度は、骨粗しょう性骨折（とくに、女性の3人に1人が経験する股関節骨折）の発症率の変化とも関連している。1980年代に2、3人の仲間と私は、正確なデータがある40年間について、アメリカとイギリスにおける股関節骨折の変化率を調べた。わかったのは、年齢や人口構造の変化分を調整すると、アメリカの股関節骨折の発症率は1960年代中ごろまで急激に上昇し、その後は次第に減少していたことだ。イギリスでも1950年以降に上昇し、その後、1980年代には横ばいになっている。さらに分析を続けた仲間の研究者によると、それ

21 Fushan, A.A., *Curr Biol* (11 Aug 2009); 19(15): 1288-9. Allelic polymorphism within the TAS1R3 promoter is associated with human taste sensitivity to sucrose.
22 Mennella, J.A., *PLoS One* (2014); 9(3): e92201. Preferences for salty and sweet tastes are elevated and related to each other during childhood.
23 Mosley, M., *Fast Exercise* (Atria Books, 2013)
24 Stubbe, J.H., *PLoS One* (20 Dec 2006); 1: e22. Genetic influences on exercise participation in 37,051 twin pairs from seven countries.
25 den Hoed, M., *Am J Clin Nutr* (Nov 2013); 98(5): 1317-25. Heritability of objectively assessed daily physical activity and sedentary behavior.
26 私の父は、テレビばかり見て過ごしていたわけではなかったが、生涯を通じて運動というものに近づかないようにしていた。父が育った時代には、運動は体に悪いという考え方が一般的だった。父は生まれつきかなりの痩せっぽちだったので、私の祖父は父の体格を良くしようとかなりの努力をした。父は私たち子どもに冗談めかして、「昔は体重 57 キロの弱虫、中年の今は体重 76 キロの弱虫なんだよ」と言っていたものだ。父は、親向けに開かれる学校のスポーツデーが嫌いで、いつも何かしら理由をつけて欠席していた。扁平足だったので走るのは苦手だったし、バランス感覚がなかったので、スキーやスケートをしたり、自転車に乗ったりもできなかった。かなづちで水泳もだめだった。自分では、わが家は代々スポーツを好まないユダヤの家系なんだと言い張っていた。

今の健康ブームやスポーツブームも、実はここ最近のものにすぎないことを私たちは忘れがちだ。1980 年代にパジャマのような変なウェアを着てジョギングを楽しんでいた人々は、変人扱いされ、笑われていた。ニューヨークシティマラソンは 1970 年に初めて開催されたが、参加ランナーはわずか 100 人強だった。ロンドンマラソンは 10 年ほど遅れてスタートしたが、これまでに 100 万人以上がゴールしている。21 世紀初めの現在、大人の多くはスポーツジムでトレーニングしたり、スポーツに参加していて、その数は増加しつつある。2014 年の時点で、イギリスの成人の 13 パーセントがスポーツジムや運動施設の会員になっている。公園で運動をしたり、チームスポーツに参加したりしている人も多い。そしてイギリスの 50 代以上の 3 分の 1 超は、日常的にガーデニングを楽しんでいる。

イギリスのスポーツジム市場は約 30 億ポンドの規模がある。アメリカでも 5100 万人以上がスポーツジムの会員になっていて、その市場規模は 1970 年代の 20 倍近くまで成長している。こうした状況はほかの多くの国でも見られる。しかし、実際に運動量が増えているなら、以前よりも太るのではなく、痩せているはずではないか。もちろん、テレビを見て、ジャグジーでだらだらして、スムージーを飲むためだけにジムに行く——こうすれば太っても罪の意識を感じずにすむのでお勧めする——という人ばかりなら話は違ってくるが。

るシグナルは、いったいどこから送られているのか、そしてたとえば肘には脂肪が蓄積しないのはなぜなのか、といったことはわかっていない。

10　Stubbe, J.H., *PLoS One*（20 Dec 2006）; 1: e22. Genetic influences on exercise participation in 37,051 twin pairs from seven countries.

11　Neel, J.V., *Am J Hum Genet*（Dec 1962）; 14: 353-62. Diabetes mellitus: a 'thrifty' genotype rendered detrimental by 'progress'?

12　脂肪が飢餓から守ってくれるという点については、十分な裏付けがある。Song, B., *J Math Biol*（2007）54: 27-43. Dynamics of starvation in humans.

13　Speakman, J.R., *Int J Obes*（Nov 2008）; 32（11）: 1611-17. Thrifty genes for obesity: the 'drifty gene' hypothesis.

14　Speakman, J.R., *Physiology*（Mar 2014）; 29（2）: 88-98. If body fatness is under physiological regulation, then how come we have an obesity epidemic?

15　Mustelin, L., *J Appl Physiol*（1985）（Mar 2011）; 110（3）: 681-6. Associations between sports participation, cardiorespiratory fitness, and adiposity in young adult twins.

16　Ogden, C.L., *JAMA*（26 Feb 2014）; 311（8）: 806-14. Prevalence of childhood and adult obesity in the United States, 2011-12.

17　Rokholm, B., *Obes Rev*（Dec 2010）; 11（12）: 835-46. The levelling off of the obesity epidemic since the year 1999-a review of evidence and perspectives.

18　味覚遺伝子は数百種類あるとされており、さらに多くのバリアントが毎年発見されている。これまでに見つかっている味覚遺伝子のバリアントは、TAS1RとTAS2Rという遺伝子ファミリーに属するものがほとんどだ。甘味を感じる（果物を食べたときなど）遺伝子には、少なくとも3つのバリアントがあり、うま味には5種類以上（タンパク質のマーカーとして）、苦味（つまりは毒だ）には少なくとも40種類のバリアントがある。これらの味覚遺伝子バリアントをどういう割合でもっているかが、食べ物の好き嫌いだけでなく、脂肪や野菜、砂糖の吸収にも影響を与えている。苦味と甘味の受容体は鼻や喉にもあって、細菌感染が予想されるタイミングを免疫システムに知らせるという意外な役割を担っている。副鼻腔炎のような異常な持続感染症にかかると、この仕組みに負荷がかかりすぎてしまい、鼻や喉の味覚受容体は機能不全に陥る。Lee, R.J., *J Clin Invest*（3 Mar 2014）; 124（3）: 1393-405. Bitter and sweet taste receptors regulate human upper respiratory innate immunity.

19　Negri, R., J *Pediatr Gastroenterol Nutr*（May 2012）; 54（5）: 624-9. Taste perception and food choices.

20　Keskitalo, K., *Am J Clin Nutr*（Aug 2008）; 88（2）: 263-71. The Three-factor Eating Questionnaire, body mass index, and responses to sweet and salty fatty foods: a twin study of genetic and environmental associations.

2 Novotny, J.A., *American Journal of Clinical Nutrition* (1 Aug 2012); Vol. 96, 2: 296-301. Discrepancy between the Atwater Factor predicted and empirically measured energy values of almonds in human diets.

3 食事のカロリー計算をする場合、その方法自体が正確であるのはもちろんだが、計算をする人が食品に含まれるカロリーを正確に推測できることを前提としているのは間違いない。ところが、複数の研究が一貫して示しているのは、ほぼ正しい数字を出せるのは7人に1人しかいないということだ。また、カロリー源は重要ではないという考え方は、タンパク質、糖質、脂肪の摂取バランスがひどく偏る原因にもなりかねない。いま挙げた栄養素の摂取量が著しく多い場合、逆に少ない場合には、健康に深刻な影響をもたらすことがある。アメリカでは、レストランのメニューにカロリー表示をすることが求められている。しかし、そうした表示が客の役に立つというはっきりした根拠はない。そうすることで、食品メーカーは新製品のカロリーを減らさざるをえなくなる、という面はあるかもしれないが。Bleich, S.N., *Am J Prev Med* (6 Oct 2014); pii: S07493797(14)00493-0. Calorie changes in chain restaurant menu items: implications for obesity and evaluations of menu labelling.

4 Sun, L., *Physiol Behav* (Feb 2015); 139:505-10. The impact of eating methods on eating rate and glycemic response in healthy adults.

5 Sacks, F.M., *JAMA* (17 Dec 2014); 312:2531-2541. Effects of high vs low GI of dietary carbohydrate and insulin sensitivity: the OmniCarb RCT.

6 2015年に、800人のイスラエル人を対象とした詳細な研究がおこなわれた。同一の食品に対する血糖値の反応を調べたところ、被験者のあいだで最大4倍の違いがあったが、その違いは糖質の種類（GI値）よりも、腸内細菌との関連が強かった。

7 Bouchard, C., *N Engl J Med* (24 May 1990); 322(21): 1477-82. The response to long-term overfeeding in identical twins.

8 学生を実験用のマウスのように太らせるという、この有名な研究を今やろうとしたら、倫理審査を通すのが大変だろう（もちろんそうした倫理審査は、映画「アメリカン・スナイパー」のために約18キロも体重を増やし、数百万ドルもの出演料を稼いだブラッドリー・クーパーのような俳優たちを守るためのものではない)。

9 さらに私たちの研究では、肥満に関連するほかの性質にもこうした遺伝的な類似性は及んでいることがわかっている。それはたとえば、筋肉と脂肪の量や、脂肪がつく部位などだ。Samaras, K., *J Clin Endocrinol Metab* (Mar 1997); 82(3): 781-5. Independent genetic factors determine the amount and distribution of fat in women after the menopause.

とはいえ、脂肪細胞に対して、お腹や尻のまわりを中心に蓄積するよう指示す

らわしい定説や、商売上の利益、ダイエット神話を乗り越えるのに、この本が役に立つことを期待している。
11　Goldacre, B., *Bad Science* (Fourth Estate, 2008); www.quackwatch.com/04ConsumerEducation/nutritionist.html

■2　微生物

1　Fernández, L., *Pharmacol Res* (Mar 2013); 69(1):1-10. The human milk microbiota: origin and potential roles in health and disease.
2　Aagaard, K., *Sci Transl Med* (21 May 2014); 6(237): 237ra65. The placenta harbors a unique microbiome.
3　Funkhouser, L.J., *PLoS Biol* (2013); 11(8): e1001631. Mom knows best: the universality of maternal microbial transmission.
4　女性が妊娠するとすぐに、この微生物遺伝子の伝播という特別なプロセスを通じて、次世代をできるかぎり支えるための体の準備が始まる。妊娠した女性の体内では、体内の遺伝子がオンになることで、周到にプログラムされた変化が引き起こされる。その一環として、特定のホルモンが分泌されることにより、代謝機能とカロリー吸収量が調整され、エネルギーの節約と乳房や臀部に脂肪が蓄積するようになる。それがさらにグルコースの増加と母乳の蓄積につながる。それ以外に、免疫システムを制御している白血球にも変化が起こる。赤ん坊という体内の異物にうまく対処し、それを拒否しないようにしなければならないのだ。
5　Koren, O., *Cell* (3 Aug 2012); 150(3): 470-80. Host remodeling of the gut microbiome and metabolic changes during pregnancy.
6　Hansen, C.H., *Gut Microbes* (May-Jun 2013); 4(3): 241-5. Customizing laboratory mice by modifying gut microbiota and host immunity in an early 'window of opportunity'.
7　http://www.britishgut.org and http://www.americangut.org
8　2015年にニューヨーク市地下鉄の全駅で、そこで見つかる微生物を調べたところ、以前の宿主たちとぴったりと重なることがわかった。つまりその分布が、それぞれ特徴をもったニューヨーク市の多様な人口集団と一致していたのである。一方で、見つかった微生物の半分は今までまったく知られていないものだった。Afshinnekoo, E., CELS (2015); http://dx.doi.org/10.1016/j.cels.2015.01.0012015. Geospatial resolution of human and bacterial diversity with city-scale metagenomics.

■3　カロリー

1　Kavanagh, K., *Obesity* (Jul 2007); 15(7): 1675-84. Trans fat diet induces abdominal obesity and changes in insulin sensitivity in monkeys.

の両方をターゲットにしている。

4 「1日7皿の野菜をとりましょう」というアドバイスが根拠としているのは、6万5000人を対象とした観察的研究で、野菜や果物をまったく食べない人と、7皿以上食べている人を比較した結果だ。この研究で実施されたアンケート調査からは、果物や野菜を食べると死亡率が3分の1に減少するという結論になったが、絶対死亡率で見ると、果物や野菜を食べている人の死亡率は0.3パーセント低いだけだ（たとえば1000人中2人亡くなっていたのが1人になれば死亡率は半分になるが、絶対死亡率は0.1パーセント低くなるにすぎない）。これはそれほど感銘深い結果とは言えないだろう。また、グラスゴー東部地区の住民は、裕福な地域であるケンジントンの住民より20年近く早く死ぬ傾向があることを考えれば、果物や野菜を食べる習慣の裏には、遺伝的な要因はもちろんだが、それ以上に社会的な要因があると考えられる。前述のものより10倍規模が大きな研究では、野菜の摂取量を1日5皿以上にしても、とくにプラスの効果は見られなかった。

5 BMIは、体重（キログラム）÷（身長（メートル）の2乗）。医師たちは、医学的な面と学術的な面の両方で、BMIが30を超えると肥満だとしている。

6 Pietiläinen, K.H., *Int J Obes* (Mar 2012); 36(3): 456-64. Does dieting make you fat? A twin study.

7 Ochner, C.N., *Lancet Diabetes Endocrinol* (11 Feb 2015); pii: S2213-8587(15)00009-1. doi: 10.1016/S2213-8587(15)00009-1. Treating obesity seriously: when recommendations for lifestyle change confront biological adaptations.

8 この初めての経験をした1984年当時、こうした肥満はまだきわめて珍しかった。実際の患者に与える影響を目にして、肥満やその結末に対する私の見方はすっかり変わってしまった。こうした悲しい話は、いまではかなり多くなっている。たとえばウェールズのアバーデアでは、体重が355キロになったティーンエイジャーを救出するために、家の壁を破壊するという出来事があった。

9 管理された環境を用意して、体重過多の人の摂取エネルギーを1日1000キロカロリー未満に抑えれば（通常の推奨摂取エネルギーは1日2000〜2600キロカロリーだ）肥満の解決策になる。ただ、軍隊か病院でもない限り、そんな条件を整えることは不可能なので、現実的な治療法、あるいは有効性が証明された治療法というのは相変わらず存在しない。人工的に作り出せる例外は一つあって、この方法なら外部環境を変えずに糖尿病を「治療」することにもなる。それは胃のバイパス手術だ。50年にわたって、比較的安全な方法として使われてきたにもかかわらず、医師たちはこの手術を勧めることにかなり及び腰だ。それは一つには、胃バイパス手術が有効である理由を医師たちが理解していないということもあるだろう。

10 この本は私にとって、並外れた発見の物語である。誰もが直面している紛

註

■はじめに

1　この病気の正確な原因は明らかになっていないが、滑車神経に分布する動脈で、けいれんや収縮、軽微な閉塞が発生し、それが眼球の運動の一部を抑制するらしい。

2　血圧がそれほど短期間で変化するのは考えられないと同僚の専門医は困惑していたが、実際にそうだったのは間違いない。というのも、偶然なのだが、病気になる2週間前に自分で血圧を測っていたからである。心臓検査をいくつもおこなった結果、まれな病因がないことがわかったので、血液を薄めるためのアスピリンと降圧剤の投与を受けた。

■1　ダイエットという神話

1　ダイエット法には、ほかにもモンティニャック・メソッドなど、特定の食品を一緒に食べることを禁じているものもある。また、最近流行している5:2メソッドなどの断食ダイエットは、ある期間だけカロリー摂取量を減らす間欠的断食法（インターミッテント・ファスティング）が答えだと宣伝している。

2　Imamura, F., *The Lancet Global Health* (2015); 3(3): e132 DOI: 10.1016/S2214-109X(14)70381-X. Dietary quality among men and women in 187 countries in 1990 and 2010: a systematic assessment.

3　1980年代に、血中のコレステロール値と心臓疾患に関連があることが初めて明らかになって以来、低脂肪食こそが健康的だという考え方が定着している。ほとんどの国で、脂肪、とくに肉と乳製品として摂取すべきエネルギー量の基準値が以前に比べて減っている。脂肪の摂取を減らすというのは、糖質を増やすということだ。医師はずっとそのようにアドバイスしてきた。これは少なくとも表面的には、もっともな話のように思える。脂質の1グラム当たりのカロリーは、糖質の2倍あるからだ。

一方、2000年代初頭からは、アトキンスダイエットやパレオダイエット、デュカンダイエットといったダイエット法が人気になってきている。こうしたダイエット法は複雑さの度合いでは違いがあるが、そのいずれにおいても、公的な栄養摂取基準とは対照的に、糖質は控えて脂質とタンパク質だけ摂取するよう勧めている。一方、低GIダイエットという方法では、血中にグルコースを放出することでインスリンレベルを急激に増加させる特定タイプの糖質をターゲットにしている。このダイエット法では、そうしたインスリンレベルの増加がなによりも良くないと考えているからだ。サウスビーチダイエットは、悪い糖質と悪い脂質

メタボロミクス　体のメタボライト（代謝産物）についての研究。メタボライトは細胞の特徴を表す、化学的な指紋のようなものだ。血液中には3000種類のメタボライトがあると考えられている。

酪酸　細菌が大腸で、食物繊維や糖質、とくにポリフェノールを含む食物を消化するときに合成される、健康に良い短鎖脂肪酸。抗酸化性や抗炎症性があり、免疫システムを作動させるシグナルを送る。

ラクトース　乳糖。赤ん坊のころはラクターゼという酵素によって分解・吸収することができるが、固形物を食べ始めるようになるとラクターゼの合成はおこなわれなくなってしまう。

ラクトース不耐症　ラクトースを分解することができずに起こる諸症状。下痢や消化不良などが起こる。

ラクトバチルス属　細菌の分類の一つ。ラクトバチルス属に属する細菌（ラクトバチルス菌）は、牛乳やそのほかの糖に含まれるラクトースを乳酸に分解する。また、チーズやヨーグルトやピクルスなど、多くの食品の重要な成分でもあり、その酸性度を変化させ、長期保存を可能にしている。

レスベラトロール　食品やワインの成分として自然に存在するポリフェノールの一種。動物実験では老化防止効果があることがわかっている。効果を得るには大量に摂取する必要があるが、一方で、過剰摂取による副作用も報告されている。

レプチン　脳に作用するホルモンで、体脂肪レベルと深く関係している。

れ、ソフトドリンクに使われる。

プレバイオティクス　健康に良い細菌の増殖を助ける、肥料のような働きをする食品成分の総称。細菌はプレバイオティクスを主食とすることが多い。イヌリンという成分が一般的であり、キクイモ、アーティチョーク、セロリ、ニンニク、タマネギ、チコリの根には多量のイヌリンが含まれている。

プレボテラ属　細菌の分類の一つ。プレボテラ属に属する細菌は、ベジタリアンの腸内に多く、肉を食べる人には少ない。一般に、健康な食生活を送っているしるしとされる。

プロバイオティクス　食品に添加される細菌の総称。フリーズドライ処理が可能。発酵乳製品（ヨーグルトやケフィア）、ザワークラウト、キムチ、味噌などにも含まれる。健康効果があると考えられている。

プロピルチオウラシル　この化学物質を非常に苦いと感じるか、まったく味がしないかは、遺伝子のタイプによって個人差がある。味覚のテストに使われる。

飽和脂肪酸　二重結合をもたない（つまり水素で飽和されている）脂肪酸。ココナッツオイルやパーム油に大量に含まれており、従来は有害と考えられていた。

ポリフェノール　腸内細菌による消化によって食物から取り出される、多用な化学物質を指す。その多くが有益で、健康に良い。フラボノイドやレスベラトロールなどは抗酸化性をもつ。野菜、果物、ナッツ、茶、コーヒー、チョコレート、ビール、ワインに含まれる。

マイクロバイオーム　人間の腸や口腔、あるいは土壌中にある微生物のコミュニティ。

無作為化比較試験　疫学でエビデンスを得るためのゴールドスタンダード（基準にできるような最も信頼性の高い手法）とされる試験。被験者を試験対象の治療法や食事法と、比較対象とする別の標準的な治療法やプラセボとにランダムに割り振り、数カ月あるいは数年にわたって追跡調査する（PREDIMED プロジェクトなど）。

メタアナリシス　さまざまな研究や臨床試験の結果を総合して、1つの分析結果にまとめる研究手法。単独の研究よりも優れたエビデンスをもたらせるが、対象の研究すべてに偏りがある場合には、やはり誤解を招きかねない。

内臓脂肪　腸や肝臓の周囲に蓄積する脂肪。内臓脂肪の過多は、心臓疾患や糖尿病と関連があり、体の外側につく脂肪よりも有害である。

内分泌撹乱物質　内分泌器官（甲状腺や膵臓）によっておこなわれるホルモン分泌を、エピジェネティクス的に変える化学物質。プラスチック製ボトルに含まれるビスフェノールA（BPA）など。

バクテロイデーテス門　細菌の分類の一つで、一般的に見られる。バクテロイデーテス門に属する細菌は、人の腸内にすみ、環境や食事（肉を食べることなど）によって変化する。約60の属を含み、バクテロイデス属もその一つである。

微生物　顕微鏡を使わないと見えないような生物。細菌、ウイルス、酵母、一部の幼虫や寄生虫が含まれる。

ビタミン　体の化学反応が作用するのに不可欠な分子。ヒトの場合、大半を食物や太陽光（ビタミンD）、腸内細菌から得ている。

ビフィズス菌　ビフィドバクテリウム属に属する細菌の総称。一般的にプロバイオティクスとして働く。ヨーグルトなどの乳製品のほか、母乳にも含まれる。西洋人の腸には有益だとされている。

フィルミクテス門　細菌の分類の一つで、ヒトの腸内細菌で中心的なもの。健康状態に関係する多くの菌種が含まれる。ヒトの腸からの影響をある程度受けていると考えられる。

浮動遺伝子仮説　極端に太っていたり、反対に極端に痩せていたりすると、遺伝子がその中間に押し戻すメカニズムを働かせるという仮説。倹約遺伝子（thrifty gene）に対して浮動遺伝子（drifty gene）と呼ばれる。

不飽和脂肪酸　二重結合をもつ脂肪酸。二重結合の数によって、一価不飽和脂肪酸と多価不飽和脂肪酸に分けられる。

フラボノイド　ポリフェノールの一種で、抗炎症作用や抗酸化作用があり、腸内細菌に大きな効果を与える。ナッツ、オリーブ、チョコレート、ワインなどに含まれている。

フリーラジカル　遊離基とも。細胞から正常な機能の一環として放出される分子だが、蓄積すると体に有害になる場合がある（連鎖反応を引き起こして、細胞の寿命を短くしてしまう）。抗酸化物質によって取り除かれる。

フルクトース　果糖。いわゆる「砂糖」の50％を占める糖で、かなり甘い。ほとんどの果物に含まれている。コーンシロップから人工的に作ら

て、腸内細菌のエサになる。果物やマメ科の作物、そのほかの野菜、全粒穀物、ナッツに多く含まれる。人工的な食物繊維も添加物として利用されている。

神経伝達物質　神経細胞（ニューロン）によるコミュニケーションや、気分の制御を可能にする、脳内の化学物質（セロトニン、ドーパミンなど）。

スクロース　ショ糖。砂糖の主成分であり、虫歯の原因になる。

制御性T細胞　重要な免疫細胞で、免疫反応を抑制する働きがある。腸内細菌と双方向のコミュニケーションをしている。

多価不飽和脂肪酸　二重結合を2つ以上もつ脂肪酸。一般的に健康に良いとされる多くの食物に含まれている。オメガ3脂肪酸やオメガ6脂肪酸は多価不飽和脂肪酸である。

代謝　体および細胞において、エネルギーを消費するプロセス。熱、運動、病気などいくつもの要素に応じて、異なる代謝プロセスがある。

代謝率　エネルギーのインプットとアウトプットのプロセスがどのぐらい速い（または遅い）かを表す尺度。

大腸　腸のうち、肛門に近い部分。私たちの体にすむ微生物の大半は大腸におり、小腸で吸収されない食物繊維を豊富に含む食べ物を消化する。

大腸菌　ヒトの腸によく見られる細菌で、感染症や抗生物質投与の後に病原性を示すことがある。

中鎖トリグリセリド　中鎖脂肪酸を含む物質。中鎖脂肪酸は母乳や牛乳に含まれる。ほかの脂肪に比べて、ケトン体の産生量が増える。エビデンスはないものの、健康効果があるという考えがある。パーム油やココナッツオイルに含まれる。

糖尿病　血液中の糖（グルコース）が過剰になる病気で、2つのタイプがある。一般的なのは2型糖尿病で、肥満や遺伝子と関係があるとされる。インスリンが十分に作用しなくなるため血糖値が上昇し、それを補うためにインスリンが過剰に分泌される。

トランス脂肪酸　硬化油脂とも呼ばれる。不飽和脂肪酸を化学処理によって変化させており、調理しやすいが、体内で分解されにくい。乳製品の代替品として一般的であり、ジャンクフードでよく使われている。心臓疾患やがんの大きな原因となる。一部の国では使用が禁止されており、ほかの国でも使用量は徐々に減少している。

る細菌が多くなっている。

酵母　菌界に属する生物の一種。イーストとも。糖を分解して、アルコールと二酸化炭素にする。パンや酒類を作るのに用いられる。健康に有益な腸内細菌を増やす可能性がある。ヒトの腸内で問題なく生存でき、病原性のもの（カンジダなど）はきわめてまれである。

コホート研究　ある特定の集団を一定期間追跡し、要因（生活習慣など）と健康状態（がん発症率など）の関係を調査する観察的研究。コホートは、ローマ時代の数百人規模の歩兵部隊のこと。

コレステロール　基本的な脂質の一種。体は、細胞を維持するために自らコレステロールを合成している。リポタンパク質によって体中に運ばれている。血中コレステロール値の高さは、心臓疾患と大まかな相関があるが、そのリスクは過大評価されてきた。魚やナッツなど、多くの食品に含まれている。血中濃度が5ミリモル/リットル未満であれば健康だとされているが、イギリス人の平均値は6ミリモル/リットルだ。

砂糖　可溶性の糖質を意味する一般的な用語。あるいは、私たちが通常食べている、白い粉状のショ糖を指す。ショ糖はグルコースとフルクトースが結合したもの。「-ose」という接尾辞は、その化学物質が糖であることを意味する（ラクトースなど）。

細菌　構造は単純だが柔軟性が高く、古くからいる微生物。世界のあらゆる場所、そして私たちの体のあらゆるくぼみに存在する。大半は無害で、病原性のあるものはわずか。多くが有益である。

シーケンシング　ある生物のDNAや遺伝子の主要な部分すべてを特定する手法。通常、DNAを数百万もの断片に分け、それを再構築する（「ショットガン・シーケンシング法」と呼ばれる）。微生物の種や、ヒトの疾患遺伝子を詳しく特定するのに使われる。

脂質　「脂肪」に対応する科学用語だが、脂肪酸などほかの多くの分子も含む。タンパク質と結合した脂質はリポタンパク質と呼ばれる。リポタンパク質は体中をめぐっており、形やサイズはさまざま。

脂肪　いくつもの異なる意味をもつ用語だが、科学用語としては脂質の同義語である。

視床下部　脳の一部で、脳底にある。感情やストレス、食欲に関係する多くのホルモンの放出を制御している。

食物繊維　炭水化物のうち、消化しにくいものを指す用語。大腸に到達し

オメガ6脂肪酸　ω-6（オメガシックス）とも呼ばれる。多価不飽和脂肪酸の一種で、末端から数えて6番目の炭素に最初の二重結合がある。大豆、パーム油、鶏肉、ナッツ、種子類など、多くの食品に含まれる。体に悪いとされている（が根拠はない）。

オレイン酸　オリーブオイルの主成分である脂肪酸（一価不飽和脂肪酸）。

観察的研究　疫学研究の一種。リスク要因（食べ物など）を結果（病気など）と比較することで推論をおこなう。ある一時点についてのみ調べる横断的調査は、エビデンスとして弱い。対象者を長期間追跡する前向き研究やコホート研究は、それよりも良いエビデンスだと言える。観察的研究はすべて、バイアスが存在する可能性がある。

菌類　菌界に属する、酵母、カビ、キノコなどの古くから存在する生物。

クリステンセネラ属　細菌の分類の一つ。少数の人の腸内で見つかる、古くからいる細菌で、肥満や内臓脂肪の蓄積を防ぐ効果が見つかっている。メタンを生成する細菌と関連がある。

グルコース　ブドウ糖。体を動かすエネルギーとなる。

クロストリジウム・ディフィシル　病原菌で、3% の人の腸内にすんでいるが、通常は何も問題はない。ただし、抗生物質の濫用によって競合相手となる細菌が大幅に減ると、短時間で大量に増殖して腸で優勢になる。この細菌が作り出す危険な毒素は、腸の深刻な損傷（大腸炎）の原因になる。抗生物質に耐性があることも多く、その場合はさらに強力になる。便移植が唯一の治療法ということも珍しくない。

ケトン体ダイエット　ダイエット法の一つで、グルコースではなく、タンパク質や脂肪に含まれるケトン体を、体のエネルギーとして燃焼させるもの。高タンパク質・低糖質ダイエットやファスティングも含まれる。

倹約遺伝子仮説　人類がアフリカを出て、世界各地へ向けて長旅を続けていたとき、倹約遺伝子をもっていた人、つまり、脂肪を多く蓄え維持できた人の方が生き延びる可能性が高かったとする仮説。1962年にアメリカの遺伝学者ジェームズ・ニールが発表した。

抗酸化物質　細胞が生成する有害物質フリーラジカルを取り除く、有益な物質の総称。

抗生物質　本来は細菌が自分を守るために生成した化学物質だったが、人間によって大量生産され、細菌に対抗するために使われている。この30年間、新しい抗生物質薬は開発されておらず、抗生物質に耐性のあ

イヌリン　強力なプレバイオティクスとして機能し、細菌の増殖を助ける化学物質。キクイモ、チコリ、ニンニク、タマネギに多く含まれている。またパンにも少量含まれている。

インスリン　ホルモンの一種。血中のグルコース濃度に対応して、糖がグリコーゲンとして、肝臓や脂肪細胞中の脂肪に蓄積される量をコントロールする。

インスリン抵抗性　グルコースを摂取した直後に、血中のインスリン濃度が十分に上昇しない状態。この状態になると、膵臓はグルコース濃度をコントロールするために、インスリンをさらに分泌せざるをえなくなる。結果として糖尿病になる。

ウイルス　極小の微生物で、その数は細菌の5倍。多くが細菌をエサとし、その数をコントロールしている（そうしたウイルスは「ファージ」と呼ばれる）。大半は人間に対して害がなく、体内に暮らしている。健康に何らかの役割を果たしている可能性もある。

うま味　5番目の味覚で、肉の風味に似ており、グルタミン酸に由来する。キノコにもある。最近では、味の深みを意味する「こく味」を6番目の味覚と考えるようになってきている。

疫学　個人ではなく集団を対象として、病気の原因など健康関連のさまざまな事象を突き止める学問分野。

エピジェネティクス　DNA配列を変化させることなく、化学シグナルによって遺伝子をオン・オフできるメカニズムのこと。新生児や成長期にはふつうのプロセスであり、食事や化学物質によって、数世代のうちに変化が起こる場合がある。

炎症　ケガ、感染、ストレスなどに反応した結果生じる体の状態。たとえば、ハチに刺されたときなどに起こるが、これは、さまざまなプロセスを含む、いたって正常な反応である。一般的に、炎症が起こると細胞膜から液体が漏出し、修復・防御細胞が起動する。その結果、患部に腫れ、赤み、痛み、熱などが出るほか、機能の喪失にもつながる。

オメガ3脂肪酸　ω-3（オメガスリー）とも呼ばれる。多価不飽和脂肪酸の一種で、末端から数えて3番目の炭素に最初の二重結合がある。脂の多い魚の多くに含まれており、心臓や脳に良い効果がある（と誇大宣伝されている）健康サプリメントに使われることが多い。体内では合成できない必須脂肪酸である。

LDL　低密度リポタンパク質。脂質を輸送する物質のうち、あまり健康に良くないもの。血管に吸収されて、動脈を詰まらせることがある（アテローム性動脈硬化）。

L-カルニチン　体内でアミノ酸から合成される物質で、体にエネルギーを与えるプロセスに重要である。消化されると、TMAOの濃度が上昇し、心臓疾患のリスクが高くなる。ボディービルダーは、脂肪を燃焼し、筋肉を増やすためにサプリメントとして服用する。肉に大量に含まれている。

PREDIMEDプロジェクト　スペインで実施された、食事に関する臨床研究。4000人の患者を対象に、低脂肪食と昔ながらの地中海式食をランダムに割り当て、4年にわたり追跡した。その結果、地中海式食事法は、心臓疾患、糖尿病、体重増加を抑えるという点で優れていることがわかった。

TAS1R/TAS2R　主要な味覚受容体遺伝子で、口腔内全体にある味覚受容体として発現する。甘味や苦味の感じ方に影響を与えている。

TMA/TMAO　TMA（トリメチルアミン）は、肉や大型の魚に含まれる物質で、腸内細菌により、その酸化物であるTMAO（トリメチルアミンNオキシド）に変換される。TMAOはアテローム性動脈硬化や心臓疾患を加速させる。

アミラーゼ　膵臓や唾液腺から分泌される酵素。糖質に含まれるデンプンをグルコースなどの糖類に分解し、体のエネルギーにする。遺伝子の違いから、アミラーゼの分泌量には個人差がある。

異性化糖　コーンスターチなどを分解してグルコースにした後、その一部を酵素でフルクトースに変換して作られる液状糖〔日本では、フルクトースの比率に応じて果糖ブドウ糖液糖などと分類される〕。

一価不飽和脂肪酸　二重結合を1つもつ脂肪酸。オリーブオイルの主成分であるオレイン酸は一価不飽和脂肪酸である。

遺伝子　DNA中の、特定タンパク質の合成に関する情報（遺伝情報）が書かれた部分。DNAには約2万の遺伝子があるが、この数は遺伝子の細かな定義によっても変わってくる。

遺伝率　形質の変化がどの程度遺伝子の影響で決まるかを示す尺度。より厳密に言えば、形質や病気の個人差のうち、遺伝的要因で説明できる割合。0～100%の範囲になる。

用語集

BMI　ボディマス指数。体脂肪の量を推定する指標で、体重（キロ）を身長（メートル）の2乗で割ることにより計算できる。たとえば、体重70キロ、身長1.8メートルの男性のBMIは、70/(1.80×1.80)＝21.6となる。BMIが25を超えると過体重、30を超えると肥満とされる。BMIでは、脂肪と筋肉は区別しにくい。

DNA　デオキシリボ核酸。DMAは遺伝情報を伝える物質であり、約2万の遺伝子を有している。また、DNAは二重らせん状になって染色体を構成するが、ヒトの体細胞にはこうした染色体が23対ある。

FMT　糞便細菌叢移植（Faecal Microbial Transplant）の上品な呼び方。健康なドナーの便をチューブ経由で、またはカプセルに入れて、移植者の大腸に送る。

GI　グリセミック・インデックス。ある食品を食べたときに、血液中のグルコースが増加し、続いてインスリンが増加するスピードを示す指標。低GI食品は、多くのダイエット法で基本とされている。マッシュポテトなどの高GI食品は、セロリなどの低GI食品とは逆に、短時間で糖が放出され、血糖値およびインスリン値が上昇するタイミングを早める。肥満への影響という点で、このメカニズムが微生物に比べてどのくらい重要なのかは、まだはっきりしていない。

HDL　高密度リポタンパク質。脂質とタンパク質が結合した物質で、脂肪を安全な形で体中に輸送する。血液検査では、このHDLと、健康に悪いLDLの比を調べる。

IBS　過敏性腸症候群（Irritable Bowel Syndrome）。一般的な病気だが、原因についてはまだ一致した意見はない。トイレに行く頻度が増えたり、激しい腹痛が起こったり、腸内にガスがたまったりする。腸内細菌の異常に関連している。また複数ある症状のいくつかは、特定の食物繊維によって改善する可能性がある。

IGF-1　インスリン様成長因子-1。老化や修復の速度など、体のさまざまな機能に関係するホルモン。動物実験では、長寿命化に寄与するという優れたエビデンスがあるが、人間ではまだ確かめられていない。

【ナ】

【ハ】

【マ】

【ヤ】

【ラ】

索　引

ティム・スペクター（Tim Spector）
ロンドン大学キングス・カレッジ遺伝疫学教授、英国医科学アカデミーフェロー。双子研究の世界的な権威であり、近年はとくにマイクロバイオームを中心に研究を続けている。これまでに発表した論文数は八〇〇本以上、論文の被引用数は世界でもトップ一パーセントに入る。邦訳書に『双子の遺伝子』（ダイヤモンド社）、『99%は遺伝子でわかる』（大和書房）がある。

熊谷玲美（くまがい・れみ）
翻訳家。東京大学大学院理学系研究科修士課程修了。主な訳書に、ベンジャミン『数学魔術師ベンジャミンの教室』（岩波書店）、コトラー『超人の秘密』（早川書房）、ブキャナン『市場は物理法則で動く』（白揚社）、パイル『NASA式 最強組織の法則』（朝日新聞出版）、マーレー『世界一うつくしい昆虫図鑑』（宝島社）ほか多数。

THE DIET MYTH by Tim Spector
First published by Weidenfeld & Nicolson, an imprint of The Orion Publishing Group, London.

ISBN 978-4-8269-0194-9

ダイエットの科学《かがく》

二〇一七年四月二三日　第一版第一刷発行

著　者　ティム・スペクター
訳　者　熊谷《くまがい》玲《れ》美《み》
発行者　中村幸慈
発行所　株式会社 白揚社　© 2017 in Japan by Hakuyosha
〒101－0062　東京都千代田区神田駿河台1－7
電話(03)－5281－9772　振替 00130－1－25400
装　幀　岩崎寿文
印　刷　中央印刷株式会社
製　本　牧製本印刷株式会社